稼穑学术出版工程
优质高效绿色种植系列

# 镁营养及其对作物产量和品质的影响

张福锁　李春俭 等◎著

中国农业大学出版社
·北京·

## 内容简介

在我国乃至西方发达国家的集约化农业生产中，氮磷钾肥料长期以来受到极大重视，却一直忽视了镁肥和其他中微量元素肥料的施用，这成为作物产量、品质以及肥料利用率提升的限制因素，也加大了肥料损失和环境污染的风险，制约了农业的绿色发展。本书汇集了作者多年来的研究结果，系统介绍了植物镁营养研究的最新进展，重点阐述多种典型作物对镁的需求规律，施用镁肥对作物产量和品质的提升作用，特别汇总了作者在田间和生产中收集的果树、蔬菜及其他作物典型的缺镁症状清晰图片，有助于对镁重要性的理解和生产中缺镁现象的判断。本书可供植物营养学、作物栽培学、果树学、蔬菜学、观赏园艺与园林学、作物育种学的师生，从事农业生产和推广的科技工作者，以及肥料经销商和广大农户参考。

**图书在版编目(CIP)数据**

镁营养及其对作物产量和品质的影响 / 张福锁等著. —北京：中国农业大学出版社，2021.3
ISBN 978-7-5655-2543-8

Ⅰ.①镁… Ⅱ.①张… Ⅲ.①镁肥-研究 Ⅳ.①TQ445.9

中国版本图书馆 CIP 数据核字(2021)第 060988 号

中华人民共和国自然资源部地图审图号：GS(2021)299 号

**书　　名**　镁营养及其对作物产量和品质的影响
**作　　者**　张福锁　李春俭 等著

**策划编辑**　王笃利　席　清　　**责任编辑**　韩元凤
**封面设计**　郑　川
**出版发行**　中国农业大学出版社
**社　　址**　北京市海淀区圆明园西路 2 号　　**邮政编码**　100193
**电　　话**　发行部 010-62733489，1190　　读者服务部 010-62732336
编辑部 010-62732617，2618　　出　版　部 010-62733440
**网　　址**　http://www.caupress.cn　　**E-mail**　cbsszs@cau.edu.cn
**经　　销**　新华书店
**印　　刷**　涿州市星河印刷有限公司
**版　　次**　2021 年 4 月第 1 版　　2021 年 4 月第 1 次印刷
**规　　格**　787×1 092　16 开本　18 印张　500 千字
**定　　价**　128.00 元

# 编写人员

张福锁(中国农业大学绿色发展研究院,福建农林大学国际镁营养研究所)
李春俭(中国农业大学绿色发展研究院,福建农林大学国际镁营养研究所)
(以下按姓氏拼音排序)
敖俊华(广东省科学院生物工程研究所)
陈柯豪(南京农业大学资源与环境科学学院)
陈　奇(昆明理工大学生命科学与技术学院)
陈晓东(中国农业大学资源与环境学院)
陈晓辉(福建农林大学资源与环境学院,国际镁营养研究所)
丁效东(青岛农业大学资源与环境学院)
费　超(青岛农业大学资源与环境学院)
冯建春(广东省农业科学院蔬菜研究所)
耿国涛(华中农业大学微量元素研究中心)
郭九信(福建农林大学资源与环境学院,国际镁营养研究所)
郭世伟(南京农业大学资源与环境科学学院)
何冬冬(福建农林大学资源与环境学院,国际镁营养研究所)
何裕志(广东省农业科学院蔬菜研究所)
靖梦华(中国农业大学资源与环境学院)
李　灿(中国农业大学资源与环境学院)
李士洋(中国农业大学资源与环境学院)
李晓亮(中国热带农业科学院热带作物品种资源研究所)
李学贤(中国农业大学资源与环境学院)
梁逸铭(广东省农业科学院蔬菜研究所)
刘敦一(西南大学资源环境学院)
龙　泉(中国农业大学资源与环境学院)
鲁剑巍(华中农业大学微量元素研究中心)
陆志峰(华中农业大学微量元素研究中心)
孟旭升(南京农业大学资源与环境科学学院)

倪　康（中国农业科学院茶叶研究所）
任　涛（华中农业大学微量元素研究中心）
阮建云（中国农业科学院茶叶研究所）
索玉倩（中国农业大学资源与环境学院）
田贵生（华中农业大学微量元素研究中心）
王　敏（南京农业大学资源与环境科学学院）
王昕洵（澳大利亚西澳大学农业与环境系）
王泳棋（中国农业大学资源与环境学院）
王昱桁（西南大学资源环境学院）
王　正（中国农业大学资源与环境学院）
吴良泉（福建农林大学资源与环境学院，国际镁营养研究所）
谢大森（广东省农业科学院蔬菜研究所）
谢凯柳（江西农业大学国土资源与环境学院）
杨文浩（福建农林大学资源与环境学院，国际镁营养研究所）
叶德练（福建农林大学农学院，国际镁营养研究所）
伊晓云（中国农业科学院茶叶研究所）
袁　浩（中国农业大学资源与环境学院）
张白鸽（广东省农业科学院蔬菜研究所）
张群峰（中国农业科学院茶叶研究所）
张世昌（福建省农田建设与土壤肥料技术总站）
张卫强（福建农林大学资源与环境学院，国际镁营养研究所）
张跃强（西南大学资源环境学院）
郑朝元（福建农林大学资源与环境学院，国际镁营养研究所）
周文灵（广东省科学院生物工程研究所）

# 出版说明

学术著作凝聚了科技工作者的智慧与辛劳，是科研工作者科技成果物化的一种体现形式，具有很强的思想性、创新性、学术性和时代特征，发挥着传承与发展、推广与传播的作用。学术出版是推动学术研究、学科交流以及成果转化与推广的重要途经，也是推动学术著作繁荣发展的重要手段。学术出版是大学出版社的主业，是大学出版社的使命与担当，也是大学出版社核心竞争力的重要体现。学术出版在推动学术发展的同时，也对大学出版社的整体发展起着重要的推动作用。世界上几乎每一所一流大学都造就出了一家一流的大学出版社，反过来，每一家一流的大学出版社也使得原本的一流大学向更高水平迈进，二者相互促进、相得益彰。

作为教育部主管、中国农业大学主办的中央级重点高校出版社，中国农业大学出版社自1985年建社以来，始终坚持为农业教育、科研和生产服务的办社宗旨，坚持走专业化发展道路。30余年来，总计出版图书近5 000种，其中学术著作1 000余种，先后有100余种学术专著荣获包括出版界最高荣誉中国出版政府奖在内的国家级和省部级奖项，16个项目80余种图书获得国家出版基金项目立项资助，总计金额近1 000万元。2019年《出版人》对1949—2018年全国580多家出版社505万余种图书分析，我社图书被引频次H指数排名显示：农业科学学科H指数排名第5，生命科学学科H指数排名第9！这个排名是对于我社30余年坚持专业出版不懈努力的肯定和学术出版品牌的认可。

中国农业大学出版社作为以“农”为本的知名农业专业出版社，其发展与我国农业的发展紧密关联。

我国是农业大国，农业是我国赖以生存的基础产业，也是社会安定、国家自立的战略产业。党中央、国务院高度重视农业和农村经济发展，把 解决“三农”问题作为全党工作的重中之重。乡村振兴离不开农业现代化，离不开科技的推动。农业发展历程显示，每次重大产业升级均是建立在农业科学和技术取得革命性突破的基础之上。“创新、协调、绿色、开放、共享”新的发展理念下，“优质、高产、高效、生态、安全”的现代农业高质量发展，更是要依赖于科学技术尤其是高新技术的不断突破、转化、推广和广泛应用。而学术出版，正是科技成果推广传播的最重要的途径。

没有一流的学术和科研成果，就不会有一流的学术著作。农业领域学术著作出版工作近年来的良好发展，得益于党和国家对农业领域学术和科技研究的政策引导和大力支持。国家设立的很多重点研发计划，如国家重点基础研究发展计划(973计划)、国家高技术研究发展计划（863 计划）和国家科技支撑计划的实施，特别是近年来国家对农业领域的特殊扶持政策的实施，农业科技投入大幅增长，为农业科技创新发展和现代农业科技进步提供了良好的条件，使农业科技取得了大量突破性的重大成果。党的十八大以来，我国农业科技领域贯彻新发展理念，一些前沿领域实现了从追赶到超越，取得了新的重要成就。可以预期，在新的发展形势下，“十四五”时期以及更长时期，我国农业科技将会以更快的速度创造出更高质量的新成果。

为更好适应新时代科技发展对学术著作出版提出的新要求，促进农业领域科技创新，助力学术交流、传承与发展，打造农业领域学术出版品牌，经与部分知名权威专家咨询沟通，农大出版社决定启动“稼穑学术出版工程”（简称“稼穑学术”）。“稼穑学术”以反映“四个面向”过程中取得的农业领域重大科技创新成果或具有前瞻性、引领性的科学研究进展的学术著作为主要出版对象，项目图书将采取专家委员会遴选的方式确定。入选图书将作为农大出版社重点学术出版项目优先立项出版，并优先申报国家级重点学术出版项目。项目图书将作为系列精品学术著作品牌图书进行重点宣传推介。

为确保“稼穑学术”编写出版质量，农大出版社成立了以社长为组长的专项工作组和专家评审委员会。“稼穑学术”是中国农业大学出版社自“十四五”开局之年奠基，今后将长期建设的学术出版重点工程，其立项和出版标志着我社学术出版跨入了一个系统性建设的高质量发展新阶段。

我们真诚地希望能与广大的农业领域科技工作者进一步开展深入合作，共同促进农业科技创新成果的传播和推广应用，谱写新发展理念下农业学术出版的新篇章，为农业领域学科建设与现代农业高质量发展做出新的贡献。

中国农业大学出版社<br>2020 年 12 月

# 前　言

20 世纪 80 年代改革开放以来，中国农业生产走了一条高投入、高产出、高资源环境代价的道路。氮磷钾肥料的大量投入对保障我国粮食安全做出了巨大贡献，但由于忽视了其他必需元素的投入，连续大量甚至过量施用氮磷钾肥料导致养分投入不平衡，不但影响了作物产量和肥料利用率的进一步提高，而且增加了生产成本，浪费了资源，并带来一系列环境问题。

镁是植物生长发育必需的矿质元素之一，但近些年在田间特别是在我国南方地区，农作物缺镁症状普遍发生，导致产量和品质下降。不重视施用镁肥不仅发生在中国，同样在世界其他国家的现代农业生产中也普遍存在。土壤及作物缺镁发生的原因多种多样，有土壤母质的原因、气候条件的原因、作物需求差异及收获带出的原因，以及长期只注重氮磷钾肥料投入而忽视施用镁肥的原因等。此外，在生产中忽视镁肥的施用也与下列因素有关：与氮磷钾缺乏严重抑制作物生长相比，缺镁限制生长和对产量的影响相对较低，土壤中交换性镁浓度相对较高，以及缺镁症状常常发生在高温强光等逆境条件下等。

迄今为止，国内外没有关于镁营养的专著出版，也缺乏对镁的作用和功能的系统性研究、总结和归纳。目前大家逐渐认识到镁营养的重要性，更加重视缺镁导致农作物产量和品质下降的问题。2016 年 9 月由德国钾盐集团与福建农林大学合作共建成立了国际镁营养研究所(IMI)。IMI 以植物营养特别是植物镁营养基础与应用研究为重点，关注农业生产中镁与其他营养元素之间的相互作用，揭示镁在提高作物产量和品质方面的作用机制。同时 IMI 加强将镁营养知识向农业技术人员、企业研发人员和农户的传播，培养工农商学用相结合的青年科学家、研究生和技术人才。IMI 还在国内建立了镁营养研究协作网，近 30 个大专院校、科研院所和企业的青年科学家们在全国连续开展施肥量调查、土壤取样，以及大面积的镁肥田间试验和示范，践行着 IMI 的上述使命。

本书正是在上述背景下开始筹划与编写。全书共分 3 篇，第一篇“镁营养”，详细介绍镁营养在植物、微生物和人体健康等理论研究方面的最新进展。镁离子转运蛋白位于不同组织的细胞质膜，线粒体、叶绿体以及液泡等不同细胞器的膜上，通过调节镁的吸收和分配、叶绿素代谢，控制花粉发育等多种途径参与植物的生长发育。镁在植物组织中的分配表现出明显的分室效应，并且受到供镁水平的影响。镁是叶绿素的中心原子，多种酶或酶促反应需要镁，缺镁不仅影响叶片中光合产物的合成，也影响其运输和分配，从而影响作物的产量和品质。在土壤酸化、重金属毒害、高温高光强以及病虫害等逆境环境条件下尤其能够体现充足供镁的重要性。缺镁不仅影响根系形态和发育，也影响根系分泌物的数量和种类，从而影响根际微生物的群落结构和功能。多种阳离子不仅在土壤中影响镁的化学过程、淋洗及生物有效性，从而影响植物根系对镁的吸收，还影响植物组织中镁离子的有效性。镁也是微生物生长发育的必需元素，调节微生物的生化代谢产物，进而影响土壤微生物的致病性，并影响土壤养分有效性及植物生长。镁还是人体生长发育的必需元素，缺镁导致人体多个系统的疾病发生，从而影响人体健康。第二篇“镁对作物产量与品质的影响”，重点从生产角度论述了国内外生产中镁肥的使用现状、施用效果及对作物产量和品质的影响；针对几种典型作物介绍了生长发育过程中对镁的需求规律，施用镁肥后提高产量和品质的显著效果。强调不同作物需求镁的临界值不同，需要量不同，对施用镁肥的响应不同，并警示过量施用镁肥可能对作物生长产生负面效应。第三篇“作物缺镁症状”，汇集了 IMI 和全国镁营养研究协作网成员多年来在田间和生产中收集的果树、蔬菜及其他作物典型的缺镁症状，显示不同作物的缺镁现象和发生部位有明显不同，有助于对镁重要性的理解和生产中缺镁现象的判断。全书由张福锁和李春俭负责组稿和统稿、稿件的审阅、照片的收集整理和编辑。每篇稿件的作者都标注在稿件的最后，照片的拍摄信息等也都标注在图片后面，在此不再赘述。

本书出版的目的不仅是呼唤重视镁在农业生产和动物及人体营养中的重要性，更重要的是重拾平衡营养的理念，在农业生产中合理和优化氮磷钾肥料投入，注重镁以及其他元素的施用，减少或消除矿质元素供应的短板，最大限度地提高各种元素的利用率，实现农业生产中减肥增效、绿色发展的目的。本书的出版，希望能够对植物营养学、作物栽培学、果树学、蔬菜学、观赏园艺与园林学和作物育种学的师生，对从事农业生产和推广的科技工作者，以及肥料经销商和广大农户有所启发和帮助，推动我国农业绿色发展。由于镁营养研究工作起步晚，积累有限，本书难免在内容、图表和文字方面有不足之处，敬请指正。

**张福锁　李春俭**
中国农业大学绿色发展研究院
福建农林大学国际镁营养研究所
2021 年 1 月

# 目　录

## 第一篇　镁营养

## 第二篇 镁对作物产量与品质的影响

## 第三篇 作物缺镁症状

# 第一篇

# 镁营养

第 1 章

# 镁在植物中的生理功能研究进展

镁(Mg)是植物生长的必需营养元素，参与叶绿素合成、光合作用和酶活化等生理生化过程，缺镁抑制植物光合作用等生化过程，影响植物生长发育和产量品质(Cakmak and Yazici，2010；Chen et al.，2017)。但是植物的缺镁症状经常发生，特别是生长在酸性土壤条件下(Farhat et al.，2016)。一方面 $Mg^{2+}$ 的水合半径较大，对土壤胶体的吸附性弱，容易淋洗；另一方面 $Mg^{2+}$ 容易和其他阳离子如钙离子($Ca^{2+}$)、氢离子($H^{+}$)、铝离子($Al^{3+}$)、铵根($NH_4^{+}$)、钾离子($K^{+}$)产生拮抗作用，影响植物对 $Mg^{2+}$ 的吸收，因此生长在酸性土壤强降雨地区的植物更容易缺镁(Aitken et al.，1999；Gransee and Führs，2013)。然而，集约化农业生产中往往忽视镁肥的施用，影响作物的产量和品质(Wang et al.，2020)。为了引起人们对镁的重视，我们需要加强对镁在植物中生理功能研究进展的了解，进一步理解镁在叶绿素代谢、光合作用、活性氧(ROS)产生和清除、碳水化合物积累和运输以及酶活化方面的重要作用，明确植物需镁的临界浓度及其缺镁症状，并探究转运蛋白在镁吸收、储存和转移过程中的作用。

## 1.1 镁的生理作用

### 1.1.1 叶绿素代谢和光合作用

镁在植物体内的功能主要是通过离子键与亲和性强的配位体(如磷酰基团)相互作用，作为桥接元素形成稳定性不同的复合物。虽然参与成键的镁大多数是离子态的，但也有一些是共价键的，如在叶绿素分子中的镁。镁是叶绿素分子的中心原子，叶片中有 15%～35%的镁结合在叶绿体上(Karley and White，2009；Cakmak and Yazici，2010)。植物叶片的叶绿素含量与叶片镁浓度显著正相关(黄毓娟等，2011)，随着缺镁黄化程度的增加，叶片中的叶绿素浓度显著降低(凌丽俐等，2009)。叶绿素生物合成的第一步是在镁螯合酶的作用下，把镁插入原叶啉Ⅸ，镁螯合酶的活化需要 ATP，缺镁降低叶绿素浓度（Willows and Robert，2003）。同时缺镁下调叶绿素合成相关基因的表达量，包括 *ChlI*、*ChlH*（编码 Mg-螯合酶亚基 I 和 H），*ChlG*（编码 Chl 合成酶）和 *MgPME*（编码 Mg-原卟啉Ⅸ甲基转移酶）等基因，从而影响叶绿素合成前体转化为叶绿素（Rissler et al.，2002；Zhou et al.，2011；Kong et al.，2016）。另一方面，缺镁也会提高持绿基因 *SGR*/*NYE1* 的表达量，降解老叶中的叶绿素，将叶绿素转变成脱镁叶绿素，释放的镁离子就可以转移到新叶中再利用，最终导致老叶衰老失绿黄化（Hermans et al.，2010；Sakuraba et al.，2012；Peng et al.，2019）。叶片失绿黄化可能是由于合成叶绿素的镁不足，但也有学者认为是缺镁引起蛋白质合成受阻或者缺镁胁迫引发的活性氧爆发造成的（Marschner et al.，2012；Tanoi and Kobayashi，2015；Peng et al.，2019），因此缺镁介导叶片失绿黄化的分子生理调控机理还需要深入研究。

叶绿体中类囊体膜垛叠形成基粒，意味着捕获光能的能力、光合膜色素间的能量传递大大增强，通常介质中需要 5 mmol·$L^{-1}$ 的 $Mg^{2+}$ 便可使光合膜垛叠，缺镁引起光合膜垛叠受阻（张其德等，1979）。缺镁导致更多的类囊体膜未叠加从而使得萝卜的基粒更少而且叶绿素荧光更分散，影响光合作用（Samborska et al.，2018）。$Mg^{2+}$ 可以影响植物光合膜垛叠形成基粒，调节 PSⅠ和 PSⅡ 光系统之间的激发能分配、PSⅡ活性和原初光能的转化效率、光合电子传递速率、叶绿素荧光和光合碳代谢等过程（熊英杰等，2010；Verbruggen and Hermans，2013；郑重禄，2015）。

随着缺镁程度增加，锦橙叶片的气孔导度显著降低，但是胞间二氧化碳（$CO_2$）浓度显著增高，表明缺镁锦橙的光合作用主要是受非气孔限制（凌丽俐等，2009）。缺镁降低了龙眼叶片的光合速率和气孔导度，但是增加了胞间 $CO_2$ 浓度，李延等（2001）也认为龙眼光合速率下降的主要原因并非是气孔限制。进一步分析发现，可能是羧化效率和 PSⅡ原始光能利用效率及光合作用潜在量子转化效率等光合机构活性的降低导致光合速率降低（李延等，2001）。镁缺乏和过量均导致叶片最大光化学效率（Fv/Fm）和相对电子传递速率（rETR）降低，但镁缺乏的影响显著大于镁过量的影响（Hermans et al.，2004；凌丽俐等，2014）。在萝卜中，缺镁显著抑制叶绿素荧光参数/光合参数效率，其中缺镁显著降低 PSⅡ向 PSⅠ电子传递和能量传递的效率，而且叶绿素荧光参数的改变要早于光合速率和叶绿素浓度变化（Samborska et al.，2018）。可见不少研究者认为，缺镁胁迫降低光合电子传递速率可能是影响光合作用的主要因素。也有学者认为光合速率下降是缺镁叶片的叶绿素浓度降低，捕获和传递给 PSⅡ的光能减少或是碳同化受到抑制反馈调节的结果（杨勇等，2005；Cakmak and Kirkby，2008）。

### 1.1.2 碳水化合物的积累与分配

植物光合作用的大部分产物是蔗糖和淀粉，不少研究者都关注到缺镁胁迫对碳水化合物的积累和分配的影响（图 1-1）（Verbruggen and Hermans，2013）。缺镁导致蔗糖和淀粉积累比叶绿素浓度的降低要提早几天，在拟南芥（Hermans and Verbruggen，2005）、甜菜（Hermans et al.，2005）和菜豆（Cakmak et al.，1994）的研究中都发现了相似的结果。甜菜在缺镁胁迫 16 d 后叶片的叶绿素浓度显著降低，观察到叶片脉间失绿的缺镁表型，20 d 时才发现地上部生物量显著降低，而在 12 d 时就发现最新展开叶的蔗糖浓度显著增加，可见碳水化合物响应缺镁胁迫较快（Hermans et al.，2004），因此碳水化合物的积累被认为是缺镁胁迫的早期反应（Cakmak and Kirkby，2008）。不过也有学者认为碳水化合物对缺镁胁迫响应不够及时，在水稻缺镁胁迫 8 d 时，第五展开叶的 SPAD/叶绿素 a 浓度显著降低，淀粉和花青素浓度却提高，而 SPAD/叶绿素 a 浓度、淀粉和花青素在缺镁胁迫第 6 天时并未显著变化；但是缺镁胁迫 6 d 时，水稻叶片的蒸腾速率和养分运输显著下降，伴随肌醇的减少和柠檬酸的增加（Kobayashi et al.，2013）。而且，低镁可以增加小麦叶片的淀粉浓度，但是降低籽粒和根系的淀粉浓度，导致产量和粒重减少，抑制种子发芽和出苗，主要是抑制源叶中的碳水化合物向籽粒转移，而叶面补镁则可以缓解缺镁对种子产量和质量的影响（Ceylan et al.，2016）。在大豆中发现高镁显著降低叶片的蔗糖和淀粉浓度，但是增加茎及根系的蔗糖和淀粉浓度，增加根瘤数量和重量，说明镁有利于碳水化合物分配到根系和根瘤（Peng et al.，2018）。

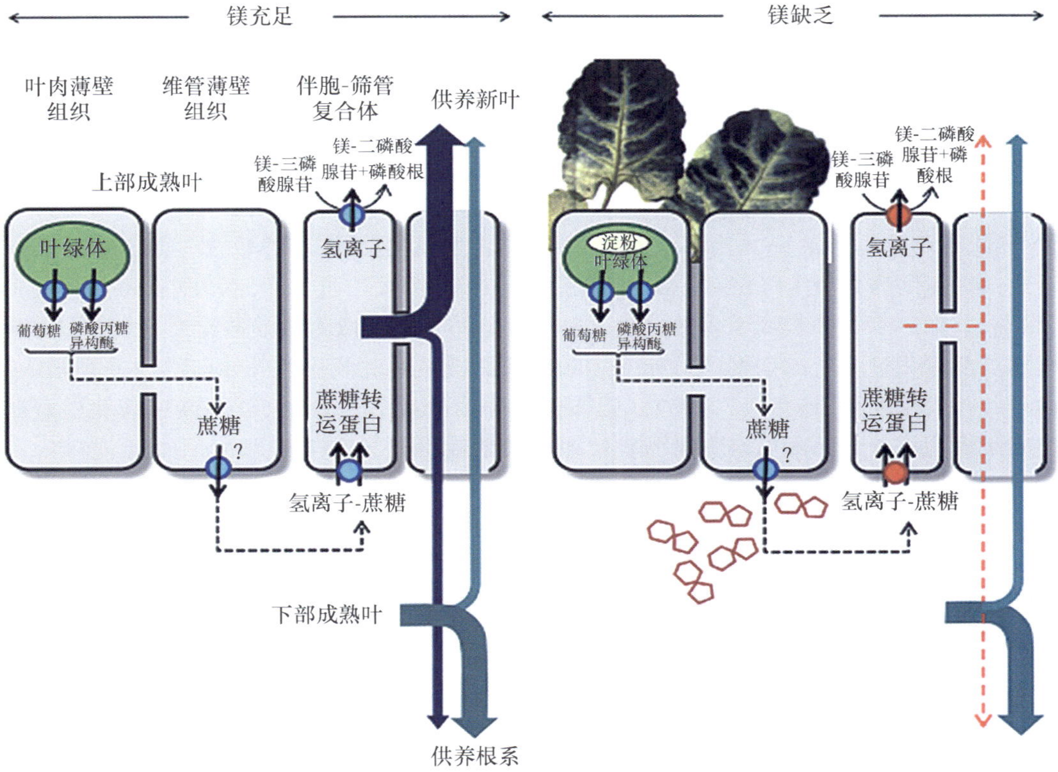


图 1-1 甜菜叶片中碳水化合物积累与分配对缺镁胁迫的响应（Verbruggen and Hermans，2013）

缺镁胁迫导致叶片碳水化合物积累与碳水化合物装载到韧皮部受阻有关系。缺镁胁迫增加甜菜最上部展开叶的蔗糖和淀粉积累，$^{14}C$ 蔗糖标记证实缺镁抑制最上部展开叶的蔗糖向外运输，而且缺镁上调 *SUT1* 基因（编码伴细胞蔗糖/$H^+$ 共载体）表达，抑制蔗糖向韧皮部的装载，导致蔗糖累积在叶片中（Hermans et al.，2005）。Mg-ATP 是主要的 ATP 复合体，缺镁胁迫影响 Mg-ATP 复合体，抑制 $H^+$-ATP 酶的功能和活性，影响光合产物的外运（Hanstein et al.，2011）；同时定位在韧皮部细胞质膜上的 $H^+$-ATP 酶和韧皮部蔗糖的装载关系密切，低镁条件抑制韧皮部伴胞细胞的 $H^+$-ATP 酶活性，从而减少韧皮部碳水化合物向库器官转运（Zhao et al.，2000；Farhat et al.，2016）。此外，缺镁导致韧皮部的结构伤害和不稳定，高光强下缺镁会伤害挪威云杉维管组织，造成韧皮部细胞的功能完整性受损（Boxler-Baldoma et al.，2006）。缺镁不仅阻碍柑橘韧皮部运输碳水化合物，还使维管束形成层和海绵组织的细胞壁发生二次木质化(Huang et al.,2019)。因为缺镁抑制韧皮部蔗糖的卸载只是缺镁胁迫的早期反应,韧皮部组织的退化有可能是缺镁胁迫后期的表现症状(Cakmak and Kirkby,2008)。

### 1.1.3 ROS 产生和抗氧化系统

缺镁胁迫出现叶片失绿和坏死症状一般是叶绿体超微结构受到破坏的表现。在柑橘、萝卜等植物都发现缺镁紊乱类囊体和破坏叶绿体(申燕等,2011;Farhat et al.,2016;Samborska et al.,2018)。这通常是 ROS 爆发造成的伤害,一方面缺镁胁迫导致叶片的碳水化合物积累减少了还原当量,有利于 ROS 的生成(Da Silva et al.,2014);另一方面缺镁导致叶片叶绿素含量降低,光合电子传递速率降低,积累了过剩激发能,同时非光化学猝灭降低阻碍了过剩激发能以能量耗散系统及时耗散,易造成活性自由基的爆发(杨勇等,2005)。在柑橘中也发现缺镁叶片的非光化学猝灭系数先升后降,热耗散能力显著下降(凌丽俐等,2014)。为了减少伤害,植物会激发一系列代谢物和抗氧化酶以减少甚至清除 ROS(Cakmak and Kirkby,2008;Farhat et al.,2016)。缺镁胁迫提高了植物过氧化氢、抗坏血酸和丙二醛及其抗氧化酶活性(Da Silva et al.,2014;Huang et al.,2016)。总结过去 70 年发表的文献可以发现,供镁可以减少 31%的 ROS,而缺镁提高了大部分抗氧化物酶活性及代谢物浓度,虽然过氧化氢酶(CAT)、超氧化物歧化酶(SOD)活性和还原型谷胱甘肽浓度变化不大(Hauer-Jákli and Tränkner,2019)。如果提高了多数抗氧化酶活性依然来不及清除缺镁胁迫产生的 ROS,就会出现丙二醛累积过多造成伤害(Cai et al.,2019),加剧膜脂过氧化使叶绿体结构受到损失,最终出现叶片失绿坏死(杨勇等,2005)。能够保持葡萄叶片 SPAD 值、可溶性总糖和根冠比不受影响是因为该葡萄砧木可以更快更有效地清理缺镁引发的 ROS(Livigni et al.,2019)。因此耐胁迫的关键是要快速有效地清理缺镁引发产生的 ROS。利用突变体 sgr 和外源的过氧化氢及其抑制剂处理发现,缺镁介导的 *SGR*(脱镁螯合酶基因)基因高表达和叶绿素降解是通过上调水稻内源过氧化氢水平;叶绿素降解又可以反馈抑制 ROS 爆发,水稻缺镁胁迫时中等叶龄的叶片持绿反而引起 ROS 积累,导致叶片坏死(Peng et al.,2019)。可见部分叶片的失绿坏死可能是植物减少 ROS 伤害、自我保护的一种反应。

非生物胁迫特别是高温高光往往加剧缺镁症状,补充适量的镁可以缓解高温高光等非生物胁迫的伤害。高温加剧玉米和小麦的缺镁症状,高温缺镁显著提高 SOD、过氧化氢酶(POD)、谷胱甘肽还原酶、抗坏血酸过氧化物酶活性,可能是 ROS 增加的原因,适量的镁可以缓解高温胁迫(Mengutay et al.,2013)。高温也会降低蚕豆叶绿素浓度、RuBP 羧化酶和碳酸酐酶活性,但是提高脯氨酸、甜菜碱、丙二醛浓度及 SOD、POD 和 CAT 活性,而补镁可以提高脯氨酸、甜菜碱、SOD、POD 和 CAT 活性,减少电解质渗出率、丙二醛和过氧化氢,缓解高温胁迫(Siddiqui et al.,2018)。缺镁菜豆在高光下更容易出现叶片失绿,而低镁低光下或者高镁高光下并未出现叶片失绿,可见镁能缓解高光胁迫(Marschner and Cakmak,1989)。

### 1.1.4 酶的活化

镁是多种酶的辅因子,许多酶和酶促反应需要镁激活。镁与酶形成一种三元配合物,这个三元配合物需要桥接阳离子在酶与底物之间形成一定结构。果糖-1,6-二磷酸酶在叶绿体内调节淀粉合成和磷酸丙糖输出之间同化产物的分配。果糖-1,6-二磷酸酶的底物是(果糖-1,6-二磷酸根$^{4-}$)-$Mg^{2+}$复合体,需要较高的镁浓度(20 $mmol \cdot L^{-1}$)和较高的适宜 pH(8),如果镁离子浓度降低或是 pH 降低则会显著降低果糖-1,6-二磷酸酶活性；而且果糖-1,6-二磷酸酶活性与(果糖-1,6-二磷酸根$^{4-}$)-$Mg^{2+}$复合体显著正相关，而与游离的果糖-1,6-二磷酸根$^{4-}$之间是负相关关系(Gardemann et al.,1986)。ATP 酶是植物中最丰富和普遍存在的蛋白之一，负责可逆催化 ATP 转变成 ADP 和 Pi。ATP 酶由光介导的跨类囊体膜 pH 梯度激活，其中 pH 和 $Mg^{2+}$ 影响 ATP 合成酶活性；同时 ATP 酶的底物是 Mg·ATP，而不是游离的 ATP，在 pH 6 以上形成具有适当稳定性的 Mg·ATP 复合物，这个复合物能被 ATP 酶的活性位点用于转移高能磷酰基(Malyan et al.,1998;Shaul,2002)。核酸和 ATP 合成及其功能需要镁，在镁充足的植物细胞中，高达 90%的细胞质 ATP 与 $Mg^{2+}$ 结合在一起(Yazaki et al.,1988)。光合作用通过积累的糖激活和磷酸化拟南芥 $H^+$-ATP 酶(Okumura et al.,2016)。

镁可以激活碳氮代谢途径的许多关键酶，其中 $CO_2$ 同化途径中关键酶核酮糖-1,5-二磷酸(RuBP)羧化酶、磷酸烯醇丙酮酸(PEP)羧化酶在足够镁离子的作用下才有活性并能结合更多的底物(Mcnevin et al.,2006;Chen et al.,2017)。缺镁抑制 RuBP 羧化酶，降低光合速率(Andersson,2008)；在 C4 和 CAM 植物中，用于同化 $CO_2$ 的 PEP 羧化酶的活化也需要 $Mg^{2+}$(Wedding and Black,1988;Kai et al.,2003)，缺镁显著抑制玉米的 PEP 羧化酶活性，导致 $CO_2$ 同化速率降低(Zhao et al.,2012)。此外，缺镁会抑制硝酸还原酶、蔗糖磷酸合成酶和 PEP 羧化酶活性，影响玉米碳氮代谢(Zhao et al.,2012)。镁是谷氨酰胺合成酶的组成成分和催化剂，但是镁缺乏并没有影响玉米叶片谷氨酰胺合成酶的活性，只是影响韧皮部游离氨基酸的转运(Jezek et al.,2015)。

## 1.2 缺镁症状和镁的转运蛋白家族

### 1.2.1 镁的临界浓度及缺镁症状

镁是叶绿素的重要组成成分，老叶叶片脉间失绿是缺镁的典型症状(Cakmak and Yazici,2010)。一般而言，植物生长的适宜需镁量范围为干重的 0.15%～0.35%(Marschner et al.,2012)。当叶片镁含量低于 0.1%～0.2%时经常出现失绿现象，镁浓度低于此水平影响植物生长和生物量积累及其分配(Hermans et al.,2004;Hermans and Verbruggen,2005)。最近通过 Meta 分析过去 70 年的研究发现，不同作物需要的镁临界浓度存在差异，大部分作物干物质积累需要的镁临界浓度为 0.1%～0.2%，而且 $CO_2$ 净同化速率需要的镁临界浓度较高(Hauer-Jákli and Tränkner et al.,2019)。但是镁梯度水培试验发现，小麦和向日葵的 $CO_2$ 净同化速率的镁临界浓度均低于 0.1%，同时单子叶作物小麦和双子叶作物向日葵对 SPAD 值和 $CO_2$ 净同化速率的响应有所不同(Tränkner and Jaghdani et al.,2019)。

一般认为镁是一种在植物韧皮部中易移动的营养元素，缺镁时老叶中的镁活化出来并移动到新叶再利用(Zhong et al.,1993)，因此缺镁时老叶的镁浓度更低，失绿症状更严重。但是在缺镁胁迫下，甜菜和水稻的缺镁症状最明显的叶片是最新成熟的叶片(图 1-2)(Hermans et al.,2004;Tanoi and Kobayashi,2015)，$^{28}Mg$ 示踪标记也发现，缺镁胁迫导致水稻最新展开叶分配到的镁最少(Kobayashi et al.,2013)。水稻长至 6 展叶时开始缺镁 8 d 后(第 8 天时水稻长至 8 展叶），缺镁症状严重的是中等叶龄的叶片（第 5、6、7 展叶），其 SPAD 值和镁浓度均较低，其中第 7 展叶的叶绿素和镁浓度最低（Peng et al.，2019）。但是柑橘缺镁胁迫 16 周后（缺镁处理时柑橘 15 周叶龄）下部叶片（11 周叶龄）比上部叶片（5 周叶龄）的镁浓度更低，缺镁症状更加明显（Cai et al.，2019）。缺镁症状首先出现在老叶或是最新成熟的叶片，可能跟植物和培养条件不同有关系，但是镁的转移利用调控机制依然需要更深入的研究。有趣的是，香蕉缺镁失绿的叶片不是出现在老叶，而是从新叶开始，随着缺镁时间的延长，缺镁坏死叶片出现在中上部；测定镁的积累与分配也发现镁在香蕉中难以从老叶转移到新叶再利用（Chen and Fan，2018）。

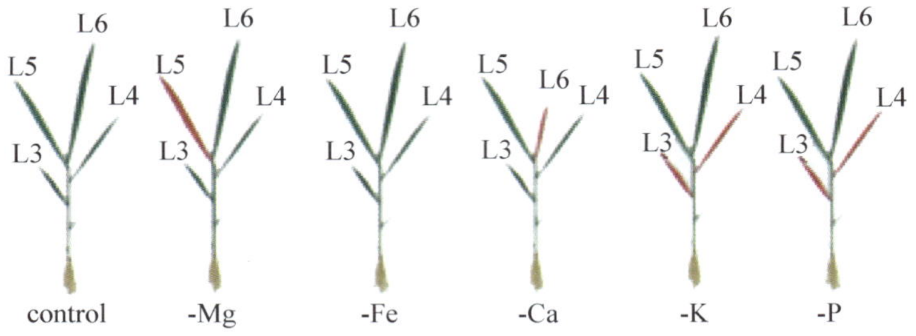


图 1-2　水稻缺镁胁迫后叶片的表型（Tanoi and Kobayashi，2015）

L3 代表第 3 展叶，依此类推；红色叶片代表此叶失绿坏死。

### 1.2.2　镁的转运蛋白家族

植物为了维持组织内高浓度的镁，进化出了镁吸收、储存和转运的高效运输系统，镁的移动需要镁转运蛋白参与其中，目前有不少镁转运蛋白家族已得到鉴定，具体如图 1-3 所示（Chen et al.，2017）。在水稻中发现 OsMGT1 介导根系吸收镁，拟南芥中的 AtMGT6 是定位在质膜上的转运蛋白，影响低镁胁迫下的根系对镁的吸收；但是敲除 *OsMGT1* 和沉默 *AtMGT6* 并没有阻止镁在根中积累，说明存在其他的转运蛋白或通道（Chen et al.，2012、Mao et al.，2014）。果然，在拟南芥中发现一个非特异性离子通道蛋白 AtMGT6，介导根分生区和伸长区吸收镁（Guo et al.，2010）。

植物通过木质部装载可以将镁从根中转移到地上部，需要定位在木质部的具有相关功能的镁转运蛋白。BnMGT1-2 和 BnMGT6-1 这两个镁转运蛋白可以将在欧洲油菜根部的镁转运到地上部（Sun et al.，2019）。在拟南芥中鉴定到一个在维管组织高表达的 *MHX* 基因（编码 $Mg^{2+}/H^{+}$ 反向转运蛋白），可能与木质部装载和卸载镁有关系（Shaul et al.，1999）。此外，水稻的 *OsMGT2*、*OsMGT6* 和 *AtMGT9* 基因可能也参与木质部镁的装载（Gebert et al.，2009）。镁转移到地上部之后还需要分配到新生组织，同时作为一个可移动的元素，缺镁会激发镁在不同叶龄的叶片中的再转移利用，需要定位在韧皮部的相关转运蛋白，但是目前这些镁转运蛋白仍然不清楚。

镁对叶绿素的合成和 $CO_2$ 固定至关重要，镁在叶绿体的浓度可以达到 0.5～2 $mmol \cdot L^{-1}$（Ishijima et al.，2003），其中有个转运蛋白 AtMGT10 定位在叶绿体被膜上，调节叶绿素基质中镁的昼夜平衡（Drummond et al.，2006）。为了维持渗透压平衡，将多余的镁运到液泡中储存（Shaul，2002），定位在叶肉细胞和液泡膜上的转运蛋白 AtMGT2、AtMGT3 参与其中，

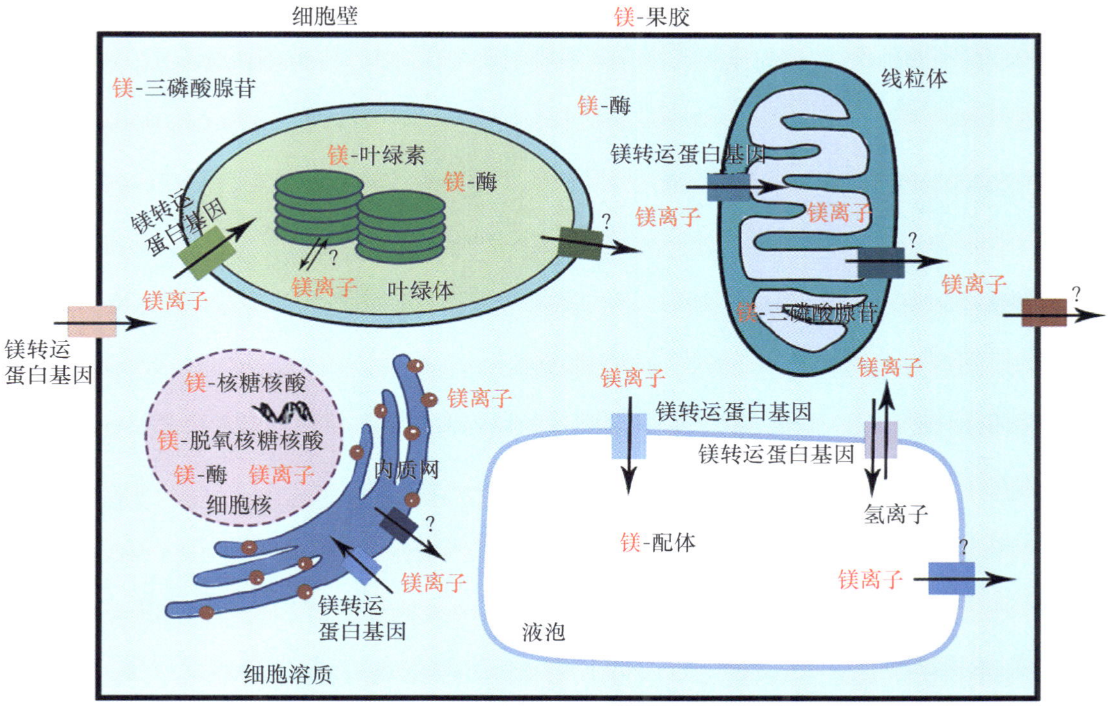


图 1-3　镁在植物细胞中运输和分配的图解模型(Chen et al.,2017)

*MGT1/2/3* 敲除突变体在缺镁条件下表现出严重的发育阻碍，而且这 3 个基因表达量与叶片镁浓度显著相关，说明 3 个基因对维持叶肉细胞中镁平衡的重要作用(Lenz et al.,2013)。AtMGT4、AtMGT5 和 AtMGT9 影响拟南芥花粉管发育，其中 AtMGT5 和 AtMGT9 定位在质膜上，可能参与绒毡层中的镁运到小孢子(Chen et al.,2009;Xu et al.,2015)。

## 1.3 小结与展望

镁在叶绿素代谢、光合作用、ROS 产生和清除、碳水化合物积累和运输、酶活化中发挥重要作用，缺镁胁迫首先导致碳水化合物的积累，阻碍源叶中的碳水化合物向外运输，进而影响光合作用的相关酶活性和光合电子传递，抑制 $CO_2$ 同化，诱导 ROS 产生，如果缺镁引发的抗氧化酶系统来不及清除 ROS 就会破坏叶绿体并降解叶绿素，最后造成叶片失绿坏死(Cakmak and Kirkby,2008)，也有研究认为蒸腾速率、养分运输、肌醇和柠檬酸对缺镁的响应快于碳水化合物积累(Kobayashi et al.,2013)，因此还需要深入研究以阐明缺镁胁迫对相关生理功能的影响，评估其对产量品质的影响，找到缺镁的早期指示指标。

一般认为植物生长的适宜需镁量范围为干重的 0.15%～0.35%(Marschner et al.,2012)，而最近的研究表明植物需镁的临界浓度为 0.1%～0.2%甚至更低的水平(Hauer-Jákli and Tränkner et al.,2019)，不同植物需镁临界浓度存在差异，还是需要丰富相关研究以明确植物需镁的临界浓度，加深理解需镁临界浓度与土壤、叶片镁浓度的关系，为农业生产中镁营养的综合管理和应用提供依据。转运蛋白家族影响镁的运输，然而目前已鉴定的镁转运蛋白依然有限，对镁的吸收、转运和分配机制及其调控缺乏足够的认识，亟待通过生理生化和分子生物学手段挖掘有功能的相关转运蛋白，为高效吸收利用镁的育种和栽培工作奠定基础。

## 参考文献


黄毓娟，黄春应，肖起通，等. 2011. 不同镁肥对椪柑缺镁的矫治作用. 中国南方果树，40(5)：45－47.

李延，刘星辉，庄卫民. 2001. 缺镁对龙眼光合作用的影响. 园艺学报，28：101－106.

凌丽俐，黄翼，彭良志，等. 2014. 镁缺乏和过量胁迫对纽荷尔脐橙叶绿素荧光特性的影响. 生态学报，34(7)：1672－1680.

凌丽俐，彭良志，曹立，等. 2009. 缺镁对北碚447锦橙光合作用特性的影响. 果树学报，26(3)：275－280.

申燕，肖家欣，杨慧，等. 2011. 镁胁迫对'春见'橘橙生长和矿质元素分布及叶片超微结构的影响. 园艺学报，(05)：39－48.

熊英杰，陈少凤，李恩香，等. 2010. 植物缺镁研究进展及展望. 安徽农业科学，38(15)：7754－7757.

杨勇，蒋德安，孙骏威，等. 2005. 不同供镁水平对水稻叶片叶绿素荧光特性和能量耗散的影响. 植物营养与肥料学报，11(1)：79－86.

张其德，娄世庆，李桐柱，等. 1979. 叶绿体膜的结构与功能：Ⅱ. 钾离子和镁离子对两种类型叶绿体膜吸收光谱及光系统Ⅱ功能的影响. Journal of Integrative Plant Biology，(03)：54－62.

郑重禄. 2015. 缺镁胁迫对柑橘的影响研究综述(2)：缺镁对柑橘光合作用及相关生理生化的影响. 浙江柑橘，32(3)：2－8.

Aitken R L，Dickson T，Hailes K J，et al. 1999. Response of field-grown maize to applied magnesium in acidic soils in north-eastern Australia. Australian Journal of Agricultural Research，50(2)：191－198.

Andersson I. 2008. Catalysis and regulation in rubisco. Journal of Experimental Botany，59(7)：1555－1568.

Boxler-Baldoma C，Lütz C，Heumann H G，et al. 2006. Structural changes in the vascular bundles of light-exposed and shaded spruce needles suffering from Mg deficiency and ozone pollution. Journal of Plant Physiology，163(2)：195－205.

Cai Y T，Zhang H，Qi Y P，et al. 2019. Responses of reactive oxygen species and methylglyoxal metabolisms to magnesium-deficiency differ greatly among the roots，upper and lower leaves of *Citrus sinensis*. BMC Plant Biology，19(1)：76.

Cakmak I，Hengeler C，Marschner H. 1994. Partitioning of shoot and root dry matter and carbohydrates in bean plants suffering from phosphorus，potassium and magnesium deficiency. Journal of Experimental Botany，45(9)：1245－1250.

Cakmak I, Kirkby E A. 2008. Role of magnesium in carbon partitioning and alleviating photooxidative damage. Physiologia Plantarum, 133(4): 692−704.

Cakmak I, Yazici A M. 2010. Magnesium: a forgotten element in crop production. Better Crops, 94(2): 23−25.

Ceylan Y, Kutman U B, Mengutay M, et al. 2016. Magnesium applications to growth medium and foliage affect the starch distribution, increase the grain size and improve the seed germination in wheat. Plant and Soil, 406(1−2): 145−156.

Chen H, Fan X. 2018. Effects of magnesium remobilization and allocation on banana plant growth. Journal of Plant Nutrition, 41(10): 1312−1320.

Chen J, Li L, Liu Z, et al. 2009. Magnesium transporter AtMGT9 is essential for pollen development in *Arabidopsis*. Cell Research, 19(7): 887−898.

Chen Z C, Peng W T, Li J, et al. 2017. Functional dissection and transport mechanism of magnesium in plants. Seminars in Cell and Developmental Biology, S1084952117302574.

Chen Z C, Yamaji N, Motoyama R, et al. 2012. Up-regulation of a magnesium transporter gene *OsMGT1* is required for conferring aluminum tolerance in rice. Plant Physiology, 159(4): 1624−1633.

Da Silva D M, Brandão I R, Alves J D, et al. 2014. Physiological and biochemical impacts of magnesium-deficiency in two cultivars of coffee. Plant and Soil, 382(1−2): 133−150.

Drummond R S M, Tutone A, Li Y C, et al. 2006. A putative magnesium transporter AtMRS2-11 is localized to the plant chloroplast envelope membrane system. Plant Science, 170(1): 78−89.

Farhat N, Elkhouni A, Zorrig W, et al. 2016. Effects of magnesium deficiency on photosynthesis and carbohydrate partitioning. Acta Physiologiae Plantarum, 38(6): 145.

Gardemann A, Schimkat D, Heldt H W. 1986. Control of $CO_2$ fixation regulation of stromal fructose-1, 6-bisphosphatase in spinach by pH and $Mg^{2+}$ concentration. Planta, 168(4): 536−545.

Gebert M, Meschenmoser K, Svidová S, et al. 2009. A root-expressed magnesium transporter of the *MRS2/MGT* gene family in *Arabidopsis thaliana* allows for growth in low-$Mg^{2+}$ environments. The Plant Cell, 21(12): 4018−4030.

Gransee A, Führs H. 2013. Magnesium mobility in soils as a challenge for soil and plant analysis, magnesium fertilization and root uptake under adverse growth conditions. Plant and Soil, 368(1−2): 5−21.

Guo K M, Babourina O, Christopher D A, et al. 2010. The cyclic nucleotide-gated channel AtCNGC10 transports $Ca^{2+}$ and $Mg^{2+}$ in *Arabidopsis*. Physiologia Plantarum, 139(3): 303−312.

Hanstein S, Wang X, Qian X, et al. 2011. Changes in cytosolic $Mg^{2+}$ levels can regulate the activity of the plasma membrane $H^+$-ATP ase in maize. Biochemical Journal, 435(1): 93−101.

Hauer-Jákli M, Tränkner M. 2019. Critical leaf magnesium thresholds and the impact of magnesium on plant growth and photo-oxidative defense: a systematic review and meta-analysis on 70 years of research. Frontiers in Plant Science, 10: 766.

Hermans C, Bourgis F, Faucher M, et al. 2005. Magnesium deficiency in sugar beets alters sugar partitioning and phloem loading in young mature leaves. Planta, 220(4): 541–549.

Hermans C, Johnson G N, Strasser R J, et al. 2004. Physiological characterization of magnesium deficiency in sugar beet: acclimation to low magnesium differentially affects photosystems Ⅰ and Ⅱ. Planta, 220(2): 344–355.

Hermans C, Verbruggen N. 2005. Physiological characterization of Mg deficiency in *Arabidopsis thaliana*. Journal of Experimental Botany, 56(418): 2153–2161.

Hermans C, Vuylsteke M, Coppens F, et al. 2010. Systems analysis of the responses to long-term magnesium deficiency and restoration in *Arabidopsis thaliana*. New Phytologist, 187(1): 132–144.

Huang J H, Xu J, Ye X, et al. 2019. Magnesium deficiency affects secondary lignification of the vascular system in *Citrus sinensis* seedlings. Trees, 33(1): 171–182.

Huang Y, Jiao Y, Nawaz M A, et al. 2016. Improving magnesium uptake, photosynthesis and antioxidant enzyme activities of watermelon by grafting onto pumpkin rootstock under low magnesium. Plant and Soil, 409(1–2): 229–246.

Ishijima S, Uchibori A, Takagi H, et al. 2003. Light-induced increase in free $Mg^{2+}$ concentration in spinach chloroplasts: measurement of free $Mg^{2+}$ by using a fluorescent probe and necessity of stromal alkalization. Archives of Biochemistry and Biophysics, 412(1): 126–132.

Jezek M, Geilfus C M, Mühling K H. 2015. Glutamine synthetase activity in leaves of *Zea mays* L. as influenced by magnesium status. Planta, 242(6): 1309–1319.

Kai Y, Matsumura H, Izui K. 2003. Phosphoenolpyruvate carboxylase: three-dimensional structure and molecular mechanisms. Archives of Biochemistry and Biophysics, 414(2): 0–179.

Karley A J, White P J. 2009. Moving cationic minerals to edible tissues: potassium, magnesium, calcium. Current Opinion in Plant Biology, 12(3): 291–298.

Kobayashi N I, Saito T, Iwata N, et al. 2013. Leaf senescence in rice due to magnesium deficiency mediated defect in transpiration rate before sugar accumulation and chlorosis. Physiologia Plantarum, 148(4): 490–501.

Kong W, Yu X, Chen H, et al. 2016. The catalytic subunit of magnesium-protoporphyrin Ⅸ monomethyl ester cyclase forms a chloroplast complex to regulate chlorophyll biosynthesis in rice. Plant Molecular Biology, 92(1–2): 177–191.

Lenz H, Dombinov V, Dreistein J, et al. 2013. Magnesium deficiency phenotypes upon multiple knockout of *Arabidopsis thaliana* MRS2 clade B genes can be ameliorated by concomitantly reduced calcium supply. Plant and Cell Physiology, 54(7): 1118–1131.

Livigni S, Lucini L, Sega D, et al. 2019. The different tolerance to magnesium deficiency of two grapevine rootstocks relies on the ability to cope with oxidative stress. BMC Plant Biology,19(1):148.

Malyan A N,Vitseva O I,Gubanova O N. 1998. $Mg^{2+}$-dependent inactivation/$H^+$-dependent activation equilibrium of chloroplast F1-ATP ase. Photosynthesis Research,57(3):297-303.

Mao D,Chen J,Tian L,et al. 2014. Arabidopsis transporter MGT6 mediates magnesium uptake and is required for growth under magnesium limitation. The Plant Cell,26(5):2234-2248.

Marschner H,Cakmak I. 1989. High light intensity enhances chlorosis and necrosis in leaves of zinc,potassium,and magnesium deficient bean(*Phaseolus vulgaris*) plants. Journal of Plant Physiology,134(3):308-315.

Marschner H. 2012. Marschner's mineral nutrition of higher plants. New York:Academic Press.

Mcnevin D,Von Caemmerer S,Farquhar G. 2006. Determiningrubisco activation kinetics and other rate and equilibrium constants by simultaneous multiple non-linear regression of a kinetic model. Journal of Experimental Botany,57(14):3883-3900.

Mengutay M,Ceylan Y,Kutman U B,et al. 2013. Adequate magnesium nutrition mitigates adverse effects of heat stress on maize and wheat. Plant and Soil,368(1-2):57-72.

Okumura M,Inoue S,Kuwata K,et al. 2016. Photosynthesis activates plasma membrane $H^+$-ATP ase via sugar accumulation. Plant Physiology,171(1):580-589.

Peng W T,Zhang L D,Zhou Z,et al. 2018. Magnesium promotes root nodulation through facilitation of carbohydrate allocation in soybean. Physiologia Plantarum,163(3):372-385.

Peng Y Y,Liao L L,Liu S,et al. 2019. Magnesium deficiency triggers SGR-mediated chlorophyll degradation for magnesium remobilization. Plant Physiology,181(1):262-275.

Rissler H M,Collakova E,Dellapenna D,et al. 2002. Chlorophyll biosynthesis. Expression of a second Chl I gene of magnesium chelatase in Arabidopsis supports only limited chlorophyll synthesis. Plant Physiology,128(2):770-779.

Sakuraba Y,Schelbert S,Park S Y,et al. 2012. STAY-GREEN and chlorophyll catabolic enzymes interact at light-harvesting complex Ⅱ for chlorophyll detoxification during leaf senescence in *Arabidopsis*. The Plant Cell,24(2):507-518.

Samborska I A,Kalaji H M,Sieczko L,et al. 2018. Structural and functional disorder in the photosynthetic apparatus of radish plants under magnesium deficiency. Functional Plant Biology,45(6):668-679.

Shaul O,Hilgemann D W,de-Almeida-Engler J,et al. 1999. Cloning and characterization of a novel $Mg^{2+}/H^+$ exchanger. The EMBO Journal,18(14):3973-3980.

Shaul O. 2002. Magnesium transport and function in plants:the tip of the iceberg. Biometals,15(3):307-321.

Siddiqui M H,Alamri S A,Al-Khaishany M Y Y,et al. 2018. Mitigation of adverse effects of heat stress on *Vicia faba* by exogenous application of magnesium. Saudi Journal of Biological Sciences,25(7):1393-1401.

Sun J, Li S, Wang S, et al. 2019. Characterization of the main magnesium transporters mediating different Mg translocation from root to shoot between Mg-tolerant and Mg-sensitive *Brassica napus* cultivars under magnesium deficiency stress. Plant and Soil, 445(1): 453-468.

Tanoi K, Kobayashi N I. 2015. Leaf senescence by magnesium deficiency. Plants, 4(4): 756-772.

Tränkner M, Jaghdani S J. 2019. Minimum magnesium concentrations for photosynthetic efficiency in wheat and sunflower seedlings. Plant Physiology and Biochemistry, 144: 234-243.

Verbruggen N, Hermans C. 2013. Physiological and molecular responses to magnesium nutritional imbalance in plants. Plant and Soil, 368(1-2): 87-99.

Wang Z, Hassan M U, Nadeem F, et al. 2020. Magnesium fertilization improves crop yield in most production systems: A meta-analysis. Frontiers in Plant Science, 10: 1727.

Wedding R T, Black M K. 1988. Role of magnesium in the binding of substrate and effectors to phosphoenolpyruvate carboxylase from a CAM plant. Plant Physiology, 87(2): 443-446.

Willows, Robert D. 2003. Biosynthesis of chlorophylls from protoporphyrin Ⅸ. Natural Product Reports, 20(3): 327.

Xu X F, Wang B, Lou Y, et al. 2015. Magnesium transporter 5 plays an important role in Mg transport for male gametophyte development in *Arabidopsis*. The Plant Journal, 84(5): 925-936.

Yazaki Y, Asukagawa N, Ishikawa Y, et al. 1988. Estimation of cytoplasmic free $Mg^{2+}$ levels and phosphorylation potentials in mung bean root tips by in vivo 31P NMR spectroscopy. Plant and Cell Physiology, 29(6): 919-924.

Zhao H, Zhou Q, Zhou M, et al. 2012. Magnesium deficiency results in damage of nitrogen and carbon cross-talk of maize and improvement by cerium addition. Biological Trace Element Research, 148(1): 102-109.

Zhao R, Dielen V, Kinet J M, et al. 2000. Cosuppression of a plasma membrane $H^+$-ATPase isoform impairs sucrose translocation, stomatal opening, plant growth, and male fertility. The Plant Cell, 12(4): 535-546.

Zhong W, Schobert C, Komor E. 1993. Transport of magnesium ions in the phloem of *Ricinus communis* L. seedlings. Planta, 190(1): 114-119.

Zhou M, Gong X, Ying W, et al. 2011. Cerium relieves the inhibition of chlorophyll biosynthesis of maize caused by magnesium deficiency. Biological Trace Element Research, 143(1): 468-477.

叶德练(福建农林大学农学院 国际镁营养研究所)

# 第 2 章

# 植物镁营养的分子生理研究进展

镁素(Mg)是植物体内多种结构物质和酶类的组成成分，也是人体健康所必需的营养元素。土壤镁营养的丰缺势必显著影响植株生长发育和籽粒(果实)品质形成，从而影响人体镁营养的有效获取(Cakmak，2013；Rosanoff，2013)。过去几十年，土壤质地、降雨格局、土壤酸化、氮磷钾肥过量施用以及忽视有机肥和镁肥的补充等原因，致使土壤中的可交换性镁浓度不断下降，加之农业生产上不合理的品种选择，使某些地区因土壤镁缺乏引起农作物缺镁进而产量和品质下降的现象普遍发生(黄翼等，2013；Li 等，2015；刁莉华等，2013；陈欢欢等，2019)。近年来，土壤-植物-人体系统的镁营养研究在我国乃至世界范围内兴起，得到相关科学家、农业企业和生产者的关注，已成为植物营养领域研究和应用的热点问题，但有关植物镁营养的生理分子机制的研究相对较少。本章概括近 10 年来国内外有关植物镁营养分子生理方面的研究进展，以期在充分理解植物镁营养分子生理功能的基础上，为通过镁肥科学合理施用协同实现作物高产、养分高效利用和可食部位营养品质提高奠定理论依据。

## 2.1 植物体内镁元素的稳态

矿物稳态是指在组织中紧密维持某一元素内部平衡的过程。镁是植物细胞中重要的二价阳离子($Mg^{2+}$)，从植物细胞水平的镁稳态机制可以看出(图 2-1)，在植物细胞中，$Mg^{2+}$ 的总浓度在 15～25 mmol・$L^{-1}$ 范围内。在细胞代谢水平，有 0.2～0.4 mmol・$L^{-1}$ 的镁分布在细胞质中，与之相当的镁浓度(0.2～0.5 mmol・$L^{-1}$)分布在线粒体中，而叶绿体中的镁含量则为 10～15 mmol・$L^{-1}$。在亚细胞中，大多数代谢不活跃的镁(5～80 mmol・$L^{-1}$)主要分布于液泡中。另外，质外体中的镁浓度范围在 0.2～0.5 mmol・$L^{-1}$。镁在这些亚细胞器中的数值范围是指示性的，容易根据植物种类、细胞类型、营养供应和光照条件的改变而有很大的变化。例如，$Mg^{2+}$ 从类囊体腔向基质的移动与光照后基质 pH 升高有关，而光照控制类囊体腔

和基质间的 $Mg^{2+}$ 流动可通过调节光合酶的活性实现，如 Rubisco 酶。植物细胞中的游离 $Mg^{2+}$ 水平受到严格的调节，大多数 $Mg^{2+}$ 被一些大分子物质束缚或结合，最终变成细胞的组成物质，其结果维持了细胞质中的游离 $Mg^{2+}$ 处于 0.2～0.4 mmol・$L^{-1}$ 之间。据报道，细胞质中有高达 90％的磷酸核苷物质（ADP，ATP）与 $Mg^{2+}$ 形成络合物，这些富含能量的络合物通过腺苷酸激酶平衡相互连接，是许多酶促反应的底物，这可能是镁元素具有参与植物体内能量代谢功能的最直接证据之一。

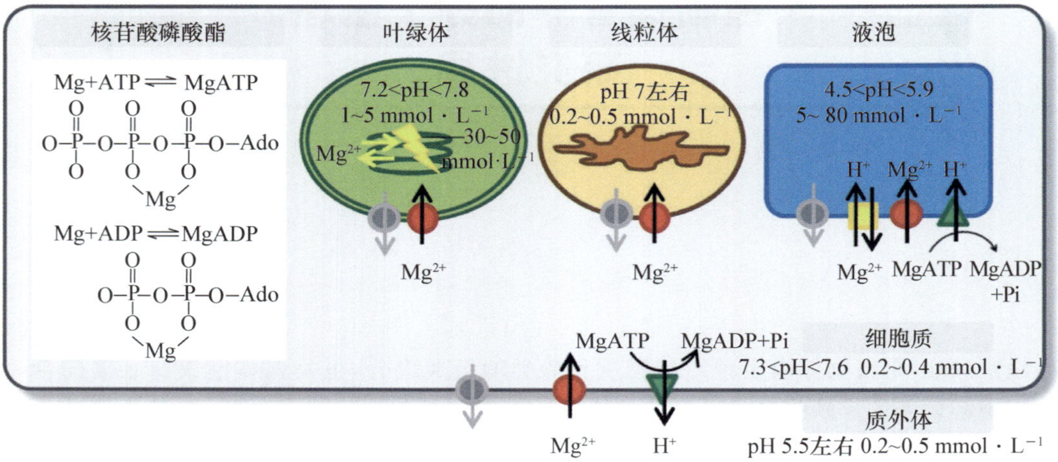


图 2-1　植物细胞水平的镁稳态机制（Hermans 等，2013）

## 2.2 植物镁离子的吸收和转运

目前，对植物体内镁稳态网络中调控特定步骤基因的认识还很少，尚不清楚哪些运输系统控制着镁的获取、分配和再分配。尽管如此，从微生物对镁的吸收利用角度也可用来理解其基因的相关特性和功能，前人在抗钴筛选过程中详细描述鉴定了细菌 CorA 家族（钴抗性蛋白家族）的 $Mg^{2+}$ 通道。在许多生物体中，所有 CorA 蛋白都具有 Gly-Met-Asn（GMN）特征序列，如在酵母中已鉴定出的 5 种功能多样的 Mg 转运蛋白，分别为有利于促进质膜对 Mg 的吸收基因（*Alr1* 和 *Alr2*）和 Mg 在亚细胞间的分配基因（*Lpe10*，*Mnr2* 和 *Mrs2*）。然而，随着植物体内镁转运系统研究的深入，目前有关高等植物镁离子转运蛋白（MGT）的认识有了较大提升，其主要包括细菌 CorA 蛋白的同源物（CorA）、根系钙离子通道（RCA）、环核苷酸门控通道 10（CNGC10）、线粒体 RNA 剪接 2（MRS2）和液泡 $Mg^{2+}/H^{+}$ 交换体 1（MHX1）等。

*MGT* 编码蛋白位于质膜、线粒体、叶绿体以及液泡膜等不同细胞器上，通过调节叶绿素代谢，控制花粉发育和抗铝、镉毒害等多种途径参与植物的生长发育。从植物器官和细胞水平的镁稳态示意图可知（图 2-2），一般由根细胞膜上的 MRS2 家族和 RCA 蛋白控制 $Mg^{2+}$ 进入细胞内，再在 MRS2、MHX1 和 CNGC10 家族作用下介导 $Mg^{2+}$ 在细胞间的转运，最终通过 MHX1 和 MRS2 作用介导 $Mg^{2+}$ 经过木质部向地上部运输，进入地上部的 $Mg^{2+}$ 在 MHX1 和

MRS2 共同作用下进行亚细胞水平上的运输和穿梭，最终调节果实或种子中的镁含量。MRS2 家族成员中的转运蛋白（MGT7 和 MGT10）控制 $Mg^{2+}$ 跨质膜移动，MRS2-11 转运蛋白能促进镁运输到叶绿体，MRS2-4 转运蛋白能促进镁运输到线粒体，MRS2 家族成员中的 MRS2-2、MRS2-3 和 MRS2-6 介导镁在生殖器官中的转运。而液泡中高浓度的镁则由 MHX1 反向转运蛋白介导，这有利于维持细胞膨压和离子平衡，对细胞内的 $Mg^{2+}$ 稳态至关重要。

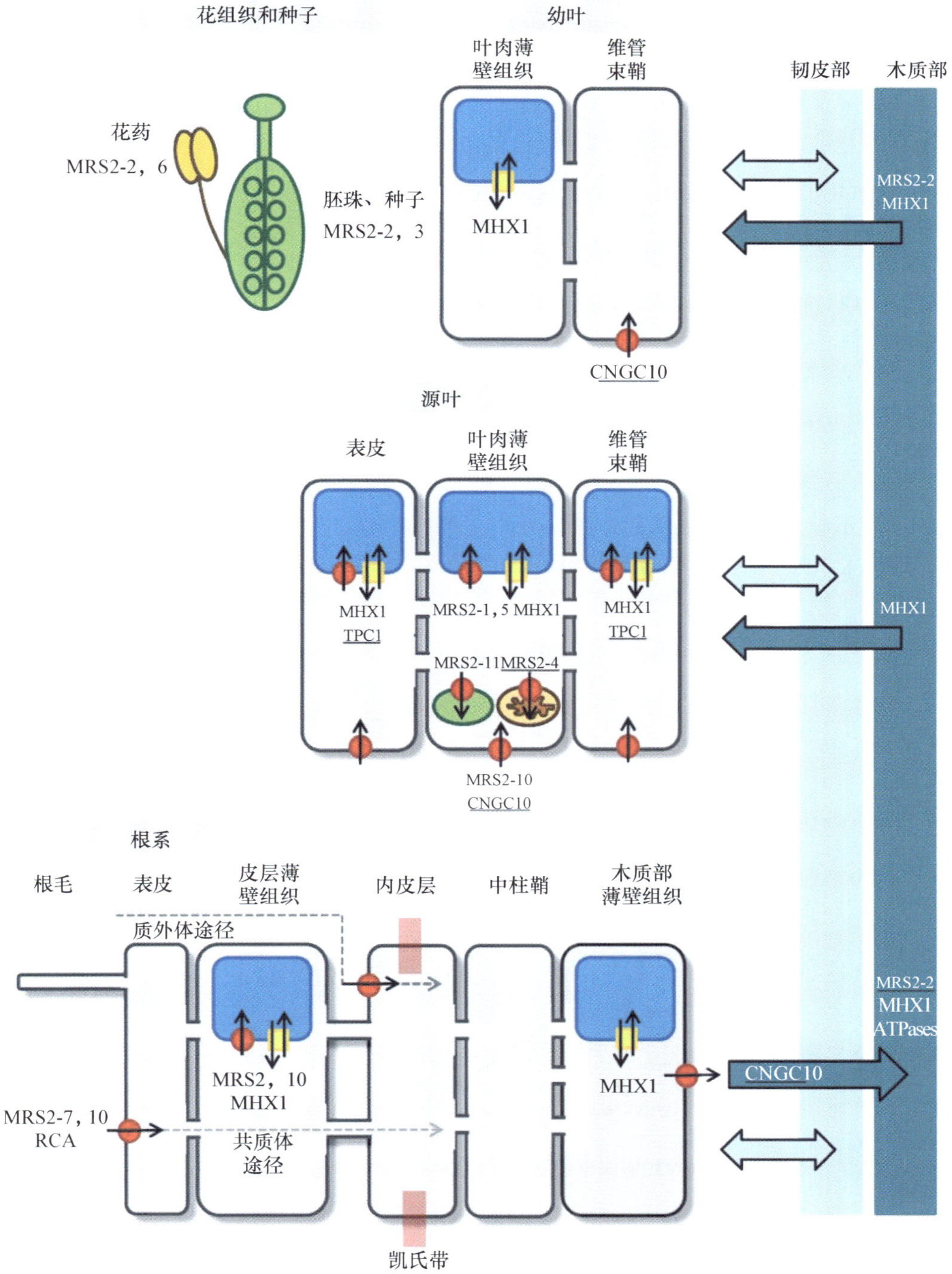


图 2-2　植物器官和细胞水平的镁稳态机制（Hermans et al.，2013）

在根系吸收 $Mg^{2+}$ 的过程中，土壤溶液中的 $Mg^{2+}$ 主要通过扩散或质流的方式被动进入根系皮层的质外体中，然后通过皮层细胞膜上的载体蛋白运输进皮层细胞，并继续通过胞间连丝的简单扩散方式从一个细胞到另一个细胞进行转运。$Mg^{2+}$ 跨过根细胞膜的过程是决定植物吸收镁能力和镁营养状态的最关键步骤，一般认为这个过程需要依据质膜上可调节多种单价和二价阳离子的 RCA 通道和 MRS2 家族蛋白。研究表明，拟南芥 *AtMGT6*（Mao et al.，2014）和 *AtMGT7*（Mao et al.，2008）基因、水稻 *OsMGT1*（Zhang et al.，2019）和 *CorA-MRS2-ALR* 家族基因(Saito et al.，2013)等过表达均可显著提高缺镁下植株对镁的吸收能力。因此，植物在面临缺镁胁迫时，体内的 MGT 蛋白基因的上调和下调对维持植株 $Mg^{2+}$ 的吸收、转运和再利用具有十分重要的作用，但有关 MGT 蛋白基因在不同植物中的亚细胞定位、表达水平和表达模式等尚未见系统报道，这也为进一步研究 MGT 相关基因调控植物镁营养的分子机制提出了要求。

据报道，在拟南芥的 10 个 CorA 家族(AtMGT)镁转运体基因中，已经证实 *AtMGT1*、*AtMGT6* 和 *AtMGT10* 编码高亲和 $Mg^{2+}$ 转运蛋白，*AtMGT3*、*AtMGT7* 和 *AtMGT9* 编码低亲和 $Mg^{2+}$ 转运蛋白，*AtMGT5* 编码具有双重亲和力的 $Mg^{2+}$ 转运蛋白，而对 *AtMGT8* 是否具有 $Mg^{2+}$ 转运特性的功能还有待进一步证实(图 2-3)。其中，AtMGT1 和 AtMGT6 都定位于质膜，*AtMGT1* 在根毛、根伸长区、维管组织和成熟叶片的表皮中表达，而 *AtMGT6* 介导低镁环境下根系 $Mg^{2+}$ 的吸收。AtMGT7 定位于内质网，AtMGT2 和 AtMGT3 定位于液泡膜并与 *AtMHX* 一起参与液泡中 $Mg^{2+}$ 的分配，维护阳离子平衡。*AtMGT5* 和 *AtMGT9* 在花粉发育和雄性育性中起关键作用，其中 AtMGT5 定位于线粒体，而 AtMGT10 则定位于叶绿体，可能在 $Mg^{2+}$ 向叶绿体中转运过程中起作用。另外，*AtMGT1* 拮抗调节植物铝毒的功能也有报道。然而，在植物中沉默 *AtMGT6*、过表达 *AtMGT1* 和 *AtMGT7* 以及双突变 *AtMRS2-1/10* 和三突变 *AtMRS2-1/5/10* 表现出对镁毒害反应的植株生长和形态的表型变化。

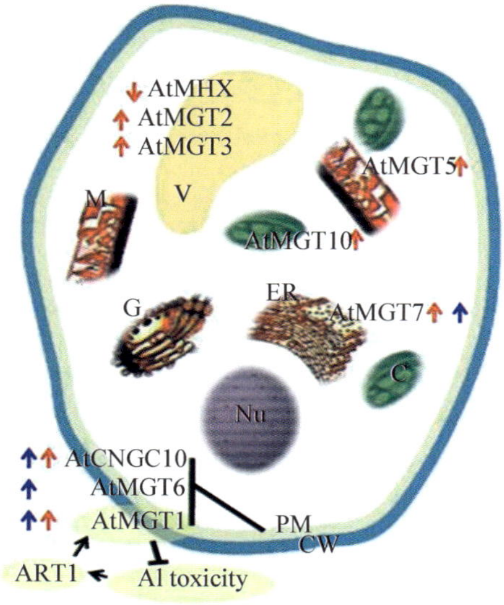


图 2-3　拟南芥植株中细胞水平的镁转运蛋白(Guo et al.，2016)

红色箭头表示缺镁诱导的镁转运蛋白基因的转录变化，蓝色箭头表示镁过量诱导的镁转运蛋白基因的转录变化，箭头向上表示上调，箭头向下表示下调。

## 2.3 镁营养影响植物光合作用和糖转运蛋白的基因表达

缺镁导致植物下部叶片的叶脉间失绿黄化原因与镁是叶绿素分子的中心原子、镁在植物体内的稳态平衡及调控植株光合作用有关，光合作用也是植株缺镁营养生理研究的热点。有研究报道，叶绿体中的镁约占植株的 35%，因此，缺镁显著降低柑橘叶片的叶绿素含量，且下部老叶中的下降幅度高于上部叶，表明镁是在植物体韧皮部中移动性较高的元素（Ye et al.，2019）。缺镁叶片中叶绿素浓度低是导致叶片净光合速率下降的主要原因，从而影响叶片的光合同化物生产。另外，缺镁在影响柑橘叶片光合参数的同时，也通过降低初始和总 Rubisco 活性，改变光系统 PSⅠ和 PSⅡ间的激发能分配、PSⅡ活性和原初光能的转化效率（Fv/Fm）、光合电子传递速率（ETR）、叶绿素荧光参数等诱导整个光合电子传递链的光抑制损伤和光能利用率降低而激发活性氧（ROS）产生，促使丙二醛（MDA）含量增加，诱导植株体内抗氧化反应和代谢，而 ROS 胁迫增强严重者将加剧光抑制、伤害包括光合碳代谢在内的植株正常的生理生化代谢功能和过程（图 2-4）。

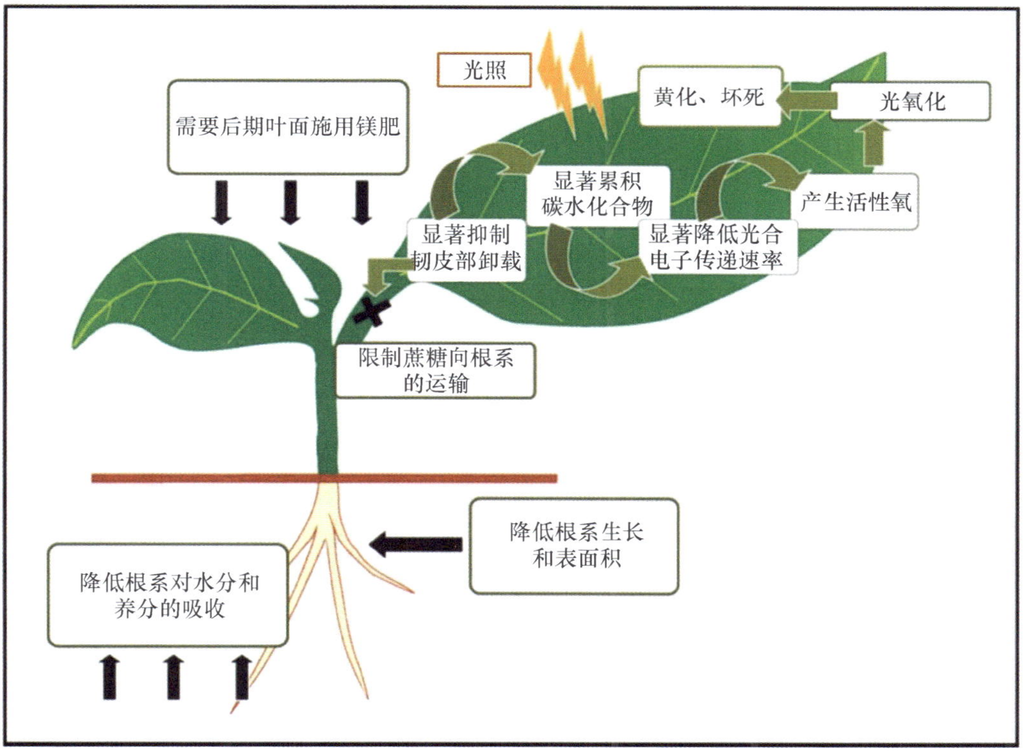


**图 2-4　缺镁植株叶片的生理生化变化过程及对根系生长、养分和水分吸收的影响示意图（Cakmak and Kirkby，2008）**

植物的光合作用是同化物生产和植株生长的前提，缺镁对叶片光合作用的抑制将会显著改变植物光合同化物的生产、转运和分配，如增加叶片的糖累积而降低糖向根系转运，最终影响植株的生长发育。缺镁条件下，叶绿素的降解涉及糖分对 *Cab2* 基因（*Cab2* 基因编码光合系统Ⅱ中叶绿素 a/b 的结合蛋白）的抑制作用，而不是由于叶绿素分子缺乏螯合的镁元素所致（Hermans and Verbruggen，2005）。缺镁诱导植物上部叶中蔗糖/$H^+$ 共运输体基因 *Bv-SUT1* 的表达，但向韧皮部的蔗糖装载和运输却没有增加，从而增加糖在叶片中的累积（Hermans et al.，2005）。植物源叶中高浓度的糖分积累抑制 *Cab2* 基因的表达，该基因的抑制在一定程度上造成叶绿素含量的降低（Hermans and Verbruggen，2005）。另外，缺镁在影响柑橘叶片光合作用的同时也改变了叶片的细胞和亚细胞结构，如增加叶片细胞膜的相对电导率、叶绿体内囊体片层模糊、片层数量减少、叶绿体内淀粉累积、线粒体膜模糊和叶片维管组织变化，进而反馈调节光合生产。对 30 年柑橘园的研究发现，严重缺镁显著降低叶片中的糖含量，这进一步表明植株体内糖的累积与分配不仅受镁营养水平的影响，也与糖在植物源-库关系间的平衡和转运有关。因此，选择可开花结实的植物进行全生育期有针对性的光合变化和同化物转运响应缺镁的系统研究，是深入理解植物镁营养光合生理分子机制的迫切需求。

## 2.4 镁营养影响植物生理生化相关的基因表达

植物响应缺镁的生理生化的差异，本质原因是缺镁改变了植株功能基因的表达。Hermans 等（2010）通过对拟南芥缺镁胁迫反应及恢复供应的系统分析发现，经过一周的镁饥饿处理，在植物的根系和叶片中分别鉴定出有 114 个和 2 991 个基因不同程度受到调控，也证实了之后的观察结果，即拟南芥地上部的生长发育比根系更易受到缺镁影响。同时，在缺镁处理下恢复供镁 24 h 后，约有一半的基因表达被有效改变。拟南芥缺镁时，编码 1-氨基环丙烷-1 羧酸酶家族同工酶的 4 个基因被诱导表达，这些酶在乙烯生物合成途径中起重要作用，在根和叶片中，*ACS11* 基因表达上调，而 *ACS2*、*ACS7*、*ACS8* 基因仅在叶中表达上调。缺镁处理 7 d 后，收集拟南芥释放的气体，发现缺镁处理后乙烯的释放量是正常处理组的 2 倍。另外，缺镁也显著改变了植株根系和叶片中调节昼夜节律相关基因的表达，如 *CCA1*、*LHY1*、*TOC1*/*PRR1*、*PIL1*、*PRR9* 等在光暗条件下根和叶中的差异表达；同时，缺镁还显著改变了拟南芥根和叶中 50 个有关氧化还原功能的基因表达，如上调 *TRX*、*GRX* 和 *GSTU* 基因。但有趣的是，缺镁并没有诱导运输镁的转运蛋白基因的表达，例如 *MRS2*、*MGT*、*CorA* 和 *MHX1*，缺镁处理 7 d 后，只有 *MRS2-9* 基因表达水平发生显著下调。与缺乏其他大量元素相比，在缺镁胁迫时拟南芥转录组的变化是独特的，如缺 N、P、K 可诱导编码相应离子转运蛋白基因的表达，以此来提高根系对相应元素的吸收能力。而在缺镁时，编码镁离子转运蛋白的基因并未被诱导。

Yang 等（2019）对缺镁柑橘进行的转录组分析发现，缺镁叶片中有 4 864 个基因具有表达差异，基因富集分析（GO）结果表明，柑橘耐缺镁的机制可能与以下几个方面有关：①增强了微管运动和细胞周期调节；②提高了对生物和非生物刺激的信号转导；③通过严格控制磷酸化，尤其是蛋白质磷酸化来改变生物过程；④由于碳水化合物积累而导致的光捕获和光合作用下调；⑤上调细胞壁重塑和抗氧化系统。这些结果提供了对柑橘缺镁后关键成分转录组的全面了解，并丰富了对植物适应缺镁的分子机制的认识与理解。

cDNA-AFLP 技术常被用来研究植物在逆境或环境胁迫下基因的时空表达特性，Jin 等(2016)采用 cDNA-AFLP 技术筛选并分析芦柑中与缺镁胁迫相关的基因表达，发现芦柑根系和叶片中分别存在 71 条和 70 条差异转录衍生片段(TDFs)，且缺镁胁迫的响应主要涉及蛋白代谢、碳水化合物与能量代谢、逆境响应、生物调控与信号转导、细胞转运与组织合成、核酸代谢、氧化还原反应、转录翻译和转运等过程，且根系和叶片中有关蛋白代谢、碳水化合物与能量代谢和逆境响应功能的差异基因分布均居于前三位，这进一步证实了缺镁显著改变柑橘叶片和根系中光合营养生理、蛋白质生物合成和抗逆适应性等生理生化的基础。

## 2.5 镁营养影响植物 microRNA 的转录调控

逆境下诱导植株体内相关差异基因表达的调控主要发生在转录水平，但 microRNA (miRNA)介导的转录后的基因调控在其进程中也扮演着重要角色。miRNA 是一类由内源基因编码的长度约为 22 个核苷酸的非编码单链小 RNA 分子，它们在动植物中参与转录后基因表达调控，对植物体内有关生长发育、生理生化进程、物质代谢、逆境胁迫响应和基因表达等方面起到关键性的调控作用，尤其在植物响应营养元素胁迫方面有广泛的报道。Liang 等(2017)报道了 miRNA 介导柑橘根系响应缺镁的机制，测序结果发现，缺镁植物根系中分离得到了 101 个上调(71 个保守和 30 个未知)和 69 个下调(54 个保守和 15 个未知)的差异 miRNA，证实了 miRNA 可能参与了植物对缺镁的响应。进一步分析其功能表明，根系对缺镁的适应性响应可能有以下几个方面：①抑制根系呼吸，以及通过诱导 miR158 和 miR2919 的表达抑制呼吸相关基因的表达；②通过下调相关 miRNA 的表达来提高其抗氧化系统(miR780、miR6190、miR1044、miR5261 和 miR1151)和对低磷的适应性(miR6190)；③通过改变 miR6190、miR6485、miR1044、miR5029 和 miR3437 来激活与运输相关基因的表达；④降低 miR394、miR1044、miR5261、miR1151 和 miR5029 的表达，从而提高蛋白泛素化；⑤通过下调 miR5261 和 miR6485 以及上调 miR158 的表达来维持根部生长；⑥通过调控 miR5176 和 miR6485(miR6028、miR6190、miR6485、miR5621、miR160 和 miR7708)启动 DNA 修复(转录调节)。此外，与根信号传导相关的一些缺镁响应 miRNA 也可能在根信号传导中起作用，从而提高柑橘对缺镁的适应性。

Ma 等(2016)报道了 miRNA 介导柑橘叶片响应缺镁的机制。缺镁叶片中分离得到了 75 个上调(73 个保守和 2 个未知)和 71 个下调(64 个保守和 7 个未知)的差异 miRNA，并指出叶片对缺镁的适应性响应可能有以下几个方面：①通过下调 miR164、miR7812、miR572、miR446 和 miR5158 来上调应激相关基因；②通过降低 miR3946 和 miR5158 的表达及增加 miR395、miR1077、miR1160 和 miR8019 的表达来增强细胞的运输；③通过抑制 miR158、miR5256 和 miR3946 的表达激活脂质代谢相关基因；④通过抑制 miR779 的表达诱导细胞壁相关基因扩增；⑤通过上调 miR395 和 miR6426 而下调维持硫、钾和铜相关基因的表达。同时，一些新的已知响应养分缺乏的 miRNA(即 miR7812、miR8019、miR6218、miR1533、miR6426、miR5256、miR5742、miR5561、miR5158 和 mir5818)也得到分离，并发现了一些可能有助于耐受缺镁的候选 miRNA。尽管从缺镁柑橘叶片中得到了与根系中相似数量的下调 miRNA(64 个已知和 7 个未知),但是从缺镁柑橘叶片中获得的上调 miRNA 数量(73 个已知和 2 个未知)却明显少于根系中的上调 miRNA 数量。此外,发现叶片和根系中的大部分 miRNA 是不同的,只有 30 个相同的 miRNA,在这 30 个相同的 miRNA 中,只有 15 个具有相似的差异表达趋势,这进一步表明缺镁柑橘根系和叶片中的响应 miRNA 调控存在显著差异,这些结果对进一步深入研究功能性 miRNAs 响应植物缺镁适应性提供了新的研究思路。

## 2.6 植物镁营养调节氮吸收和蛋白代谢

有一些研究也在关注镁与其他营养元素间的互作,如镁/氮、镁/钾等,其中尤以镁/氮互作研究较为系统深入。缺镁在降低柑橘叶片总可溶性蛋白含量的同时也显著抑制了蛋白代谢过程中的硝酸还原酶(NR)、谷氨酰胺合成酶(GS)、谷氨酸合成酶(GOGAT)、谷氨酸草酰乙酸转氨酶(GOT)和谷氨酸丙酮酸转氨酶(GPT)等相关蛋白代谢酶的活性(Peng et al.,2015)。这些酶活性的改变势必会导致植物体内蛋白合成前体氨基酸或有机酸的含量变化,Li 等(2017)指出缺镁显著降低柑橘根系中的苹果酸、柠檬酸和异柠檬酸含量,同时显著降低上部叶和下部叶中的柠檬酸和异柠檬酸含量而增加苹果酸含量,进而导致缺镁和正常供镁柑橘上、下部叶中总有机酸含量(苹果酸、柠檬酸和异柠檬酸之和)间没有差异,表明各有机酸含量间处于动态平衡中。同时,在对根系和叶片中 17 种氨基酸的测定发现,缺镁降低了叶片中 Ala、Asp、Glu、Gly、Lys、Pro、Ser 和 Thr 的含量而增加了 Arg、His 和 Leu 的含量,但不影响 Ile、Phe、Tyr 和 Val 的含量;同时,缺镁还降低了根系中 Arg、Asp、Glu、Gly、Leu、Lys 和 Pro 的含量而不改变 Ala、His、Ile、Phe、Ser、Thr、Tyr 和 Val 的含量,且叶片和根系中的 Met 和 Cys、叶片中的 Ile 未检出。无论如何,缺镁降低了柑橘叶片和根系中总氨基酸的含量,表明柑橘缺镁胁迫时显著改变植株体内氨基酸的合成和运输、有机酸含量和相关代谢酶活性,但占主导或关键限制的有机酸和氨基酸种类及其内在的响应缺镁的调控机制尚不清楚,仍需进一步深入研究。

植物氨基酸的合成代谢是蛋白质合成代谢的基础,缺镁对柑橘植株氨基酸含量和种类的影响必然进一步作用于体内的蛋白质代谢。有研究表明,与对照相比,缺镁柑橘叶片中表达量变化大于 2 倍以上的蛋白有 89 个(58 个上调和 31 个下调),而根系中则有 32 个蛋白发生了改变(20 个上调和 12 个下调),并进一步证实缺镁柑橘叶片和根系显著改变参与碳水化合物与能量代谢、蛋白代谢、胁迫响应、核酸代谢、生物调节与信号传导、细胞壁与骨架和脂质代谢等差异蛋白的生理功能,且根系和叶片中有关光合与能量代谢、蛋白代谢和逆境响应功能的差异蛋白分布均居于前三位,表明缺镁显著改变了柑橘叶片和根系中蛋白的表达和生理功能,且叶片和根系中蛋白的表达也存在差异,这可能与缺镁柑橘叶片总可溶性蛋白含量显著降低而对根系影响较小有关(Peng et al.,2015)。

Peng 等(2020)通过设计镁氮互作试验研究了大豆植株对镁、氮吸收和利用的响应,结果表明,足够的镁素供应可提高大豆植株对氮的吸收,指出镁素提高大豆氮吸收主要是提高了氮吸收转运基因 *NRT2.1* 和 *NRT2.2* 的上调表达,*NRT2.1* 和 *NRT2.2* 主要在大豆根表皮和外皮层中表达，从而揭示充足的镁素供应有利于提高大豆硝酸盐吸收并增加植株氮的累积，并进一步证实镁可能通过促进植株体内的蔗糖分配来调节 *NRT2.1/2.2* 的表达。另外，Yang 等(2017)通过代谢组学的方法研究了大豆在缺镁情况下根系和叶片中碳、氮代谢的变化，发现缺镁 4 d 后植株在代谢水平上与对照有明显差异，在缺镁 8 d 后差异达显著水平。缺镁可引起大豆叶片碳、氮代谢中代谢产物的变化，如在缺镁 8 d 时降低了地上部到根系的碳分配，且大多数氨基酸(如苯丙氨酸、天冬酰胺、亮氨酸、异亮氨酸、甘氨酸、谷氨酰胺和丝氨酸)在叶片中有明显积累，而大多数有机酸(包括丙酮酸、柠檬酸、2-酮戊二酸、琥珀酸、富马酸和苹果酸)在根部显著减少，该研究证实缺镁胁迫显著调节植株叶片和根系中的碳、氮代谢。

## 2.7 镁营养参与植物非生物胁迫调节的分子机制

镁参与植物非生物胁迫的调节机制是近几年植物镁营养功能研究的热点方向，大多数研究表明，镁可以缓解并提高植物抵抗非生物胁迫的能力，如重金属铝和镉胁迫，盐胁迫以及高温、高光强等环境胁迫。Chen 等(2012)在水稻中敲除镁转运蛋白基因 *OsMGT1* 后，降低了植株对铝的耐受性，这种抑制作用可被 10 $mmol \cdot L^{-1}$ 镁的添加解除。在不供应铝的情况下，*OsMGT1* 在根和地上部中都有表达，但当植物面临铝毒胁迫时，只有在根中的 *OsMGT1* 表达迅速上调，且该表达对低 pH 和其他金属元素如镉和镧无反应。亚细胞定位的研究表明，*OsMGT1* 定位于质膜上。用稳定同位素 $^{25}Mg$ 进行的短期(30 min)吸收实验表明，*OsMGT1* 基因敲除导致植株吸收镁降低，而供铝可增强野生型植株对镁的吸收，且野生型水稻根尖细胞液中的镁含量也有所增加，但敲除系中的镁含量没有增加，并且基因敲除系中与应激相关的基因转录被上调或下调。最终证实 OsMGT1 是一个在根中负责镁吸收的转运体，可通过上调该基因的表达来提高细胞中的镁浓度进而增强水稻对铝的耐受性。适量供镁提高植物对铝的耐受性在豆科植物如蚕豆中也有相似表现(Chen et al.，2015)，且主要是外源镁的添加可以通过增加铝诱导的柠檬酸分泌、提高质膜 $H^+$-ATP 酶的活性以及增强 VHA2 的磷酸化水平及其与 vf14-3-3b 蛋白的交互作用来提高豆科植物对铝胁迫的抵抗力。在拟南芥的研究中发现(Li et al.，2020)，铝毒害和缺镁能诱导 NO 产生从而抑制初生根的生长，在铝胁迫或缺镁条件下，供镁在促进根系生长的同时降低了 NO 的生成，这主要是镁降低了根中 NO 合成酶相关基因的活性和表达，而 NO 相关蛋白突变体 *noa1* 和硝酸还原酶突变体 *nia1nia2* 植株均表现为铝胁迫和缺镁不敏感的表型，进一步证实了 NO 参与了镁介导的植物根系生长和缓解铝毒的胁迫。

Chou 等(2011)报道了镁和镉间相互关系的研究结果，发现缺镁有利于提高水稻幼苗对镉胁迫的保护作用，指出缺镁对水稻植株镉胁迫的保护不是由于减少了镉的吸收，因为缺镁显著提高了水稻根系和地上部中的镉浓度。此外，还发现与镁供应充足的植株相比，供镉显著降低缺镁植株的铁和锌含量，并指出缺镁植株根系中镉诱导的铁转运蛋白基因(*OsIRT1*)和锌转运蛋白基因(*OsZIP1* 和 *OsZIP3*)的转录增强，表明植物镁和镉间的互作可能是由于改变了植物体内其他二价阳离子的平衡来实现的。

另外，镁在植物盐胁迫耐受性方面的研究也受到关注（Chen et al.，2017），有研究证实水稻镁转运蛋白 OsMGT1 可能通过调节 OsHKT1;5（一种从根成熟区木质部汁液中去除 $Na^+$ 的关键转运蛋白）的转运活性来实现耐盐性。敲除 *OsMGT1* 基因不影响植株总钠的吸收，但增加了地上部和木质部汁液中的钠浓度，导致在低 $Mg^{2+}$ 浓度（20～200 μmol）下植株盐敏感性显著增加。然而，在较高的 $Mg^{2+}$ 浓度（2 mmol）下，这种差异被消除，尽管总钠的摄取量没有改变。*OsMGT1* 基因在根和地上部中均有表达，但只有根中的表达受盐胁迫中度上调，基因空间表达分析表明 *OsMGT1* 在根尖的所有细胞中均有表达，且在根成熟区表达最高，另外，*OsMGT1* 在基部节、叶片和鞘的韧皮部也有表达。当 *OsHKT1;5* 基因在非洲爪蟾卵母细胞中表达时，随着外源 $Mg^{2+}$ 浓度的升高，其转运活性增强。此外，*osmgt1* 突变体中 *OsHKT1;5* 基因的敲除并没有进一步提高其盐敏感性。该研究结果表明，OsMGT1 在根成熟区转运的 $Mg^{2+}$ 是提高 OsHKT1;5 活性所必需的，从而限制了钠向地上部转运和积累。

## 2.8 小结与展望

镁是植物中含量第二高的阳离子，参与了许多生理生化过程，包括光合作用、酶的活化以及核酸和蛋白质的合成。镁离子半径较小，水合离子半径较大，与土壤颗粒和根表面的结合力较弱，易从土壤中淋溶。缺镁不仅影响作物的产量和品质，还导致产生许多人体慢性病。因此，植物中的镁营养是人类食品和营养安全的重要问题。为了改进植物的镁营养管理、镁胁迫诊断和遗传标记辅助育种工作，需要对镁营养生物学功能的生理和分子机制有更深入的了解。

**1. 多组学协同研究深度揭示植物镁营养的生理分子机制**

高通量的组学（Omics）技术一般包括基因组学、蛋白组学、转录组学和代谢组学，是从研究对象的基因序列、转录因子、蛋白质和生物小分子代谢物等多角度出发，通过先进的测定技术手段为系统生物学研究提供海量实验数据，从整体上探讨生物体在某种或某些因素干预扰动下的变化规律，已成为植物逆境及育种研究的关键技术方法。目前，对于植物镁营养的单一组学如转录组学、蛋白组学的研究已有报道，但缺乏多组学联合分析、协同研究植物镁营养生物学功能的案例。因此，应用多组学技术，从系统生物学的角度深度解析镁营养的生理生化和分子生物学过程，将有利于全面认识植物镁营养的生理分子机制。

**2. 植物镁吸收转运功能基因的挖掘与解析**

植物吸收镁转运基因的挖掘与解析是理解植物高效吸收利用镁和抗逆调控的基础，目前对水稻、玉米、拟南芥和大豆中镁转运蛋白（MGT）的认识和理解有了一些直接的报道（图 2-5），但对其他植物 MGT 的报道相对较少，需要进行更大范围、更深入的系统研究。另外，依据丰富的种质资源进行植物耐/抗缺镁种质资源的筛选、创制与利用，以培育出抗性好、养分高效吸收利用的种质或品种也是应该被关注的方向。

**3. 应用分子技术进行植物镁营养的生物强化**

植物镁营养的生物强化是指通过育种或农艺措施提高植物可食部位镁含量的策略。为了确保植物系统的最佳生产力和绿色发展，需要了解包括镁素在内的养分在土壤、植物和环境中的生物地球化学循环规律，定量化施肥、栽培和农艺措施对养分循环过程的影响，从而进行镁

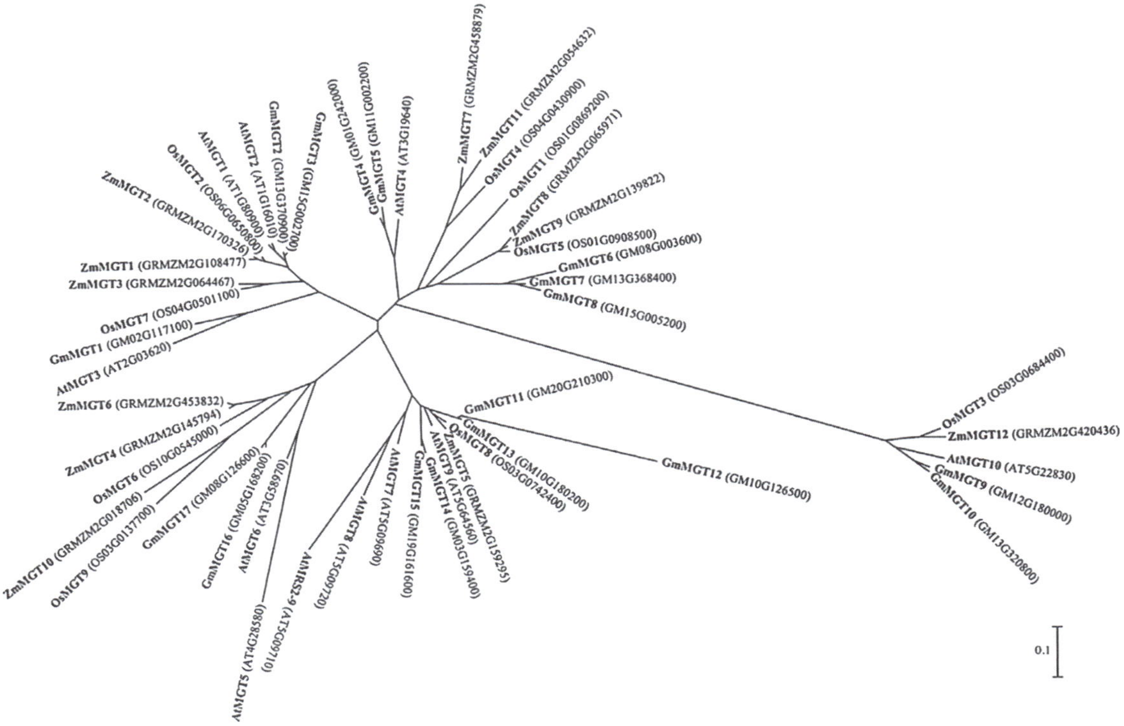


图 2-5　水稻、玉米、拟南芥和大豆中镁转运蛋白(MGT)的系统发育树(Chen 等,2018)

素养分综合管理以期实现作物高产、养分高效和生态环保的目的。同时,有针对性地发展和应用分子技术进行植物镁营养的定向调控和生物强化,是进行植物镁营养生物强化和抗逆胁迫的有效途径,具有重要的理论和现实指导意义。

## 参考文献

陈欢欢,王玉雯,张利军,等. 2019. 我国柑橘镁营养现状及其生理分子研究进展. 果树学报,36(11):1578−1590.

刁莉华,彭良志,淳长品,等. 2013. 赣南脐橙园土壤有效镁含量状况研究. 果树学报,30(2):241−247.

黄冀,彭良志,凌丽俐,等. 2013. 重庆三峡库区柑橘镁营养水平及其影响因子研究. 果树学报,30(6):962−967.

Cakmak I,Kirkby E A. 2008. Role of magnesium in carbon partitioning and alleviating photooxidative damage. Physiologia Plantarum,133:692−704.

Cakmak I. 2013. Magnesium in crop production, food quality and human health. Plant and Soil,368:1−4.

Chen Q, Kan Q, Wang P, et al. 2015. Phosphorylation and interaction with the 14-3-3 protein of the plasma membrane $H^+$-ATPase are involved in the regulation of magnesium-mediated increases in aluminum-induced citrate exudation in Broad Bean(*Vicia faba* L.). Plant and Cell Physiology,56(6):1144−1153.

Chen Z C,Peng W T,Li J,et al. 2018. Functional dissection and transport mechanism of magnesium in plants. Seminars in Cell and Development Biology,74:142−152.

Chen Z C,Yamaji N,Horie T,et al. 2017. A magnesium transporter OsMGT1 plays a critical role in salt tolerance in rice. Plant Physiology,174:1837−1849.

Chen Z C,Yamaji N,Motoyama R,et al. 2012. Up-regulation of a magnesium transporter gene *OsMGT1* is required for conferring aluminum tolerance in rice. Plant Physiology,159:1624−1633.

Chou T S,Chao Y Y,Huang W D,et al. 2011. Effect of magnesium deficiency on antioxidant status and cadmium toxicity in rice seedlings. Journal of Plant Physiology,168:1021−1030.

Guo W,Nazim H,Liang Z,et al. 2016. Magnesium deficiency in plants:An urgent problem. The Crop Journal,4:83−91.

Hermans C,Bourgis F,Faucher M,et al. 2005. Magnesium deficiency in sugar beet alters sugar partitioning and phloem loading in young mature leaves. Planta,220:541−549.

Hermans C,Conn S J,Chen J,et al. 2013. An update on magnesium homeostasis mechanisms in plants. Metallomics,5:1170−1183.

Hermans C,Verbruggen N. 2005. Physiological characterization of Mg deficiency in *Arabidopsis thaliana*. Journal of Experimental Botany,56:2153−2161.

Hermans C,Vuylsteke M,Coppens F,et al. 2010. Systems analysis of the responses to long-term magnesium deficiency and restoration in *Arabidopsis thaliana*. New Phytology,187:132−144.

Jin X L,Ma C L,Yang L T,et al. 2016. Alteration of physiology and gene expression due to long-term magnesium-deficiency differ between leaves and roots of *Citrus reticulata*. Journal of Plant Physiology,198:103−115.

Li C P,Qi Y P,Zhang J,et al. 2017. Magnesium-deficiency-induced alterations of gas exchange,major metabolites and key enzymes differ among roots,and lower and upper leaves of *Citrus sinensis* seedlings. Tree Physiology,37:1564−1581.

Li D,Ma W,Wei J,et al. 2020. Magnesium promotes root growth and increases aluminum tolerance via modulation of nitric oxide production in *Arabidopsis*. Plant and Soil,457:83−95.

Li Y,Han M Q,Lin F,et al. 2015. Soil chemical properties,'Guanximiyou' pummelo leaf mineral nutrient status and fruit quality in the southern region of Fujian province,China. Journal of Soil Science and Plant Nutrition,15:615−628.

Liang W W,Huang J H,Li C P,et al. 2017. MicroRNA-mediated responses to long-term magnesium-deficiency in *Citrus sinensis* roots revealed by Illumina sequencing. BMC Genomics,18:657.

Ma C L,Qi Y P,Liang W W,et al. 2016. MicroRNA regulatory mechanisms on *Citrus sinensis* leaves to magnesium-deficiency. Frontiers in Plant Science,7:201.

Mao D,Chen J,Tian L,et al. 2014. *Arabidopsis* transporter MGT6 mediates magnesium uptake and is required for growth under magnesium limitation. The Plant Cell,26:2234-2248.

Mao D D,Tian L F,Li L G,et al. 2008. AtMGT7:An *Arabidopsis* gene encoding a low-affinity magnesium transporter. Journal of Integrative Plant Biology,50:1530-1538.

Peng H Y,Qi Y,Lee J,et al. 2015. Proteomic analysis of *Citrus sinensis* roots and leaves in response to long-term magnesium-deficiency. BMC Genomics,16:253.

Peng W T,Qi W L,Nie M M,et al. 2020. Magnesium supports nitrogen uptake through regulating *NRT2. 1/2. 2* in soybean. Plant and Soil,457:97-111.

Rosanoff A. 2013. Changing crop magnesium concentrations:impact on human health. Plant and Soil,368:139-153.

Saito T,Kobayashi N I,Tanoi K,et al. 2013. Expression and functional analysis of the CorA-MRS2-type magnesium transporter family in rice. Plant and Cell Physiology,54:1673-1683.

Yang L T,Zhou Y F,Wang Y Y,et al. 2019. Magnesium deficiency induced global transcriptome change in *Citrus sinensis* leaves revealed by RNA-Seq. International Journal of Molecular Sciences,20:3129.

Yang N,Jiang J,Xie H,et al. 2017. Metabolomics reveals distinct carbon and nitrogen metabolic responses to magnesium deficiency in leaves and roots of soybean [*Glycine max* (Linn.) Merr.]. Frontiers in Plant Science,8:2091.

Ye X,Chen X F,Deng C L,et al. 2019. Magnesium-deficiency effects on pigments,photosynthesis and photosynthetic electron transport of leaves,and nutrients of leaf blades and veins in *Citrus sinensis* seedlings. Plants,8:389.

Zhang L,Peng W,Li J,et al. 2019. OsMGT1 confers resistance to magnesium deficiency by enhancing the import of Mg in rice. International Journal of Molecular Sciences,20:207.

郭九信(福建农林大学资源与环境学院 国际镁营养研究所)

# 第3章

# 不同作物对镁的需求特点

随着农业生产中对氮磷钾(NPK)肥料的重视和作物产量的提高,作物缺镁现象日益突出。作为植物生长的必需营养元素,镁在叶绿素的合成和光合作用等方面起着其他养分不可替代的作用(汪洪和褚天铎,2000),缺镁会导致作物产量和品质的下降,而其他农业投入(包括其他肥料的投入)得不到充分的回报,所以缺镁逐渐成为提高作物产量与品质的限制因素。因此在生产中对镁的植株诊断分析和镁肥的施用受到越来越多的重视,镁素对植物的营养和镁肥的应用也已成为国际农学界和土肥界关心的热点问题。

在中国超过50%的农田土壤中有效镁含量较低(白由路等,2004)。同时,由于过量施用NPK化肥、高产品种的引进、作物长期收获后土壤镁库的枯竭以及不施用镁肥,作物缺镁已成为亟待解决的问题。根据镁在土壤和植物中的生物循环规律(Marschner,2012;Senbayram et al.,2015),镁缺乏的现象在中国南方温暖湿润地区比北方寒冷湿润地区更为严重;瓜果蔬菜类作物比谷类作物更为明显(Wang et al.,2006)。大多数研究表明,施用镁肥能显著提高作物产量。肖常沛等(2000)的盆栽试验结果表明,施镁对黄瓜、小白菜、辣椒和番茄有明显的增产效果;就增产幅度而言,孙刚等(2011)研究表明,施镁对烤烟的增产幅度为3.6%,而洪火奇(2004)研究表明,施镁对烤烟的增产幅度可高达14.3%~19.2%。但是,众多研究者的研究多集中于单一作物在某一地区进行单个试验分析,因而结果均依赖于特定的作物、环境和土壤属性。

为了整体认识不同条件下施镁对不同作物生长发育及产量的影响,本文就近些年对不同作物对镁需求,以及镁肥施用的效果进行综述。进一步认识不同作物对镁的需求特点,可为提高作物镁肥管理和镁营养调控提供科学依据。

# 3.1 镁在植物体内的分布

## 3.1.1 植物体中镁的存在形态

镁(Mg)在植物体内以多种形式存在，其中大部分镁可与无机阴离子和有机阴离子如苹果酸根、柠檬酸根结合，属于可移动扩散的部分；另有一些镁可与草酸、果胶酸结合，成为非扩散部分；籽粒中的镁则以肌醇六磷酸(植酸)盐形式存在。根据镁结合物的溶解性，植物中的镁可以水溶性形式存在于韧皮部、木质部、细胞质中，可以溶于丙酮的形式存在于叶绿素中，以及以不可溶性形式存在于细胞壁(Barker and Pilbeam，2007)。此外，也有研究根据镁在细胞中扮演的角色不同，将其划分为与细胞壁结合的镁(Mg-pectate)、与ATP相结合的镁(Mg-ATP)、与酶相结合的镁(Mg-enzymes)、与叶绿素相结合的镁(Mg-Chlorophyll)和与核酸相结合的镁(Mg-DNA/RNA)(Chen et al.，2017)。Scott和Robson(1990)根据镁的结合形式将叶片中的镁划分为纤维素-镁、叶绿素-镁和其他形式的镁，随着叶片中镁含量的增加，纤维素-镁也显著增加，只有当叶片镁含量较低时，叶绿素-镁才会受到影响。所以，每种形式的镁含量并不是一成不变的，都会随着植株体内镁含量的变化而有所变化，且变化规律也因其存在形式而有所不同。

## 3.1.2 植物体内镁的含量及分布

通常，植物生长所需最佳的镁浓度(干重)为1.5～3.5 g·$kg^{-1}$(Marschner，2012)，在植株生长发育过程中可用于各种生理生化过程。镁离子($Mg^{2+}$)是光合作用中的重要元素，高达35%的镁存在于叶绿体中，作为叶绿素的组成成分；叶片中镁总量的另外5%～10%可与细胞壁中的果胶牢固结合，或在液泡中以难溶盐的形式沉淀(如磷酸镁)，其余60%～90%可用水提取(Marschner，2012)。在亚细胞水平上，正常成熟叶片中，约10%的镁与叶绿素a和叶绿素b结合；75%左右的镁与核糖体结合；其余15%或呈游离态，或结合在各种需$Mg^{2+}$激活的酶，以及细胞中可被$Mg^{2+}$置换的阳离子结合部位上(Wilkinson et al.，1990)。Bohn等(2004)测定了各种瓜果蔬菜中的镁浓度，其变化范围为48 mg·$kg^{-1}$(葡萄)到849 mg·$kg^{-1}$(菠菜)。其中在菠菜、莴苣等绿叶蔬菜中，叶绿素结合镁含量占总镁含量的2.5%～10.5%，而其他常见的绿叶蔬菜、豆类和水果中叶绿素结合镁含量占总镁含量均小于1%。

除了在亚细胞水平上的分配差异外，不同细胞器内镁的浓度也有所不同。正常情况下，叶绿体(0.5～2 mmol·$L^{-1}$)和线粒体(2～4 mmol·$L^{-1}$)积累的$Mg^{2+}$浓度远远高于细胞质(0.2～0.4 mmol·$L^{-1}$)中的$Mg^{2+}$浓度(Gout et al.，2014；Igamberdiev and Kleczkowski，2001；Ishijima et al.，2003)。此外，液泡是一个镁库，需要转运蛋白参与来调节细胞质中镁的浓度，以保持细胞质镁浓度的恒定。细胞器中的镁，例如叶绿体内镁的分配会影响细胞的生化特性，最终对器官乃至整个植株水平产生影响。

在植株器官水平上，镁在同种作物的不同组织中也有差异，通常种子中镁的含量大于茎秆和叶片，根系的含量最低。对园艺作物来说，叶茎中镁含量较高，果实次之，根系最少；

禾谷类作物中，籽粒中镁含量最多(陆景陵 2007)。镁在植物体器官和组织中的含量不仅受植物种类、品种的影响，还与其生育时期和镁肥施用量等因素有关。在作物生长初期，镁大多存在于叶片中，结实期则以植酸盐的形式贮存到种子中。在收获时期，大豆不同器官镁的分布为籽粒＞叶片＞豆荚＞茎秆＞根系(Courtois et al.，2003)。玉米籽粒中的镁含量约占体内镁含量的 34%，玉米芯占 6%，叶片占 32%，茎占 21%，而根中只有 7%。镁肥的施用降低了镁在水稻茎鞘和叶片中的分配比例，提高了镁在穗部的分配比例(杨文祥等，2006)。由于镁在韧皮部中的移动性强，贮存在营养体中的镁可以被重新分配和再利用。尽管地上部镁的累积量高于根系，在特定的器官中，不同作物中镁的分布也有空间差异。例如，在单子叶作物玉米叶片中，从叶尖到叶片基部镁浓度逐渐降低(Mozafar，1997)，与此相反的是，Rios 等(2012)指出在双子叶作物白菜型油菜(*Brassica rapa*)中，靠近叶片顶部的镁含量低于叶片基部。

镁在叶片横切面的分布也因细胞种类不同而有所不同。Conn 和 Gilliham(2010)比较了禾本目(Poales)和大多数真双子叶植物(Eudicots)叶片中不同类型细胞中镁的分布状况，发现禾本目植物叶肉细胞中的 $Mg^{2+}$ 浓度大于表皮细胞，而真双子叶植物的 $Mg^{2+}$ 主要积累在表皮细胞。但也有研究表明，在某些真双子叶植物叶片中的镁主要累积在叶肉细胞中，例如，在拟南芥叶片中，$Mg^{2+}$ 浓度最高的部位是叶肉细胞，而不是表皮细胞或维管束鞘细胞(Conn et al.，2011)；在白菜型油菜中，镁在叶肉细胞中的分布高于表皮细胞，且镁主要积累于海绵组织细胞中(Rios et al.，2012)。植物细胞中镁的相对分布也会受镁肥以及其他养分施用量的影响。当外界供应镁浓度增加时，叶片的叶肉细胞中的镁浓度会提高(Rios et al.，2012；Waters，2011)。叶类蔬菜是人类镁的重要饮食来源。多叶类芸薹属植物中的镁含量通常高于许多其他类的蔬菜和水果(图 3-1)，例如，Pennington 和 Fisher(2010)报道，每 100 g 鲜重中镁含量在深绿色叶类蔬菜为 44 mg，在块茎类和柑橘类水果中分别为 15 mg 和 11 mg。

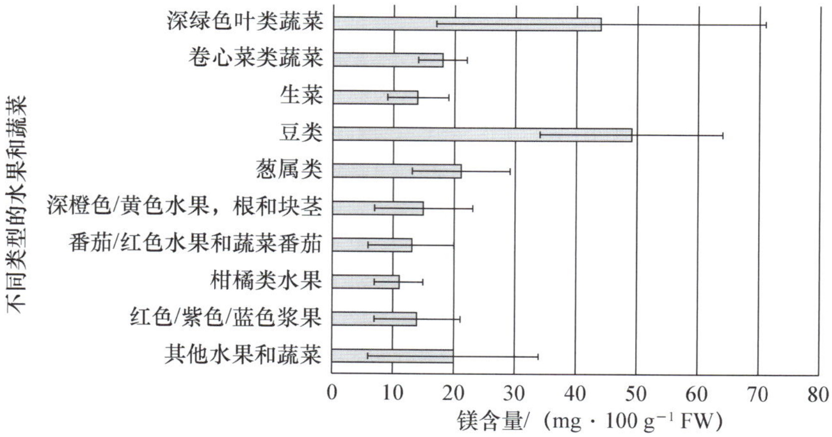


**图 3-1　不同类型的水果和蔬菜中镁的含量(Pennington and Fisher，2010)**

了解镁素在植物细胞内、不同细胞类型、细胞器及器官水平上的分布与变化，对于探究不同植物对镁的需求特性以及镁功能性差异具有重要意义。

## 3.2 不同作物对镁的需求

一般而言，双子叶作物的含镁量高于单子叶作物；豆科和十字花科类作物镁含量高于禾谷类作物，油料种子作物和块根作物通常含有较高的镁。其中，大田作物中的花生、芝麻、谷子，经济作物中的棉花、甜菜、烟草、油棕榈、咖啡、香蕉、菠萝、柑橘以及蔬菜中的马铃薯、番茄都是需要镁较多的作物。通常果类蔬菜需镁量在 39～86 kg · $hm^{-2}$，玉米、油菜等的略低，所需范围为 31～50 kg · $hm^{-2}$，禾谷类作物的相对更低一些，为 5～28 kg · $hm^{-2}$(陆景陵，2007)。不同作物对镁的需求量如表 3-1 所示(郭如新，2011)。此外，不同作物对镁的需求存在明显的阶段特征，一般在从营养生长转为生殖生长时是需求量最大的时期(陆景陵，2007)。

**表 3-1　不同作物对镁的需求量(郭如新，2011)**

| 作物名称 | 产量/(t · $hm^{-2}$) | 需镁量/(kg · $hm^{-2}$) | 每 1 000 kg 产量需镁量/kg |
|---|---|---|---|
| 大豆 | 0.54 | 20.2 | 37.11 |
| 烟草 | 3.14 | 26.9 | 8.57 |
| 棉花 | 2.19 | 13.5 | 6.16 |
| 花生 | 3.36 | 19.1 | 5.68 |
| 干草 | 20 | 63 | 3.15 |
| 三叶草 | 12 | 36 | 3.00 |
| 芒果 | 15 | 42 | 2.80 |
| 番茄 | 7.53 | 17.9 | 2.38 |
| 油棕 | 25 | 54 | 2.16 |
| 柑橘 | 6.28 | 13.4 | 2.13 |
| 香蕉 | 40 | 84 | 2.10 |
| 稻谷 | 5.04 | 10.1 | 2.00 |
| 葡萄 | 20 | 36 | 1.80 |
| 卷心菜 | 20 | 36 | 1.80 |
| 菠萝 | 50 | 66 | 1.32 |
| 甜菜 | 45 | 48 | 1.07 |
| 甘薯 | 40 | 36 | 0.90 |
| 黄瓜 | 40 | 36 | 0.90 |
| 冬小麦 | 24.3 | 17.9 | 0.74 |
| 马铃薯 | 20.29 | 11.2 | 0.55 |
| 苜蓿 | 15.1 | 3.4 | 0.23 |

为了避免田间出现缺镁状况，需要准确了解植物组织中镁的临界阈值。叶片中临界养分阈值定义为特定植物生长指标损失 5%～10%时的养分浓度(Ulrich and Hills，1967)。然而，确定临界镁浓度具有挑战性，因为特定物种中的镁浓度可能因生长条件、生长阶段、基因型/品

种、拮抗离子（主要是钙和钾）的存在/缺乏或所分析组织的生长时期而变化（Gransee and Führs，2013）。由于叶龄不同，缺镁情况下的叶片镁浓度亦存在差异，例如豆类（Neuhaus et al.，2014）、大麦（Tränkner et al.，2016）、桑树（Kumar Tewari et al.，2006）和挪威云杉（Mehne-Jakobs，1996）。化学分析表明，一般植物叶片含镁量应高于 0.2%（干重）以上，低于该值就有可能出现缺乏的症状。镁临界浓度因植物种类、品种、器官和发育时期不同而有很大差异（表 3-2）（Barker and Pilbeam，2007；汪洪和褚天铎，2000）。其中，单子叶植物叶片镁临界值普遍低于双子叶植物，例如，水稻、小麦、玉米叶片镁临界浓度均低于大豆叶片（表 3-2）。近期，Hauer-Jákli 和 Tränkner（2019）通过大数据分析发现多种作物（如小麦、马铃薯、水稻、玉米、高粱和大麦）干重的叶片临界镁浓度范围值在 0.1%～0.2%之间；叶片镁浓度对作物干物质形成至关重要，其镁需求量通常在 0.2%～0.3%之间（如棉花、大豆或花生），甚至苜蓿、向日葵和番茄的镁需求量也在 0.35%以上（表 3-3）。Liu 等（2014）描述了中国喀斯特生态系统中不同植物之间的镁含量差异，指出落叶灌木、蕨类植物或灌木的绿叶中镁含量明显高于常绿乔木或禾本科植物。此外，Hauer-Jákli 和 Tränkner（2019）尝试将物种特异性临界镁阈值扩展到更广泛的物种群：豆科植物与非豆科植物、单子叶植物与双子叶植物、一年生植物与多年生植物，然而，由于收集的每组物种的数量有限，各模型的解释力很低，只提出了豆科植物的叶片临界镁浓度较高，而单子叶植物的叶片临界镁浓度较低。当前，特定物种对镁需求量变化的原因尚不清楚，需要进一步研究。

**表 3-2　不同作物的镁素营养诊断指标（Barker and Pilbeam，2007；汪洪和褚天铎，2000）**　%

| 作物名称 | 分析样品 | 缺乏 | 正常 |
|---|---|---|---|
| 水稻 | 茎叶 | 0.06 | 0.096～0.108 |
| | 分蘖期植株 | 0.07～0.14 | >0.14 |
| | 拔节期植株 | 0.098～0.173 | >0.173 |
| | 整株 | — | 0.15～0.30 |
| 小麦 | 叶片 | 0.102～0.126 | 0.156～0.168 |
| | 幼苗 | 0.078 | 0.3 |
| | 整株 | — | 0.15～1.00 |
| 玉米 | 叶片 | 0.13 | 0.23～0.35 |
| | 抽穗期叶耳 1 | <0.15 | — |
| | 抽穗期叶耳 2 | <0.25 | — |
| | 整株 | — | 0.13～1.00 |
| 大豆 | 叶片 1 | 0.18 | 0.36 |
| | 叶片 2 | 0.3 | 0.59 |
| | 整株 | — | 0.25～1.00 |
| 蚕豆 | 叶片 | 0.08 | — |
| 油菜 | 叶片 | 0.11 | 0.36 |
| 番茄 | 叶片 1 | 0.132 | 0.48 |
| | 叶片 2 | 0.18 | 0.30 |
| | 叶片 3 | <0.30 | — |

续表3-2

| 作物名称 | 分析样品 | 缺乏 | 正常 |
| --- | --- | --- | --- |
| 甜菜 | 整株 | — | 0.30～2.50 |
|  | 叶片 1 | 0.096 | 0.55 |
|  | 叶片 2 | 0.08～0.02 | 0.21～0.70 |
|  | 叶柄 | 0.01～0.30 | 0.10～0.70 |
| 马铃薯 | 叶片 3 | 0.025～0.05 | 0.10～2.50 |
|  | 整株 | — | 0.25～1.70 |
|  | 上部叶片 1 | 0.132 | 0.48 |
|  | 上部叶片 2 | 0.122～0.218 | 0.231～0.296 |
| 卷心菜 | 整株 | — | 0.50～2.5 |
|  | 整株 | — | 0.17～1.08 |
| 甘薯 | 叶片 | 0.08 | — |
|  | 整株 | — | 0.35～1.00 |
| 烟草 | 叶片 | 0.08～0.20 | 0.18～0.65 |
|  | 茎 | 0.15～0.24 | 0.11～0.31 |
| 茶叶 | 整株 | — | 0.20～0.86 |
|  | 整株 | — | 0.12～0.33 |
| 咖啡 | 叶片 | 0.3 | — |
|  | 整株 | — | 0.25～0.50 |
| 苜蓿 | 叶片 | 012～0.20 | 0.21～0.50 |
|  | 整株 | — | 0.30～1.00 |
| 桃树 | 叶片 | 0.14～0.18 | 0.19～0.29 |
|  | 整株 | — | 0.25～1.20 |
| 苹果 | 叶片 | 0.06～0.15 | 0.21～0.53 |
|  | 整株 | 0.01～0.47 | 0.12～0.72 |
| 柑橘 | 4—7 月龄春叶 | 0.12～0.20 | — |
|  | 整株 | — | 0.17～1.00 |
| 沙田柚 | 春梢营养枝顶端第 3 叶 | 0.20～0.38 | — |
|  | 整株 | — | 0.17～1.00 |

判断组织中的镁浓度丰缺与否，常取决于所关注的生长指标是什么。多数研究以生物量对应的临界镁浓度判定养分的丰缺水平，而在粮食作物中可基于收获的产量，也有部分研究以叶片净光合速率的高低来判定。值得注意的是，叶片净光合速率的镁临界浓度大多高于获得生物量或可收获产量所需要的镁临界浓度（表 3-3）。Terry 和 Ulrich（1974）对此进行了解释，一方面意味着植物生长的重要生理过程可能已经受到缺镁胁迫的影响，尽管镁缺乏并没有限制生物量或产量；另一方面意味着 $CO_2$ 净同化速率不是最大干物质或产量的先决条件。需要

表 3-3　基于干重、可收获产量、净光合速率和相对生长速率得到的不同植物叶片镁临界浓度 (Hauer-Jákli and Tränkner, 2019)

%

| 植物种类 | 干重 | 可收获产量 | 净光合速率 | 相对生长速率 |
|---|---|---|---|---|
| 花生 | 0.25～0.3[s] | | | |
| 甜菜 | 0.1;0.3[s] | | 0.18 | |
| 桦木 | | | 0.10 | 0.24 |
| 胡椒粉 | 0.21 | | | 0.13 |
| 西瓜 | | | 0.10[s] | |
| 柑橘 | | | 0.19 | |
| 柚子 | 0.09 | | | |
| 柠檬 | 0.12 | | | |
| 咖啡 | 0.11～0.12 | | 0.50 | |
| 芋头 | 0.14[c] | | | |
| 胡萝卜 | | | | 0.56～0.75[p] |
| 草莓 | | 0.09 | | |
| 大豆 | 0.30 | | | |
| 棉花 | 0.23[s] | | 0.48[s] | |
| 向日葵 | 0.79 | | 0.72 | |
| 大麦 | 0.10 | | 0.08 | |
| 多花黑麦草 | | 0.13 | | |
| 多年生黑麦草 | 0.07 | | | |
| 苹果 | 0.15 | | | |
| 苜蓿 | 0.40[s] | | | |
| 水稻 | 0.17[s];0.12～0.17 | | 0.41[s] | |
| 野樱桃 | | | | 0.16 |
| 黑醋栗 | | 0.08 | | |
| 甘蔗 | 0.10[s] | | | |
| 番茄 | 0.39[p] | | | |
| 马铃薯 | 0.14 | | 0.25 | |
| 高粱 | 0.16～0.21 | | | |
| 小麦 | 0.15[p] | | | |
| 白三叶草 | | 0.20 | | |
| 蓝莓 | 0.12～0.13[†] | | | |
| 玉米 | 0.15[†] | | | |

注：标有上标 c 代表计算值，p 代表植株镁浓度，s 代表地上部镁浓度，† 代表最佳镁水平。

注意的是，这些结果主要是基于在实验室或温室中研究所获得的镁临界水平，排除了各种生物和非生物胁迫之间的复杂相互作用。特别是在高光照和高生长速率的情况下，植物对镁的需求量更高(Cakmak and Marschner，1992)，田间条件下可能会出现多种胁迫，即使是略有缺镁也可能影响植物对环境胁迫的敏感性，从而影响生物量的形成。因此，应该使用 $CO_2$ 同化速率而不是作物生长参数的临界镁水平来定义植物的镁营养状态，因为它可以在生物量形成受到影响之前早期识别镁胁迫(Hauer-Jákli and Tränkner，2019)。

根据作物的需镁特性有针对性地施用镁肥是保障作物高产优质的基础。Wang 等(2019)总结出不同作物合理的镁肥(MgO)用量(图 3-2)。其中对镁需求量较大的水果类(94.1 $kg \cdot hm^{-2}$)和块茎类(58.3 $kg \cdot hm^{-2}$)作物，适宜的镁肥用量较高；油料作物(47.2 $kg \cdot hm^{-2}$)和蔬菜类(43.5 $kg \cdot hm^{-2}$)的适宜镁肥用量居中；而对镁需求量较少的禾本科作物(27.8 $kg \cdot hm^{-2}$)所需的适宜镁肥用量也相对较少。总之，在农业实际生产过程中，需要根据不同作物对镁的特殊需求，提出相应的合理施用镁肥策略，以维持植物体内各种关键的生理过程，保证植物的正常发育及产量与品质形成。

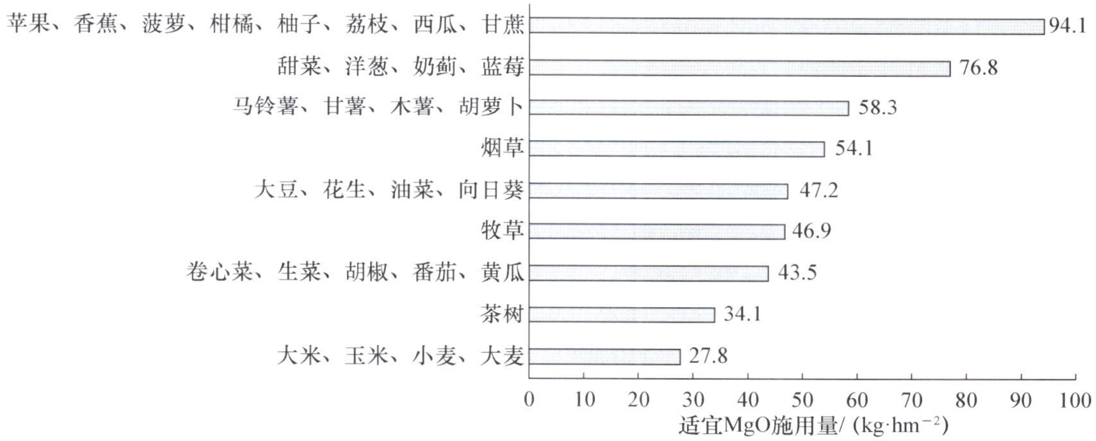


图 3-2　不同作物类型镁肥适宜施用量(Wang et al.，2019)

## 3.3 不同作物的镁肥施用量及施用效果

### 3.3.1　镁肥种类和施用方法

凡是含有镁素的化合物原则上均可以作为镁肥。目前在农业生产中，一般使用的都是无机物，按镁肥溶解性的不同，可以将其分为水溶性镁肥、枸溶性镁肥和难溶性镁肥(李明晶等，2009)。根据化学物质组成形式也可以将镁肥分为镁的氧化物、硫酸盐、碳酸盐、硝酸盐、磷酸盐、硅酸盐和氯化物等。常用分类见表 3-4。

表 3-4　镁肥的种类

| 名称 | 化学式 | 镁含量/% | 含养分 |
|---|---|---|---|
| 可溶性镁源(在 25℃下具有近似溶解度) | | | |
| 硫镁肥 | $MgSO_4 \cdot H_2O$ | 17 | Mg,S |
| 钾盐镁矾 | $MgSO_4 \cdot KCl \cdot 3H_2O$ | 9 | Mg,K,S |
| 无水钾镁矾 | $2MgSO_4 \cdot K_2SO_4$ | 11 | Mg,K,S |
| 氯化镁 | $MgCl_2$ | 25 | Mg |
| 硝酸镁 | $Mg(NO_3)_2 \cdot 6H_2O$ | 9 | Mg,N |
| 硫酸镁(泻盐) | $MgSO_4 \cdot 7H_2O$ | 9 | Mg,S |
| 软钾镁矾 | $K_2SO_4 \cdot MgSO_4 \cdot 6H_2O$ | 6 | Mg,K,S |
| 半可溶性镁源 | | | |
| 白云石 | $MgCO_3 \cdot CaCO_3$ | 6～20 | Mg,Ca |
| 水合白云石 | $MgO \cdot CaO/MgO \cdot Ca(OH)_2$ | 18～20 | Mg,Ca |
| 方镁石(氧化镁) | MgO | 56 | Mg |
| 鸟粪石 | $MgNH_4PO_4 \cdot 6H_2O$ | 10 | Mg,N,P |
| 水镁石 | $Mg(OH)_2$ | 39～40 | Mg |
| 菱镁矿 | $MgCO_3$ | 27 | Mg |
| 水菱镁石 | $3MgCO_3 \cdot Mg(OH)_2 \cdot 3H_2O$ | 26 | Mg |
| 斜方云石 | $3MgCO_3 \cdot CaCO_3$ | 20 | Mg,Ca |

引自:郭如新,2011;汪洪和褚天铎,2000;林敏霞等,2016。

镁肥可作为基肥或追肥使用。水溶性的镁肥一般可以表施,宜作追肥;溶解性小的镁肥可与土壤混施,宜作基肥。一般来说,镁肥必须与其他肥料配施,维持养分供应的平衡,效果才好。土壤施肥和叶面喷施是施肥的两种主要方式。叶面喷施作为土壤施肥的一种直接、高效的辅助措施,已成为现代农业生产中一项见效快、用量少、效率高的施肥技术(李燕婷等,2009)。叶面喷施的肥料能很快被植物吸收利用,可减少由于淋洗、挥发、土壤固定和环境因素引起的肥料损失(刘文柄等,1994)。特别是在作物需求养分旺盛而根系吸收能力减缓或养分暂时供应不足时,喷施叶面肥的补充效果更加明显。

在生产实践中可以根据作物类型、土壤类型、气候条件等,适时适地采用合适的镁肥类型及施肥方式,从而提高镁肥利用效率,减少浪费,有效提高作物的产量及品质。例如,越来越多的研究关注叶面喷施镁肥以及土施与喷施结合的方式对作物的产量及品质的影响,主要包括我国南方易缺镁的板栗、烤烟、柑橘等经济作物(黄亚丽等,2013;黄毓娟等,2011;林北森等,2016),以及番茄、油菜、水稻等大田作物(田贵生等,2019;王辉民等,2017;杨文祥,2006)。田贵生等(2019)的研究表明,镁肥基施及后期喷施可进一步提高油菜籽产量和产油量,与喷水相比,喷施镁肥的油菜籽产量和产油量分别提高了 2.7%～9.4% 和 2.8%～9.6%;在基施镁肥 15 $kg \cdot hm^{-2}$时,喷施镁肥的油菜籽产量和产油量增产效果最佳;当基施镁肥超过 30 $kg \cdot hm^{-2}$时,喷镁的增产效果不明显。Bogdevich 和 Mishuk(2006)的研究结果表明,在土壤有效镁含量较低时，镁肥基施及叶面喷施的油菜籽粒的油脂含量能显著提高；而在土壤有效镁含量较高时，效果反而下降。可见，镁肥的施用效果与施肥方式、施肥量、土壤有效镁含量等均有关系（图 3-3）。

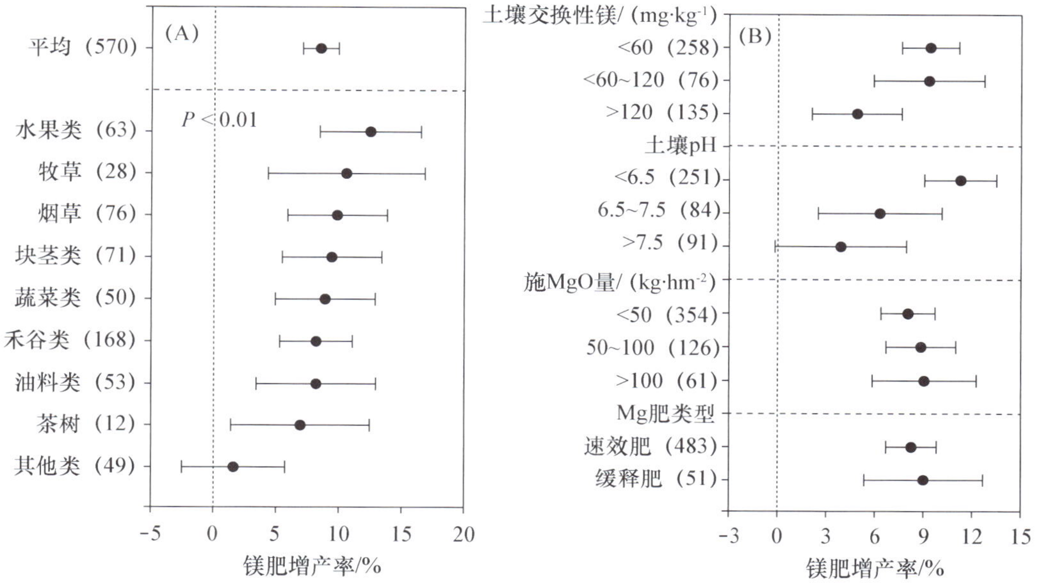


图 3-3　不同作物种类和土壤条件（土壤交换性镁含量、pH、MgO 用量和镁肥类型）下，镁肥的增产效果（Wang et al.，2019）

### 3.3.2　镁肥的施用效果

根据作物的需求不同，区域性土壤的特征差异，镁肥施用的效果差异明显。在赤红壤、红壤和水稻土施用镁肥后，玉米的干物质量显著增加，平均比对照增产 8.8%，增产幅度为 7.2%～11.4%（李伏生，2000）；在红壤旱地上施用镁肥后，黄豆和花生增产幅度最大，可达 25%～40%，其次是茶叶和烤烟，增产幅度在 20%～25%，水稻增幅较小，仅为 6%左右（黄鸿翔等，2000）；油菜施用硫酸钾镁肥后，籽粒产量与油脂含量较对照分别提高 21.6%和 16.4%（方三保等，2009）；与不施镁相比，施用硫酸镁肥后油菜籽的产量和产油量增幅分别为 14.1%～25.7%和 21.1%～34.2%（田贵生等，2019）。可见，不同作物对镁肥的响应不尽相同。Wang 等（2006）综合了 49 种作物类型，主要包括烟草、甘蔗、棉花等 9 种经济作物，水稻、玉米、小麦和大麦 4 种禾谷类作物，番茄、马铃薯、萝卜、辣椒等 22 种蔬菜，柑橘、香蕉、葡萄等 10 种水果，油料、花生、大豆、茶叶等 4 种油茶作物，通过大数据分析得出镁肥增产效果为蔬菜（20.1%）≥水果（19.6%）＞油茶作物（17.4%）＞经济作物（14.3%）＞禾谷类作物（6.5%）。近期，Wang 等（2019）通过 Meta 分析综合比较了 30 多种作物施用镁肥的效果，发现水果类作物施镁效果最好，增幅在 12.5%以上，其次是牧草（10.6%）、烟草（9.8%）、块茎类（9.4%）和蔬菜类作物（8.9%），接着是禾谷类作物（8.2%）和油料类作物（8.2%），而茶树和其他类作物（甜菜、洋葱、奶蓟、蓝莓）镁肥效果最不明显（图 3-3）。整体来看，对镁需求量比较大的作物，施镁效果要好于对镁需求量小的作物，例如蔬菜施肥效果高于禾谷类。不同作物对施镁的响应差异部分是由于它们对缺镁的遗传敏感性和耐受性(Marschner,2012;Shaul,2002)。

作物施用镁肥的增产效果不仅仅与作物本身类型有关,也取决于土壤因素。目前,土壤有效镁含量是预测植物对施用镁肥响应的基础。李伏生(2000)研究认为,土壤交换性镁含量越低,镁肥对作物的增产效果越显著。作物地上部含镁量和镁吸收量也决定于土壤中交换性镁浓度的高低,土壤交换性镁浓度与植物镁吸收量呈显著正相关。因此,土壤交换性镁能较好地反映土壤镁素对作物的有效性。在土壤交换性镁<60 mg·$kg^{-1}$ 时,施用镁肥可大幅度增产;在土壤镁充足的条件下,施用镁肥可满足作物快速生长期的高需求(Wang et al.,2019)。此外,施镁效果除了受土壤交换性镁浓度的影响外,还需要考虑土壤中离子之间的相互作用。在富含其他高浓度阳离子的土壤,例如 $K^+$、$Ca^{2+}$、$NH_4^+$ 等,均可能会由于阳离子之间的拮抗作用减少植物对 $Mg^{2+}$ 的吸收(Farhat et al.,2015;闫波等,2016;Rhodes et al.,2018);增施镁肥可以提高土壤溶液中 $Mg^{2+}$ 的比例,从而减弱土壤溶液中其他阳离子与 $Mg^{2+}$ 的拮抗作用。在 $Mg^{2+}$ 可利用性低的土壤上,植物对 $Mg^{2+}$ 吸收利用降低,导致叶片的生长速率和光合能力降低,以及根系对养分的吸收能力下降等(Samborska et al.,2018;Tränkner et al.,2018),最终会导致作物减产(Gerendás and Führs,2013)。因此,在贫瘠的土壤上,或在镁的生物有效性低的土壤上,作物对镁肥的施用响应更大。

除了受作物种类、土壤交换性镁含量以及其他阳离子拮抗作用的影响外,镁肥施用效果还与土壤性质等因素相关。土壤 pH 的大小直接影响黏土矿物中 $Mg^{2+}$ 的释放和植物对镁的吸收能力。过干过湿的环境条件也对镁的吸收不利(潘瑞炽,1979)。一般来说,介质中 pH<5~6 时,随着 pH 提高,植物对镁吸收增加,而 pH 高于 6 时,pH 变化对植物吸收镁的影响很小(Hannaway et al.,1980)。这是因为在酸性土壤中更容易发生 $Mg^{2+}$ 的淋溶,导致土壤镁浓度降低,此外,根际 $H^+$、$Al^{3+}$、$Mn^{2+}$ 也会干扰植物根系对镁的吸收利用(Rengel,1992;Kunhikrishnan et al.,2016),进而影响作物产量。施用镁肥不仅能够提高 $Mg^{2+}$ 的生物有效性,而且由于离子拮抗作用可减轻 $Al^{3+}$ 和 $Mn^{2+}$ 的毒性,进而有利于植物的生长发育。因此,在低 pH 土壤上施用镁肥的增产效果会显著高于高 pH 土壤上的增产效果(图 3-3)。特别是在我国南方地区,土壤多为酸性,镁素易淋失,尤其需要注意施用镁肥。此外,在缺镁土壤上,作物对施用的镁肥表现出的响应程度取决于镁肥中镁的释放速度和持续时间。与速效镁肥相比,缓释镁肥释放缓慢,产量提高更有效(图 3-3)。可见,不同种类作物对施用镁肥效果的响应,不仅与作物本身的需求有关,还需考虑土壤的理化性质、镁肥的种类及施用方式等,这对于作物养分管理具有重要意义。

## 3.4 小结与展望

从宏观角度看,植物体内镁的存在形式及分布不仅与作物本身特性有关,还受作物生长时期、植物组织种类、外界环境(镁肥施用量等)等的影响;从微观角度看,植物体内镁的存在形式及分布可因细胞类型、细胞内不同细胞器等的差异而有所不同。不同植物对镁的需求不同,通常双子叶作物的镁含量高于单子叶作物,豆科和十字花科类作物中的镁含量高于禾谷类作物,油料种子作物和块根作物通常含有较多的镁。在农业实践生产中,对镁需求量较高的作物通常判定其组织中镁浓度的临界阈值以及所需适宜的镁肥用量较高。值得注意的是，实际生产中应利用 $CO_2$ 同化速率对应的临界镁水平反应植物的镁营养状态。不同作物对镁肥施用的响应与其施用方式、施用量及种类、土壤性质（速效镁含量、酸碱性等）、阳离子拮抗等有关。不同作物对镁的需求特性、镁功能及分布差异性需要进一步探究。

## 参考文献


白由路，金继运，杨俐苹. 2004. 我国土壤有效镁含量及分布状况与含镁肥料的应用前景研究. 土壤肥料，(02)：3-5.

方三保，戴平安，邓言福，等. 2009. 硫酸钾镁肥对油菜产量、品质及养分吸收的影响. 湖南农业科学，(02)：61-63.

郭如新. 2011. 镁肥肥源及其应用. 磷肥与复肥，26：51-54.

洪火奇. 2004. 不同镁肥对烤烟产量和品质的影响. 闽西职业大学学报，(3)：114-116.

黄鸿翔，陈福兴，徐明岗，等. 2000. 红壤地区土壤镁素状况及镁肥施用技术的研究. 土壤肥料，(05)：19-23.

黄亚丽，王庆江，郭云龙，等. 2013. 喷施 5 种叶面肥对板栗产量和品质的影响. 经济林研究，31(3)：143-145.

黄毓娟，黄春应，肖起通，等. 2011. 不同镁肥对椪柑缺镁的矫治作用. 中国南方果树，40(5)：40-42.

李伏生. 2000. 红壤地区镁肥对作物的效应. 土壤与环境，(01)：53-55.

李明晶，孙华云，刘亦凡. 2009. 镁在植物生长中的作用及镁肥. 硫磷设计与粉体工程，(04)：36-39.

李燕婷，李秀英，肖燕，等. 2009. 叶面肥的营养机理及应用研究进展. 中国农业科学，42(1)：162-172.

林北森，高华军，韦忠，等. 2016. 叶面喷施镁肥对百色烤烟产量和品质的影响. 天津农业科学，22(01)：96-100.

林敏霞. 2016. 植物镁素生理功能及镁素营养诊断和施用. 热带农业科学，36(3)：39-43.

刘文柄，张丕方. 1994. 叶面肥在农业上的应用. 上海：上海科学技术文献出版社.

陆景陵. 2007. 植物营养学(上). 2 版. 北京：中国农业大学出版社.

潘瑞炽，1979. 水稻生理. 北京：科学出版社，107-109.

孙刚，杨庆根，张文学，等. 2011. 麻沙泥田增施钙镁肥对烤烟生长和产量的影响. 江西农业学报，23(6)：97-100.

田贵生，陆志峰，任涛，等. 2019. 镁肥基施及后期喷施对油菜产量与品质的影响. 中国土壤与肥料，(05)：85-90.

汪洪，褚天铎. 2000. 植物镁素营养诊断及镁肥施用. 土壤肥料，(4)：4-8.

王辉民，靳小勇，刘颖超，等. 2017. 叶面喷施镁肥对缺镁番茄养分吸收和分配的影响. 干旱地区农业研究，35(03)：226-231.

肖常沛，杨竹青. 2000. 不同钙、镁肥对蔬菜产量和品质的影响. 长江蔬菜，(4)：27-29.

闫波，周婷，王辉民，等. 2016. 日光温室栽培番茄镁缺乏与土壤阳离子平衡的关系. 中国农业科学，49(18)：3588－3596.

杨文祥. 2006. 镁素对水稻产量、品质的效应及机理研究. 南京农业大学.

Barker A V，Pilbeam D J. 2007. Handbook of Plant Nutrition. Florida，US：CRC Press.

Bogdevich I，Mishuk O. 2006. Efficiency of magnesium and sulfur-containing fertilizers under spring rape seed on the podzoluvisol loam soil with different magnesium content. Proceedings of theNational Academy of Sciences of Belarus. Agrarian Sciences Series，2：68－72.

Bohn T，Walczyk T，Leisibach S，et al. 2004. Chlorophyll-bound magnesium in commonly consumed vegetables and fruits：Relevance to magnesium nutrition. Journal of Food Science，69：S347－S350.

Cakmak I，Marschner H. 1992. Magnesium deficiency and high light intensity enhance activities of superoxide dismutase，ascorbate peroxidase，and glutathione reductase in bean leaves. Plant Physiology，98：1222.

Chen Z，Peng W，Li J，et al. 2017. Functional dissection and transport mechanism of magnesium in plants. Seminars in Cell & Developmental Biology，74：142－152.

Conn S，Conn V，Tyerman S D，et al. 2011. Magnesium transporters，MGT2/MRS2-1 and MGT3/MRS2-5，are important for magnesium partitioning within *Arabidopsis thaliana* mesophyll vacuoles. New Phytologist，190：583－594.

Conn S，Gilliham M. 2010. Comparative physiology of elemental distributions in plants. Annals of Botany，105：1081－1102.

Courtois D，Kastenmayer P，Clough J，et al. 2003. Magnesium enrichment and distribution in plants. Isotopes in Environmental and Health Studies，39：273－279.

Farhat N，Sassi H，Zorrig W，et al. 2015. Is excessive Ca the main factor responsible for Mg deficiency in*Sulla carnosa* on calcareous soils? Journal of Soils and Sediments，15：1483－1490.

Gerendás J，Führs H. 2013. The significance of magnesium for crop quality. Plant and Soil，368：101－128.

Gout E，Rébeillé F，Douce R，Bligny R. 2014. Interplay of $Mg^{2+}$，ADP，and ATP in the cytosol and mitochondria：unravelling the role of $Mg^{2+}$ in cell respiration. Proceedings of the National Academy of Sciences，111：E4560－E4567.

Gransee A，Führs H. 2013. Magnesium mobility in soils as a challenge for soil and plant analysis，magnesium fertilization and root uptake under adverse growth conditions. Plant and Soil，368：5－21.

Hannaway D B，Bush L P，Leggett J E. 1980. PlantNutrition：Magnesium and Hypomagnesemia in Animals. Bulletin-Kentucky，Agricultural Experiment Station(USA).

Hauer-Jákli M，Tränkner M. 2019. Critical leaf magnesium thresholds and the impact of magnesium on plant growth and photo-oxidative defense：a systematic review and meta-analysis on 70 years of research. Frontiers in Plant Science，10：766.

Igamberdiev A U，Kleczkowski L A. 2001. Implications of adenylate kinase-governed equilibrium of adenylates on contents of free magnesium in plant cells and compartments. Biochemical Journal,360:225−231.

Ishijima S,Uchibori A,Takagi H,et al. 2003. Light-induced increase in free $Mg^{2+}$ concentration in spinach chloroplasts: measurement of free $Mg^{2+}$ by using a fluorescent probe and necessity of stromal alkalinization. Archives of Biochemistry and Biophysics,412:126−132.

Kumar Tewari,R,Kumar P,Nand Sharma P. 2006. Magnesium deficiency induced oxidative stress and antioxidant responses in mulberry plants. Scientia Horticulturae,108:7−14.

Kunhikrishnan A,Thangarajan R,Bolan N S,et al. 2016. Functional relationships of soil acidification,liming,and greenhouse gas flux. Advances in Agronomy,139:1−71.

Liu C,Liu Y,Guo K,et al. 2014. Concentrations and resorption patterns of 13 nutrients in different plant functional types in the karst region of south-western China. Annals of Botany,113:873−885.

Marschner P. 2012. Marschner's Mineral Nutrition of Higher Plants. Academic press.

Mehne-Jakobs,B. 1996. Magnesium deficiency treatment causes reductions in photosynthesis of well-nourished Norway spruce. Trees,10:293−300.

Mozafar A. 1997. Distribution of nutrient elements along the maize leaf: Alteration by iron deficiency. Journal of Plant Nutrition,20:999−1005.

Neuhaus C,Geilfus C M,Mühling K H. 2014. Increasing root and leaf growth and yield in Mg deficient faba beans(*Vicia faba*) by $MgSO_4$ foliar fertilization. Journal of Plant Nutrition and Soil Science,177:741−747.

Pennington J A T,Fisher R A. 2010. Food component profiles for fruit and vegetable subgroups. Journal of Food Composition and Analysis,23:411−418.

Rengel Z. 1992. Role of calcium in aluminium toxicity. New Phytologist,121:499−513.

Rhodes R,Miles N,Hughes J C. 2018. Interactions between potassium,calcium and magnesium in sugarcane grown on two contrasting soils in South Africa. Field Crops Research,223:1−11.

Rios J J,Ó Lochlainn S,Devonshire J,et al. 2012. Distribution of calcium(Ca) and magnesium(Mg) in the leaves of Brassica rapa under varying exogenous Ca and Mg supply. Annals of Botany,109:1081−1089.

Samborska I A,Kalaji H M,Sieczko L,et al. 2018. Structural and functional disorder in the photosynthetic apparatus of radish plants under magnesium deficiency. Functional Plant Biology,45:668−679.

Shaul O. 2002. Magnesium transport and function in plants: the tip of the iceberg. Biometals,15:307−321.

Scott B J,Robson A D. 1990. Changes in the content and form of magnesium in the first trifoliate leaf of subterranean clover under altered or constant root supply. Australian Journal of Agricultural Research,41:511−519.

Senbayram M,Gransee A,Wahle V,et al. 2015. Role of magnesium fertilizers in agriculture:plant-soil continuum. Crop and Pasture Science,66:1219－1229.

Terry N,Ulrich A. 1974. Effects of magnesium deficiency on the photosynthesis and respiration of leaves of sugar beet. Plant Physiology,54:379－381.

Tränkner M,Jákli B,Tavakol E,et al. 2016. Magnesium deficiency decreases biomass water-use efficiency and increases leaf water-use efficiency and oxidative stress in barley plants. Plant and Soil,406:409－423.

Tränkner M,Tavakol E,Jákli B. 2018. Functioning of potassium and magnesium in photosynthesis,photosynthate translocation and photoprotection. Physiologia Plantarum,163:414－431.

Ulrich A,Hills F J. 1967. "Principles and practices of plant analysis," inSoil Testing and Plant Analysis,Part Ⅱ,ed. M Stelly(Madison,WI:Soil Science Society of America),11－24.

Wang Y H,Li Y J,He X H,et al. 2006. Response of crop yields to magnesium fertilization:A meta-analysis in China. International Journal Agricultural Sciences,2167－0447. 6(4):1011－1015.

Wang Z,Nadeem F,Wu L,et al. 2019. Magnesium fertilization improves crop yield in most production systems:a meta-analysis. Frontiers in Plant Science,10:1727.

Waters B M. 2011. Moving magnesium in plant cells. New Phytologist,190:510－513.

Wilkinson S R Welch R M,Mayland H F,et al. 1990. Magnesium in plants:uptake,distribution,function and utilization by man and animals. Probing of Proteins by Metal Ions and Their Low-Molecular-Weight Complexes,26:33－56.

谢凯柳(江西农业大学国土资源与环境学院)
郭世伟(南京农业大学资源与环境科学学院)

# 第4章

# 镁与其他元素之间的相互作用

植物体内的各种必需元素虽然功能各异，但却能协同合作，一起维持植物体中各种生理代谢过程的正常运转。植物能够健康生长，离不开各种元素的均衡吸收。镁是地壳中含量第八多的元素，土壤中的镁含量相对丰富，但分配却不均匀，植物缺镁的现象时有发生。由于镁离子特殊的理化性质，$Mg^{2+}$ 与其他阳离子存在竞争关系，土壤中丰富的 $K^{+}$、$Ca^{2+}$ 等离子会诱导植物缺镁。作物收获从土壤中带走大量的镁元素，同时不合理施肥，引起土壤酸化，养分失衡，镁流失加剧等，都是导致作物缺镁现象日益频发的原因。为保证缺镁地区作物获得高产，需要考虑镁与其他元素之间的相互作用，施用镁肥的同时要合理配施其他肥料。工业化的飞速发展导致土壤中重金属等有害元素积累超标，随之毒害植物，使粮食安全受到威胁。镁元素具有一定的解除重金属污染毒害的作用，因此研究镁与其他元素之间的相互作用具有重要意义。

## 4.1 镁与其他元素相互作用的重要性

矿质元素在土壤-植物系统中的相互作用对改善植物对养分的吸收具有重要意义。植物体中的镁营养不仅取决于土壤中有效镁的含量，也受到土壤中各种离子间的相互作用的影响，更与植物体内离子拮抗作用有关（李伏生，1997）。

土壤中镁的有效性受到多种因素影响，土壤有效镁可分为交换性镁和水溶性镁。植物体的镁营养状况与土壤有效镁含量密切相关，镁与钾、镁与钙在土壤中的比例对植物的镁营养状况影响较大（袁可能，1983）。土壤中的 $K^{+}$ 与 $Mg^{2+}$ 之间存在交换平衡，与 $K^{+}$ 相比，土壤胶体对二价阳离子 $Mg^{2+}$ 的吸持力较高，二者共存于土壤中，$Mg^{2+}$ 进入双电层内层，有效性降低。

钙对土壤镁的有效性也有非常大的影响，施用石灰后 $Ca^{2+}$ 使 $Mg^{2+}$ 从土壤胶体交换位点上解吸，使土壤溶液中的 $Mg^{2+}$ 增加。Rice（1968）的研究表明，Mg/K 的临界值在 0.7～1.5，低于 0.7 植株就容易出现缺镁症状，高于 1.5 植株就不表现缺镁症状，土壤中的有效镁和有效钙的比例为 1∶6 时，对作物生长有利。

$Mg^{2+}$ 的离子半径为 0.065 nm，相对较小，但其水化半径为 0.428 nm，大于 $K^+$ 和 $Ca^{2+}$ 的水化半径。由于离子跨膜运输以脱水阳离子的形式进行，$Mg^{2+}$ 转运蛋白必须具有特殊的性质（Maguire and Cowan，2002），这些转运蛋白通过细胞质膜两侧建立的电化学势梯度促进镁的跨膜运输。其他阳离子的存在会显著抑制植物根系对 $Mg^{2+}$ 的吸收，例如 $K^+$ 和 $NH_4^+$（Kurvits and Kirkby，1980），$Ca^{2+}$ 和 $Mn^{2+}$（Heenan and Campbell，1981），还有 $H^+$。阳离子间的竞争所造成的缺镁现象是非常普遍的。

植物体内镁与其他离子之间存在多种相互作用，本章以镁元素为中心，重点介绍镁与大中量元素调控植物生理的相互作用，以及镁缓解重金属及微量元素毒性的相互作用（图 4-1）。总结相关研究文献发现，镁元素能促进氮素的吸收及转运，硝态氮促进镁的吸收及利用，进而有助于植物叶片叶绿素的合成，提高植物的光合速率，同时镁促进氮素代谢，有助于蛋白质合成。镁元素与钾元素之间存在拮抗作用，钾会抑制镁的吸收，但在一定浓度范围内，镁能够促进钾的吸收，较丰富的钾也有助于叶绿素的合成并提高光合速率。与钾元素类似，钙元素与镁元素之间主要存在拮抗作用，钙与镁可共用离子通道，钙抑制植物对镁的吸收，但植物地上部钙和镁含量呈正相关，两者均可与果胶结合，参与细胞壁的合成。镁除了与大中量元素互作一起调控植物生理的同时，也扮演着解毒的作用。镁可以抑制镉的吸收，调节抗氧化酶的活性，调节离子平衡，促进镉在液泡的储存及外排。镁缓解铝毒的作用，主要通过减少根系中铝的积累，并增加根系中有机酸的合成及分泌，增强酸性磷酸酶活性，调节离子平衡，提高抗氧化酶活性而减少活性氧损伤。镁缓解铜毒与缓解铝毒的机理类似，通过减少根系铜累积并抑制铜向地上部转运。

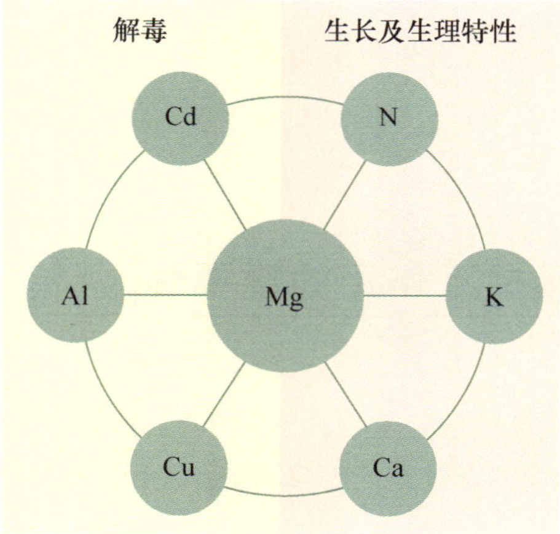


图 4-1　镁与其他元素之间的相互作用

# 4.2 镁与大中量元素的相互作用

## 4.2.1 镁与氮的相互作用

植物吸收的氮素主要有 $NH_4^+$ 和 $NO_3^-$ 两种形式，镁与铵态氮、硝态氮的相互作用存在差异。增加镁的供应可能减少铵对植物的毒害，$NH_4^+$ 对镁的吸收表现为拮抗作用(Marschner, 1995)。可能原因是植物吸收 $NH_4^+$ 后，根际 pH 降低，$H^+$ 拮抗根系对 $Mg^{2+}$ 的吸收。

谷类作物叶面喷施硫酸镁的试验结果(表 4-1)表明，在分蘖期和抽穗期给叶面喷施不同量的镁肥，能够在提高作物吸收镁的同时促进对氮的吸收。Grzebisz(2013)认为，在供氮能力较低的土壤上，增施镁肥能获得较高的产量，这种现象称为“镁诱导的氮素吸收”。施用硝态氮也可以促进镁的吸收，硝态氮与镁吸收之间有协同作用。虽然增加硝酸根离子的供应能促进镁的吸收，但会降低镁在植物体内的运输。Huang 和 Grunes(1992)的研究结果表明，$NO_3^-$ 促进小麦根系对 $Mg^{2+}$ 吸收，表现为协同吸收。但当铵态氮为唯一氮源时，小麦根系对镁的吸收速率显著低于硝态氮为唯一氮源和供应 1∶1 的铵态氮、硝态氮时对镁的吸收速率。Lasa 等(2000)的研究结果表明，$Mg^{2+}$ 抑制向日葵对 $NH_4^+$ 的吸收，两者表现为拮抗作用。当供应 5 mmol·$L^{-1}$ 的硝态氮时，随着镁供应浓度的升高，向日葵叶片和根系中的 $NH_4^+$ 含量变化不大，然而当供应 5 mmol·$L^{-1}$ 的铵态氮时，镁供应浓度升高到 10 mmol·$L^{-1}$ 时根系中的 $NH_4^+$ 含量显著降低。

表 4-1　叶面喷施硫酸镁对谷物吸收镁和氮的影响(Grzebisz, 2013)

| 吸收参数 | 统计参数 | NPK 处理 | 施镁时期和施用量/(kg·$hm^{-2}$) | | | |
|---|---|---|---|---|---|---|
| | | | 分蘖期 | | 抽穗期 | |
| | | | 2.5 | 5.0 | 2.5 | 5.0 |
| 镁吸收增加量 | 平均值/(kg·$hm^{-2}$) | 8.6 | +0.47 | +2.1 | +1.1 | +2.9 |
| | 标准差/(kg·$hm^{-2}$) | 1.4 | 0.43 | 0.52 | 0.20 | 0.62 |
| | 变异系数/% | 16 | 91 | 25 | 19 | 22 |
| 单位质量镁吸收量 | 平均值/(kg·$t^{-1}$) | 1.8 | 1.85 | 2.1 | 2.0 | 2.19 |
| | 标准差/(kg·$t^{-1}$) | 0.19 | 0.21 | 0.2 | 0.2 | 0.19 |
| | 变异系数/% | 11 | 11 | 8 | 8 | 9 |
| 氮吸收增加量 | 平均值/(kg·$hm^{-2}$) | 115.6 | +3.57 | +14.8 | +7.4 | +19.8 |
| | 标准差/(kg·$hm^{-2}$) | 17.3 | 1.17 | 2.8 | 1.14 | 2.58 |
| | 变异系数/% | 15 | 33 | 19 | 16 | 13 |
| 单位质量氮吸收量 | 平均值/(kg·$t^{-1}$) | 24.3 | 24.4 | 25.6 | 24.9 | 25.9 |
| | 标准差/(kg·$t^{-1}$) | 2.5 | 2.4 | 2.4 | 2.4 | 2.3 |
| | 变异系数/% | 10 | 10 | 9 | 10 | 9 |

镁不仅影响铵态氮和硝态氮的吸收，也影响植物体内的氮代谢过程。Ding 等(2006)的研究结果表明，水稻叶片中硝酸还原酶的活性与地上部镁含量成单峰曲线关系，当地上部的镁浓度达到 2.5 mg·$g^{-1}$ 时，硝酸还原酶的活性达到最高，而谷氨酰胺合成酶的活性随着地上部镁浓度的增加而升高。缺镁对氮同化有显著的抑制作用。缺镁显著抑制蛋白质和 RNA 的合成(Marschner，2012)。如图 4-2 所示，当镁供应中断时，RNA 合成立即停止，恢复供镁后，RNA 的合成迅速恢复，蛋白质的合成也表现出相似的趋势，虽然在中断镁供应 5 h 后才出现显著的降低，恢复供镁后蛋白质的合成也迅速恢复。

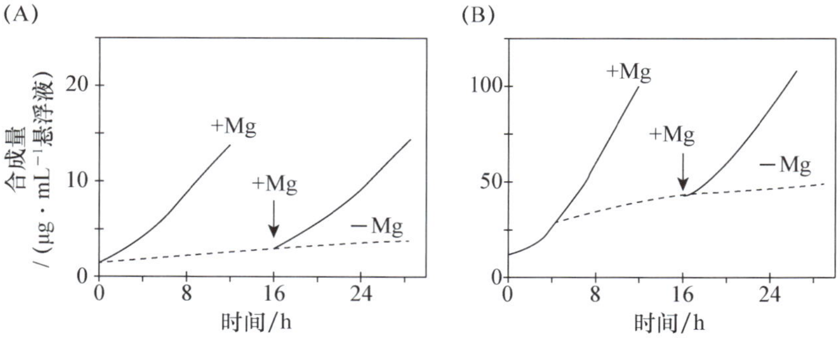


图 4-2　缺镁和恢复供镁对 RNA(A)和蛋白质(B)合成的影响(Marschner，2012)

## 4.2.2　镁与钾的相互作用

钾离子对镁离子的吸收有较大影响。生长介质中较高浓度的钾离子会抑制植物根系对镁离子的吸收，表现出拮抗作用；但当介质中钾浓度较低时，又能促进镁离子的吸收，表现出协同作用(Narwal et al.，1985)。Ohno 和 Grunes(1985)认为，钾和镁的拮抗表现在镁离子由根向地上部的运输，当增加营养液中钾的供应时，植株地上部镁含量下降，而根中镁含量没有受到影响。但介质中镁浓度的变化对植株地上部和根系中的钾浓度没有影响。Turner 和 Barkus (1983)认为，镁对钾的吸收和运输几乎没有影响。

Ding 等(2006)进行了水稻镁钾交互试验，分别设置了 0.1 mmol·$L^{-1}$、2.0 mmol·$L^{-1}$ 和 6.0 mmol·$L^{-1}$ 三个钾浓度梯度和 0.05 mmol·$L^{-1}$、1.0 mmol·$L^{-1}$ 和 5.0 mmol·$L^{-1}$ 三个镁浓度梯度，结果表明，当营养液中的钾浓度升高时，水稻叶片和根系中的镁浓度均显著降低。营养液中的镁浓度越高，钾抑制镁的吸收效果越明显。随着营养液中 K/Mg 增加，地上部镁含量逐渐降低；$K^+$ 对 $Mg^{2+}$ 的吸收及运输具有强烈拮抗作用。比较水稻体内钾镁浓度与各部位生物量发现，随着根部镁浓度的降低，根部生物量和根冠比显著增加。如图 4-3 所示，当地上部的 K/Mg 小于 20 时，水稻地上部干重随 K/Mg 增加而增加；但当地上部 K/Mg 大于 30 时，地上部干重随 K/Mg 增加而降低。所以保证水稻的良好生长需要体内的钾镁浓度平衡，钾浓度或镁浓度偏高都会抑制水稻的生长。低镁条件下，供应较高的钾可提高水稻光合速率、叶绿素含量及淀粉含量；高镁条件下，供应高钾的水稻光合速率、可溶性糖及淀粉含量降低。

Horie 等(2011)的研究结果表明，水稻高亲和钾转运蛋白(HKT)的两个成员(OsHKT2;4 和 TaHKT2;1)除吸收钾外，还可吸收镁和钙，但受供钾浓度的影响。

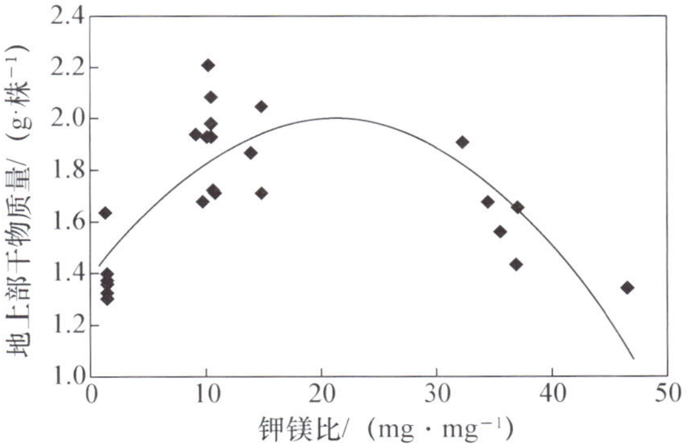


图 4-3　水稻地上部 K/Mg 比例对地上部干物质量的影响(Ding et al.,2006)

### 4.2.3　镁与钙的相互作用

White 等(2018)统计了 61 种石竹目双子叶植物,151 种非石竹目双子叶植物,76 种鸭跖草亚纲单子叶植物和 35 种非鸭跖草亚纲单子叶植物的地上部镁钙含量,以及根细胞壁的阳离子交换量,发现植物地上部钙与镁含量呈显著正相关关系。地上部钙和镁的含量受根系细胞壁阳离子交换量影响(图 4-4)。也有研究表明高钙抑制镁的可利用性,杨竹青(1994)认为高钙和高镁浓度存在着离子间拮抗作用,影响番茄的正常生长。在营养液培养条件下,营养液中钙浓度以 160 mg·$kg^{-1}$,镁浓度以 40 mg·$kg^{-1}$ 较为适宜。Guo 等(2010)发现拟南芥根系基因 *AtCNGC10*(植物环核苷酸门控离子通道)参与了 $Mg^{2+}$ 和 $Ca^{2+}$ 的吸收,两种 *AtCNGC10* 突变体植株的生长受到抑制,表现为植株矮小,叶绿素含量下降(图 4-5)。测定根系不同部位的离子流速发现,突变体根系的分生区和伸长区对 $Mg^{2+}$ 和 $Ca^{2+}$ 的运输速率比野生型均显著降低,结果表明 $Mg^{2+}$ 和 $Ca^{2+}$ 可共用相同的离子通道。

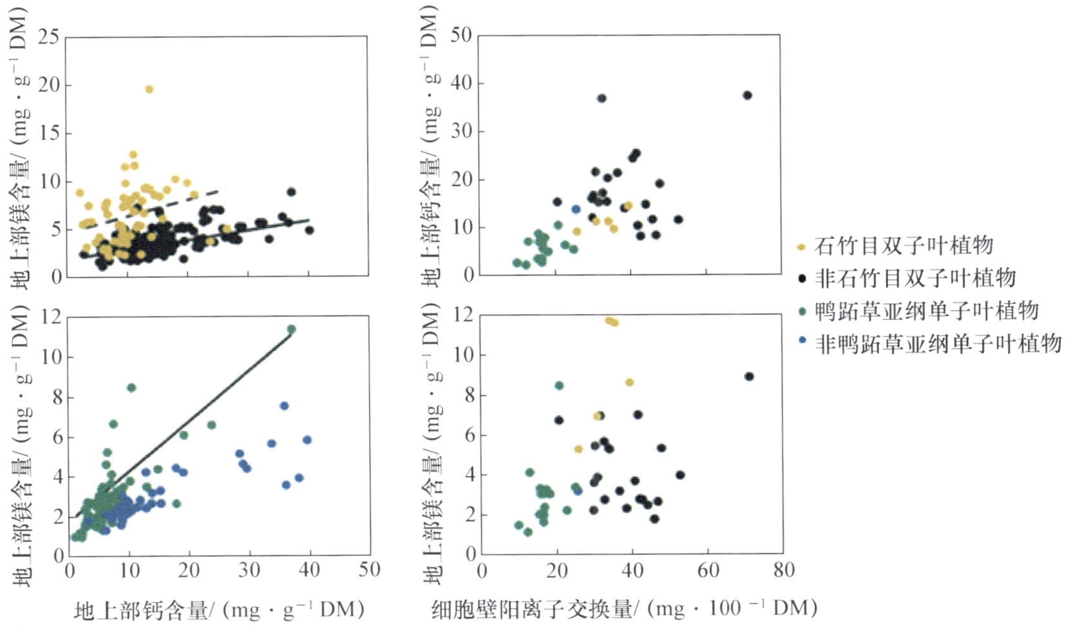


图 4-4　323 种植物地上部镁含量与钙含量及细胞壁阳离子交换量的关系(White et al.,2018)

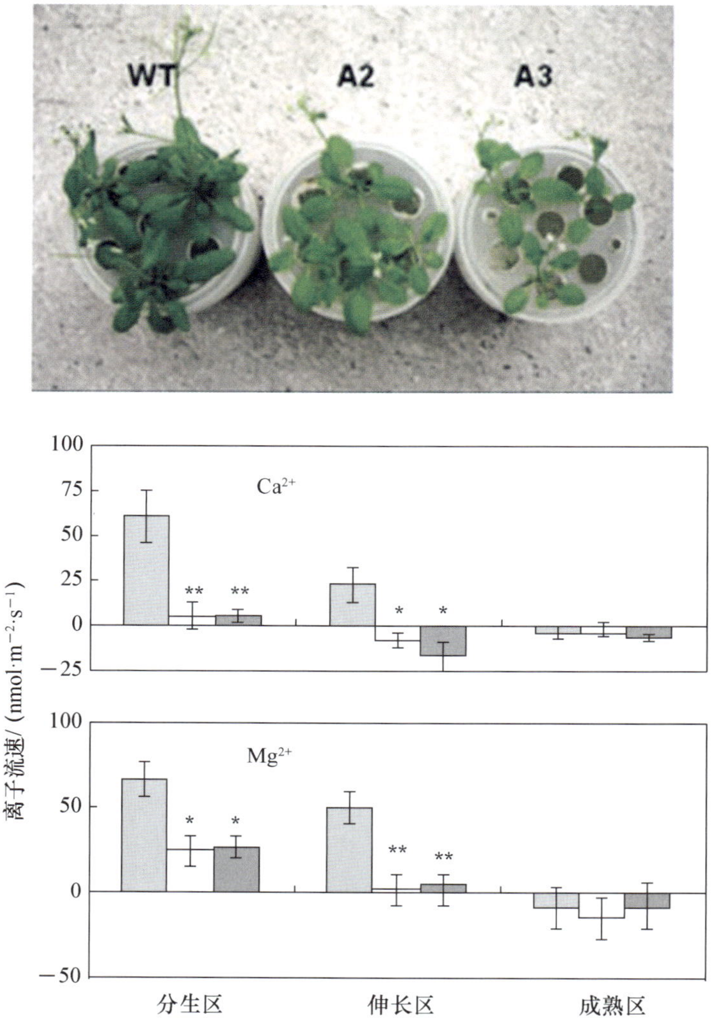


图 4-5　拟南芥野生型(WT)和 *AtCNGC10* 反义突变体(A2、A3)根系离子流速(Guo et al.,2010)

## 4.3　镁与重金属及微量元素之间的相互作用

### 4.3.1　镁与铜的相互作用

多种阳离子 $Mg^{2+}$、$Ca^{2+}$、$K^{+}$ 和 $Na^{+}$ 可以缓解铜对植物的毒害影响。Lock 等(2007)证明了铜和竞争阳离子在大麦根部结合位点的相互作用。Kinraide(1998,1999)基于细胞膜表面阳离子电势的原理,针对金属离子对植物根系的多重毒性和缓解作用进行了一系列研究。

Kopittke 等(2011)给豇豆供应不同浓度的镁和铜,发现随着铜浓度的升高,豇豆根系的相对伸长量显著降低,但供镁量较多的植株根系相对伸长量较高。Juang 等(2014)研究发现,营养液中铜浓度为 25 μmol·$L^{-1}$ 的同时供应 0.2 μmol·$L^{-1}$ 的镁，葡萄根系受到明显的铜毒害，根表皮细胞发黑并出现质壁分离现象，当镁供应浓度提升至 2 μmol·$L^{-1}$ 和 4 μmol·$L^{-1}$ 后，铜毒的症状得到缓解（图 4-6）。比较镁铜交互试验中植株不同部位的镁铜浓度（图 4-7），

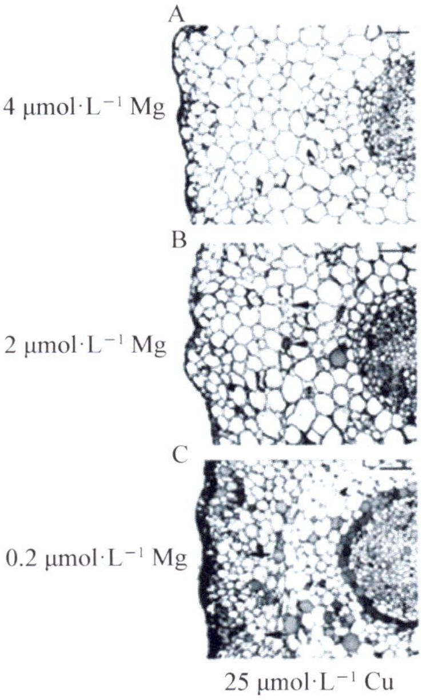


图 4-6　铜毒下供镁对葡萄根系组织染色的影响（Juang et al.，2014）

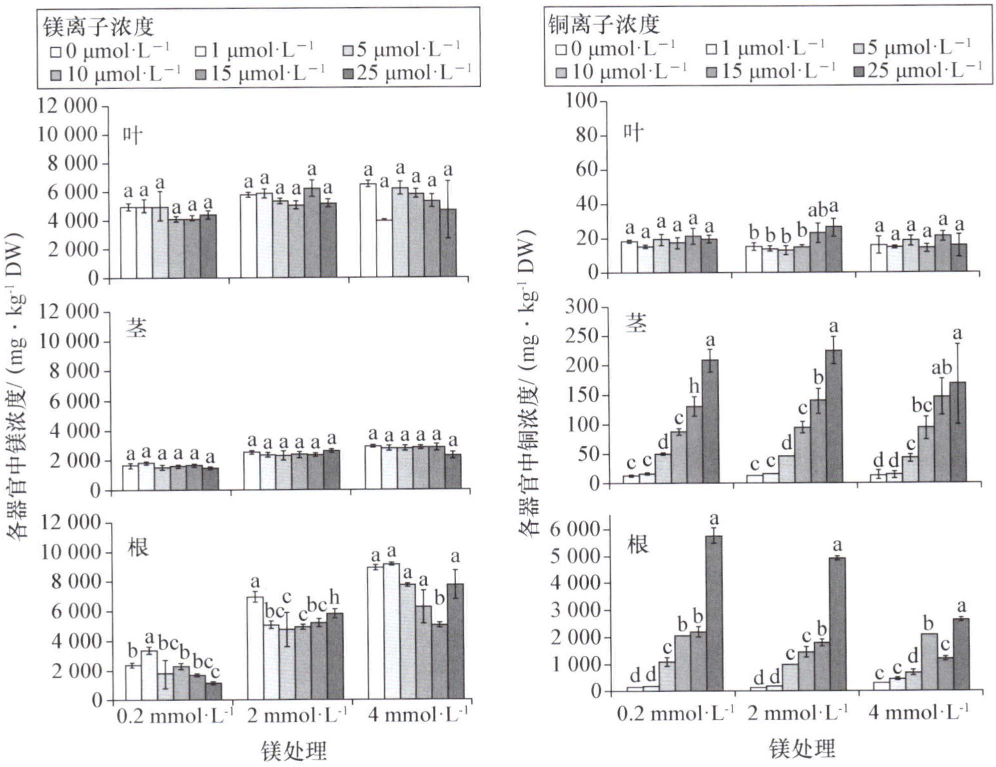


图 4-7　镁铜交互试验中葡萄不同部位组织中的镁铜浓度（Juang et al.，2014）

可以看到铜可降低根系中镁的浓度，对叶片及茎秆镁浓度无显著影响；镁可降低根系中铜的积累，对叶片及茎秆铜浓度无显著影响，高铜条件下，镁可抑制铜向地上部的转运，减少铜的毒害作用。结果表明，铜和镁之间的竞争位点位于根系；而茎叶中的镁和铜浓度不受溶液中离子浓度的影响。铜的毒害作用不仅取决于共存阳离子对质膜表面的竞争，而且还取决于铜在植物生理活性部位的转运和分配。

镁缓解铜毒害的机理是，镁能维持植物根系组织正常的结构，抑制铜从根系向地上部运输。虽然镁能显著减轻高浓度铜对豇豆和葡萄的毒害，但在甜菜(Saleh et al.,1999)和生菜(Le et al.,2012)的类似研究中并没有发现类似的现象，说明镁对铜毒害的影响可能还与植物种类相关。

### 4.3.2 镁与铝的相互作用

$Al^{3+}$和$Mg^{2+}$竞争膜转运蛋白(Rengel and Robinson,1989)和酶上的金属结合位点。$Al^{3+}$(0.480 nm)和$Mg^{2+}$(0.476 nm)的水合半径非常相似，因此$Mg^{2+}$的转运系统或酶上的$Mg^{2+}$结合位点不能很好地区分两种金属元素。某些植物偏爱重同位素镁，Black 等(2008)在营养液中添加$^{24}Mg$、$^{25}Mg$和$^{26}Mg$三种镁同位素，小麦优先吸收重同位素$^{26}Mg$(与$^{27}Al$结构最为近似)，并将其储存在组织中，吸收和储存$^{26}Mg$的途径可能引起植物体内$Al^{3+}$的累积造成铝毒。因此镁与铝之间存在密切的相互作用。

Pandey 等(2013)通过水稻的水培试验发现，当营养液中的铝离子浓度为 0.5 mmol·$L^{-1}$时，水稻受到明显的铝毒害，根长、地上部长度、地上部鲜重与对照相比显著降低，根鲜重、根系含水量和地上部含水量也有降低的趋势。如果供铝的同时供应 0.25 mmol·$L^{-1}$的镁，则水稻所受到的铝毒害能够得到缓解，根长、地上部长度和地上部鲜重显著增加，各生长指标与对照相比无显著差异。通过伊文思蓝染料(指示根细胞质膜完整性和细胞死亡的染色剂)对水稻根尖组织进行染色，看到在铝毒胁迫下，水稻根细胞质膜的完整性受到严重破坏；供应镁能减少对伊文思蓝的吸收，说明能够减少铝毒下根细胞质膜受到的破坏。通过苏木素(标记 Al 的指示剂)对水稻根尖组织进行染色(图 4-8)，发现与对照相比，供铝的植株根系中铝的累积量提高了 2～3 倍，但供应镁能够降低根部铝的累积。对水稻叶片进行 NBT(氮蓝四唑)和 DAB(二氨基联苯胺)染色发现(图 4-9)，铝处理的染色位点与对照处理相比显著增加，供应镁能减少染色位点强度，表明镁能减少铝处理导致的超氧阴离子和过氧化氢产生。同时测定各种活性氧清除酶的活性，看到在铝毒条件下，镁能够降低根系及叶片中的抗氧化酶活性。镁缓解铝毒的机理是，调节地上部及根系中的碳分配，增加有机酸合成及分泌，增强酸性磷酸酶活性，维持质子 ATP 酶活性和调节细胞质 pH，维持细胞质钙离子平衡，维持根细胞质膜的完整性，降低活性氧水平和活性氧诱导的氧化损伤，调节抗氧化酶活性，从而减轻铝的毒害作用(图 4-10)。

在烟草(Deng et al.,2006)和水稻(Chen et al.,2012)中，镁跨膜运输蛋白基因(*AtMGT1*和*OsMGT1*)的过表达植株明显更耐铝毒胁迫。铝和镁可能相互争夺跨膜运输蛋白和酶的金属结合位点(Pandey et al.,2013)，即镁减轻铝毒害的可能原因是通过减少质外体铝的结合位点和降低铝在根质膜的表面活性来实现(Kinraide et al.,2004)。不同甘蓝品种的镁含量有 2.3 倍的浓度差，这种变异是高度遗传的(Broadley et al.,2008)，暗示可以通过培育镁高度富集的作物品种来耐受铝毒害。

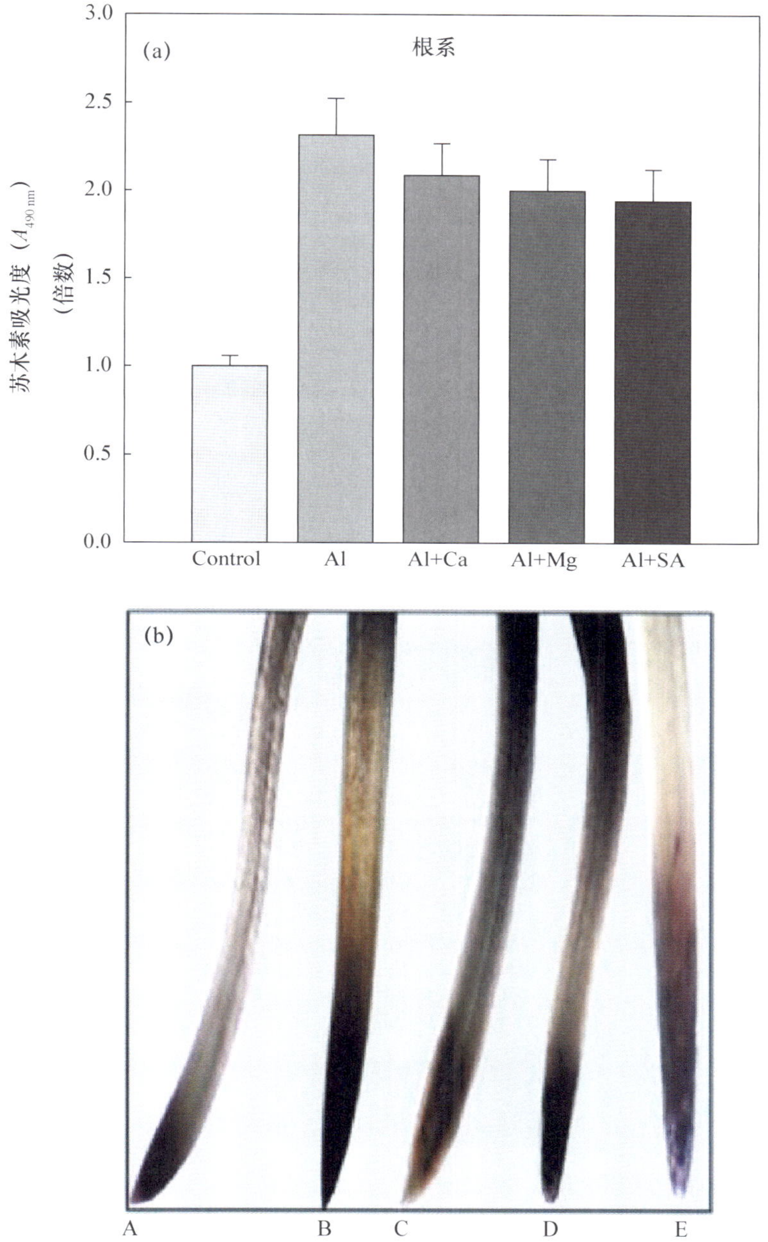


图 4-8　不同处理对水稻根尖苏木素染色吸收的影响(Pandey et al. ,2013)

A. 对照　B. 铝毒处理 Al　C. 铝毒加钙处理 Al+Ca　D. 铝毒加镁处理 Al+Mg　E. 铝毒加水杨酸处理 Al+SA

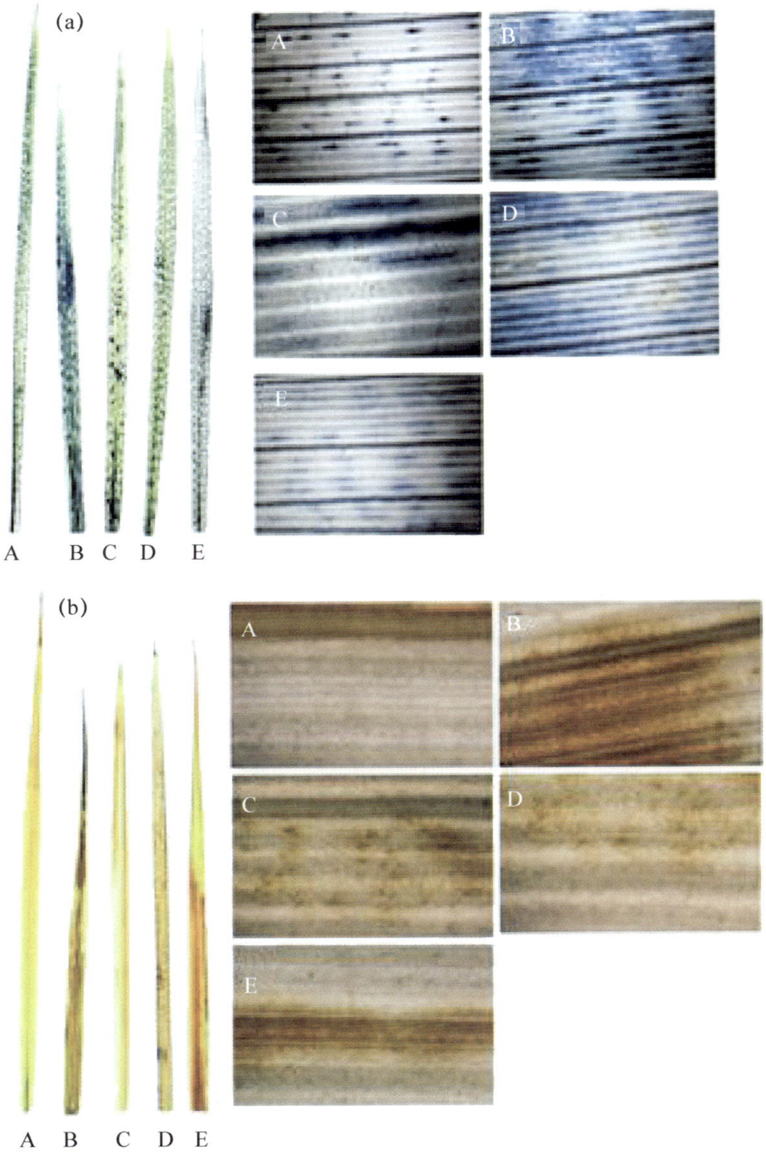


图 4-9　不同处理对水稻叶片 NBT(a)和 DAB(b)染色吸收的影响(Pandey et al. ,2013)

A. 对照　B. 铝毒处理 Al　C. 铝毒加钙处理 Al+Ca　D. 铝毒加镁处理 Al+Mg　E. 铝毒加水杨酸处理 Al+SA

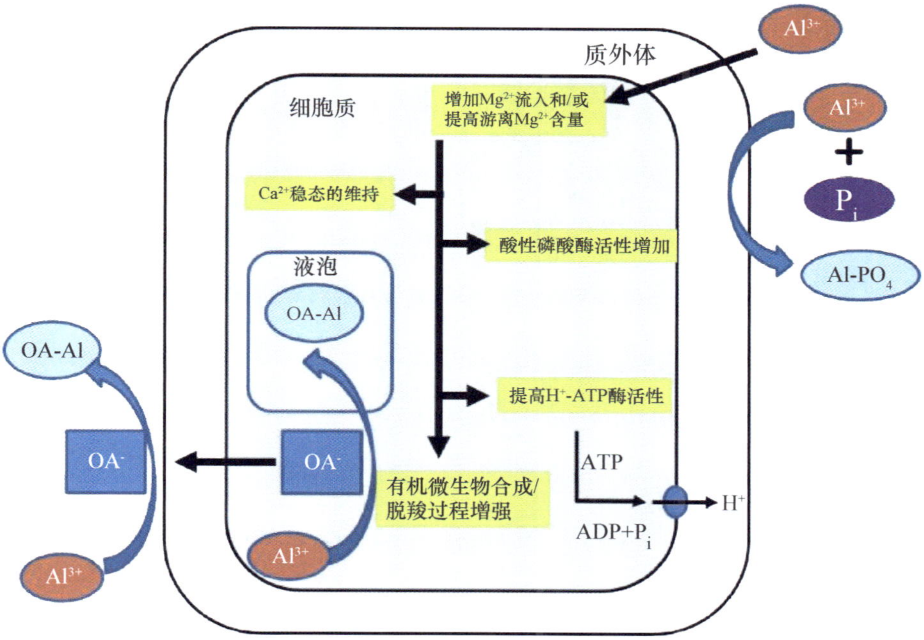


图 4-10　提高 $Mg^{2+}$ 浓度缓解 $Al^{3+}$ 毒的作用机理(Bose et al.,2011)

### 4.3.3　镁与镉的相互作用

许多元素能够抑制植物对镉的吸收,从而减轻镉毒害。能够降低镉吸收的元素包括镁、磷、氯、钾、钙等(Tran and Popova,2013)。其中一些元素在转运蛋白上与镉竞争,并且已经鉴定出多种与镉转运相关的基因(Kramer et al.,2007)。镁对镉毒的影响还不明确,有相关报道表明,在营养液培养条件下镁供给量的增加或减少都能够缓解镉毒。当给菠菜的营养液中镁浓度高于正常浓度的 10 倍时,植株生长得到促进,体内的镉浓度降低(Kashem et al.,2007)。但在另一个水稻试验中,营养液不供应镁时,尽管镉的吸收增加,但水稻的生长也增加,镉诱导的氧化效应被抵消了(Chou et al.,2011)。

Kudo 等(2015)用 5 mol・$L^{-1}$ 的 $CdSO_4$ 对大麦进行处理,同时供应 0 mmol・$L^{-1}$,0.1 mmol・$L^{-1}$,1 mmol・$L^{-1}$ 或 10 mmol・$L^{-1}$ 的镁。当镁浓度较低时,大麦最新完全展开叶出现坏死斑点,老叶出现严重的坏死,出现典型的镉毒现象;当镁浓度较高时,大麦叶片的镉毒症状得到缓解,仅最新完全展开叶出现部分坏死斑点(图 4-11)。测定不同处理的大麦植株地上部和根系中的镉浓度(图 4-12)发现,供镁植株地上部和根系中的镉浓度均显著降低,高浓度镁使地上部镉浓度成倍降低,同时降低根系质膜囊泡中的镉浓度,说明镁可以抑制镉从根系向地上部运输。营养液中 $Cd^{2+}$ 浓度与 $Mg^{2+}$ 浓度相近时,根系质膜囊泡对镉的吸附作用不受影响,但高浓度 $Mg^{2+}$ 对其吸附有一定的抑制作用,这一证据表明两种元素之间仅有微弱的竞争,镁对减少镉积累的主要作用不是通过根部吸收的竞争,而是抑制了镉向地上部的运输。

图 4-11　供镉条件下不同浓度的镁对大麦叶片镉毒症状的影响(Kudo et al. ,2015)

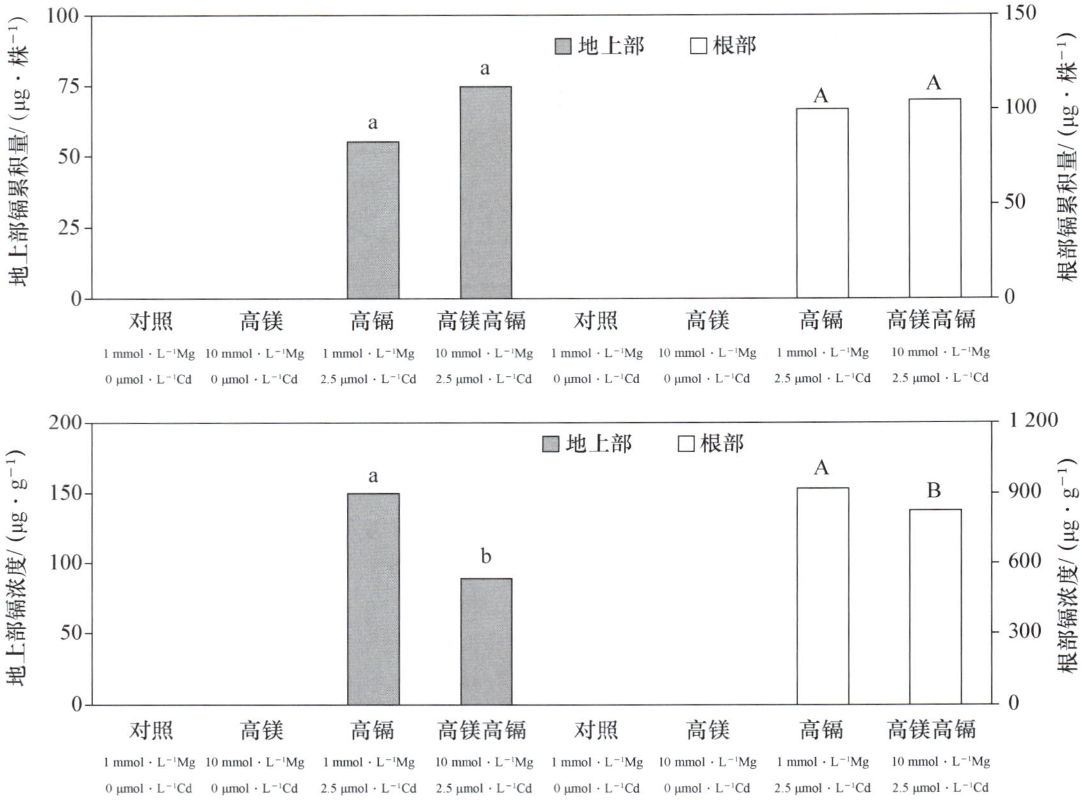


图 4-12　镁镉交互试验对大麦地上部和根系中镉累积量和浓度的影响(Kudo et al. ,2015)

Kashem 等(2007)对菠菜进行镉处理,植株表现出明显的生长延缓和叶片发黄,但同时供应 10 mmol·$L^{-1}$ 镁的植株未出现症状。与出现镉毒害的植株相比,供应高镁植株的地上部生物量增加约两倍,镉浓度降低约 40%。虽然镁对菠菜镉累积量无显著影响,但可降低地上部及根系的镉浓度,增加地上部生物量。因此,在营养液中添加高量的镁可以减轻植物的镉毒害。但也有研究表明,缺镁可以缓解镉对拟南芥的毒害(Hermans et al. ,2011),并缓解缺铁症状(图 4-13)。有研究表明,低镁条件激活了细胞中的抗氧化系统,抗氧化及光保护相关的基因表达上调,减轻由镉毒引起的 ROS 毒害,保护了光合机构;Mg 与 Fe 之间存在拮抗作用,低镁条件下细胞中的 Fe 含量升高,多余的铁诱导铁储存蛋白表达增强,铁储存蛋白螯合铁的同

时也能螯合 $Cd^{2+}$，所以低镁能调节细胞中的 Fe/Cd；缺镁条件下 *MPR3* 表达增强，使 $Cd^{2+}$ 封存在液泡中，同时解毒蛋白基因（*DTX*）表达增强，促进 $Cd^{2+}$ 的外排（图 4-14）。

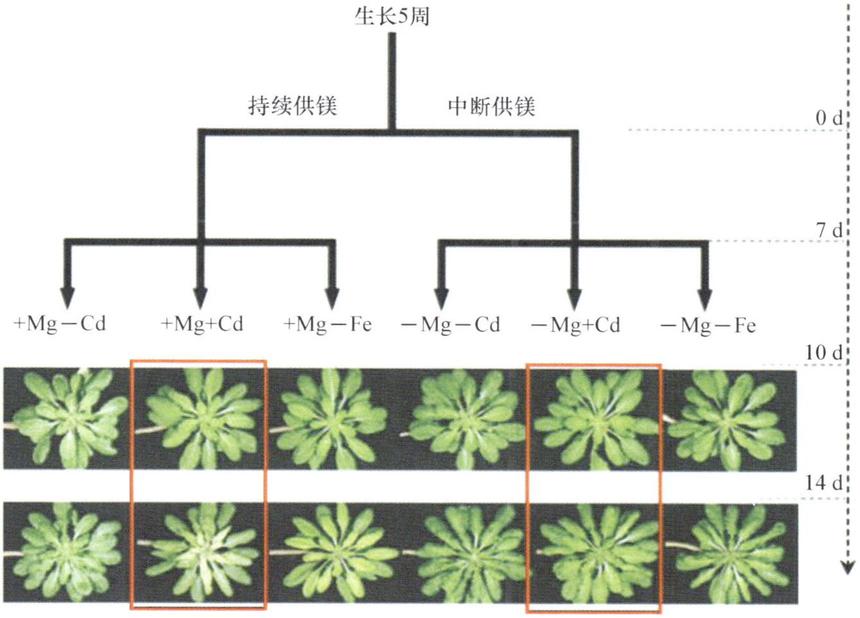


图 4-13　供镁及缺镁条件下不同处理的拟南芥长势（Hermans et al.，2011）

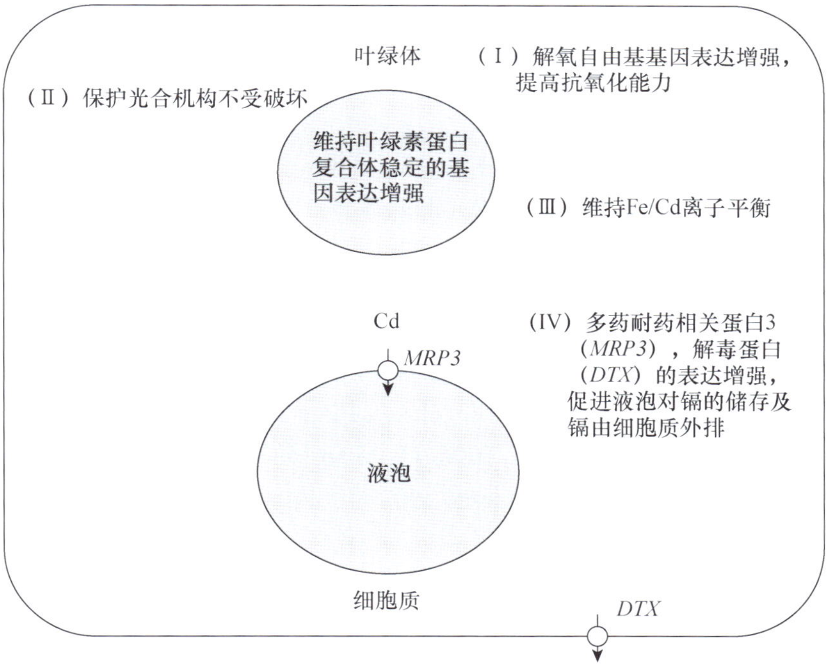


图 4-14　缺镁减轻镉对叶片细胞毒害的作用机理（Hermans et al.，2011）

## 4.4 小结与展望

镁与其他元素之间相互影响存在着复杂的关系，只有各种元素含量都在适宜范围内，植物的各种生理代谢活动才能正常运转。镁与其他元素主要通过竞争膜转运蛋白产生相互影响，植物体内其他元素含量的失衡会导致镁含量的增加或减少，进而抑制植物的生长，同样也可以通过改变镁的吸收来调控其他元素的含量，维持植物的正常生长。研究镁与其他元素的相互作用，可以为合理施肥，缓解重金属毒害提供理论基础。

## 参考文献


李伏生. 1997. 广西主要母质土壤交换性镁含量和影响玉米对镁吸收的因素. 广西农业科学，3:25－28.

杨竹青. 1994. 钙镁肥对番茄产量品质和养分吸收的影响. 土壤肥料，2:14－18.

袁可能. 1983. 植物营养元素的土壤化学. 北京：科学出版社.

Black J R, Epstein E, Rains W D, et al. 2008. Magnesium-isotope fractionation during plant growth. Environmental Science and Technology, 42:7831－7836.

Bose J, Babourina O, Rengel Z. 2011. Role of magnesium in alleviation of aluminum toxicity in plants. Journal of Experimental Botany, 62:2251－2264.

Broadley M R, Hammond J P, King G J, et al. 2008. Shoot calcium and magnesium concentrations differ between subtaxa, are highly heritable, and associate with potentially pleiotropic loci in *Brassica oleracea*. Plant Physiology, 146:1707－1720.

Chen Z C, Yamaji N, Motoyama R, et al. 2012. Up-regulation of a magnesium transporter gene *OsMGT1* is required for conferring aluminum tolerance in rice. Plant Physiology, 159: 1624－1633.

Chou T S, Chao Y Y, Huang W D, et al. 2011. Effect of magnesium deflciency on antioxidant status and cadmium toxicity in rice seedlings. Plant Physiology, 168:1021－1030.

Deng W, Luo K M, Li D M, et al. 2006. Overexpression of an *Arabidopsis* magnesium transport gene, *AtMGT1*, in *Nicotiana benthamiana* confers Al tolerance. Journal of Experimental Botany, 57:4235－4243.

Ding Y, Luo W, Xu G. 2006. Characterization of magnesium nutrition and interaction of magnesium and potassium in rice. Annals of Applied Biology, 149:111－123.

Grzebisz W. 2013. Crop response to magnesium fertilization as affected by nitrogen supply. Plant and Soil, 368:23－39.

Guo K M, Babourina O, Christopherc D A, et al. 2010. The cyclic nucleotide-gated channel *AtCNGC10* transports $Ca^{2+}$ and $Mg^{2+}$ in *Arabidopsis*. Physiologia Plantarum, 139:303－312.

Hermans C, Chen J G, Coppens F, et al. 2011. Low magnesium status in plants enhances tolerance to cadmium exposure. New Phytologist, 192: 428-436.

Heenan D P, Campbell L C. 1981. Influence of potassium and manganese on growth and uptake of magnesium by soybeans. Plant and Soil, 61: 447-456.

Horie T, Brodsky D E, Costa A, et al. 2011. $K^+$ transport by the *OsHKT2;4* transporter from rice with a typical $Na^+$ transport properties and competition in permeation of $K^+$ over $Mg^{2+}$ and $Ca^{2+}$ ions. Plant Physiology, 156: 1493-1507.

Huang J W, Grunes D L. 1992. Effects of root temperature and nitrogen form on magnesium uptake and translocation by wheat seedlings. Journal of Plant Nutrition, 15: 6-7.

Juang K W, Lee Y I, Lai H Y, et al. 2014. Influence of magnesium on copper phytotoxicity to and accumulation and translocation in grapevines. Ecotoxicology and Environmental Safety, 104: 36-42.

Kashem M A, Kawai S. 2007. Alleviation of cadmium phytotoxicity by magnesium in *Japanese mustard* spinach. Soil Science and Plant Nutrition, 53: 246-251.

Kinraide T B. 1998. Three mechanisms for the calcium alleviation of mineral toxicities. Plant Physiology, 118: 513-520.

Kinraide T B. 1999. Interactions among $Ca^{2+}$, $Na^+$ and $K^+$ in salinity toxicity: quantitative resolution of multiple toxic and ameliorative effects. Journal of Experimental Botany, 50: 1495-1505.

Kinraide T B, Pedler J F, Parker D R. 2004. Relative effectiveness of calcium and magnesium in the alleviation of rhizotoxicity in wheat induced by copper, zinc, aluminum, sodium, and low pH. Plant and Soil, 259: 201-208.

Kopittke P M, Kinraide T B, Wang P. 2011. Alleviation of Cu and Pb rhizotoxicities in cowpea(*Vigna unguiculata*) as related to ion activities at root-cell plasma membrane surface. Environmental Science and Technology, 45: 4966-4973.

Kramer U, Talke I N, Hanikenne M. 2007. Transition metal transport. FEBS LETTERS, 581: 2263-2272.

Kudo H, Kudo K, Uemura M, et al. 2015. Magnesium inhibits cadmium translocation from roots to shoots, rather than the uptake from roots, in barley. Botany, 93: 345-351.

Kurvits A, Kirkby E A. 1980. The uptake of nutrients by sunflower plants(*Helianthus annuus*) growing in a continuous flowing culture system, supplied with nitrate or ammonium as nitrogen source. Z. Pflanzenernähr: Bodenk, 143: 140-149.

Lasa B, Frechilla S, Aleu M. 2000. Effects of low and high levels of magnesium on the response of sunflower plants grown with ammonium and nitrate. Plant and Soil, 225: 167-174.

Le T T Y, Peijnenburg W J G M, Hendriks A J, et al. 2012. Predicting effects of cations on copper toxicity to lettuce(*Lactuca sativa*) by the biotic ligand model. Environmental Toxicology and Chemistry, 31: 355-359.

Lock K, Van Eeckhout H, De Schamphelaere K A C, et al. 2007. Development of a biotic ligand model(BLM) predicting nickel toxicity to barley(*Hordeum vulgare*). Chemosphere,

66:1346−1352.

Maguire M E,Cowan J A. 2002. Magnesium chemistry and biochemistry. Biometals,15:203−210.

Marschner H. 1995. Mineral Nutrition of Higher Plants. 2nd edn. London:Academic Press.

Marschner P. 2012. Marschner's Mineral Nutrition of Higher Plants. 3rd edn. San Diego, CA:Academic Press.

Narwal R P,Kumar V,Singh J P. 1985. Potassium and magnesium relationship in cowpea(*Vigna unguiculata*(L.) Walp.). Plant and Soil,86:129−134.

Ohno T,Grunes D L. 1985. Potassium-Magnesium interaction affecting nutrient uptake by wheat forage. Soil Science and Society of America Journal,49:685−690.

Pandey P,Srivastava R K,Dubey R S. 2013. Salicylic acid alleviates aluminum toxicity in rice seedlings better than magnesium and calcium by reducing aluminum uptake,suppressing oxidative damage and increasing antioxidative defense. Ecotoxicology,22:656−670.

Rengel Z,Robinson D L. 1989. Competitive $Al^{3+}$ inhibition of net $Mg^{2+}$ uptake by intact *Lolium multiflorum* roots. Plant Physiology,91:1407−1413.

Rice H B,Kamprath E J. 1968. Availability of exchangeable and nonexchangeable Mg in sandy coastal plain soil. Soil Science Society of America Journal,323:86−388.

Saleh A A H,El-Meleigy S A,Ebad FA,et al. 1999. Base cations ameliorate Zn toxicity but not Cu toxicity in sugar beet(*Beta vulgaris*). Journal of Plant Nutrition and Soil Science, 162:275−279.

Tran T A,Popova L P. 2013. Functions and toxicity of cadmium in plants:recent advances and future prospects. Turkish Journal of Botany,37:1−13.

Turner D W,Barkus B. 1983. Long-term nutrient absorption rates and competition between ions in banana in relationship to supply of K,Mg and Mn. Fertilizer Research,4:127−134.

White P J,Broadley M R,El-Serehy H A,et al. 2018. Linear relationships between shoot magnesium and calcium concentrations among angiosperm species are associated with cell wall chemistry. Annals of Botany,122:221−226.

孟旭升 陈柯豪 王敏 郭世伟(南京农业大学资源与环境科学学院)

# 第5章

# 镁对光合产物运输分配及作物产量的影响

通常情况下，为保证植物的正常生长，每形成 1 kg 干物质需要吸收 1.5～3.5 g 镁，以支持植物生长发育中的众多生理生化反应(Chen et al.,2017)。镁是组成叶绿素的关键元素(Marschner,2012)，叶绿素是植物吸收光能的主要色素，因此，镁供应不足会抑制植物光合作用，亦影响蔗糖在韧皮部装载，导致光合产物从源到库的运输受阻，碳水化合物在成熟叶片中大量积累无法运输到根系及幼叶、果实等库器官，是影响植物产量和品质的主要原因(Farhat et al.,2016)。

## 5.1 镁对植物生长的重要作用

与其他矿质元素相比，镁能激活更多酶的活性，包括 ATP 合酶、RuBP 羧化酶、RNA 聚合酶和蛋白激酶等(Marschner,2012)，与植物体内的众多代谢过程息息相关。

镁的主要生理功能如下：①蛋白质的生物合成(Chen et al.,2017)。镁是联结核糖体大小亚基的桥梁元素，DNA 合成酶的催化活性对镁离子非常敏感，RNA 聚合酶也需要镁离子激活。②ATP 的合成与水解。ATP 合成酶催化位点上的镁离子联结 ATP 合成酶与 ADP，ATP 合成酶既能合成 ATP 又能水解 ATP(Senior et al.,2002)，为细胞内各项代谢活动提供能量。③叶绿素的合成。镁是组成叶绿素的中心元素，叶绿素合成的第一步是镁离子在镁螯合酶的作用下插入原卟啉中形成镁卟啉，在镁螯合酶的催化过程中也需要 ATP 提供能量(Marschner,2012)；高达 35% 的镁固定在叶绿体中，其余的镁以游离态存在于植物细胞中(Cakmak and Kirkby,2008)。④类囊体垛叠(Shaul,2002)。⑤固定二氧化碳。碳同化反应在 RuBP 羧化酶(Rubisco)的催化作用下进行，而 Rubisco 的活性需要镁激活(Marschner,2012)。⑥同化物的运输和分配。镁参与蔗糖在韧皮部装载与卸载过程中合成 ATP，为氢离子泵出膜外提供能量(Marschner,2012)，缺镁阻碍同化物从源到库的运输(图 5-1)。

缺镁的典型可见症状是老叶出现脉间失绿现象，严重时叶片出现坏死斑点(Cakmak and Yazici,2010)。光合产物在源器官中积累造成光合作用负反馈抑制，导致 $CO_2$ 固定途径受到

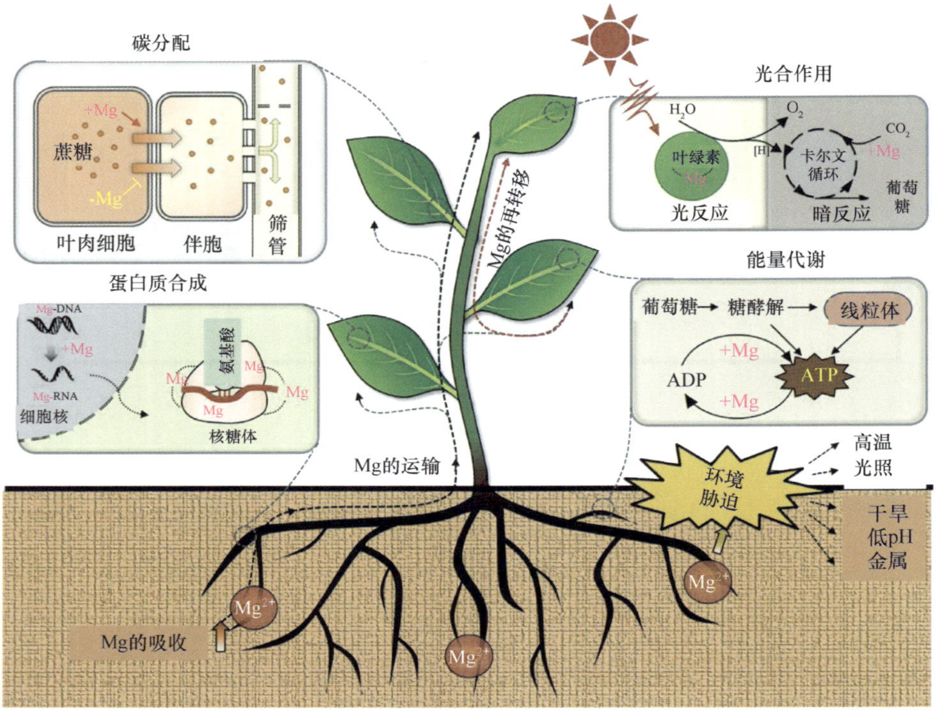


图 5-1　植物中镁的功能(Chen et al. ,2017)

影响,一方面使 $CO_2$ 的固定减少,另一方面减少光合作用中可吸收光能的利用,诱导光合电子传递链的过度还原,激发能转移到 $O_2$,在 PSⅡ 反应链上产生高毒性活性氧(ROS),ROS 会对叶绿体和光合酶产生极大毒性,使植物光合作用受抑制,细胞膜和叶绿体结构被破坏,叶绿素分解,造成叶片萎黄和出现坏死(图 5-2)(Asada,2006;Farhat et al. ,2016)。

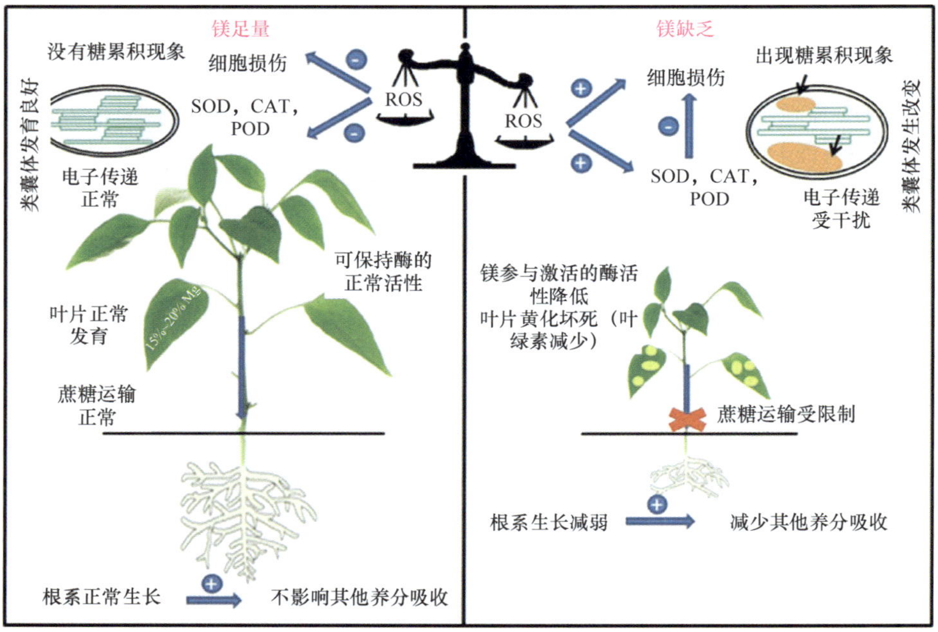


图 5-2　缺镁对植物生长发育的影响(Farhat et al. ,2016)

## 5.2 镁对韧皮部运输碳水化合物的影响

植物中高达 35%的镁含量位于叶绿体中(Cakmak and Yazici,2010),与叶绿素分子直接联结的镁占叶片中镁总量的 15%～20%,剩余 80%～85%以可移动形式存在(Marschner,2012),这一数据解释了镁在光合作用和光合产物运输中的重要性。光合产物主要以蔗糖的形式通过韧皮部从源器官运输至库器官,镁在韧皮部装载中的重要性与 ATP 的形成有关。ATP 为韧皮部装载过程提供能量,并维持蔗糖进入韧皮部细胞的运输过程。首先质子泵将氢离子从细胞内泵出到细胞外,形成一个细胞质膜外高内低的质子梯度,细胞外的蔗糖分子和氢离子通过共运输载体进入细胞内完成蔗糖的跨膜运输过程,在这个过程中镁参与合成 ATP,为氢离子泵出膜外提供能量(图 5-3)(Marschner,2012)。有研究表明,在甜菜中蔗糖和氢离子的共运输载体 *BvSUT1* 基因在缺镁时的表达增强,但仅仅在筛管伴胞中检测到,在韧皮部的表达没有明显变化(Hermans et al.,2005),说明缺镁阻碍了蔗糖在韧皮部的装载。镁对蔗糖在韧皮部装载的影响是特定的,这一装载过程对低镁敏感,特别是碳水化合物从源器官到库器官的运输过程受阻,对作物产量形成有重大影响(Cakmak and Kirkby,2008)。

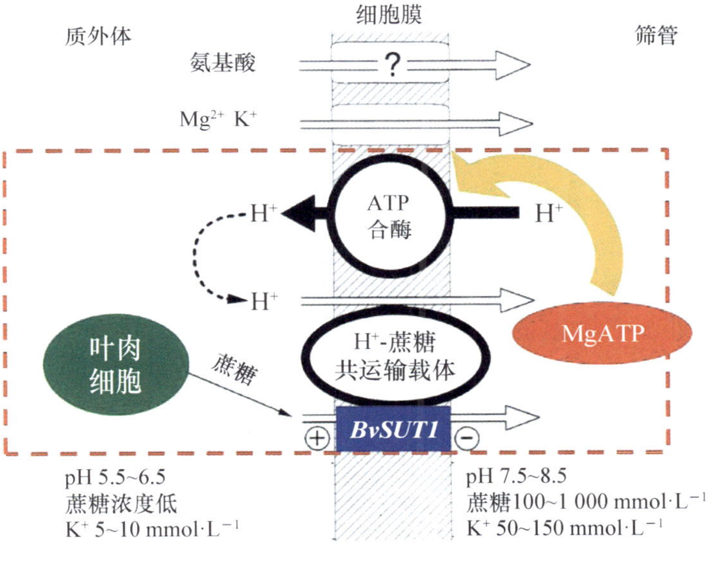


图 5-3　蔗糖在韧皮部中的装载(Marschner,2012)

光合作用产生的碳水化合物有 80%是经由维管组织输送至其他器官,蔗糖是光合作用碳代谢最主要的终产物,也是大多数植物中同化物运输的主要形式(Anuradha et al.,2017)。但韧皮部汁液中物质的组分并不单一,通过高效液相色谱法在不同植物的韧皮部汁液中检测到的物质包括有糖、氨基酸、有机酸;糖类以蔗糖为主,水苏糖、棉籽糖、果糖、葡萄糖也可以检测到,有机酸以苹果酸和柠檬酸为主(Shelagh and Baker,1972;Kollar and Seemüller,2008)。韧皮部汁液的组成成分在不同植物类属间以及植物不同组织间是不同的(Jakobs et al.,2019)。

除以蔗糖为碳水化合物主要运输形式的植物外，其他糖类运输型植物也大有存在。在荔枝中，白雀木醇在成熟叶片中约占可溶性糖的50%，占韧皮部汁液中总糖量的40%(Wu et al.,2017)。棉籽糖家族寡聚糖是一种可溶性非还原糖，主要包括棉籽糖、水苏糖等(Sprenger and Keller,2000;Peterbauer,2001)。棉籽糖家族寡聚糖运输型的植物在将光合产物从源叶中输出之前，首先要将蔗糖转化成棉籽糖及水苏糖，因此在源库之间运输过程及分配规律比蔗糖运输型植物更加复杂。自然界中存在许多棉籽糖家族寡聚糖运输型的植物，例如葫芦科、唇形科、薄荷科及木犀科等(Bolouri-Moghaddam et al.,2010;Cho et al.,2010;王东辉等，2018)。棉籽糖等寡聚糖通过韧皮部装载过程进行运输(Ayre,2003;Hannah et al.,2006)。黄瓜是一种以棉籽糖系列寡聚糖为运输形式的植物，以水苏糖运输为主(王亚敏，2015)。在地黄中，蔗糖、棉籽糖及水苏糖是其运输碳水化合物的主要形式，棉籽糖主要在叶片中合成，水苏糖则在叶、茎、根中均有合成，地黄体内运输碳水化合物的主要形式随生长周期的变化而变化(王东辉等，2018)。

## 5.3 镁对光合产物分配及作物产量的影响

镁属于在韧皮部移动性强的矿质元素，可以从老叶向幼叶转移(Taiz and Zeiger,2010)，根据目前已有文献证实，不同生育期及不同供镁水平下镁在植物各器官的分布存在差异。镁的分布与蔗糖的分配呈反比(Farhat et al.,2016)。正常供镁时，镁在甜菜冠根间的分布情况为地上部>根系，地上部镁含量约占总量的80%；缺镁时，镁在冠根间的分布仍是地上部>根系，但根系含镁的比重有所增加，地上部镁含量约占总量的70%(Hermans et al.,2004)。据Kobayashi等对水稻幼苗中镁转运特性的研究，在水稻根系中，培养液中同位素标记的$^{28}Mg$被根系吸收后很快在根系中靠近地上部一端积累(Kobayashi et al.,2013)。同样，拟南芥根系吸收镁后，迅速在地上部靠近根系一端的叶片中积累(Natsuko and Keitaro,2015)。在柑橘幼苗不同器官测定镁含量发现，缺镁与正常供镁比较，根系和叶片中的镁含量均有所下降，下降幅度为下部叶片>上部叶片>根系，正常供镁时叶片镁含量高于根系，而缺镁时根系镁含量高于叶片(Li et al.,2017)。对甜菜进行缺镁处理后测定各器官的镁含量，发现随着生长时间的增加，叶片中镁的分布呈现如下规律：下部老叶>幼叶>中部成熟叶；同时发现叶片中的镁含量和蔗糖含量呈明显的负相关关系，即缺镁叶片中蔗糖含量：中部成熟叶>幼叶>下部老叶(Hermans et al.,2005)。综上所述，缺镁时地上部和根系间镁的分布与正常供镁时不同，缺镁时向根系中分布的镁比例增加；不同功能叶片中镁的含量变化不同，老叶镁浓度相对较高。植物根冠比减小是缺镁的首要特征(Remi et al.,2013;Cakmak,2013)，这一观点已在三叶草(Bouma et al.,1979)、菜豆(Cakmak et al.,1994)、桦木(Ericsson and Kahr,1995)、松属(Sun and Payn,1999)、辣椒(Riga and Anza,2003)和柑橘(Yang et al.,2012)中得到证实。根冠比减小的原因是根系对低镁胁迫极为敏感，低镁使叶片中光合产物向根系的运输减少，在地上部发生明显变化前，缺镁已显著抑制了根系的生长(Cakmak and Kirkby,2008)。

植物对低镁胁迫的早期响应是碳水化合物在叶片中积累。菜豆缺镁后第6天，源叶中的蔗糖含量已有显著增加(Cakmak and Yazici,2010)。不同作物地上部和根系受缺镁胁迫抑制的程度不同。缺镁时甜菜地上部干重比根系干重减少更多,根系干重没有明显变化(Hermans et al.,2005)。缺镁的豌豆地上部和根系干重较供镁正常均显著下降,但缺镁的白菜地上部和根干重下降均不显著(Verbruggen and Hermans,2013)。在球兰(*Sulla carnosa*)中,缺镁胁迫对各器官的影响程度依次为:茎秆>根系>叶片,淀粉在叶片中大量积累,根冠比降低;通过地上部$^{14}CO_2$标记实验看到,正常供镁的地上部和根系均能检测到标记物,而缺镁时根系中检测不到(Farhat et al.,2016),说明在缺镁条件下球兰中同化物向根系的运输受阻,可见不同植物的各个器官对缺镁胁迫的敏感程度不同。

在对拟南芥和甜菜两种植物的研究中发现一个相反的结论:缺镁对地上部生长的抑制作用比对根系的影响更强,因此根冠比增加(Hermans et al.,2004;Hermans et al.,2005;Hermans and Verbruggen,2005;Hermans et al.,2010)。在咖啡中,也发现缺镁时出现根冠比降低的现象(Dayane et al.,2014)。缺镁对不同植物根冠比影响的差异原因尚不清楚,可能与植物种类、生育期以及缺镁胁迫的严重程度有关。源器官和库器官之间的运输距离可能影响植物内同化物的运输,因此,地上部和根系之间干物质分配以及由此决定的根冠比可能取决于源器官和库器官之间的距离(Hermans et al.,2005;Verbruggen and Hermans,2013)。Hermans 在 2005 年的文献中给出论证,用$^{14}CO_2$分别标记甜菜的第 1 片叶和第 5 片叶,看到下部叶片(第 1 片叶)中的蔗糖主要向根系运输,上部叶片(第 5 片叶)中的蔗糖主要向上部幼叶运输。他认为在缺镁条件下,蔗糖向幼叶运输比向根系运输受到的抑制更严重。上部成熟叶片最先受到缺镁影响,叶片中镁浓度最低且蔗糖和淀粉积累最多,导致这些叶片可向幼叶运输的同化物更少。因此,与正常供镁植物相比,总体上呈现地上部生物量减少更明显。在缺镁胁迫后期,中部叶片和下部叶片也开始积累了较多的淀粉,随着缺镁时间的延长,根系的生长也受到影响(Verbruggen and Hermans,2013)。说明在缺镁后不同时间,不同作物各器官对缺镁的响应存在差异,总体规律呈现出:下部老叶受抑制程度较低,主要负责向根系运输同化物;中上部成熟叶片碳水化合物积累严重,主要向地上部幼叶及果实等库器官运输同化物。

有关镁对碳水化合物分配影响的实验多集中在植物的苗期,即营养生长期。实验结果表明,镁对作物生殖生长的影响大于对营养生长的影响。在缺镁和正常供镁情况下,小麦除叶片外,地上部其他器官和根系干重均无明显差异,灌浆期叶面喷施镁后,秸秆干重的表观重量不受镁供应量的影响,表明即使是低镁处理,也能为植株提供足够的镁来维持营养生长,但供镁叶片的 SPAD 值较缺镁植株高 50%。供镁后叶片干重明显降低说明从源到库的碳转运增强了,籽粒产量提高,千粒重增加(Ceylan et al.,2016)。最新的研究表明,缺镁会导致马铃薯块茎中的蔗糖和淀粉含量减少,但浓度并未受到显著影响(Koch et al.,2018),缺镁降低了马铃薯产量,但碳水化合物富集于其块茎中。

## 5.4 小结与展望

镁对作物生长尤其是光合作用必不可少,但其重要性却常常被忽视,表现在生产中忽视镁肥的施用。缺镁导致植物叶片黄化坏死,光合作用受到抑制,碳水化合物从源向库器官的运输减少,造成作物产量降低,品质下降,进而影响人体对于镁营养的摄入。在今后的研究中,一方面应在分子水平深入研究镁对作物生长的影响机制，另一方面应在生产上提高对镁肥的重视，研究如何科学施用镁肥改善作物的生长和品质。

## 参考文献


王东辉，廖娜，孙鹏，等. 2018. 地黄不同器官运输型糖含量的变化. 中国中药杂志，(8)：1563－1570.

王亚敏. 2015. 遮光和盐胁迫对黄瓜 RFOs 合成及 *SnRK1* 表达的影响. 扬州大学硕士学位论文.

Anuradha，Goyal R K，Bishnoi C. 2017. Assimilate partitioning and distribution in fruit crops：A review. Journal of Pharmacognosy and Phytochemistry，6：479－484.

Asada K. 2006. Production and scavenging of reactive oxygen species in chloroplasts and their functions. Plant Physiology，141：391－396.

Ayre B G. 2003. Symplastic continuity between companion cells and the translocation stream：long-distance transport is controlled by retention and retrieval mechanisms in the phloem. Plant Physiology，131：1518－1528.

Bolouri-Moghaddam M R，Roy K L，Xiang L，et al. 2010. Sugar signaling and antioxidant network connections in plant cells. Febs Journal，277：2022－2037.

Bouma D，Dowling E J，Wahjoedi H. 1979. Some effects of potassium and magnesium on the growth of subterranean clover（Trifolium subterraneum）. Annals of Botany，43(5)：529－538.

Cakmak I，Hengeler C，Marschner H. 1994. Changes in phloem export of sucrose in leaves in response to phosphorus，potassium and magnesium deficiency in bean plants. Journal of Experimental Botany，45：1251－1257.

Cakmak I，Hengeler C，Marschner H. 1994. Partitioning of shoot and root dry matter and carbohydrates in bean plants suffering from phosphorus，potassium and magnesium deficiency. Journal of Experimental Botany，45：1245－1250.

Cakmak I，Kirkby E A. 2008. Role of magnesium in carbon partitioning and alleviating photooxidative damage. Physiologia Plantarum，133：692－704.

Cakmak I，Yazici A M. 2010. Magnesium：a forgotten element in crop production. Better Crops，94：23－25.

Cakmak I. 2013. Magnesium in crop production，food quality and human health. Plant and Soil，368：1－4.

Ceylan Y，Kutman U B，Mengutay M，et al. 2016. Magnesium applications to growth medium and foliage affect the starch distribution，increase the grain size and improve the seed germination in wheat. Plant and Soil，406：145－156.

Chen Z C，Peng W T，Li J，et al. 2017. Functional dissection and transport mechanism of magnesium in plants. Seminars in Cell and Developmental Biology，S1084952117302574.

Cho S M, Kang E Y, Kim M S, et al. 2010. Jasmonate-dependent expression of a galactinol synthase gene is involved in priming of systemic fungal resistance in *Arabidopsis thaliana*. Botany-Botanique, 88: 452-461.

Dayane M D S, Brandao I R, Alves J D, et al. 2014. Physiological and biochemical impacts of magnesium-deficiency in two cultivars of coffee. Plant and Soil, 382: 133-150.

Ericsson T, Kahr M. 1995. Growth and nutrition of birch seedlings at varied relative addition rates of magnesium. Tree Physiology, 15: 85-93.

Farhat N, Smaoui A, Maurousset L, et al. 2016. *Sulla carnosa* modulates root invertase activity in response to the inhibition of long-distance sucrose transport under magnesium deficiency. Plant Biology, 18: 1031-1037.

Farhat Nèjia, Elkhouni A, Zorrig W, et al. 2016. Effects of magnesium deficiency on photosynthesis and carbohydrate partitioning. Acta Physiologiae Plantarum, 38: 145.

Hannah M A, Zuther E, Buchel K, et al. 2006. Transport and metabolism of raffinose family oligosaccharides in transgenic potato. Journal of Experimental Botany, 57: 3801-3811.

Hermans C, Bourgis F, Faucher M, et al. 2005. Magnesium deficiency in sugar beets alters sugar partitioning and phloem loading in young mature leaves. Planta, 220: 541-549.

Hermans C, Johnson G N, Strasser R J, et al. 2004. Physiological characterization of magnesium deficiency in sugar beet: acclimation to low magnesium differentially affects photosystems. Planta, 220: 344-355.

Hermans C, Vuylsteke M, Coppens F, et al. 2010. Systems analysis of the responses to long-term magnesium deficiency and restoration in *Arabidopsis thaliana*. New Phytologist, 187: 132-144.

Hermans C, Verbruggen N. 2005. Physiological characterization of Mg deficiency in Arabidopsis thaliana. Journal of Experimental Botany, 56(418): 2153-2161.

Jakobs R, Schweiger R, Caroline Müller. 2019. Aphid infestation leads to plant part-specific changes in phloem sap chemistry, which may indicate niche construction. New Phytologist, 221: 503-514.

Kobayashi N I, Iwata N, Saito T, et al. 2013. Application of $^{28}$Mg for characterization of Mg uptake in rice seedling under different pH conditions. Journal of Radio Analytical and Nuclear Chemistry, 296: 531-534.

Koch M, Busse M, Naumann M, et al. 2018. Differential effects of varied potassium and magnesium nutrition on production and partitioning of photoassimilates in potato plants. Physiologia Plantarum, 166: 921-935.

Kollar A, Seemüller E. 2008. Chemical composition of phloem exudate of mycoplasma-infected apple trees. Journal of Phytopathology, 128: 99-111.

Li C P, Qi Y P, Zhang J, et al. 2017. Magnesium-deficiency-induced alterations of gas exchange, major metabolites and key enzymes differ among roots, and lower and upper leaves of *Citrus sinensis* seedlings. Tree Physiology, 37: 1564-1581.

Marschner P. 2012. Marschner's Mineral Nutrition of Higher Plants. 2nd ed. Academic

Press, UK.

Natsuko K, Keitaro T. 2015. Critical issues in the study of magnesium transport systems and magnesium deficiency symptoms in plants. International Journal of Molecular Sciences, 16:23076−23093.

Peterbauer T. 2001. Analysis of the raffinose family oligosaccharide pathway in pea seeds with contrasting carbohydrate composition. Plant Physiology, 127:1764−1772.

Remi L, La C S, Rossitza A, et al. 2013. Source-to-sink transport of sugar and regulation by environmental factors. Frontiers in Plant Science, 4:272.

Riga P, Anza M. 2003. Effect of magnesium deficiency on pepper growth parameters: implications for determination of magnesium-critical value. Journal of Plant Nutrition, 26:1581−1593.

Senior A E, Nadanaciva S, Weber J. 2002. The molecular mechanism of ATP synthesis by F1F0-ATP synthase. Biochimica et Biophysica Acta, 1553:188−211.

Shaul O. 2002. Magnesium transport and function in plants: the tip of the iceberg. Biometals, 15:307−321.

Shelagh M H, Baker D A. 1972. The chemical composition of *Ricinus* phloem exudate. Planta, 106:131−140.

Sprenger N, Keller F. 2000. Allocation of raffinose family oligosaccharides to transport and storage pools in *Ajuga reptans*: the roles of two distinct galactinol synthases. The Plant Journal, 21:249−258.

Sun O J, Payn T W. 1999. Magnesium nutrition and photosynthesis in *Pinus radiata*: clonal variation and influence of potassium. Tree Physiology, 19:535−540.

Taiz L, Zeiger E. 2010. Plant Physiology. Sinauer Associates, Sunderland MA.

Verbruggen N, Hermans C. 2013. Physiological and molecular responses to magnesium nutritional imbalance in plants. Plant and Soil, 368:87−99.

Wu Z C, Zhang J Q, Zhao J T, et al. 2017. The biosynthesis of quebrachitol, a transportable photosynthate, in *Litchi chinensis*. Journal of Experimental Botany, 69:1649−1661.

Yang G H, Yang L T, Jiang H X, et al. 2012. Physiological impacts of magnesium-deficiency in *Citrus* seedlings: photosynthesis, antioxidant system and carbohydrates. Trees: Structure and Function, 26:1237−1250.

索玉倩 李春俭（中国农业大学资源与环境学院）

# 第6章

# 镁对作物根系生长和根系分泌的影响

镁参与植物体内多种生理生化过程。本章综述了低镁胁迫对作物根系形态、解剖结构、根系生理生化过程以及根系分泌等方面的影响。

## 6.1 镁对根系形态的影响

植物在遭受低镁胁迫时，会促进体内镁的转移、增强镁的利用效率，从而维持新生器官的生长，同时植物根系的形态和结构也发生了变化，改变根系结构可能是具有镁高效吸收能力的植物的重要适应方式(Niu et al.,2014a)。

在根细胞中，镁是许多基本生化过程所必需的矿质元素，包括能量产生、酶的激活/失活、核酸合成、核酸折叠、碳水化合物代谢和RNA剪接的化学催化等过程(Wilkinson et al.,1990;Kirkby and Mengel,2007)。在拟南芥中，缺镁导致根毛发生和伸长，通过扩大根系吸收面积，有助于植株在缺镁条件下获得镁。缺镁刺激的根毛发育与新生根毛细胞的形成有关，与缺铁诱导拟南芥分枝根毛形成不同，缺镁并不诱导分枝根毛和异位根毛的形成，缺镁诱导的是拟南芥"H"型细胞增多，以及更多成熟根毛的形成(Niu et al.,2014b)。当营养液中镁浓度提高到10 mmol·$L^{-1}$时，会严重抑制根毛的形成和伸长。转录组数据显示，在高镁条件下超过95%的"H"基因下调，证明了镁在决定根毛细胞后期生长中的重要作用。此外，通过对拟南芥的研究发现，与根毛伸长相关的基因也受供镁的影响。缺镁提高了拟南芥根系中的乙烯、生长素和NO的水平，这三种物质中任意一种都可正向影响另外两种信号物质的积累，这三种物质在根中含量提升的过程中形成了正向的循环调控机制(图6-1)。

也有研究表明，缺镁通常抑制植物根系的生长，导致根系变短，地上部生长也受到抑制。

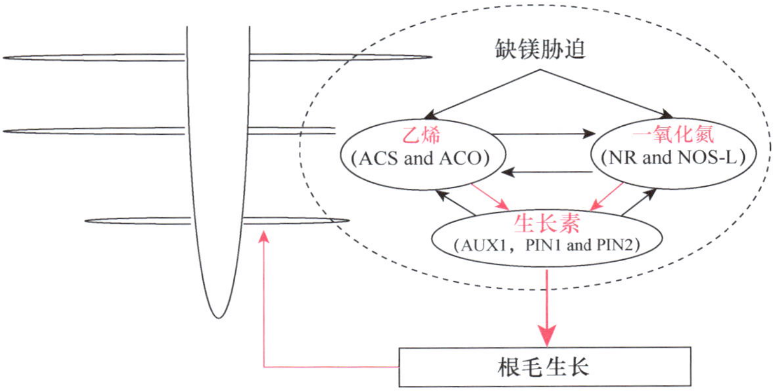


图 6-1　乙烯、一氧化氮和生长素互作调控缺镁诱导根毛发育的作用模式(刘秒,2017)

在低镁(50 μmol · $L^{-1}$)和缺镁(0 μmol · $L^{-1}$)条件下,拟南芥主根、一级侧根和二级侧根的长度显著降低,缺镁(0 μmol · $L^{-1}$)时主根、一级侧根和二级侧根的长度分别减少 56%、80%和 99%(图 6-2)。

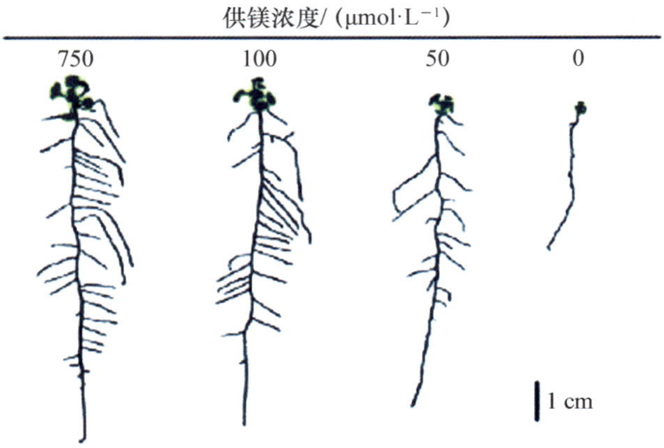


图 6-2　不同镁供应量对拟南芥幼苗根系形态的影响(Gruber et al. ,2013)

缺镁的后期效应是抑制植物生长和改变地上部到根系的碳分配。然而,缺镁对植物根冠比的影响因植物种类和年龄不同而异。在缺镁胁迫下,豆类植物(Cakmak et al. ,1994)和菠菜(Fischer et al. ,1998)的根系生物量显著降低,但香蕉的地上部和根的生物量同时降低,根冠比变化并不明显。在补充了镁元素之后,香蕉的生长重新恢复正常,说明虽然香蕉植株中的镁不能被转移和重复利用,但在缺镁之后补镁仍然可以使香蕉的生长正常化(Chen and Fan, 2018)。缺镁 35 d 的三叶草根系干物质积累量显著减少,在第 35 天将缺镁植株转移到正常供镁溶液中,三叶草的根冠比上升(Bouma et al. ,1979)。

一些植物在缺镁后并没有出现类似变化,如缺镁对甜菜(Hermans et al. ,2004)、拟南芥(Hermans and Verbruggen,2005b)和水稻(丁玉川等,2006)等植株的根系生长没有影响。缺镁 16 d 后,甜菜植株地上部和根系生物量没有显著差异,处理后 20 d,同样没有观察到显著性差异(Hermans et al. ,2005a)。缺镁也没有对拟南芥植株地上部和根系干重造成显著影响(Hermans et al. ,2005b)。尾叶桉幼苗在种植 120 d 内可以耐受缺镁胁迫,叶片组织中糖的累积并没有减少根系的干物质积累(Barbosa et al.,2019)。在对水稻幼苗进行为期 12 d 的生长试验中,缺镁导致地上部和根系的镁含量降低,但地上部和根系鲜重没有受到影响(Ding et al.,2009)。

## 6.2 镁对根系解剖结构的影响

在正常养分供应条件下,番茄幼根初生结构皮层与髓部薄壁细胞发育正常,髓部薄壁细胞较大,细胞壁没有木质化,内皮层与中柱鞘无明显界限,韧皮部细胞分布较均匀。缺镁时,番茄根系的皮层细胞和髓部细胞发育大小不均,髓部薄壁细胞小于正常供镁的植株,木质化程度加深(杨竹青,1994)。

在正常养分供应下,黄瓜根系的解剖结构完整,维管柱与皮层的界限清楚,皮层薄壁细胞形态规则,排列疏松,细胞间隙大。维管柱木质部导管为等径,韧皮部、木质部层次发育清楚,髓部薄壁细胞形状规则,数量多,整个维管柱对称性好。缺镁时,薄壁细胞形状不规则,木质化程度深。维管柱呈扭曲状,导管形状发生变异,髓部有较大的空腔(肖常沛和杨竹青,2001)。

雪柑根系的解剖结果表明,缺镁对雪柑(*Citrus sinensis* L. Osbeck)根尖的影响主要表现在分化区,内皮层细胞壁结构发生改变,导致初生木质部细胞体积变小,细胞壁发育不良。进一步观察发现,线粒体、高尔基体以及内质网与导管发育过程中细胞壁的次生木质化关系密切;缺镁引起导管分子内的细胞器以自噬体形式提前降解,细胞程序性死亡过程提前结束,最终影响木质部结构,从而抑制根系对营养元素的长距离转运,影响地上部生长发育(图 6-3)。

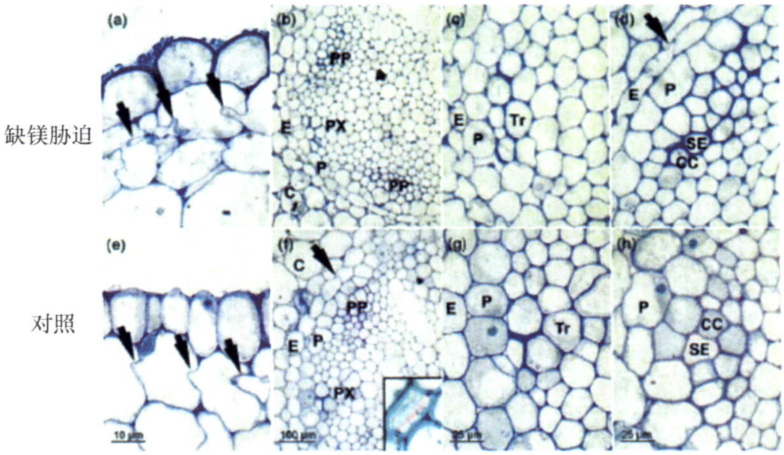


图 6-3　雪柑根尖分化区半薄切片结构(5 mm 根尖)(徐婧,2015)

(a)、(e)是皮层细胞壁,(b)、(f)是初生木质部(PX)和初生韧皮部(PP),(g)、(h)是(f)放大后的区域影像。CC=伴胞,P=中柱鞘,SE=筛管分子,Tr=管胞,E=内皮层。

## 6.3 镁对根系生理生化过程的影响

镁在韧皮部装载中的作用与镁和 ATP 的相互作用有关。镁提高 $H^+$-ATP 酶活性，为蔗糖在韧皮部的装载提供能量(Cakmak and Yazici，2010)，通过叶片解剖结果发现，缺镁引起叶片韧皮部发育不良，维管组织的异常增生导致韧皮部受到严重挤压变形，最终导致叶脉开裂，韧皮部组织的功能异常(徐婧，2015)。缺镁阻碍了碳水化合物在植株体内的正常运输，在叶片中大量积累淀粉和蔗糖，导致地上部向根系输送碳水化合物的数量减少，影响根系形态建成，阻碍根系对矿质养分的吸收(袁建龙等，2018)。

很多研究表明，缺镁影响植物的根系发育与养分吸收。汪剑鸣等(2003)发现，红麻在缺镁情况下侧根发育较少。缺镁抑制大豆(王芳等，2004)、杉木(汪凤林等，2018)根系活力，进而影响根系对矿质养分的吸收。

根系转化酶活性的调节可能是植物应对缺镁胁迫的一种策略。植物体内的转化酶一般分为 3 类：细胞壁转化酶(cell wall invertase)、液泡转化酶(vacuolar invertase)和细胞质转化酶(cytoplasmic invertase)。细胞壁转化酶使蔗糖在源和库之间形成了浓度梯度，在蔗糖韧皮部卸载过程中起着非常重要的作用(Eschrich，1980)。液泡转化酶促进成熟器官液泡中蔗糖的积累，调节淀粉的合成。Huber(1989)认为，蔗糖浓度高的组织中转化酶活性低，而蔗糖浓度低的组织中转化酶活性高。在缺镁胁迫下，牧草植株的碳分配受到影响，根系中可溶性糖含量显著降低，细胞壁转化酶的活性显著高于液泡转化酶，液泡转化酶活性在缺镁条件下显著降低，细胞壁转化酶活性随着供镁浓度的降低而升高(Farhat et al.，2016)。

缺镁胁迫下，雪柑(*Citrus sinensis* L. Osbeck)根系中非结构性碳水化合物、有机酸含量、糖酵解和三羧酸(TCA)循环下降。缺镁根系中有机酸含量的降低可能是由于苹果酸脱氢酶、磷酸烯醇式丙酮酸羧化酶、丙酮酸激酶和柠檬酸合成酶活性的降低导致的生物合成减少以及根中碳水化合物含量降低所导致(李春平，2017)。此外，在缺镁胁迫下大豆根系中的有机酸含量显著降低，叶片氨基酸含量显著增加(王芳等，2004；Yang et al.，2017)。

也有研究表明，除了对植物生长的直接影响外，缺镁还可能影响豆类植物和根瘤菌之间的共生关系，增加供镁也增强了大豆在氮限制条件下根瘤的生长，增加了 $N_2$ 固定，改善了大豆的生长状况(Peng et al.，2018)。

## 6.4 镁对根系分泌的影响

供镁可以降低铝毒和铅毒胁迫。在处于 $Al^{3+}$ 胁迫时，植物根系会合成并分泌有机酸。但有机酸的长期释放需要根细胞内有机酸的持续合成，因此胞质 $Mg^{2+}$ 活性对许多参与有机酸合成和代谢的酶激活至关重要。$Mg^{2+}$ 作为柠檬酸合成酶、苹果酸合成酶、苹果酸脱氢酶、PEPC(磷酸烯醇式丙酮酸羧化酶)、异柠檬酸脱氢酶和丙酮酸激酶激活的辅助因子，在根细胞有机酸合成和代谢过程起着非常重要的作用(图 4-10)。植株在遭受铝毒胁迫后需要根系中有机酸酶基因的过度表达,例如甜菜中的柠檬酸合成酶、水稻中的 PEPC、苜蓿中的苹果酸脱氢酶,通过促进有机酸的合成和释放实现植物对铝的耐受性。生长在 50 μmol·$L^{-1}$ $Al^{3+}$ 溶液(pH 4.0)中的拟南芥会上调苹果酸脱氢酶的活性(Goodwin and Sutter,2009),在营养液中添加微摩尔浓度的 $Mg^{2+}$ 通过增强水稻柠檬酸的分泌,减轻了 $Al^{3+}$ 的毒害(Yang et al.,2007)。Silva 等(2001)发现与不供 $Mg^{2+}$ 的幼苗相比,用 $Mg^{2+}$ 预处理的大豆幼苗在暴露于 $Al^{3+}$ 之后,可以在 1 h 内增强柠檬酸的分泌,意味着用 $Mg^{2+}$ 进行的预处理"引发"了柠檬酸的合成代谢过程,从而在受到 $Al^{3+}$ 胁迫后释放有机酸。

## 6.5 小结与展望

缺镁对作物根系生长和根系分泌的影响主要体现在阻碍了光合产物从地上部向根系分配。与缺磷和和缺铁不同,关于缺镁条件下植物根系分泌物种类和数量的变化及其调节机制,以及根系分泌物的可能作用研究很少,有待进一步深入研究。

## 参考文献


丁玉川,罗伟,任小利,等. 2009. 不同镁浓度对水稻根系生长及生理特性的影响. 植物营养与肥料学报,(03):49-55.

李春平. 2017. 雪柑实生苗根及上下部叶对缺镁的生理生化响应:[硕士学位论文]. 福州:福建农林大学.

徐婧. 2015. 缺镁对雪柑元素含量及根叶解剖结构的影响:[硕士学位论文]. 福州:福建农林大学.

王芳,刘鹏,朱靖文. 2004. 镁对大豆根系活力叶绿素含量和膜透性的影响. 农业环境科学学报,23(2):235-239.

汪凤林,马志慧,叶义全,等. 2018. 缺镁对杉木根系活力及抗氧化酶活性影响研究. 西北林学院学报,33(2):16-19.

汪剑鸣,刘瑛,孙学兵,等. 2003. 红麻苗期主要矿质营养缺乏研究初报. 中国麻业科学,25(3):124-127.

肖常沛,杨竹青. 2001. 镁对黄瓜与小白菜生长、养分吸收及某些酶活性的影响. 华南师范大学学报,4:68-72.

杨竹青. 1994. 钙镁对番茄根茎叶解剖结构的影响. 华中农业大学学报,01:51-54.

袁剑龙,杨丽丽,王玉萍. 2018. 低镁胁迫对马铃薯试管苗碳水化合物积累和分配的影响. 干旱地区农业研究,36:200-206.

Barbosa R P,Ramos Cairo P A,et al. 2019. The effects of magnesium deficiency on sugar partitioning do not restrict the root growth in Eucalyptus young plants. Ciencia Florestal,29:

622−631.

Bouma D, Dowling E J , Wahjoedi H. 1979. Someeffects of potassium and magnesium on the growth of subterranean clover(*Trifolium subterraneum*). Annals of Botany, 43(5): 529−538.

Cakmak I, Hengeler C, Marschner H. 1994. Partitioning of hoot androot dry-Matter and carbohydrates in bean-plants suffering from phosphorus, potassium and magnesium-deficiency. Journal of Experimental Botany, 45: 1245−1250.

Cakmak I, Yazici A M. 2010. Magnesium: a forgotten element in crop production. Better Crops with Plant Food, 94(2): 23−25.

Chen H B, Fan X L. 2018. Effects of magnesium remobilization and allocation on banana plant growth. Journal of Plant Nutrition, 41: 1312−1320.

Ding Y, Luo W, Ren X, et al. 2009. Effects of different magnesium nutrition on root growth and physiological characteristics of rice. Plant Nutrition and Fertilizer Science, 15: 537−543.

Eschrich W. 1980. Free space invertase, its possible role in phloem unloading. Reports of the German Botanical Society. 93: 363−378.

Farhat N, Smaoui A, Maurousset L, et al. 2016. Sulla carnosa modulates root invertase activity in response to the inhibition of long-distance sucrose transport under magnesium deficiency. Plant Biology, 18: 1031−1037.

Fischer E S, Lohaus G, Heineke D, et al. 1998. Magnesium deficiency results in accumulation of carbohydrates and amino acids in source and sink leaves of spinach. Physiologia Plantarum, 102: 16−20.

Goodwin S B, Sutter T R. 2009. Microarray analysis of *Aarabidopsis* genome response to aluminum stress. Biologia Plantarum, 53: 85−99.

Gruber B D , Giehl R F H , Swetlana Friedel et al. 2013. Plasticity of the *Aarabidopsis* root system under nutrient deficiencies. Plant Physiology, 163(1): 161−179.

Hermans C, Johnson G N, Strasser R J, et al. 2004. Physiological characterisation of magnesium deficiency in sugar beet: acclimation to low magnesium differentially affects photosystems Ⅰ and Ⅱ. Planta, 220: 344−355.

Hermans C, Bourgis F, Faucher M, et al. 2005a. Magnesium deficiency in sugar beets alters sugar partitioning and phloem loading in young mature leaves. Planta, 220: 541−549.

Hermans C, Verbruggen N. 2005b. Physiological characterization of Mg deficiency in *Arabidopsis thaliana*. Journal of Experimental Botany, 56: 2153−2161.

Kirkby E A, Mengel K. 2007. The role of magnesium in plant nutrition. Journal of Plant Nutrition and Soil Science, 139: 209−222.

Huber S C. 1989. Biochemical mechanism for regulation of sucrose accumulation in leaves during photosynthesis. Plant Physiology, 91: 656−662.

Niu Y, Jin G, Zhang Y S. 2014a. Root development under control of magnesium availability. Plant Signaling and Behavior, 9: e29720.

Niu Y,Chai R,Liu L,et al. 2014b. Magnesium availability regulates the development of root hairs in *Arabidopsis thaliana*. Plant Cell and Environment,37:2795−2813.

Peng W T,Zhang L D,Zhou Z,et al. 2018. Magnesium promotes root nodulation through facilitation of carbohydrate allocation in soybean. Physiologia Plantarum,163:372−385.

Silva I R,Smyth T J,Israel D W,et al. 2001. Magnesium ameliorates aluminum rhizotoxicity in soybean by increasing citric acid production and exudation by roots. Plant and Cell Physiology,42:546−554.

Wilkinson S R,Welch R M,Mayland H F,et al. 1990. Magnesium in plants-uptake,distribution function,and utilization by man and animals. Metal Ions in Biological Systems,26:33−56.

Yang N,Jiang J L,Xie H L,et al. 2017. Metabolomics reveals distinct carbon and nitrogen metabolic responses to magnesium deficiency in leaves and roots of soybean [*Glycine max* (Linn.) Merr.]. Frontiers in Plant Science,8:2091−2095.

Yang J L,You J F,Li Y Y,et al. 2007. Magnesium enhances aluminum-induced citrate secretion in rice bean roots(*Vigna umbellata*) by restoring plasma membrane $H^+$-ATPase activity. Plant Cell Physiology,48:66−73.

李士洋　李春俭（中国农业大学资源与环境学院）

第 7 章

# 土壤中镁的化学过程研究进展

植物吸收的镁主要来源于土壤，土壤中镁的生物有效性受到一系列土壤化学过程的影响。因此，明确土壤中镁的化学过程对于评价土壤中镁的有效供应及合理调控土壤镁含量具有重要意义。鉴于此，结合国内外文献，本文总结了近年来有关土壤中镁的化学过程的研究进展，重点围绕土壤中镁的形态、有效性、固定及释放、迁移和淋洗等方面进行阐述，最后对土壤镁化学过程今后的研究做了展望。

## 7.1 土壤中镁的含量、形态及其有效性

镁是矿物中常见的组成元素之一，约占地壳比重的 2%，含量是地壳中排名第八的元素(Maguire and Cowan，2002)。土壤中的镁主要来自矿物质，土壤中的一些铁镁类矿物如橄榄石、辉石、角闪石以及云母等原生矿物是土壤镁的主要来源(谢建昌等，1963)。土壤次生含镁矿物如白云石($CaMg(CO_3)_2$)、菱镁矿($MgCO_3$)、水镁石($Mg(OH)_2$)以及蛇纹石($Mg_3Si_2O_5(OH)_4$)等都是由以上铁镁类原生矿物演变而来的(Gransee and Führs，2013)。土壤中镁的含量变幅比较大，多数土壤全量镁的范围在 0.05%～4%之间。我国土壤中的全镁含量有随着气候条件变化自北而南、自西向东逐渐降低的趋势(金昆，2008)。我国南方地区全镁含量一般在 0.06%～1.95%，北方土壤一般为 0.5～2%(中国肥料，1994)。土壤中镁含量的地域性差异主要受母质、气候、风化程度、淋溶作用以及施肥等多重因素影响。从母质来看，发育于花岗岩、砂岩和页岩的土壤含镁量相对较少，而由含铁镁矿物较多的镁质火成岩发育的土壤含镁较多。在温度高、降水多的湿润地区，矿物风化程度高，土壤中可溶性镁流失，含镁量减少；相反在干燥寒冷、淋溶低的地区，土壤中含镁较多。另外，有机质含量高的土壤中含镁量高于有机质含量低的土壤。

土壤中镁的形态主要包括矿物态、非交换态、交换态、水溶态和有机态。其中有机态镁占

全镁的含量小于 1%，主要以络合态或吸附态存在(Barber，1995)。矿物态镁是土壤中镁的主要形态，包括原生含镁矿物如橄榄石、辉石、角闪石、黑云母和次生含镁黏土矿物如蒙脱石、蛭石和伊利石中的晶格镁和层间镁，占全镁量 90%～98%(Senbayram et al.，2015)。能被稀酸溶解的矿物态镁，称为非交换态镁，是植物可以利用的潜在有效态镁。交换态镁是指被土壤胶体电荷吸附并能被其他阳离子替代的镁，是土壤镁肥力的重要衡量指标。水溶态镁是溶解在土壤溶液中的镁，植物有效性最高。一般认为交换态镁和水溶态镁对植物是有效的，合称为土壤有效镁。植物吸收的镁主要来源于土壤，植物对镁的吸收很大程度上取决于土壤中镁的含量及有效性。不同的地区土壤交换态镁含量差异很大，影响土壤中镁有效性的因素主要包括土壤母质，黏土矿物类型，pH，有机质含量，水分含量，阳离子交换量以及土壤 Al、K、Ca 与土壤镁的相互影响等(王芳等，2004)。白由路等(2004)对我国 31 个省(市、自治区)进行调查研究发现：我国土壤有效镁含量从 1.2 mg·$L^{-1}$ 到 4 468.9 mg·$L^{-1}$ 不等，地区间变异性较大，并且差异较大的主要影响因素是气候类型和土壤母质。一般来说，质地比较黏重的土壤对镁的吸附能力较强，土壤镁的有效性高于砂土。不同类型黏土矿物中，以蒙脱石对镁的吸持力最强，其次是高岭石，伊利石的吸持力最小。因此，在以高岭石以及氧化物为主的土壤中，土壤保镁能力较差，镁很容易发生迁移和损失；而以蒙脱石和蛭石为主的土壤对镁的吸持能力较强，土壤交换性镁含量较高。土壤酸碱性也是影响有效镁的最重要的因素。一般认为，强酸性的土壤中的氢离子能够与镁离子竞争吸附位点，导致土壤有效镁含量明显减少，极易缺镁；中性偏碱性土壤中镁的有效性高于酸性土壤。研究显示，土壤交换性镁含量与土壤 pH 呈显著线性正相关关系(孙光明等，1990；许自成等，2008；侯玲利等，2009；丁玉川等，2012；刁莉华等，2013)。在降水量大的地区，土壤镁的淋洗作用比较强，因此有效镁含量偏低。另外，植物对镁的吸收还受到土壤中其他阳离子，如 $K^+$、$Ca^{2+}$ 的竞争效应的影响。研究表明，$K^+$、$Ca^{2+}$ 等离子都会抑制土壤胶体对 $Mg^{2+}$ 的释放，从而降低 $Mg^{2+}$ 的有效性(林克惠等，1990)。牛明镇等(2019)研究了砖红壤中钾、镁的交互效应，发现在高量施镁(150 mg·$kg^{-1}$)时，土壤 $Mg^{2+}$ 与 $K^+/Mg^{2+}$ 存在极显著负相关($r=-0.579$)。可能因为土壤胶体对 $K^+$ 的吸持能力比对 $Mg^{2+}$ 的吸持能力小很多。但当两种离子同时存在于胶体的交换位点时，交换性镁则被迫进入双电层的内层，从而降低土壤交换性镁的含量。

## 7.2 土壤中镁的化学行为

### 7.2.1 土壤中镁的固定

交换性镁是作物可利用的主要有效镁形态，镁的吸附可以决定被吸附的镁和水溶态镁之间的平衡，从而影响镁的供给。在一定条件下，土壤通过吸附作用对镁产生固定，虽然降低了其有效性，但在一定程度上减少了镁的淋洗。土壤固相组成成分原生矿物如辉石、角闪石、黑云母、橄榄石、滑石等，次生矿物如绿泥石、蛭石、伊利石、蒙脱石等，以及腐殖质都可以吸附和固定土壤溶液中的镁(王芳等，2004)。土壤胶体带有表面电荷，阳离子和阴离子的吸附和解吸都受电荷性质的制约。从离子本性看，土壤胶体对不同价态离子的吸附能力不同，价态越高亲和力越强。在土壤胶体吸附的所有盐基离子中，对二价阳离子 $Mg^{2+}$ 的吸附强度一般要大于对一价阳离子 $K^+$、$Na^+$、$NH_4^+$ 等的吸附，小于对三价阳离子 $Al^{3+}$、$Fe^{3+}$ 的吸附；在同价阳离子中，对 $Mg^{2+}$ 的吸附强度小于 $Ca^{2+}$。

土壤酸碱性会影响镁的固定，酸性条件下土壤对镁的固定作用会减弱。随着土壤 pH 的降低，土壤溶液中的镁呈现数量级的增长(Tipping et al.,2003)。有研究显示，在低 pH 条件下(6.0 以下)，镁以交换态形式存在，而在高 pH 条件下(6.0 以上)，镁以非交换态形式存在(Hailes et al.,1997)。Sumner 等(1978)研究显示，当土壤 pH 由 5.5 上升至 7.5 后，土壤中交换态镁含量下降比例超过 50%。这可能是由于在酸性条件下，进入硅酸盐矿物层间的氢离子或水合氢离子能交换出水镁石中的镁，而当 pH 增高时，溶液中的 $Mg^{2+}$ 可能会进入层间，形成水镁石，从而产生镁的固定(徐畅等,2007)。Edmeades(1985)认为，田间条件下施用石灰后，土壤胶体吸附的镁会被钙离子交换下来，溶液中的镁发生淋失，因此导致土壤交换性镁含量下降。

另外，土壤有机质也会影响镁的吸附。土壤有机质本身可吸附镁离子，因此有机质含量高，交换镁量也高。许多研究也显示，土壤交换性镁含量随着有机质含量的增加而增加。刁莉华等(2013)对赣南 16 县脐橙园的土壤分析显示，有机质含量与有效镁含量呈极显著正相关。丁玉川等(2012)分析了山西省主要农田土壤交换性镁含量与土壤主要化学性质的关系，结果显示，土壤交换性镁含量与有机质含量呈显著线性正相关。土壤经过去有机质处理后，对镁的吸附能力会下降(王龙等,2009)。一方面，有机质作为一种胶体含有大量负电荷，当有机质去除后，导致负电荷数量减少从而减少对镁的吸附；另一方面，土壤有机质可以螯合土壤中的活性铁铝，减少其与镁竞争土壤吸附位点，也有利于镁的吸附。土壤干湿交替也会影响土壤镁的固定。李伏生(1991)研究显示，施用镁肥后，干湿交替对镁肥的固定增加。目前，干湿交替增强土壤对肥料镁固定的机理尚不清楚。当土壤湿润时，非膨胀层状硅酸盐矿物发生膨胀，水化镁离子进入晶层之间；当土壤干燥后，由于晶层脱水使得镁离子封闭在层间，不易被交换，从而造成镁的固定。

### 7.2.2 土壤中镁的释放

土壤镁的释放即镁的有效化，既包括矿物态镁的风化释放，也包括非交换态转化为交换态镁的过程。另外，被土壤胶体吸附的镁在一定条件下可以被解吸释放到土壤溶液中。土壤镁的释放受到矿物风化强度、土壤水分含量、pH、土壤生物活动等因素的影响(Mayland and Wilkinson,1989)。镁的释放是一个酸溶解过程，原生矿物和次生矿物都能在酸性条件下释放镁。层状硅酸盐层间的镁在酸性条件下，即当周围土壤溶液中有较多的氢离子时，或水合氢离子进入硅酸盐矿物的层间，并代换出其中水镁石中的镁，促进其释放。不同类型土壤非交换态镁的释放存在差异，李伏生(1991)研究显示，赤红壤和砖红壤中的非交换态镁较易释放，而红壤中的非交换态镁较难释放。先提取土壤中原有交换态镁，再放置 90 d 后，非交换态镁释放量以赤红壤最高，占非交换态镁的 61.5%，浅海沉积物发育的水稻土为 40.4%，花岗岩发育的水稻土为 19.4%，第三纪红砂岩发育的红壤为 5.3%。在一般情况下，黏土中交换态镁含量高于砂土，因为在黏土矿物中，存在于层状硅酸盐层间以及八面体中的镁会随着矿物的分解而释放。阮建云等(2002)分析了我国茶叶主产区浙江、福建等南方 7 省份共 287 个土壤中非交换态镁的释放结果显示，不同土壤非交换态镁的释放强度(累计 5 次提取量)有较大差异，砖红壤和红壤中镁的释放较少，而在棕壤和黄棕壤中非交换态镁的总量比较高，释放强度也相对较大。土壤胶体电荷数量对土壤镁的释放会产生重要影响，朱小芳等(2019)研究显示，茶多酚加入土壤体系后，增加了土壤表面负电荷的数量，从而增加土壤表面对镁离子的静电吸附量，导致镁离子释放量减小。土壤 pH 也会通过影响土壤可变电荷数量影响交换态镁的释放。随着 pH 的升高，土壤表面可变负电荷增加，土壤对镁的吸附能力增大，镁离子释放量下降(朱小芳等，2019)。此外，土壤有机质分解过程中产生有机酸，对土壤含镁矿物有一定溶解作用，有利于镁的释放。

### 7.2.3　土壤中镁的迁移和淋洗

土壤中的矿物态镁和交换态镁转变为水溶态镁后会在土壤中发生迁移。由于镁元素的离子半径相对较小而其水化半径较大(Gardner，2003)，使镁离子外围包有很厚的水化层，导致土壤颗粒对其吸附力不强，造成镁在土壤中容易淋失，是土壤中极易淋失的元素之一。土柱淋溶模拟实验结果表明，我国东南山地红壤镁的淋失率达到 24.6%。Ylaranta 等(1996)研究了不同土地利用方式下不同质的土壤中镁素淋失特征，发现镁淋失总量平均达 136 kg・$hm^{-2}$。影响土壤镁淋洗的因素主要包括气候(降水)、土壤类型、酸碱性以及与其他元素(氮、钾、钙和铝等)互作等。

从地域来说，在降水量较大的地区，普遍存在镁的淋洗现象。研究表明，$Mg^{2+}$ 的淋失量随降雨量的增加而增加(陈星峰，2005)，降雨量大是造成热带地区红壤镁素贫乏的重要原因。在我国南方地区，大面积的红壤及由其发育的水稻土中的镁十分匮乏。李士敏等(1999)研究发现，在我国西南黄壤山区，高温多雨，风化淋溶作用强烈，土壤镁淋失量大，加上不合理的施肥方式，旱地有效镁的浓度普遍较低。镁肥的淋洗特征与镁肥种类及溶解性有很大关系。李丹萍等(2018)研究表明，黄壤上施用氧化镁、改性硫酸镁和硫酸钾镁的淋失率分别达到 33.1%、42.2%和 55.6%。刘安勋等(2007) 研究了镁石粉($MgCO_3$)、轻烧氧化镁($MgO$)、硫镁肥($MgSO_4 \cdot H_2O$)和硼泥等镁肥在土壤中的淋溶情况，发现不同肥料中镁的淋洗特性存在较大差异，活化硫镁肥、硫镁肥、轻烧氧化镁、硼泥的淋洗率分别为 37.5%、31.4%、5.9%、3.3%。土壤黏土矿物类型也是影响镁淋溶的重要因素，一般认为以蒙脱石、蛭石等 2∶1 型黏土矿物为主的土壤对镁的吸附能力较强，不易缺镁。镁淋失易发生在具有高渗透率的疏松结构的沙质土壤和碱基含量低的酸性土壤。对不同质地土壤镁淋洗特征的研究发现，中壤土镁的淋洗量为 18 kg・$hm^{-2}$・年$^{-1}$，而轻壤土镁的淋洗量达到 25 kg・$hm^{-2}$・年$^{-1}$(Koc and Szymczyk，2003)。李丹萍等(2018)研究了镁肥在中国南方 3 种酸性缺镁土壤(黄壤、紫色土、红壤)中的有效性、迁移和淋洗特征，发现在黄壤上镁的累积淋失量在 104.9～243.8 kg・$hm^{-2}$，与紫色土接近，但较红壤高 2～3 倍，这主要是由于红壤中黏粒含量明显高于其他两类土壤，而黏粒含量较高的土壤对镁的吸附能力相对较强。

土壤 pH 也是影响镁淋洗的重要因素。在酸性条件下，镁容易被致酸离子交换到土壤溶液中，导致镁的淋洗。另外，农业生产中大量投入化肥也会影响土壤镁的淋洗。首先，氮肥过量投入会引起土壤酸化，导致土壤中氢离子和铝离子将镁置换到土壤溶液中，加剧了镁的淋洗；其次，肥料中铵根和钾离子等进入土壤后会与镁离子竞争吸附位点，促进镁的解吸，也会增大镁的淋洗。施用尿素增加了 $NO_3^-$ 和钙镁离子的大量淋失(陈星峰，2005)。这可能是施用氮肥会导致土壤酸化，氢离子交换出土壤胶体吸附的镁，并且随着 $NO_3^-$ 的增加，导致土壤淋

失的 $NO_3^-$ 增加，而 $NO_3^-$ 很容易在土壤中结合盐基阳离子从而造成土壤中盐基阳离子的减少（孔凡建，2013）。Walna 等（1998）研究了不同酸度对土壤镁淋洗的影响，发现在强酸性处理（pH 2.0）土壤中镁的淋洗量是低酸处理（pH 5.6）土壤淋洗量的几倍。对森林土壤连续 30 年的监测表明，淋洗作用是造成的土壤 $Mg^{2+}$ 随年代呈直线下降的趋势的主要因素（Johnson et al.，2008）。另外，$K^+$ 和 $Mg^{2+}$ 间的拮抗作用也是造成养分离子淋失的重要因素。施用生理酸性肥料如 KCl 不仅增大土壤酸度，$K^+$ 能够代换土壤表面吸附的 $Mg^{2+}$ 而增加了 $Mg^{2+}$ 的淋失量（何盈，2004）。在植被覆盖下，土壤镁的淋洗量会降低（Senbayram et al.，2015）。

## 7.3 小结与展望

随着农业生产中作物缺镁现象的普遍发生，使得对土壤镁素的研究越来越迫切。尽管过去几十年对土壤镁进行了大量研究，但是依然存在一些问题需要进一步开展研究。

（1）土壤镁素有效性评价，特别是建立植物有效态评价体系。目前对于土壤镁丰缺的评价，往往是通过测定交换态镁含量来实现的。但交换态镁的提取方法很多，而且交换态镁含量与植物吸收镁之间的关系也并不明确，哪种提取形态最能够代表植物有效态，或对植物吸收的贡献最大等，都有待于进一步探究。

（2）不同类型土壤镁素的化学过程及其影响因素的研究不够深入。土壤镁与土壤不同组分（腐殖质、黏粒矿物、金属氧化物等）之间的耦合关系，以及对镁的化学行为（固定、释放等）产生的影响等都需要进一步开展研究。

（3）土壤中镁向根际的迁移过程以及在根际土壤中的转化等过程的研究比较欠缺，如镁在根际土壤中的结合形态，与土壤中其他元素之间的互作，特别是大量元素与镁的相互关系等，也需要深入研究。

（4）土壤物理性质对镁过程的影响研究尚未开展，如不同土壤结构（团聚体）如何影响土壤镁的有效性等。

## 参考文献


白由路，金继运，杨俐苹. 2004. 我国土壤有效镁含量及分布状况与含镁肥料的应用前景研究. 土壤肥料，2：3-5.

陈星峰. 2005. 福建烟区土壤镁素营养与镁肥施用效应的研究：[硕士学位论文]. 福州：福建农林大学.

刁莉华，彭良志，淳长品，等. 2013. 赣南脐橙园土壤有效镁含量状况研究. 果树学报，30：241-247.

丁玉川，焦晓燕，聂督，等. 2012. 山西农田土壤交换性镁含量分布特征及其与土壤化学性质的关系. 自然资源学报，27：311-321.

侯玲利，陈磊，郭雅玲，等. 2009. 福建省铁观音茶园土壤镁素状况研究. 植物营养与肥料学报，15：133－138.

金昆. 2008. 土壤对镁的吸附解吸特性研究：[硕士学位论文]. 重庆：西南大学.

孔凡建. 2013. 不同酸度和施肥对盐基离子吸收影响的模拟研究：[硕士学位论文]. 长春：吉林农业大学.

李丹萍，刘敦一，张白鸽，等. 2018. 不同镁肥在中国南方三种缺镁土壤中的迁移和淋洗特征. 土壤学报，55(6)：1514－1521.

李伏生. 1991. 南方几种土壤镁素释放和固定的初步研究. 土壤通报，22(3)：115－118.

李士敏，朱富强，刘方，等. 1999. 贵州黄壤旱地有效镁的含量与镁肥盆栽效果分析. 贵州农业科学，27：31－33.

林克惠，邓敬宁，彭桂芬. 1990. 镁、锌、硼肥对烤烟几个生理生化指标、产量和品质的影响. 云南农业大学学报，5：136－143.

刘安勋，廖宗文. 2007. 镁肥在土壤中的淋溶特性研究. 现代农业科技，24：100－101.

牛明镇，刘艳芬，向奕洁，等. 2019. 不同用量的钾镁肥在砖红壤中的交互效应. 热带作物学报，40：1284－1289.

阮建云，管彦良，吴洵. 2002. 茶园土壤镁供应状况及镁肥施用效果研究. 中国农业科学，35：815－820.

孙光明，黄健安，陆发熹. 1990. 粤西砖红壤的镁素状况及其有效性. 华南农业大学学报，11：39－46.

王芳，刘鹏，徐根娣. 2004. 土壤中的镁及其有效性研究概述. 河南农业科学，1：33－36.

谢建昌，陈际型，朱月珍，等. 1963. 红坡区几种主要土壤的镁素供应状况及镁肥肥效的初步研究. 土壤学报，11：294－305.

徐畅，高明. 2007. 土壤中镁的化学行为及生物有效性研究进展. 微量元素与健康研究，24：51－54.

许自成，王林，肖汉乾. 2008. 湖南烟区土壤 pH 分布特点及其与土壤养分的关系. 中国生态农业学报，16：830－834.

王龙，王子芳，金昆，等. 2009. pH 和有机质对三种不同土壤镁吸附特性的影响. 西南大学学报(自然科学版)，31：150－155.

中国农科院土肥所. 1994. 中国肥料. 上海：上海七海科学技术出版社.

朱小芳，唐昊冶，钱薇，等. 2019. 茶多酚和铜对可变电荷土壤钙镁释放的影响. 土壤，51：536－540.

Barber S A. 1995. Soil Nutrient Bioavailability：A Mechanistic Approach. 2nd ed. John Wiley Sons，INC.

Edmeades D C，Wheeler D M，Crouchley G. 1985. Effects of liming on soil magnesium on some soils in New Zealand. Communications in Soil Science and Plant Analysis，16：727－739.

Gardner R C. 2003. Genes for magnesium transport. Current Opinion in Plant Biology，6：263－267.

Gransee A，Führs H. 2013. Magnesium mobility in soils as a challenge for soil and plant analysis，magnesium fertilization and root uptake under adverse growth conditions. Plant Soil，368：5－21.

Hailes K J, Aitken R L, Menzies N W. 1997. Magnesium in tropical and subtropical soils from north-eastern Australia: Ⅱ. Response by glass house grown maize to applied magnesium. Australian Journal of Soil Research, 35: 629-641.

Johnson D W, Todd D E, Trettin C F, et al. 2008. Decadal changes in potassium, calcium, and magnesium in a deciduous forest soil. Soil Science Society of America Journal, 72: 1795-1805.

Koc J, Szymczyk S. 2013. Effect of agriculture intensity on the calcium and magnesium outflows from soils. Journal of Element, 8(4): 231-238.

Maguire M E, Cowan J A. 2002. Magnesium chemistry and biochemistry. BioMetals, 15: 203-210.

Mayland H F, Wilkinson S R. 1989. Soil factors affecting magnesium availability in plant-animal systems: a review. Journal of Animal Science, 67: 3437-3444.

Senbayram M, Gransee A, Wahle V, et al. 2015. Role of magnesium fertilizers in agriculture: plant-soil continuum. Crop and Pasture Science, 66: 1219-1229.

Sumner M E, Farina P M W, Hurst V J. 1978. Magnesium fixation-a possible cause of negative yield responses to lime applications. Communications in Soil Science and Plant Analysis, 9: 995-1007.

Tipping E, Smith E J, Law Lor A J, et al. 2003. Predicting the release of metals from ombrotrophic peat due to drought-induced acidification. Environmental Pollution, 123: 239-253.

Walna B, Drzymała S, Siepak J. 1998. The impact of acid rain on calcium and magnesium status in typical soils of the Wielkopolski National Park. Science of the Total Environment, 220(2-3): 115-120.

Ylaranta T, Uusikamppa J, Jaakkola A. 1996. Leaching of phosphorus, calcium, magnesium and potassium in barley, grass and fallow lysimeters. Acta Agriculturae Scandinavica, Section B-S oil and Plant Science, 46: 9-17.

杨文浩（福建农林大学资源与环境学院 国际镁营养研究所）

# 第8章

# 镁与微生物的作用和功能

镁(Mg)是较为活泼的金属元素,广泛存在于自然界中,是生命循环中不可缺少的重要元素。在地壳元素组成中,镁含量排在第8位,占比约2.8%;宇宙环境镁含量位列第9位,陨石中的镁含量在9.6%~28.8%之间;土壤中全镁含量在0.9%~1.5%;植物体内镁含量占0.1%~0.4%;河水中平均镁含量为4 mg·$L^{-1}$;海水中镁含量在1 290 mg·$L^{-1}$,位居海洋元素第3位(王敬国,2017)。

微生物是元素地球化学循环的重要参与者,对陆地生态系统的演化和建立具有重要意义,镁的地质大循环和生物小循环均离不开微生物的参与(Ehrlich,1996)。在农业生态系统中,含镁原生或变质矿物的镁离子($Mg^{2+}$)可通过土壤微生物矿化释放,与土壤水结合,供给作物吸收与利用;同时,土壤溶液中的镁离子也可通过微生物合成形成次生含镁硅酸盐矿物沉淀。镁也是微生物结构的重要组成元素,在微生物生理代谢过程中不可或缺,由微生物生长、代谢所固定和利用的镁会随着微生物的活动范围增加而在土壤中迁移,从而改变土壤镁的空间有效性(图8-1)。

本章将从微生物与镁的循环与利用、镁对微生物生理代谢和功能的影响等方面阐述微生物与镁的互作关系,为挖掘镁营养循环与利用的微生物潜力提供参考。

## 8.1 微生物与含镁矿物的形成

矿物态镁是土壤中镁的主要来源,主要以硅酸盐矿物形式存在,广泛存在于原生矿物和次生黏土矿物中,占土壤全镁含量的70%~90%;此外,也有一些含镁的非硅酸盐矿物。镁含量较高的硅酸盐原生矿物有橄榄石、角闪石、辉石、黑云母等。含镁矿物岩石在成土过程中首先易被风化,风化程度较高的土壤中难以找到这些原生矿物,镁更多的是以黏土矿物形式存在(周健民和沈仁芳,2013)。主要含镁硅酸盐黏土矿物有蛇纹石、滑石、绿泥石、蛭石、蒙脱石、伊

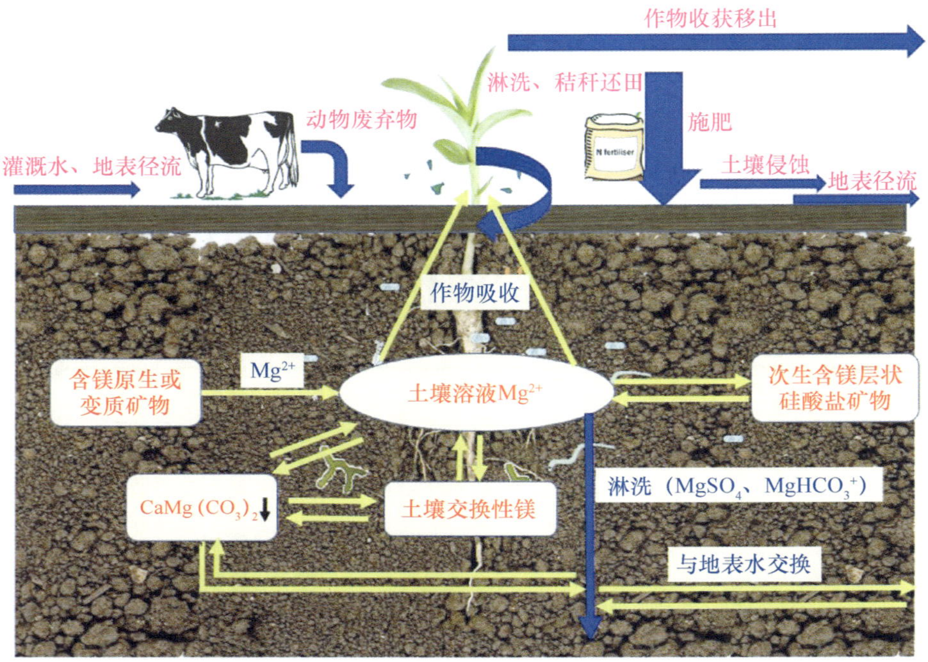


图 8-1　镁在农业生产中的循环

利石等。非硅酸盐含镁矿物包括菱镁石、白云石、硫酸镁等，这些矿物更容易溶解，是土壤有效镁的主要来源。全球人类所能利用的固体矿物镁资源主要是白云石、菱镁矿、水镁石、光卤石、橄榄石等，液体矿镁资源主要是海水苦卤、盐湖卤水和地下卤水。

微生物积极参与了岩石的形成与解离，微生物可通过代谢过程分泌无机酸、小分子有机酸、聚合物等，改变环境酸碱和氧化还原程度（Smits et al.，2005），改变矿物晶格（Ehrlich，1998；Rogers and Bennett，2004），调节碳酸盐环境，加速矿物溶解与沉淀。部分微生物参与了早期含镁岩石的形成与风化（Skinner，1963；Compton，1988）。

白云石是碳酸盐镁矿的由来，也是人们能利用的固体镁矿之一，在地壳中形成较早，其化学式为 $CaMg(CO_3)_2$（Warren，1999）。在古生代自然条件下，地球表生的低温低压不利于白云石的形成（Garrels and Thompson，1962），而硫酸盐还原菌和甲烷古菌对早期白云石晶体沉淀和析出起到了重要的诱导催化作用（Kenward et al.，2007，2009），微生物是白云石沉淀析出的结晶核心（Von der Borch and Jones，1976；Gournay et al.，1999；Wright and Oren，2005；Wright and Wacey，2005；Wacey et al.，2007）。低温低压的缺氧条件下，硫酸盐含量的增加为硫酸盐还原菌提供了足够的能量来源，硫酸盐还原菌与甲烷古菌共同作用，还原消耗硫酸根，减少了白云石均匀成核作用，解离出镁离子，提高微生物细胞周围的镁离子浓度，微生物细胞壁和古菌表层的非细胞壁结构糖蛋白（S-layer）含有大量带负电的羧基、羟基、磷酸基、磺酸基等官能团，可有效吸附解离的镁离子，降低了低温下镁与水的紧密结合；同时，硫酸盐还原菌以硫酸根为末端电子受体消耗有机质，解离的氨基酸通过微生物降解还原成氨，提高溶液 pH，从而增加碳酸根的溶出，碳酸根与游离的镁结合成岩，并以含镁方解石或白云石的形式沉淀下来，形成原始碳酸盐沉积后埋藏变老成岩（Slaughter and Hill，1991；Folk，1993；Vasconcelos et al.，1995；Warthmann et al.，2000；Van Lith et al.，2003；Vasconcelos et al.，2005；Wright and Wacey,2005)。细菌细胞末端不连续的微晶体是白云石晶体形成并附着的起始点,是矿物成核的核心点,随着时间的演进,逐渐形成哑铃状、球状等规则显微结构(Van Lith et al.,2003);我国青海湖微生物成因的沉积白云石亦呈现球状集合体状,内部结构规则,发育有亚米级的孔隙(Deng et al.,2010)。除厌氧条件下的硫酸盐还原菌和甲烷古菌参与了白云石的形成外,好氧枝芽孢杆菌属的 *Virgibacillus marismortui* 和好氧嗜盐菌属的 *Halomonas meridiana* 两种细菌也可在硫酸根的存在下沉淀出白云石(Sanchez-Roman et al.,2009)。研究发现,嗜盐古菌(如 *Haloferax volcanii* DS52)细胞可在高盐条件下获得促白云石沉淀的能力,古菌表面羧基含量高于其他微生物,并随盐分提高而增多,羧基可有效调节钙、镁两种离子在细菌表面的分布,促进碳酸钙和碳酸镁两种物质均匀分布到矿物表面,利于白云石的形成(Qiu et al.,2017)。

蛇纹石($2MgO \cdot 4SiO_2 \cdot 2H_2O$)和橄榄石[$(Mg,Fe)_2 \cdot SiO_4$]是主要的碱性天然含镁硅酸盐矿物,也是农业生产中钙镁磷肥的主要原料。通过化工手段获取的含镁化合物在环境保护、材料生产、建筑施工、农业生产中具有重要作用。研究发现,细菌中的胶质芽孢杆菌(*Bacillus mucilaginosus*)和真菌中的烟曲霉(*Aspergillus fumigatus*)均可通过增强自身生长和生理代谢来有效加速两种含镁矿石的风化。将灭菌后的矿石粉末加入灭菌三角瓶后,接种相应菌种培养 30 d,动态取样发现,加入胶质芽孢杆菌 10 d 后矿石粉末解离出的镁离子含量最高,胶质芽孢杆菌可通过分泌多糖等胞外聚合物形成菌胶团以黏附矿粉,达到解离矿物的效果;加入烟曲霉 30 d 左右矿石粉末释放出的镁离子含量达到最高,烟曲霉可通过菌丝生长附着包裹矿粉颗粒,通过分泌物作用达到解离矿物效果。解离的镁含量时间动态与两种微生物自身生长增殖时间相匹配。解离矿物的主要微生物代谢有机酸以丁酸甲酯、甲酸、乙酸等为主。就矿石本身结构组成而言,蛇纹石更易于被微生物风化,从而释放出较多的镁离子(姚敏杰,2009)。

## 8.2 镁与微生物生长代谢

镁是构成微生物生命体的重要元素,是微生物所需的大量元素之一。不同环境微生物细胞物质中的镁含量存在差异(表 8-1),以灰分元素占比计量(MgO),固氮菌中镁占比 0.82%,酵母菌占比 0.428%,霉菌占比 0.38%。

**表 8-1　环境微生物细胞物质灰分元素占比**　　%

| 灰分元素 | 固氮菌 | 酵母菌 | 霉菌 |
|---|---|---|---|
| $P_2O_5$ | 4.95 | 3.54 | 4.85 |
| $K_2O$ | 2.41 | 2.34 | 2.81 |
| MgO | 0.82 | 0.428 | 0.38 |
| CaO | 0.89 | 0.385 | 0.19 |
| $Fe_2O_3$ | 0.08 | 0.035 | 0.16 |

镁也是微生物代谢酶的重要组成元素,参与了微生物的各种生理生化反应。镁可以作为 ATP 辅助因子和酶的活化剂参与微生物代谢,磷酸化酶和激酶都需要镁离子的活化,如在微

生物细胞液中糖代谢过程的磷酸己糖异构酶的活化和磷酸果糖激酶的活化等。镁也是微生物呼吸代谢过程中的关键元素，如在真核微生物线粒体中的三羧酸循环（TCA 循环）过程，异柠檬酸脱氢所需要的异柠檬酸脱氢酶的激活剂就是镁，而异柠檬酸脱氢酶是 TCA 循环中的限速酶，协调着微生物的生理代谢速度和方向。在镁的作用下，辅酶烟酰胺腺嘌呤二核苷磷酸（$NADP^+$）获得氢还原成还原型烟酰胺腺嘌呤二核苷酸磷酸（NADPH）。

镁也可以稳定微生物的 DNA 和 RNA，调节核糖体合成，调节转录-翻译过程；细胞体内游离的镁离子可以维持微生物细胞内的渗透势，调节胞内酶活性，稳定细胞结构（Smith et al.，1993；Cowan，2002；Maathuis，2009）。在藻类等含有类囊体的微生物体内，镁也可以调节进行光合作用的膜的组装和基粒组成，维持类囊体结构稳定（Williams and Salt，2009；Wang et al.，2019）。

## 8.3 镁跨微生物质膜的转运

微生物对镁的吸收为跨膜逆浓度梯度的主动运输，需要细胞膜上载体蛋白参与，并消耗能量；同时，在细胞内膜系统上也存在着相应的镁转运系统。目前已发现的与镁转运相关的转运体家族有 3 个：CorA 家族（钴抗性蛋白家族）、P 型 ATP 酶家族和 MgtE 家族。CorA 和 MgtE 家族广泛分布在多种微生物中，P 型转运体家族主要分布在肠道菌和革兰氏阴性菌中（丛悦玺等，2012）。目前发现的微生物体内与镁转运相关的蛋白系统如表 8-2 所示。

表 8-2 微生物体内镁转运相关的蛋白

| 家族（Family） | 基因（Gene） | 分布 | 定位 | 参考文献 |
|---|---|---|---|---|
| CorA（钴抗性蛋白家族） | *CorA* | 细菌 | 质膜 | Smith et al.，1993 |
| | *ALR1/ALR2* | 真菌 | 质膜 | MacDiarmid and Gardner，1998 |
| | *MRS2* | 酵母菌 | 线粒体内膜 | Bui et al.，1999 |
| | *LEP10* | 酵母菌 | 线粒体内膜 | Gregan et al.，2001 |
| | *MNR2* | 酵母菌 | 液泡膜 | Pisat et al.，2009 |
| P 型 ATP 酶家族 | *MgtA/B* | 细菌 | 质膜 | Maguire，1992 |
| | *MgtC* | 细菌 | 质膜 | Snavely et al.，1991 |
| MgtE 家族 | *MgtE* | 细菌 | 质膜 | Smith et al.，1995 |

### 8.3.1 CorA 镁转运体

CorA 是在细菌中的主要镁转运体，是第一个发现与镁转运有关的蛋白家族，是镁、钴、镍吸收的离子通道（Moomaw and Maguire，2008）。CorA 为单拷贝基因，结构为同五聚体锥型晶体（图 8-2，海栖热孢菌 *Thermotoga maritima*），每一个结构亚单元均含有两个跨膜区，朝向细胞液一侧（Smith et al.，1993；Moomaw and Maguire，2008），构建的镁转运离子通道的开合受到胞内镁离子浓度调节（Eshaghi et al.，2006；Lunin et al.，2006；Maguire，2006；Payandeh et al.，2008）。在鼠伤寒沙门氏菌（*Salmonella typhimurium*）和大肠杆菌（*Escherichia coli*)中,CorA 位于 *MetE* 和 *UvrD* 两个基因之间,5′-末端的 52 个碱基与 *UvrD* 的 3′-末端具有同源性。CorA 是一类特殊的膜整合蛋白,其第一个疏水区域的末端保守 Gly-Met-Asn 区域是镁转运所必须的结构区。对鼠伤寒沙门氏菌(*Salmonella typhimurium*)、嗜血杆菌(*Haemophilus influenzae*)和甲烷球菌(*Methanococcus jannaschii*)的 CorA 蛋白转运能力研究发现,CorA 蛋白的镁转运能力受到细胞的控制,对镁的亲和性高于对钴和镍的亲和性(Hmiel et al.,1986;Moomaw and Maguire,2008)。

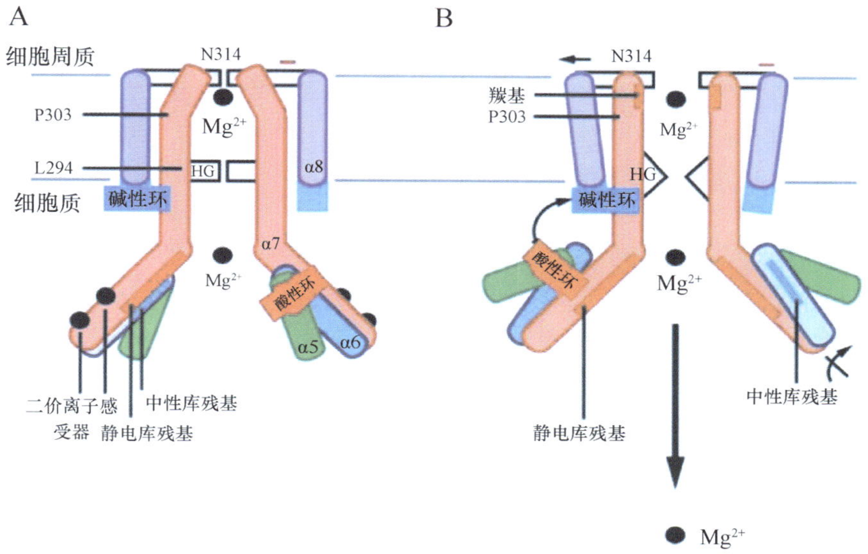


图 8-2 海栖热孢菌 CorA 同五聚体晶体镁吸收调控模式图(Payandeh et al.,2008)

P303,脯氨酸;L294,亮氨酸;N314,天冬氨酸;HG,疏水基。A 为离子通道闭合状态,胞内镁浓度适宜或较高时,镁离子(黑色实心球)位于二价阳离子感受器上,通道状态稳定;B 为离子通道开合吸收镁离子状态,当胞内镁离子浓度较低时,位于二价阳离子感受器上的镁离子进入细胞质内,二价阳离子感受器上电荷不均衡,静电库残基和中性库残基产生静电排斥旋转,酸性环和碱性环吸附结合,拉动疏水基(HG),迫使位于周质区的脯氨酸(P303)通道门打开,天冬氨酸(N314)侧链侧移露出羰基,羰基部分含水,结合外侧镁离子进入 CorA 通道,向胞内运输。

真菌中的 CorA 转运蛋白家族包含 5 个主要的镁转运相关基因:*ALR1*、*ALR2*、*MRS2*、*LEP10* 和 *MNR2*,分别位于细胞质膜、线粒体膜和液泡膜上(表 8-2)。*ALR1* 和 *ALR2* 为 CorA 同系物,是在研究酵母铝离子胁迫的过程中发现的(MacDiarmid and Gardner,1998)。这对基因的主要功能是协助镁通过质膜运输到细胞内,*ALR1* 的表达高度依赖于镁离子的浓度,受细胞内镁离子调控,可调节胞内镁离子稳态平衡(Graschopf et al.,2001;Lim et al.,2011);*ALR1* 和 *ALR2* 可形成同源和异源寡聚合物(Wachek et al.,2006)。镁转运基因 *MRS2* 通过羧基端跨膜插入真菌线粒体内膜中,其结构与细菌镁转运体的 *CorA* 相类似,包含两个跨膜区,第一个跨膜区含有与镁转运相关的保守 GMN 序列,第二个跨膜区羧基端带有正电荷,提供转运蛋白朝向定位的拓扑信号(Smith et al.,1993;Szegedy and Maguire,1999)。*MRS2* 基因的主要功能是修正 RNA 剪接错误,也可向线粒体中转运镁,对维持细胞正常功能和稳定具有重要意义(MacDiarmid and Gardner,1998;Bui et al.,1999)。基于序列相似性比对,在线粒体膜上发现了第 2 个与镁转运相关的基因 *LEP10*,其结构与功能与 *MRS2* 类似,两者间具有互补性(Gregan et al.,2001;Kolisek et al.,2003)。镁转运基因 *MNR2* 位于液泡膜上，仍具有镁转运相关的保守 GMN 序列，主要功能是调节液泡中镁离子向细胞质中的释放，其调节机理仍未明确（Pisat et al.，2009）。

### 8.3.2 P 型 ATP 酶镁转运体

P 型 ATP 酶镁转运体是个体较大的跨膜蛋白，包括 *MgtA*、*MgtB* 和 *MgtC* 三类（Snavely et al.，1991；Maguire，1992）。*MgtB* 是第 1 个鉴定出的 P 型 ATP 酶转运基因，为外源基因，包含 10 个跨膜区，分子质量为 102 ku；*MgtA* 为单拷贝内源基因，分子质量 91 ku；*MgtC* 分子质量 2 215 ku（Tao et al.，1998；丛悦玺等，2012）。

*MgtA* 和 *MgtB* 的镁转运调节能力比 CorA 家族低 10～100 倍。而在镁转运功能缺失的微生物突变体中，*MgtC* 仅是减少了细菌对镁的需求，未见对镁的转运（Moncrief and Maguire，1999）。*MgtA* 对温度较敏感，37℃转运能力最强，低于 20℃会迅速失活；*MgtB* 在环境温度降低到 4℃时，仍具有转运镁的能力（Vescovi et al.，1997）。

3 种转运体均受二元特异双组分信号系统 PhoP-PhoQ 调控（图 8-3），而 PhoP-PhoQ 系统具有调节细菌的缺镁胁迫响应、控制细胞活力和毒性的重要作用（Cromie et al.，2006；Cromie and Groisman，2010）。在对鼠伤寒沙门氏菌的镁转运研究中发现，MGT 转运基因为低镁诱导性转运子（外界镁浓度小于 1 mmol·$L^{-1}$），镁转运受到 PhoPQ 双信号转导途径控制，是沙门氏属细菌致病性和侵染力的关键（Maguire，1992；Payandeh et al.，2008；Mao et al.，2014）。

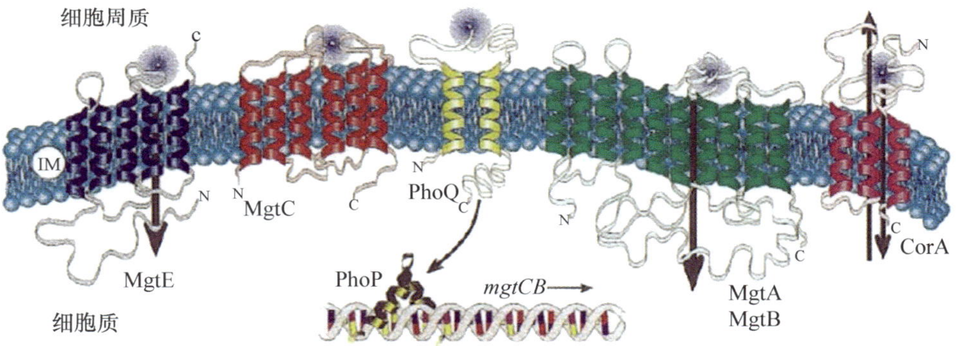


**图 8-3 细菌细胞质膜镁转运系统示意图（Moncrief and Maguire，1999）**

CorA、MgtA、MgtB、MgtC 和 MgtE，细胞质膜镁转运蛋白（拓扑结构）；PhoQ 为组氨酸蛋白激酶，与镁结合后活性降低，周质空间镁浓度下降后，其结合的镁游离出来，PhoQ 激活；PhoP 为反应调节蛋白，是 PhoQ 磷酸化后形态；在鼠伤寒沙门氏菌中，MgtC 为 MgtB 的操纵子，通过 PhoPQ 磷酸信号镁转运系统调控，与鼠伤寒沙门氏菌毒力显著相关。

### 8.3.3 MgtE 镁转运体

MgtE 广泛存在于细菌中，与其他镁转运体系同源性较小（Smith et al.，1995）。MgtE 具有 4～5 个跨膜域，N-末端具有亲水区，晶体也呈五聚体结构，5′-端含有镁的感受器，依赖于质膜内外的镁离子浓度，对稳定细胞结构，维持细胞内镁的动态平衡有重要作用（Cromie et al.，2006；Dann Ⅲ et al.，2007；Hattori et al.，2007a，2007b；Ishitani et al.，2008）。

## 8.4 镁与微生物功能

镁和微生物互作可促进植物生长和养分吸收，提高植物抗胁迫能力。研究发现，用解淀粉芽孢杆菌浸种后种植的菜豆，随着土壤镁用量的增加，地上部叶绿素含量显著增加；当土壤镁含量在 25 $mg \cdot kg^{-1}$ 时，施用不同的根际促生菌可有效提高菜豆产量，增产幅度达到 25%～45%；同时，浸种后的菜豆在种植过程中的细菌枯萎病发病率显著下降，降幅可达 51%(Martins et al.,2015)。在酸性土壤种植水稻配合施用微生物肥料和镁肥，90 d 后的土壤 pH 提高了 2 个单位，水稻叶片 SPAD 值显著增高，水稻生物量提高 43%，产量提高 84.1%(Panhwar et al.,2014)。烤烟生产中施用钙镁磷肥可提高根际微生物的多样性，有效降低青枯病发病率(李小龙等，2016)。丛枝菌根真菌(AMF)可以和宿主植物形成互利共生体，帮助宿主吸收矿质营养(Smith and Read,2008)。研究发现，无论是高镁土壤还是低镁土壤，菌根真菌均可正常侵染柑橘根系，低镁条件下的侵染率显著高于高镁土壤；接种 AMF 后，柑橘的株高、干重、叶绿素含量和镁吸收量显著提升，低镁土壤上增幅小于高镁土壤(Xiao et al.,2014)。

镁影响微生物的生长发育与代谢合成。磷和镁都是微生物所需的大量营养元素，镁的供应影响微生物对磷的吸收。通过对一种耐盐细菌(*Brevibacterium antiquum*)和两种耐盐古菌(*Halobacterium salinarium*、*Halorubrum distributum*)的供镁响应研究发现：两种耐盐古菌无法在高镁条件下正常生长，生长发育和生理代谢都受到抑制；枯草芽孢杆菌(*Brevibacterium antiquum*)体内所含的镁可为菌体提供足够的磷吸收需求，提供额外的镁会抑制细菌的磷吸收(Aleksey et al.,2004)。

镁可以调节微生物的生化代谢产物，进而影响微生物的致病性。供镁降低了革兰氏阴性菌细胞壁的糖醛酸、甲基戊糖的合成，促进了细胞壁中脂类多糖的合成与分泌，供镁促进了胞内多糖的合成，胞内多糖可调节革兰氏阴性菌细胞壁上致病性和对噬菌体的敏感性位点的活性，较多的胞内多糖可提高革兰氏阴性菌的自体防护，提高应对环境胁迫的能力；供镁对代谢产物的影响因菌种不同而存在差异(Markovitz and Sylvan,1961)。俄罗斯学者研究发现，镁可影响鼠疫杆菌的致病性，主要体现在以下几个方面：鼠疫杆菌增殖需要提供足够浓度的镁，一般供镁浓度应大于 10 $\mu mol \cdot L^{-1}$；镁可促进鼠疫杆菌产生相应的糖和脂蛋白等物质，促进致毒的 F1 荚膜形成和鼠毒素的产生；缺镁会诱导菌种 pYT377 的质粒缺失，鼠毒素代谢途径被切断，从而降低菌种致病性；镁也可调节鼠疫杆菌的自溶酶活性，影响细胞分裂和细胞膜透性，进一步影响其毒性和致病性。

土壤微生物的碳、氮、磷的代谢循环受到土壤镁环境的影响。有学者把土壤 pH 大于 9、总碱度在 1.5～2.0 $cmol \cdot kg^{-1}$、水溶性 $Mg^{2+}/Ca^{2+}$ 在 5～7、碳酸盐总量在 35%～40%的土壤定义为碱性土，认为应以土壤的镁碱度指征土壤的碱化程度(田兆顺和董汉章，1977)。这类土壤含镁较高，通过影响微生物的生物量来调节微生物代谢酶活性，镁钙比与微生物碳、氮、磷的循环显著相关，钙镁比的增加促进了微生物脲酶、蛋白酶、磷酸酶和 $\beta$-葡萄糖苷酶的分泌，协调高碱度条件下的微生物活性(元炳成等，2010，2011a，2011b；元炳成和王媛荣，2011)。

镁参与了固氮菌的氮代谢，影响着全球的氮循环(图 8-4)。固氮菌固氮过程的电子转移分为铁蛋白和钼铁蛋白两部分。镁主要参与了铁蛋白部分电子的转移，在该过程中，ATP 必须与镁结合才能实现磷酸键的转移，铁蛋白结合 Mg-ATP，经过黄素腺嘌呤二核苷酸（FAD）还原进行电子转移；此过程中，铁蛋白传递一个电子，需要两个 Mg-ATP 水解，传递出的电子在钼铁蛋白过程中参与氮的固定；镁供应不足时，反应停止。自然生物固氮效率较低，研究人员通过对多种氧化还原活性纳米晶体测试，发现铁蛋白部分可以硫化镉纳米棒替代，替代后体系的光能利用效率大幅度提升，以光能替代 ATP 化学能，提高了电子产能，加速固氮过程（图 8-5，Brown et al.，2016）。

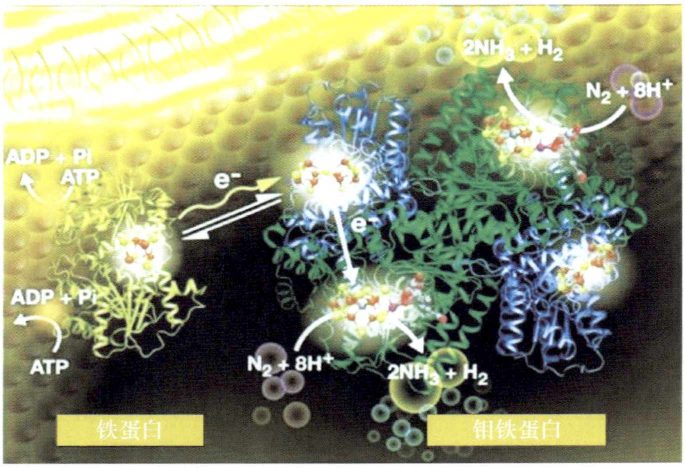


图 8-4　固氮菌固氮过程示意图（美国能源部国家可再生能源实验室，2016）

生物固氮过程为：$N_2+8H^++n$Mg-ATP$+6e^-\rightarrow 2NH_3+H_2+n$Mg-ADP$+n$Pi；ADP，二磷酸腺苷；ATP，三磷酸腺苷；Pi，磷酸根；$e^-$，电子；$NH_3$，氨；$N_2$，氮气；$H_2$，氢气；$H^+$，氢离子。

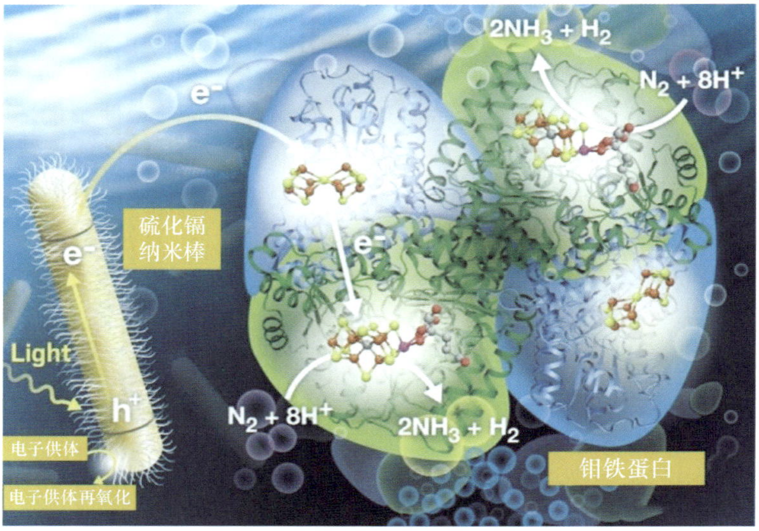


图 8-5　硫化镉纳米电池固氮模式图（Brown et al.，2016）

硫化镉纳米棒可通过电子供体再氧化进行自我更新，常用电子供体较多，如羟乙基哌嗪乙磺酸（HEPES）。

藻类在全球碳的生物地球化学循环中扮演重要角色，是全球光合作用的主体之一，硅藻、褐指藻等藻类的岩藻黄素和叶绿素 a/c 的蛋白（Fucoxanthin Chl a/c binding proteins，FCPs）具有强大的光捕获和快速光适应能力。藻类光合作用在类囊体结构上，类囊体片层距离 1 nm 以内，可实现电子的快速传递，达到电荷平衡；镁是类囊体色素的核心元素，全程参与了氢传递过程中的 ATP 磷酸键转移（Pi et al.，2019；Wang et al.，2019）。

镁是岩石和土壤中易于淋洗的元素，微生物的存在可加速岩石和土壤中镁的淋洗。研究发现，随着淋洗时间的增加，微生物对镁的淋洗从衰减性淋洗过渡到平衡性淋洗阶段，微生物胞外酶碳酸酐酶（CA）分泌量与镁淋洗量呈现显著的正相关关系，细菌类微生物的促镁淋洗效果好于真菌和放线菌（Banfield et al.，1999；Newman，2002；李为等，2007）。

在环境工程的厌氧消化过程研究中，适量的镁可改变污泥中的微生物相对数量，调节优势种群占比，增强上流式厌氧污泥床反应器高温厌氧污泥的沉降性能，减少被洗出反应器的污泥量（Schmidt et al.，1992；Schmidt and Ahring，1993）。研究发现，镁通过催化甲烷合成过程反应，促进有机质与污泥接触来提高产气活性，最适镁浓度在 3～10 mmol · $L^{-1}$，浓度过低或过高产期过程都会受到抑制（肖本益等，2002；夏亚穆等，2009）。

## 8.5 小结与展望

镁是地球生命中最重要的元素之一，微生物在镁的生物地球化学循环中扮演着重要的角色，参与了含镁岩石形成与解离、土壤镁固定与淋洗和镁的五大圈层循环。镁是微生物细胞结构组成、生理代谢过程、植物互作关系等不可或缺的大量元素。镁与微生物的互作关系对岩石圈、土壤圈、生物圈的发生发育具有重要意义，推动着生境的改变。深入挖掘镁与微生物的互作关系将在理解生态系统的进化与演替、服务农业生态系统、推动环境改变、开发与利用新型能源等方面起到积极作用。

## 参考文献

从悦玺，骆东峰，陈坤明，等. 2012. 生物镁离子转运体研究进展. 农业生物技术学报，20(7)：837－848.

李小龙，李红丽，曾强，等. 2016. 钙镁磷肥对青枯病发病烟株根际土壤微生物区系的影响. 中国烟草学报，22(1)：71－75.

李为，贾丽萍，余龙江，等. 2007. 不同种类微生物及其碳酸酐酶对土壤-灰岩系统钙镁锌元素迁移作用的土柱模拟实验研究. 土壤，39(3)：453－459.

田兆顺，董汉章. 1977. 河西走廊镁质碱化盐渍土的初步研究. 土壤，5：233－241.

王敬国. 2017. 生物地球化学：物质循环与土壤过程. 北京：中国农业大学出版社.

肖本益，王瑞明，贾士儒. 2002. 镁离子对厌氧污泥产气活性的影响. 天津轻工业学院学报，40(1)：25－27.

夏亚穆，常亮，王伟. 2009. 厌氧消化过程抑制因素的研究进展. 化学与生物工程，26(10)：5-8.

姚敏杰. 2009. 含镁硅酸盐矿物的微生物风化作用研究：[硕士学位论文]. 贵阳：贵州大学.

元炳成，王媛荣. 2011. 镁碱度对土壤微生物活性和养分含量的影响. 西北农业学报，20(10)：181-186.

元炳成，胡江，岳东霞，等. 2011. 镁碱度对土壤微生物生物量及氮素矿化的影响. 土壤通报，42(5)：1105-1111.

元炳成，刘权，黄伟，等. 2011. 镁碱化盐土微生物生物量和土壤基础呼吸. 土壤，43(1)：67-71.

元炳成，黄伟，李凤成. 2010. 镁碱化对土壤微生物活性和水解酶的影响. 生态环境学报，19(9)：2344-2348.

周健民，沈仁芳. 2013. 土壤学大辞典. 北京：科学出版社.

Aleksey S, Natalia S, Natalia C, et al. 2004. Formation of insoluble magnesium phosphates during growth of the archaea *Halorubrum distributum* and *Halobacterium salinarium* and the bacterium *Brevibacterium antiquum*. FEMS Microbiology Ecology, 52(1): 129-137.

Banfield J F, Barker W W, Welch S A, et al. 1999. Biological impact on mineral dissolution: application of the lichen model to understanding mineral weathering in the rhizosphere. Proceedings of the National Academy of Sciences of the United States of America, 96(7): 3404-3411.

Brown K A, Harris D F, Wilker M B, et al. 2016. Light-driven dinitrogen reduction catalyzed by a CdS: nitrogenase MoFe protein biohybrid. Science, 352(6284): 448-450.

Bui D M, Gregan J, Jarosch E, et al. 1999. The bacterial magnesium transporter CorA can functionally substitute for its putative homologue Mrs2p in the yeast inner mitochondrial membrane. Journal of Biological Chemistry, 274(29): 20438-20443.

Compton J S. 1988. Degree of supersaturation and precipitation of organogenic dolomite. Geology, 16(4): 318-321.

Cowan J A. 2002. Structural and catalytic chemistry of magnesium-dependent enzymes. Biometals, 15(3): 225-235.

Cromie M J, Groisman E A. 2010. Promoter and riboswitch control of the $Mg^{2+}$ transporter MgtA from *Salmonella enterica*. Journal of Bacteriology, 192(2): 604-607.

Cromie M J, Shi Y, Latifi T, et al. 2006. An RNA sensor for intracellular $Mg^{2+}$. Cell, 125(1): 71-84.

Dann Ⅲ C E, Wakeman C A, Sieling C L, et al. 2007. Structure and mechanism of a metal-sensing regulatory RNA. Cell, 130(5): 878-892.

Deng S C, Dong H L, Lv G, et al. 2010. Microbial dolomite precipitation using sulfate reducing and halophilic bacteria: Results from Qinghai Lake, Tibetan Plateau, NW China. Chemical Geology, 278(3-4): 151-159.

Ehrlich H L. 1996. How microbe influence mineral growth and dissolution. Chemical Geology, 132(1-4): 5-9.

Ehrlich H L. 1998. Geomicrobiology:its significance for geology. Earth-Science Reviews, 45(1):45−60.

Eshaghi S, Niegowski D, Kohl A, et al. 2006. Crystal structure of a divalent metal ion transporter CorA at 2.9 angstrom resolution. Science, 313(5785):354−357.

Folk R L. 1993. SEM imaging of bacteria and nanobacteria in carbonate sediments and rocks. Journal of Sediment Petrology, 63(5):990−999.

Garrels R M, Thompson M E. 1962. A chemical model for seawater at 25℃ and one atmosphere total pressure. American Journal of Science, 260(1):57−66.

Gournay J P, Kirkland B L, Folk R L, et al. 1999. Nanometer-scale features in dolomite from Pennsylvanian rocks, Paradox Basin, Utah. Sediment Geology, 126:243−252.

Graschopf A, Stadler J A, Hoellerer M K, et al. 2001. The yeast plasma membrane protein Alr1 controls $Mg^{2+}$ homeostasis and is subject to $Mg^{2+}$-dependent control of its synthesis and degradation. The Journal of Biological Chemistry, 276(19):16216−16222.

Gregan J, Bui D M, Pillich R, et al. 2001. The mitochondrial inner membrane protein Lpe10p, a homologue of Mrs2p, is essential for magnesium homeostasis and group Ⅱ intron splicing in yeast. Molecular Genetics and Genomics, 264(6):773−781.

Hattori M, Tanaka Y, Fukai S, et al. 2007a. Crystal structure of the MgtE $Mg^{2+}$ transporter. Nature, 448(7157):1072−1075.

Hattori M, Tanaka Y, Fukai S, et al. 2007b. Crystallization and preliminary X-ray diffraction analysis of the full-length $Mg^{2+}$ transporter MgtE. Acta Crystallographica Section F-Structural Biology and Crystallization Communications, 63(Pt8):682−684.

Hmiel S P, Snavely M D, Miller C G, et al. 1986. Magnesium transport in *Salmonella typhimurium*: characterization of magnesium influx and cloning of a transport gene. Journal of Bacteriology, 168(3):1444−1450.

Ishitani R, Sugita Y, Dohmae N, et al. 2008. $Mg^{2+}$-sensing mechanism of $Mg^{2+}$ transporter MgtE probed by molecular dynamics study. Proceedings of the National Academy of Sciences of the USA, 105(40):15393−15398.

Kenward P A, Goldstein R H, González L A, et al. 2009. Precipitation of low-temperature dolomite from an anaerobic microbial consortium: the role of methanogenic Archaea. Geobiology, 7(5):556−565.

Kenward P A, González L A, Goldstein R H, et al. 2007. Impact of biogenic methane generation on formation of dolomite reservoirs. AAPG Annual Convention, California:90063.

Kolisek M, Zsurka G, Samaj J, et al. 2003. Mrs2p is an essential component of the major electrophoretic $Mg^{2+}$ influx system in mitochondria. The EMBO Journal, 22(6):1235−1244.

Lim P H, Pisat N P, Gadhia N, et al. 2011. Regulation of Alr1 Mg transporter activity by intracellular magnesium. PLoS ONE, 6(6):e20896.

Lunin V V, Dobrovetsky E, Khutoreskaya G, et al. 2006. Crystal structure of the CorA $Mg^{2+}$ transporter. Nature, 440(7085):833−837.

Maathuis F J. 2009. Physiological functions of mineral macronutrients. Current Opinion in Plant Biology, 12(3): 250-258.

MacDiarmid C W, Gardner R C. 1998. Overexpression of the *Saccharomyces cerevisiae* magnesium transport system confers resistance to aluminum ion. The Journal of Biological Chemistry, 273(3): 1727-1732.

Maguire M E. 1992. MgtA and MgtB: Prokaryotic P-type ATPases that mediate $Mg^{2+}$ influx. Journal of Bioenergetics and Biomembranes, 24(3): 319-328.

Maguire M E. 2006. The structure of CorA: A $Mg^{2+}$-selective channel. Current Opinion in Structural Biology, 16(4): 432-438.

Mao D, Chen J, Tian L, et al. 2014. *Arabidopsis* transporter MGT6 mediates magnesium uptake and is required for growth under magnesium limitation. Plant Cell, 26(5): 2234-2248.

Markovitz A, Sylvan S. 1961. Effect of sodium sulfate and magnesium sulfate on heteropoly saccharide synthesis in gram-negative soil bacteria. Journal of Bacteriology, 83(3): 483-489.

Martins S J, Medeiros F H V D, de Souza R M, et al. 2015. Common bean growth and health promoted by rhizobacteria and the contribution of magnesium to the observed responses. Applied Soil Ecology, 87: 49-55.

Moncrief M B C, Maguire M E. 1999. Magnesium transport in prokaryotes. Journal of Biological Inorganic Chemistry, 4: 523-527.

Moomaw A S, Maguire M E. 2008. The unique nature of $Mg^{2+}$ channels. Physiology, 23(5): 275-285.

Newman D K. 2002. Geomicrobiology: how molecular-scale interactions underpin biogeochemical systems. Science, 296(5570): 1071-1077.

Panhwar Q A, Naher U A, Jusop S, et al. 2014. Biochemical and molecular characterization of potential phosphate-solubilizing bacteria in acid sulfate soils and their beneficial effects on rice growth. PLoS One, 9(10): e97241.

Payandeh J, Li C H, Ramjeesingh M, et al. 2008. Probing structure-function relationships and gating mechanisms in the CorA $Mg^{2+}$ transport system. The Journal of Biological Chemistry, 283(17): 11721-11733.

Pi X, Zhao S H, Wang W D, et al. 2019. The pigment-protein network of a diatom photosystem Ⅱ-light-harvesting antenna supercomplex. Science, 354(6452): eaax4406.

Pisat N P, Pandey A, MacDiarmid C W. 2009. MNR2 regulates intracellular magnesium storage in Saccharomyces cerevisiae. Genetics, 183(3): 873-884.

Qiu X, Wang H, Yao Y, et al. 2017. High salinity facilitates dolomite precipitation mediated by *Haloferax volcanii* DS52. Earth and Planetary Science Letters, 472: 197-205.

Rogers J R, Bennett P C. 2004. Mineral stimulation of subsurface microorganisms: release of limiting nutrients from silicates. Chemical Geology, 2004, 203(1-2): 91-108.

Sanchez-Roman M, McKenzie J A, de Luca Rebello Wagener A, et al. 2009. Presence of sulfate does not inhibit low-temperature dolomite precipitation. Earth and Planetary Science Letters, 285(1-2): 131-139.

Schmidt J E, Ahring B K. 1993. Effects of magnesium on thermophilic acetate-degrading granules in upflow anaerobic sludge blanket (UASB) reactors. Enzyme and Microbial Technology, 15(4): 304–310.

Schmidt J E, Macario A J L, Ahring B K, et al. 1992. Effect of magnesium on methanogenic subpopulations in a thermophilic acetate-degrading granular consortium. Applied and Environmental Microbiology, 58(3): 862–868.

Skinner H C W. 1963. Precipitation of calcian dolomites and magnesian calcites in the southeast of South Australia. American Journal of Science, 261(5): 449–472.

Slaughter M, Hill R J. 1991. The influence of organic matter in organogenic dolomitization. Journal of Sediment Petrol, 61(2): 296–303.

Smits M M, Hoffland E, Jongmans A G, et al. 2005. Contribution of mineral tunneling to total feldspar weathering. Geoderma, 125(1–2): 59–69.

Smith R L, Banks J L, Snavely M D, et al. 1993. Sequence and topology of the CorA magnesium transport systems of *Salmonella typhimurium* and *Escherichia coli*: identification of a new class of transport protein. The Journal of Biological Chemistry, 268(19): 14071–14080.

Smith R L, Thompson L J, Maguire M E. 1995. Cloning and characterization of MgtE, a putative new class of $Mg^{2+}$ transporter from *Bacillus firmus* OF4. The Journal of Biological Chemistry, 177(5): 1233–1238.

Smith S E, Read D J. 2008. Mycorrhizal symbiosis. 3rd ed. London: Academic Press.

Snavely M D, Miller C G, Maguire M E. 1991. The mgtB $Mg^{2+}$ transport locus of *Salmonella typhimurium* encodes a P-type ATPase. Journal of Biological Chemistry, 266(2): 815–823.

Szegedy M A, Maguire M E. 1999. The CorA $Mg^{2+}$ transport protein of *Salmonella typhimurium*. Mutagenesis of conserved residues in the second membrane domain. The Journal of Biological Chemistry, 274(52): 36973–36979.

Tao T, Grulich P F, Kucharski L M, et al. 1998. Magnesium transport in *Salmonella typhimurium*: biphasic magnesium and time dependence of the transcription of the mgtA and mgtCB loci. Microbiology, 144(3): 655–664.

Van Lith Y, Warthmann R, Vasconcelos C, et al. 2003. Sulphate reducing bacteria induce low-temperature Ca-dolomite and high Mg-calcite formation. Geobiology, 1(1): 71–79.

Vasconcelos C, McKenzie J A, Bernasconi S, et al. 1995. Microbial mediation as a possible mechanism for natural dolomite formation at low temperatures. Nature, 377: 220–222.

Vasconcelos C, McKenzie J A, Warthmann R, et al. 2005. Calibration of the $\delta^{18}O$ paleothermometer for dolomite precipitated in microbial cultures and natural environments. Geology, 33(4): 317–320.

Vescovi E G, Ayala Y M, Di Cera E, et al. 1997. Characterization of the bacterial sensor protein PhoQ. Evidence for distinct binding sites for $Mg^{2+}$ and $Ca^{2+}$. Journal of Biological Chemistry, 272(3): 1440–1443.

Von der Borch C C, Jones J B. 1976. Spherular modern dolomite from the Coorong area, South Australia. Sedimentology, 23: 587-591.

Wacey D, Wright D T, Bouce A J. 2007. A stable isotope study of microbial dolomite format ion in the Coorong Region, South Australia. Chemical Geology, 244: 155-174.

Wachek M, Aichinger M C, Stadler J A, et al. 2006. Oligomerization of the $Mg^{2+}$-transport proteins Alr1p and Alr2p in yeast plasma membrane. The FEBS Journal, 273(18): 4236-4249.

Wang W, Yu L J, Xu C, et al. 2019. Structural basis for blue-green light harvesting and energy dissipation in diatoms. Science, 363(6427): 598-598.

Warren J K. 1999. Evaporites: their evolution and economics. Oxford: Blackwell Scientific Publications.

Warthmann R, van Lith Y, Vasconcelos C, et al. 2000. Bacterially induced dolomite precipitation in anoxic culture experiments. Geology, 28(12): 1091-1094.

Williams L, Salt D E. 2009. The plant ionome coming into focus. Current Opinion in Plant Biology, 12(3): 247-249.

Wright D T, Oren A. 2005. Nonphotosynthetic bacteria and the formation of carbonates and evaporites through time. Geomicrobiology Journal, 22(1-2): 27-53.

Wright D T, Wacey D. 2005. Precipitation of dolomite using sulphate reducing bacteria from the Coorong Region, South Australia: significance and implications. Sedimentology, 52(5): 987-1008.

Xiao J X, Hu C Y, Chen Y Y, et al. 2014. Effects of low magnesium and an arbuscular mycorrhizal fungus on the growth, magnesium distribution and photosynthesis of two citrus cultivars. Scientia Horticulturae, 177: 14-20.

郑朝元（福建农林大学资源与环境学院 国际镁营养研究所）

## 第 9 章

# 镁增强植物抗铝胁迫的研究进展

酸性土壤($pH<5.5$)是限制作物生长的一个重要土壤因素。在世界范围内,约有 50%的可耕种土壤为酸性土壤(Kochian et al.,2004),而且约有 75%的土壤还存在下层土壤酸化,进一步导致了作物产量的下降(Sumner and Noble,2003)。我国酸性土壤的分布遍及 14 个省区,面积达 204 万 $hm^2$(易杰祥,2006),克服土壤酸化已经成为我国农业生产和研究的重要课题。在酸性土壤中,影响植物生长的因素有铝毒,锰毒以及磷、镁、钙等营养元素的缺乏等(臧小平,1997)。其中,铝毒被认为是酸性土壤中限制植物生长和作物产量的主要因素。

铝是地壳中含量最丰富的金属元素,约占总量的 7%。铝的离子形态随着土壤 pH 变化而变化,通常情况下土壤中的铝以硅酸盐、磷酸盐等形式存在,对植物并无毒害作用。但是在酸性土壤中($pH<5.5$),随着 pH 的降低,更多的游离 $Al^{3+}$ 溶解到土壤溶液中,对植物产生毒害作用(Parker et al.,1989;Kochian,1995;Kinraide,1997;Panda and Matsumoto,2007;Vardar and Ünal,2007;Silva,2012;Schmitt et al.,2016)。铝对植物的毒害作用主要表现为诱导氧化胁迫而导致细胞损伤、抑制植物根系细胞分裂和主根伸长,进而破坏根系细胞结构,影响根系对水分和养分的吸收,抑制植物生长。

在长期的进化过程中,植物形成了多种应答铝毒胁迫的机制,其中包括,细胞壁多糖对铝的排斥作用,根尖分泌的有机酸(如柠檬酸、苹果酸和草酸等)对胞外铝的螯合,以及胞质有机酸、蛋白质及其他有机配体对细胞内铝的结合和液泡的区室化等(Zhang et al.,2017)。其中有机酸分泌是植物最重要的抗铝机制(Huang et al.,2017;Ma,2007;Mariano et al.,2005),并且具有两种模式。第一种模式为铝离子处理较短时间内(通常为几分钟)就可以诱导根系有机酸的分泌;第二种模式为根部有机酸分泌与铝刺激有较长的时间间隔(Ma,2007)。

近年来,国内外研究者在鉴定和克隆抗铝基因方面取得了很大的研究进展。拟南芥(*ALS3* 和 *ALS1*)和水稻(*STAR1* 和 *STAR2*)ABC(ATP-binding cassette transporter)通道蛋白基因的上调表达参与植物对铝毒胁迫的抗性(Larsen et al.,2005;Huang et al.,2009;Huang et al.,2012)。苹果酸通道蛋白(ALMT1)和柠檬酸通道蛋白(MATE)调控铝诱导的苹果酸和柠檬酸的分泌(Sasaki et al.,2004;Magalhaes et al.,2007)。C2H2 型锌脂蛋白转录因子，如拟南芥中的 *STOP1*（Iuchi et al.，2007）和水稻中的 *ART1*（Yamaji et al.，2009），调节了包括有机酸通道蛋白和 ABC 通道蛋白等抗铝基因的表达（Sawaki et al.，2009；Fan et al.，2016）。最近研究发现的 F-box 蛋白 RAE 通过调节 *STOP1* 的稳定性影响植物对铝毒胁迫的抗性（Zhang et al.，2019）。

有关研究表明，外源添加镁可以显著提高植物对铝毒胁迫的抗性。镁缓解植物铝毒主要表现在：①拮抗铝的吸收；②缓解铝诱导的氧化胁迫；③缓解铝毒胁迫对植物主根伸长和细胞分裂的抑制；④促进质子泵活性和提高柠檬酸分泌；⑤增强质膜 $H^+$-ATPase 的磷酸化及其与 14-3-3 蛋白的互作等。本章将从酸性土壤中镁营养现状、镁与铝互作、外源镁缓解植物铝胁迫的机理等方面进行阐述。

## 9.1 酸性土壤中的镁营养

镁是植物生长的必需营养元素，它不仅作为叶绿素的重要组分元素参与光合作用中光能的捕获和电子的传递（Karley and White，2009），还是细胞内最丰富的游离阳离子，并参与调节 300 多种酶的活性（Bose et al.，2011）。

正常情况下，土壤中的镁（0.125～8.5 mmol・$L^{-1}$）可以满足植物生长的需求（1～4 g・$kg^{-1}$ 植物干重）（Chou et al.，2011）。然而在酸性土壤中，由于镁易于被淋溶至下层土壤或铝抑制植物对镁的吸收等原因，导致土壤缺镁或植物出现生理性缺镁现象（Chou et al.，2011）。

在分子水平上，细菌钴抗性蛋白家族（bacterial cobalt resistance A，CorA）是研究最多的 $Mg^{2+}$ 转运体（Knoop et al.，2005；Niegowski and Eshaghi，2007）。CorA 蛋白在第一个跨膜结构域末端有一个保守的 GMN（Gly-Met-Asp）区域，这对于转运 $Mg^{2+}$ 是必需的（Knoop et al.，2005；Sponder et al.，2013）。拟南芥基因组中有 10 个 CorA 蛋白家族基因（*AtMRS2*/*AtMGT*）（Schock et al.，2000；Li et al.，2001），水稻中有 9 个 CorA 蛋白家族基因（*OsMRS2*/*OsMGT*）（Gebert et al.，2009；Saito et al.，2013）。在水稻中，铝胁迫处理 1 h 后就诱导了 *OsMGT1* 的表达，且 *OsMGT1* 的敲除突变体对铝毒的敏感性增加（Chen et al.，2012b）。在拟南芥中，铝虽然对 *AtMGT1* 的表达没有影响，但 *AtMGT1* 的转运活性对铝毒胁迫非常敏感（Li et al.，2001），且在烟草中过表达 *AtMGT1* 可以显著提高转基因植物对铝毒胁迫的抗性（Deng et al.，2006）。然而，铝对镁离子通道蛋白家族其他成员基因表达和活性的影响还需进一步研究。

## 9.2 镁缓解植物铝毒胁迫的调控机理

### 9.2.1 镁拮抗铝吸收

植物细胞壁主要由果胶、半纤维素和纤维素组成。其中，果胶和半纤维素被认为是金属离子结合的主要位点，如植物铝含量的 85%～99%位于根部细胞的细胞壁和细胞间隙(Taylor，2000；Ma，2007)。Nrat1(Nrmap aluminum transporter 1)是一个 Nrmap 蛋白家族的成员，在水稻中负责铝离子的吸收(Xia et al.，2010)，并最终将铝离子转运到液泡中储存(Chen and Ma，2013)。与植物中主要的阳离子相比，镁离子具有最小的离子半径(0.072 mm)和最高的电荷密度。因此，镁离子比其他阳离子具有更高的水合能力，表现为最大的水合半径(Rengel et al.，2015)。铝离子($Al^{3+}$，0.480 nm)和镁离子($Mg^{2+}$，0.476 nm)具有相似的水合半径，因此 $Al^{3+}$ 可以与 $Mg^{2+}$ 竞争金属结合位点和膜转运蛋白(Rengel and Robinson，1989b；Pécsváradi et al.，2009)，并且在 30 min 内隔离于液泡中(Taylor，2000)。如铝毒胁迫抑制燕麦(Grimme，1983)、高粱(Keltgens，1988)和黑麦草(Rengel and Robinson，1989a)等植物对镁的吸收并诱导植物生理性缺镁。外源施加较高浓度的镁(毫摩尔级)可以缓解单子叶植物的铝毒胁迫。如 3 mmol・$L^{-1}$ 镁增强了小麦对铝毒胁迫的抗性(Ryan et al.，1997)。在水稻中，0.45 mmol・$L^{-1}$ 的镁可以特异性地提高植物对铝毒胁迫的抗性，而非缓解 Sr 和 Ba 的毒性(Watanabe and Okada，2005)。我们最近的研究发现，外源施加 2 mmol・$L^{-1}$ 的镁不仅可以提高铝胁迫下玉米根系的生长和生物量，根中的铝含量也显著下降(Kong et al.，2020)。因此，外源施加较高浓度的镁(毫摩尔级)可能通过竞争铝在单子叶植物根中铝的结合位点和降低根际铝的活性缓解铝毒。然而，镁对铝离子通道蛋白基因的表达或活性的调节是否参与镁缓解植物铝毒还有待进一步研究。

### 9.2.2　镁缓解铝毒胁迫诱导的氧化胁迫

常见的活性氧自由基(Reactive oxygen species，ROS)包括超氧自由基($O_2^-$・)、羟自由基(・OH)和过氧化氢($H_2O_2$)。过量的 ROS 不仅氧化细胞中的蛋白质和导致 DNA 的断裂，还会导致膜脂过氧化，破坏细胞膜完整性和导致细胞死亡。有关研究表明，铝胁迫可以增加活性氧的产生，诱导植物氧化应激(Richards and Schott et al.，1998；Ezaki et al.，2000)，致使细胞死亡(Matsumoto and Morimura，1980；Delisle，2001)。Boscolo 等(2003)在玉米的实验结果中表明，Al 诱导了蛋白质的氧化并引发细胞死亡。不仅如此，铝对植物细胞的毒害作用也表现为对细胞膜透性的改变和损伤(Chen et al.，1991)。在水稻中，Pandey 等(2013)的研究发现，0.25 mmol・$L^{-1}$ 的镁抑制了铝诱导的氧化胁迫和对根细胞膜完整性的破坏，这可能与增加抗氧化酶的活性有关。我们最近的研究也发现，对玉米外源施加 2 mmol・$L^{-1}$ 的镁可以显著缓解根中铝诱导的氧化胁迫，这可能与抗氧化酶活性及基因表达被镁诱导增强有关(Kong et al.，2020)。

### 9.2.3　镁缓解铝毒胁迫对植物主根伸长和细胞分裂的抑制

植物根细胞的生长和分裂决定了根的伸长(Beemster and Baskin，1998)。位于顶端分生组织和基部伸长区之间的根尖区域是植物根系对铝毒最敏感的部分(Steelemortimer et al.，2006；Rangel et al.，2007)。铝对植物主根生长限制的靶点是根尖，铝通过干扰根尖细胞的延展和分裂抑制植物根系的生长(Kochian，1995；Rounds and Larsen，2008；Ruíz-Herrera and López-Bucio，2013；Zhang et al.，2018)。微摩尔浓度的铝就可以抑制植物根系的生长，不同铝浓度和作用时间会产生不同的抑制效果。短期低浓度铝胁迫主要抑制植物根系的伸长，而长时间铝毒胁迫会导致根细胞分裂受到抑制(Kochian，1995；Ma，2000)。生长素的浓度过高会抑制植物根细胞的伸长(Teale et al.,2010),由于铝毒会破坏生长素在根中的分布,导致根冠以及顶端分生组织等部位的生长素大量积累(Kollmeier et al.,2000;Sun et al.,2010),并影响生长素的正常运输(Kollmeier et al.,2000;Doncheva et al.,2005),进而抑制根系的生长。

一氧化氮(NO)是一个研究较为透彻的信号分子,在植物根系生长和发育中起到重要作用。与生长素的功能类似,低浓度的 NO 会促进根系生长,而在高浓度的情况下抑制根系生长(Stohr and Stremlau,2006),且 NO 对植物根生长的促进或抑制作用与不同植物根对 NO 的敏感性不同有关。如铝可以抑制秋葵(Tian et al.,2007)和红豆(Wang et al.,2010)根中 NO 的产生,外源施加 SNP(硝普钠,一种 NO 供体)可以增加铝胁迫下这两种植物根系的伸长。与之相反的是,外源 NO 进一步加剧了铝对饭豆(Zhou et al.,2012)和紫花苜蓿(Chen et al.,2014)根系生长的抑制,这可能与铝毒诱导这两种植物根系中过量的 NO 产生有关。在拟南芥中,缺镁和铝毒均诱导了 NO 的产生,并抑制根尖分生区细胞的分裂活性(Li et al.,2019),且 NO 合成突变体 *nia1*、*nia2* 和 *noa1* 对缺镁和铝毒胁迫下主根生长的抑制都不敏感(Liu et al.,2016;Yuan and Huang,2016;Zhang et al.,2018;Li et al.,2019),表明 NO 的产生参与了缺镁和铝毒胁迫对主根生长的抑制。外源添加 SNP 进一步加剧了铝毒和缺镁对拟南芥主根和根尖分生区细胞分裂的抑制(Li et al.,2019)。而外源添加 cPTIO(一种 NO 清除剂)、L-NAME(NO 合成酶抑制剂)和 tungstate(硝酸还原酶抑制剂)可以抑制铝毒和缺镁诱导的 NO 产生,并且根尖分生区细胞分裂的活性也得以恢复,而且这个缓解能力不依赖于镁的存在(Li et al.,2019)。然而在铝毒胁迫下外源添加 10 $\mu mol \cdot L^{-1}$ $MgCl_2$ 处理 3 d 后,拟南芥根中 NO 的产生显著降低,并且抑制了与 NO 产生有关的基因如 *NIA1*,*NIA2* 和 *NOA1* 的表达,铝毒对拟南芥根系分生区细胞分裂的抑制也得到了缓解(Li et al.,2019)。由此可见,铝毒和缺镁胁迫诱导产生的 NO 抑制根系分生区细胞分裂和主根生长,并且镁能够有效缓解这种抑制现象(Li et al.,2019),然而其他的一些信号分子是否也参与该过程还不清楚。

### 9.2.4 镁激活质膜 $H^+$-ATPase 并促进铝诱导的柠檬酸分泌

铝诱导的有机酸分泌是植物抗铝的主要机制。在酸性土壤中,植物根系分泌的有机酸不仅可以有效缓解铝对植物的毒害作用,也能够释放土壤中不可溶和难溶性磷而增强植物对磷的吸收,如铝胁迫诱导了苹果酸、柠檬酸和草酸在小麦、大豆和荞麦等植物根中的分泌,低磷胁迫诱导白羽扇豆、大豆等植物分泌柠檬酸(Zhang et al.,2017)。质膜 $H^+$-ATPase(质子泵)是细胞膜上最丰富的蛋白,在 $K^+$、$Ca^{2+}$、$Mg^{2+}$ 和 $NO_3^-$、$SO_4^{2-}$、$Cl^-$ 等离子吸收与转运、柠檬酸阴离子($Cit^{3-}$)分泌和蔗糖等中性化合物的运输过程中起到重要作用(Zhang et al.,2017)。

镁在豆科植物的抗铝胁迫中可起到“四两拨千斤”的作用。与禾本科植物相比,微摩尔级的镁就可以显著提高豆科植物的抗铝能力,如 10～50 $\mu mol \cdot L^{-1}$ 的镁可以显著提高大豆(Silva et al.,2001)、饭豆(Yang et al.,2007)和蚕豆(Chen et al.,2015)对铝毒胁迫的抗性。铝胁迫下饭豆根系质膜 $H^+$-ATPase 活性下降了 37%,但是外源添加 10 $\mu mol \cdot L^{-1}$ 的镁显著提高了质膜 $H^+$-ATPase 活性和柠檬酸分泌(Yang et al.,2007)。与之相似的是,10 $\mu mol \cdot L^{-1}$ 的镁增加了铝胁迫下蚕豆根质膜 $H^+$-ATPase 活性和柠檬酸分泌(Chen et al.,2015)。由于柠檬酸是一个三元弱酸，在相对高 pH(7.0 左右)的细胞质中，柠檬酸分解成 $Cit^{3-}$ 和 $3H^+$(Zhang et al.,2017)。为了维持细胞内外电荷的平衡，由柠檬酸通道蛋白介导的柠檬酸阴离子的分泌可能伴随着质膜 $H^+$-ATPase 驱动的 $H^+$ 的外排(Zhang et al.,2017)。因此，铝胁迫下镁对质膜 $H^+$-ATPase 活性的调节可能为柠檬酸阴离子的分泌提供跨膜电势和驱动力。

### 9.2.5 镁增强质膜 $H^+$-ATPase 的磷酸化及其与 14-3-3 蛋白的互作

质膜 $H^+$-ATPase 的活性受到转录、翻译和翻译后调节。例如，缺铁(Santi et al.,2005)和重金属胁迫(Janicka-Russak et al.,2008)影响了质膜 $H^+$-ATPase 基因的表达水平。虽然铝胁迫下镁可以提高大豆质膜 $H^+$-ATPase 的活性(Shen et al.,2005)，但是 Duressa 等(2010)的研究结果表明，镁并没有促进质膜 $H^+$-ATPase 基因的表达。与之类似的是，镁也没有增加铝胁迫下蚕豆根中质膜 $H^+$-ATPase 基因以及 *MATE* 同源基因的表达(Chen et al.,2015)。质膜 $H^+$-ATPase 倒数第二个 Thr 的磷酸化是激活该酶的一种最常见的翻译后修饰调节方式(Janicka-Russak,2011)。倒数第二个 Thr 磷酸化的质膜 $H^+$-ATPase 可以与 14-3-3 蛋白结合以维持该酶的磷酸化水平和活性状态(Fuglsang et al.,1999)。14-3-3 蛋白是普遍分布于真核生物的一类保守蛋白，可以与磷酸化的靶标蛋白(如硝酸还原酶、蔗糖-磷酸合成酶和质膜 $H^+$-ATPase)结合以激活或抑制靶蛋白的活性。有关研究表明，$Mg^{2+}$ 和其他的二价阳离子(如 $Ca^{2+}$ 和多胺等)可以与 14-3-3 蛋白 loop 8 结构域上的 EF-hand 基序结合，以提高 14-3-3 蛋白与靶蛋白的相互作用。如 $Mg^{2+}$ 和多胺可以提高大白菜 14-3-3 蛋白和硝酸还原酶的互作而降低硝酸还原酶活性(Athwal and Huber,2002;Manak and Ferl,2007)。在拟南芥中，镁也可以促进 14-3-3 蛋白(GF14ω)与磷酸化的质膜 $H^+$-ATPase(AHA2)的相互作用(Fullone,1998)。在蚕豆中，质膜 $H^+$-ATPase 的磷酸化和与 14-3-3 蛋白的互作在铝诱导的柠檬酸分泌中起到重要作用(Chen et al.,2012a;Chen et al.,2013;Chen et al.,2015)。此外，铝胁迫下外源施加镁显著提高了蚕豆根质膜 $H^+$-ATPase(VHA2)倒数第二个 Thr 的磷酸化及其与 14-3-3 蛋白的互作(Chen et al.,2015)。然而，镁是否通过调节一个激酶的活性而促进质膜 $H^+$-ATPase 的磷酸化或镁通过与 14-3-3 蛋白 loop 8 的结合而促进其与质膜 $H^+$-ATPase 的互作还有待进一步研究。

## 9.3 小结与展望

铝通过影响镁在细胞膜上的结合位点和通道蛋白(如 MGT1)的活性抑制植物根系对镁营养的吸收(图 9-1A)。铝可以通过通道蛋白(如水稻中的 Nrat1)进入细胞，并诱导 ROS 和 NO 等自由基的产生，诱导细胞产生氧化胁迫，导致细胞死亡和根生长的抑制(图 9-1A)。植物感受到铝毒胁迫后会激发一系列抗铝应答机制，在 pH 约为 7.0 的胞质中，柠檬酸会解离为柠檬酸阴离子($Cit^{3-}$)和 $3H^+$，$Cit^{3-}$ 通过 *MATE* 释放到根际与铝离子螯合缓解铝毒；为了维持胞内电荷平衡，$H^+$ 被质膜 $H^+$-ATPase 泵出胞外(图 9-1A)。在铝胁迫下外源添加镁可以通过以下 4 个方面提高植物的抗铝能力(图 9-1B)：①与铝竞争细胞膜上的结合位点；②激活抗氧化系统清除铝诱导产生的 ROS；③抑制铝诱导的 NO 产生促进主根生长；④增加质膜

$H^+$-ATPase 的磷酸化水平及其与 14-3-3 蛋白互作激活质膜 $H^+$-ATPase 促进有机酸分泌(如柠檬酸)。

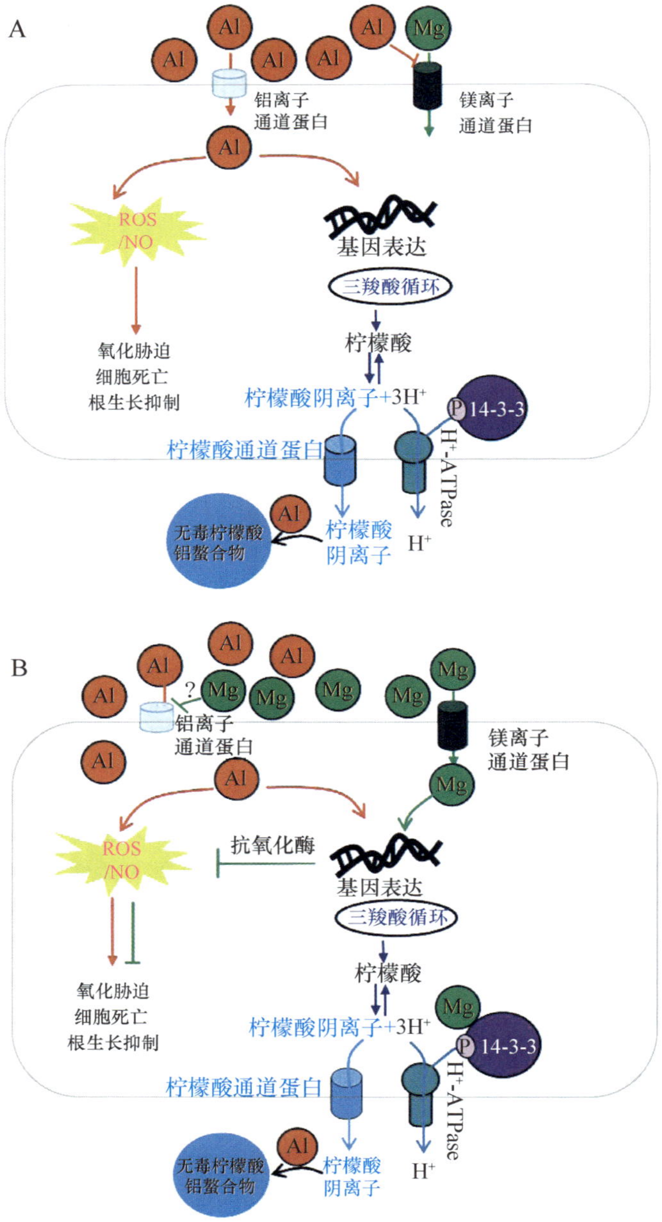


图 9-1 缺镁(A)和镁充足(B)情况下植物对铝毒胁迫的应答和抗性机理

然而,还有很多机制有待开展深入研究:①毫摩尔的镁可以缓解单子叶禾本科植物的铝毒,而微摩尔浓度的镁就可以通过增加铝诱导的柠檬酸分泌提高双子叶豆科植物对铝毒的抗性,这可能与双子叶和单子叶植物细胞壁对镁的固着和吸附能力不同有关(White et al., 2018)。然而,由于细胞内游离镁含量测定的局限性等问题,具体的机理还有待进一步研究。②镁参与多种植物抗铝的机制,镁对铝离子通道蛋白活性的影响仍然缺乏深入研究。③镁增

加了质膜 $H^+$-ATPase 的磷酸化及其与 14-3-3 蛋白的互作，然而镁增加质膜 $H^+$-ATPase 磷酸化的调控机理还不清楚。

## 参考文献

易杰祥. 2006. 土壤酸化和酸性土壤改良研究. 华南热带农业大学学报，12：23－28.

臧小平. 1997. 土壤铝毒与植物钙镁营养. 广西农业科学，2：80－82.

Athwal G S, Huber S C. 2002. Divalent cations and polyamines bind to loop 8 of 14-3-3 proteins, modulating their interaction with phosphorylated nitrate reductase. Plant Journal, 29：119－129.

Beemster G T, Baskin T I. 1998. Analysis of cell division and elongation underlying the developmental acceleration of root growth in *Arabidopsis thaliana*. Plant Physiology, 116：1515－1526.

Boscolo P R S, Menossi M, Jorge R A. 2003. Aluminum-induced oxidative stress in maize. Phytochemistry 62：181－189.

Bose J, Babourina O, Rengel Z. 2011. Role of magnesium in alleviation of aluminium toxicity in plants. Journal of Experimental Botany, 62：2251－2264.

Chen J, Sucoff E I, Stadelmann E J. 1991. Aluminum and temperature alteration of cell membrane permeability of *Quercus rubra*. Plant Physiology, 96：644－649.

Chen M, Cui W T, Zhu K K, et al. 2014. Hydrogen-rich water alleviates aluminum-induced inhibition of root elongation in alfalfa via decreasing nitric oxide production. Journal of Hazardous Materials, 267：40－47.

Chen Q, Guo C L, Wang P, et al. 2013. Up-regulation and interaction of the plasma membrane $H^+$-ATPase and the 14-3-3 protein are involved in the regulation of citrate exudation from the broad bean (*Vicia faba* L.) under Al stress. Plant Physiology and Biochemistry, 70：504－511.

Chen Q, Kan Q, Wang P, et al. 2015. Phosphorylation and interaction with the 14-3-3 protein of the plasma membrane $H^+$-ATPase are involved in the regulation of magnesium-mediated increases in aluminum-induced citrate exudation in broad bean (*Vicia faba*. L.). Plant and Cell Physiology, 56：1144－1153.

Chen Q, Wu K H, Zhang Y N, et al. 2012a. Physiological and molecular responses of broad bean (*Vicia faba* L.) to aluminum stress. Acta Physiologiae Plantarum, 34：2251－2263.

Chen Z C, Ma J F. 2013. Magnesium transporters and their role in Al tolerance in plants. Plant and Soil, 368：51－56.

Chen Z C, Yamaji N, Motoyama R, et al. 2012b. Up-regulation of a magnesium transporter gene *osmgt1* is required for conferring aluminum tolerance in rice. Plant Physiology, 159：1624－1633.

Chou T S, Chao Y Y, Huang W D, et al. 2011. Effect of magnesium deficiency on antioxidant status and cadmium toxicity in rice seedlings. Journal of Plant Physiology, 168: 1021−1030.

Delisle G. 2001. Characterization of oxalate oxidase and cell death in Al-Sensitive and tolerant wheat roots. Plant and Cell Physiology, 42: 324−333.

Deng W, Luo K, Li D, et al. 2006. Overexpression of an *Arabidopsis* magnesium transport gene, *AtMGT1*, in *Nicotiana benthamiana* confers Al tolerance. Journal of Experimental Botany, 57: 4235−4243.

Doncheva S, Amenós M, Poschenrieder C, et al. 2005. Root cell patterning: a primary target for aluminium toxicity in maize. Journal of Experimental Botany, 56: 1213.

Duressa D, Soliman K M, Chen D. 2010. Mechanisms of magnesium amelioration of aluminum toxicity in soybean at the gene expression level. Genome, 53: 787−797.

Ezaki B, Gardner R C, Ezaki Y, et al. 2000. Expression of aluminum-induced genes in transgenic *Arabidopsis* plants can ameliorate aluminum stress and/or oxidative stress. Plant Physiology, 122: 657−666.

Fan W, Lou H Q, Yang J L, et al. 2016. The roles of STOP1-like transcription factors in aluminum and proton tolerance. Plant Signaling & Behavior, 11: e1131371.

Fuglsang A T, Visconti S, Drumm K, et al. 1999. Binding of 14-3-3 protein to the plasma membrane $H^+$-ATPase AHA2 involves the three C-terminal residues Tyr946-Thr-Val and requires phosphorylation of Thr947. The Journal of Biological Chemistry, 274: 36774−36780.

Fullone M R. 1998. Fusicoccin effect on the in vitro interaction between plant 14-3-3 proteins and plasma membrane $H^+$-ATPase. The Journal of Biological Chemistry, 273: 7698−7702.

Gebert M, Meschenmoser K, Svidová S, et al. 2009. A root-expressed magnesium transporter of the *MRS2/MGT* gene family in *Arabidopsis thaliana* allows for growth in low-$Mg^{2+}$ environments. The Plant Cell, 21: 4018−4030.

Grimme H. 1983. Aluminium induced magnesium deficiency in oats. Journal of Plant Nutrition and Soil Science, 146: 666−676.

Huang C F, Yamaji N, Chen Z, et al. 2012. A tonoplast-localized half-size ABC transporter is required for internal detoxification of aluminum in rice. The Plant Journal, 69: 857−867.

Huang C F, Yamaji N, Mitani N, et al. 2009. A bacterial-type ABC transporter is involved in aluminum tolerance in rice. The Plant Cell, 21: 655−667.

Huang S C, Chu S J, Guo Y M, et al. 2017. Novel mechanisms for organic acid-mediated aluminium tolerance in roots and leaves of two contrasting soybean genotypes. AoB Plants, 9: plx064.

Iuchi S, Koyama H, Iuchi A, et al. 2007. Zinc finger protein STOP1 is critical for proton tolerance in *Arabidopsis* and coregulates a key gene in aluminum tolerance. Proceedings of the National Academy of Sciences, 104: 9900−9905.

Janicka-Russak M. 2011. Plant plasma membrane $H^+$-ATPase in adaptation of plants to abiotic stresses//Arun, S, Venkateswarlu, B. Abiotic stress response in plants-physiological, biochemical and genetic perspectives. InTech, 197−218.

Janicka-Russak M, Kabala K, Burzynski M, et al. 2008. Response of plasma membrane $H^+$-ATPase to heavy metal stress in *Cucumis sativus* roots. Journal of Experimental Botany, 59:3721−3728.

Karley A J, White P J. 2009. Moving cationic minerals to edible tissues: potassium, magnesium, calcium. Current Opinion in Plant Biology, 12:291−298.

Keltgens W G. 1988. Short-term effects of Al on nutrient uptake, $H^+$ efflux, root respiration and nitrate reductase activity of two sorghum genotypes differing in al-susceptibility. Communications in Soil Science and Plant Analysis, 19:1155−1163.

Kinraide T B. 1997. Reconsidering the rhizotoxicity of hydroxyl, sulphate, and fluoride complexes of aluminium. Journal of Experimental Botany, 48:1115−1124.

Knoop V, Groth-Malonek M, Gebert M, et al. 2005. Transport of magnesium and other divalent cations: evolution of the 2-TM-GxN proteins in the MIT superfamily. Molecular Genetics and Genomics, 274:205−216.

Kochian L V. 1995. Cellular mechanisms of aluminum toxicity and resistance in plants. Annual Review of Plant Physiology and Plant Molecular Biology, 46:237−260.

Kochian L V, Hoekenga O A, Piñeros M A. 2004. How do crop plants tolerate acid soils? mechanisms of aluminum tolerance and phosphorous efficiency. Annual Review of Plant Biology, 55:459−493.

Kollmeier M, Felle HH, Horst W J. 2000. Genotypical differences in aluminum resistance of maize are expressed in the distal part of the transition zone. Is reduced basipetal auxin flow involved in inhibition of root elongation by aluminum? Plant Physiology, 122:945−956.

Kong X, Peng Z, Li D, et al. 2020. Magnesium plays a role in protecting maize from aluminum-induced oxidative stress. Plant and Soil, 457(1−2):71−81.

Larsen P B, Geisler M J, Jones C A, et al. 2005. *ALS3* encodes a phloem-localized ABC transporter-like protein that is required for aluminum tolerance in *Arabidopsis*. The Plant Journal, 41:353−363.

Li D, Ma W, Wei J, et al. 2019. Magnesium promotes root growth and increases aluminum tolerance via modulation of nitric oxide production in *Arabidopsis*. Plant and Soil, doi: https://doi.org/10.1007/s11104−019−04274−9.

Li L, Tutone A F, Drummond R S M, et al. 2001. A novel family of magnesium transport genes in *Arabidopsis*. The Plant Cell, 13:2761−2775.

Liu Z D, Wang H C, Xu R K. 2016. The effects of root surface charge and nitrogen forms on the adsorption of aluminum ions by the roots of rice with different aluminum tolerances. Plant and Soil, 408:43−53.

Ma J F. 2000. Role of organic acids in detoxification of aluminum in higher plants. Plant and Cell Physiology, 41:383−390.

Ma J F. 2007. Syndrome of aluminum toxicity and diversity of aluminum resistance in higher plants. International Review of Cytology,264:225−252.

Magalhaes J V,Liu J,Guimaraes C T,et al. 2007. A gene in the multidrug and toxic compound extrusion(*MATE*) family confers aluminum tolerance in sorghum. Nature Genetics,39:1156−1161.

Manak M S,Ferl R J. 2007. Divalent cation effects on interactions between multiple *Arabidopsis* 14-3-3 isoforms and phosphopeptide targets. Biochemistry,46:1055−1063.

Mariano E D,Jorge R A,Keltjens W G,et al. 2005. Metabolism and root exudation of organic acid anions under aluminium stress. Brazilian Journal of Plant Physiology,17:157−172.

Matsumoto H,Morimura S. 1980. Repressed template activity of chromatin of pea roots treated by aluminium. Plant and Cell Physiology,21:951−959.

Niegowski D,Eshaghi S. 2007. The CorA family:structure and function revisited. Cellular and Molecular Life Sciences,64:2564−2574.

Panda S K,Matsumoto H. 2007. Molecular physiology of aluminum toxicity and tolerance in plants. The Botanical Review,73:326−347.

Pandey P,Srivastava R K,Dubey R S. 2013. Salicylic acid alleviates aluminum toxicity in rice seedlings better than magnesium and calcium by reducing aluminum uptake,suppressing oxidative damage and increasing antioxidative defense. Ecotoxicology,22:656−670.

Parker D R,Zelazny L W,Kinraide T B. 1989. On the phytotoxicity of polynuclear hydroxy-aluminum complexes. Soil Science Society of America Journal,53:789−796.

Pécsváradi A,Nagy Z,Varga A,et al. 2009. Chloroplastic glutamine synthetase is activated by direct binding of aluminium. Physiologia Plantarum,135:43−50.

Rangel A F,Rao I M,Horst W J. 2007. Spatial aluminium sensitivity of root apices of two common bean(*Phaseolus vulgaris* L.) genotypes with contrasting aluminium resistance. Journal of Experimental Botany,58:3895.

Rengel Z,Bose J,Chen Q,et al. 2015. Magnesium alleviates plant toxicity of aluminium and heavy metals. Crop and Pasture Science,66:1298−1307.

Rengel Z,Robinson D. 1989a. Aluminum effects on growth and macronutrient uptake by annual ryegrass. Agronomy Journal,81:208−215.

Rengel Z,Robinson D. 1989b. Competitive $Al^{3+}$ Inhibition of net $Mg^{2+}$ uptake by intact *Lolium multiflorum* roots:Ⅰ. kinetics. Plant Physiology,91:1407−1413.

Richards K D,Schott E J,Sharma Y K,et al. 1998. Aluminum induces oxidative stress genes in *Arabidopsis thaliana*. Plant Physiology,116:409−418.

Rounds M A,Larsen P B. 2008. Aluminum-dependent root-growth inhibition in *Arabidopsis* results from AtATR-regulated cell-cycle arrest. Current Biology,18:1495−1500.

Ruíz-Herrera L,López-Bucio J. 2013. Aluminum induces low phosphate adaptive responses and modulates primary and lateral root growth by differentially affecting auxin signalling in *Arabidopsis* seedlings. Plant and Soil,371:593−609.

Ryan P R,Reid R J,Smith F A. 1997. Direct evaluation of the $Ca^{2+}$-displacement hypothesis for Al toxicity. Plant Physiology,113:1351−1357.

Saito T, Kobayashi N I, Tanoi K, et al. 2013. Expression and functional analysis of the CorA-MRS2-ALR-type magnesium transporter family in rice. Plant and Cell Physiology, 54: 1673−1683.

Santi S, Cesco S, Varanini Z, et al. 2005. Two plasma membrane $H^+$-ATPase genes are differentially expressed in iron-deficient cucumber plants. Plant Physiology and Biochemistry, 43: 287−292.

Sasaki T, Yamamoto Y, Ezaki B, et al. 2004. A wheat gene encoding an aluminum-activated malate transporter. The Plant Journal, 37: 645−653.

Sawaki Y, Iuchi S, Kobayashi Y, et al. 2009. STOP1 regulates multiple genes that protect *Arabidopsis* from proton and aluminum toxicities. Plant Physiology, 150: 281−294.

Schmitt M, Watanabe T, Jansen S. 2016. The effects of aluminium on plant growth in a temperate and deciduous aluminium accumulating species. AoB Plants, 8: plw065.

Schock I, Gregan J, Steinhauser S, et al. 2000. A member of a novel *Arabidopsis thaliana* gene family of candidate $Mg^{2+}$ ion transporters complements a yeast mitochondrial group Ⅱ intron-splicing mutant. The Plant Journal, 24: 489−501.

Shen H, He L F, Sasaki T, et al. 2005. Citrate secretion coupled with the modulation of soybean root tip under aluminum stress. up-regulation of transcription, translation, and threonine-oriented phosphorylation of plasma membrane $H^+$-ATPase. Plant Physiology, 138: 287−296.

Silva I R, Smyth T J, Israel D W, et al. 2001. Magnesium ameliorates aluminum rhizotoxicity in soybean by increasing citric acid production and exudation by roots. Plant and Cell Physiology, 42: 546−554.

Silva S. 2012. Aluminium toxicity targets in plants. Journal of Botany, doi: 10. 1155/2012/219462.

Sponder G, Svidová S, Khan M B, et al. 2013. The G-M-N motif determines ion selectivity in the yeast magnesium channel Mrs2p. Metallomics, 5: 745−752.

Steelemortimer O, Méresse S, Gorvel J P, et al. 2006. Aluminium toxicity in plants: internalization of aluminium into cells of the transition zone in *Arabidopsis* root apices related to changes in plasma membrane potential, endosomal behaviour, and nitric oxide production. Journal of Experimental Botany, 57: 4201−4213.

Stohr C, Stremlau S. 2006. Formation and possible roles of nitric oxide in plant roots. Journal of Experimental Botany, 57: 463−470.

Sumner M E, Noble A D. 2003. Soil acidification: the world story//Rengel, Z. Handbook of Soil Acidity. New York: CRC Press, 1−29.

Sun P, Tian Q Y, Chen J, et al. 2010. Aluminium-induced inhibition of root elongation in *Arabidopsis* is mediated by ethylene and auxin. Journal of Experimental Botany, 61: 347−356.

Taylor G J. 2000. Direct measurement of aluminum uptake and distribution in single cells of *Chara corallina*. Plant Physiology, 123: 987−996.

Teale W D, Paponov I A, Ditengou F, et al. 2010. Auxin and the developing root of *Arabidopsis thaliana*. Physiologia Plantarum, 123: 130−138.

Tian Q Y,Sun D H,Zhao M G,et al. 2007. Inhibition of nitric oxide synthase(NOS) underlies aluminum-induced inhibition of root elongation in *Hibiscus moscheutos*. New Phytologist,174:322−331.

Vardar F,Ünal M. 2007. Aluminum toxicity and resistance in higher plants. Advanced Molecular Biology,1:1−12.

Wang H H,Huang J J,Bi Y R. 2010. Nitrate reductase-dependent nitric oxide production is involved in aluminum tolerance in red kidney bean roots. Plant Science,179:281−288.

Watanabe T,Okada K. 2005. Interactive effects of Al,Ca and other cations on root elongation of rice cultivars under low pH. Annals of Botany,95:379−385.

White P J,Broadley M R,El-Serehy H A,et al. 2018. Linear relationships between shoot magnesium and calcium concentrations among angiosperm species are associated with cell wall chemistry. Annals of Botany,122:221−226.

Xia J,Yamaji N,Kasai T,et al. 2010. Plasma membrane-localized transporter for aluminum in rice. Proceedings of the National Academy of Sciences,107:18381−18385.

Yamaji N,Huang C F,Nagao S,et al. 2009. A zinc finger transcription factor ART1 regulates multiple genes implicated in aluminum tolerance in rice. The Plant Cell,21:3339−3349.

Yang J L,You J F,Li Y Y,et al. 2007. Magnesium enhances aluminum-induced citrate secretion in rice bean roots(*Vigna umbellata*) by restoring plasma membrane $H^+$-ATPase activity. Plant and Cell Physiology,48:66−73.

Yuan H M,Huang X. 2016. Inhibition of root meristem growth by cadmium involves nitric oxide-mediated repression of auxin accumulation and signalling in *Arabidopsis*. Plant Cell & Environment,39:120−135.

Zhang J R,Zeng B J,Mao Y W,et al. 2017. Melatonin alleviates aluminium toxicity through modulating antioxidative enzymes and enhancing organic acid anion exudation in soybean. Functional Plant Biology,40(10):961−968.

Zhang Y,Guo J,Chen M,et al. 2018. The cell cycle checkpoint regulator ATR is required for internal aluminum toxicity-mediated root growth inhibition in *Arabidopsis*. Frontiers in Plant Science,9:118.

Zhang Y,Zhang J,Guo J,et al. 2019. F-box protein RAE1 regulates the stability of the aluminum-resistance transcription factor STOP1 in *Arabidopsis*. Proceedings of the National Academy of Sciences,116:319−327.

Zhou Y,Xu X Y,Chen L Q,et al. 2012. Nitric oxide exacerbates Al-induced inhibition of root elongation in rice bean by affecting cell wall and plasma membrane properties. Phytochemistry,76:46−51.

陈奇(昆明理工大学生命科学与技术学院)

王昕洵(澳大利亚西澳大学农业与环境系)

吴良泉(福建农林大学资源与环境学院 国际镁营养研究所)

第 10 章

# 镁在陆地、海洋与人体中的循环与功能

镁是主要的成岩元素，也是人体必需的营养元素，主要富集在地幔中，在地壳、水体和生物体中也有广泛分布(董爱国和朱祥坤，2016)。镁是人体内酶的重要辅助因子，也是构成线粒体和 DNA 等的结构物质，调控钾离子和钙离子的跨膜运输，并参与机体的免疫功能(Bertinato et al.，2015；Gröber et al.，2015)。虽然镁在生物地球化学循环过程和人体营养中发挥着重要作用，但与碳、氮、磷和硫等生命元素以及蛋白质、维生素、膳食纤维、钙和锌等营养元素相比，国内外研究偏少，且公众的关注度和认知度也十分欠缺，因此加强对镁在地球化学循环过程和人体健康中的作用的认识很有必要。

## 10.1 镁的地球化学循环

在太阳能和重力的作用下，表生环境中$^{26}$镁($^{26}Mg$)地球化学循环如图 10-1 所示。镁主要富集于岩浆过程早期结晶的矿物中(如橄榄石、辉石等)，经风化作用以镁离子的形式进入水圈(董爱国和朱祥坤，2016)，通过水体搬运至海洋中，是海水镁的主要来源。河水中的镁进入海洋以碳酸盐岩的形式或在洋壳界面经高温、低温水岩反应(刘英俊等，1987)最终重新回到岩石(玄武岩)中。海水中的镁具有保守性，滞留时间长达 $1.3\times10^7$ 年(赵其渊，1989)，是表生地球化学循环过程中的主要代表性元素(董爱国和朱祥坤，2016)。

研究表明，海水具有稳定的镁同位素组成 −0.82‰，河水的平均镁同位素组成约为 −1.09‰，二者的差异说明海洋中镁的同位素的输入与输出不平衡(董爱国和朱祥坤，2016)。海洋系统中镁输入>镁输出，意味着海水中的同位素组成逐渐变轻，并向着河水的方向演变。从目前的结果来看，风化过程(地表河水输入)和碳酸盐沉淀(白云石)仍然是控制海水镁同位素组成的关键(图 10-2)。

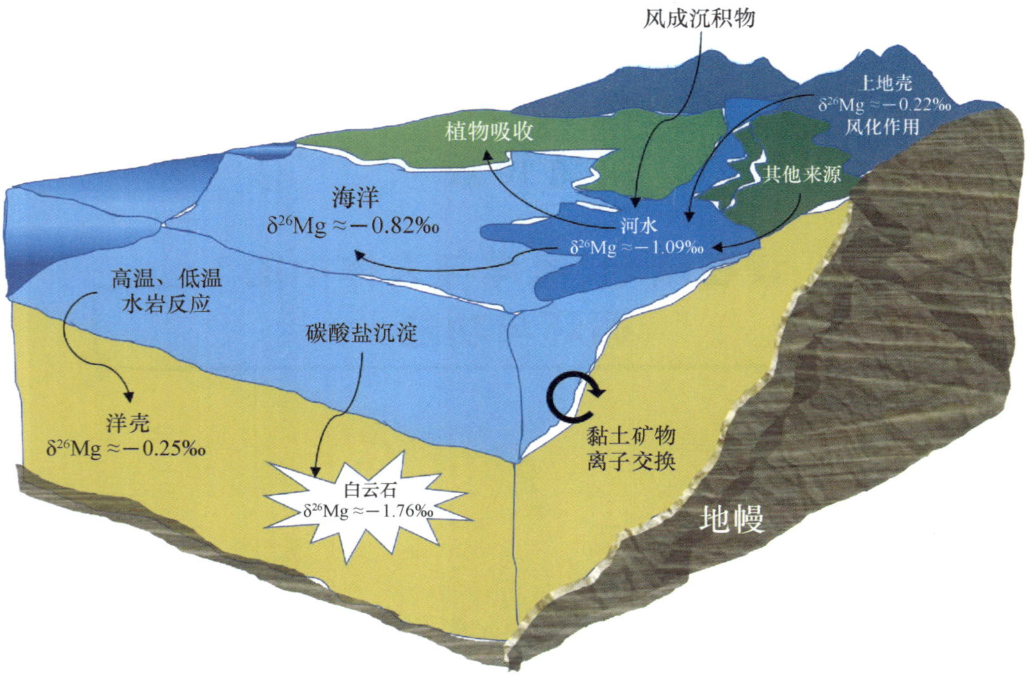


图 10-1　表生环境中 $^{26}$镁($^{26}$Mg)地球化学循环示意图(董爱国和朱祥坤,2016)

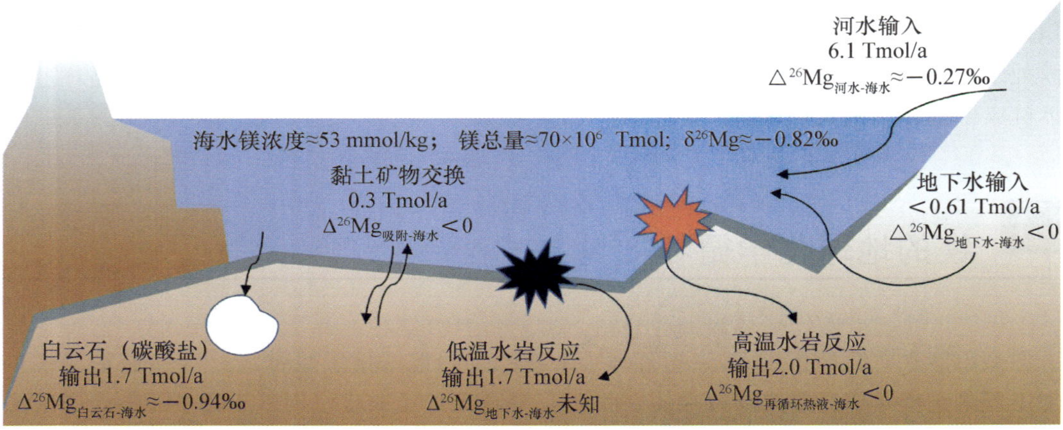


图 10-2　海水$^{26}$镁($^{26}$Mg)平衡示意图(董爱国和朱祥坤,2016;Holland,2005)

## 10.2 镁的农田系统循环

农田系统中的镁循环主要由肥料外源投入、作物收获带走、土壤形态转换和迁移构成(图10-3)。一些铁镁矿物(如橄榄石、角闪石和云母)是基性火成岩中主要的镁源。次生矿物包括碳酸盐,如白云石($MgCO_3 \cdot CaCO_3$)、菱镁矿($MgCO_3$)、滑石($Mg_3SiO_{10}(OH)_2$)和蛇纹石

($Mg_3Si_2O_5(OH)_4$)都是从火成岩中分解而来。这些初级和次级矿物质是植物营养的重要来源，特别是在未施肥的土壤中。但是，由于矿物风化率和浸出的差异，仅根据母质组成无法准确预测土壤有效镁浓度。在某些情况下，这些含镁矿物在一个生长季节内无法满足整个作物对镁的需求，因此农田系统镁肥的施用显得尤为重要。

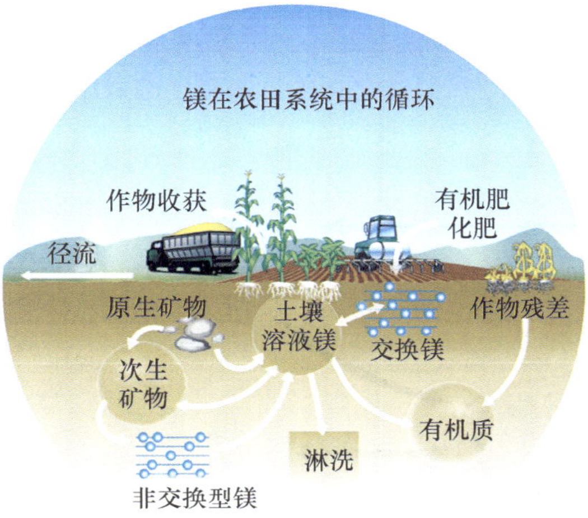


图 10-3 农田系统镁循环(Mikkelsen,2010)

镁既存在于黏土矿物中，又与黏土表面的阳离子交换位点有关。绿泥石、蛭石、蒙脱石等黏土经历了中度风化，其内部晶体结构中仍含有部分镁。这些黏土释放镁的速度通常很慢。伊利石黏土也可能含有镁，但其释放速度更慢。在各种情况下都证明了非交换镁的逐步释放，但是与维持多年高产所需的量相比，从这些矿物质中溶解的镁通常很少。而在低产农业中，这种缓慢的释放可能足以补充并满足植物对镁的需求。当从土壤中去除的镁大于从矿物质源和添加肥料中释放的镁时，溶液中和交换位上的镁浓度将下降。长期的农业镁可持续性要求平衡土壤-作物镁的供应量和带走量，应充分考虑作物收获、土壤淋洗和径流、秸秆还田。

总之，每个地区的成土母质不同，栽培的作物类型不同，因此土壤-作物系统对环境镁的吸收也不同。且不同作物化肥投入不同，从系统论和食物链角度出发，分析镁的区域生物地球化学循环，同时探究区域镁营养亏缺风险的研究显得尤为重要，但是目前的相关研究还十分匮乏。

## 10.3 人体中镁的作用、循环和平衡

镁是人体内第 4 丰富的阳离子，是仅次于钾的第 2 丰富的细胞内阳离子(Martin et al.,2009)。镁是重要的辅酶因子，参与人体内 300 多种酶的代谢反应(Viering et al.,2017)。它作为 ATP 和核酸的抗衡离子，调节跨膜运输(Ryan,1991)，并在蛋白质、核酸和线粒体的功能和结构中发挥多种作用(Gröber et al.,2015)。同时镁也是骨骼矿化、肌肉松弛和其他多种细

胞免疫功能的重要矿物质(Martin et al.,2009)。

如图 10-4 所示,镁在成人体内(肌肉+骨骼+其他组织)的总量约为 24 g,平均浓度约为 0.5 g·$kg^{-1}$ 无脂体重(成人按 50 kg 无脂体重计算)(Jahnen-Dechent and Ketteler,2012)。其中超过一半(50%~60%)储存在骨骼中作为人体镁库(de Baaij et al.,2015),大约有 1/3 的骨骼镁可以通过交换在一定程度上调节和维持细胞外和血液中的镁水平(Jahnen-Dechent and Ketteler,2012)。其余 40%~50%的镁基本存在于肌肉细胞和其他软组织细胞中(肌肉和内脏,尤其是心、肝、肾),仅有不到 2%的镁存在于血清和红细胞中(de Baaij et al.,2015)。

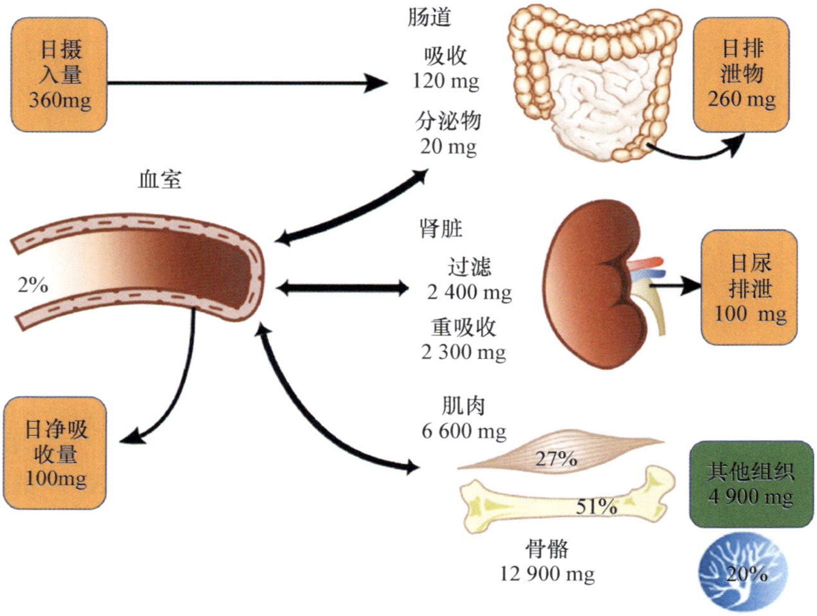


图 10-4 镁在人体中的循环和平衡(Alawi et al.,2018)

## 10.4 镁与人体疾病

多年来人们观察到,在世界范围内,由于饮食习惯的改变,人们对微量营养素的摄入量不断减少(Lopez-Riadura et al.,2004)。镁是细胞内最丰富的离子之一,在基本的生物反应中起着至关重要的作用(Saris et al.,2000;Delva et al.,2002)。如图 10-5 所示,人体缺镁的诱因很多,如消化系统病变导致镁吸收减少,肾脏病变导致镁流失增加,内分泌系统失调导致镁代谢障碍以及其他一些原因(酗酒、大量出汗和皮肤严重烧伤)。人体缺镁会导致心血管系统、神经系统、肌肉系统、体液系统和免疫系统产生病变。

如图 10-6 所示,人体缺镁会增加代谢综合征发病的风险,且血清镁浓度越低,代谢综合征的数量越多(Evangelopoulos et al.,2008)。下面以常见的代谢综合征——糖尿病、高血压和心血管疾病为例,进一步阐述镁与人体健康的关系。

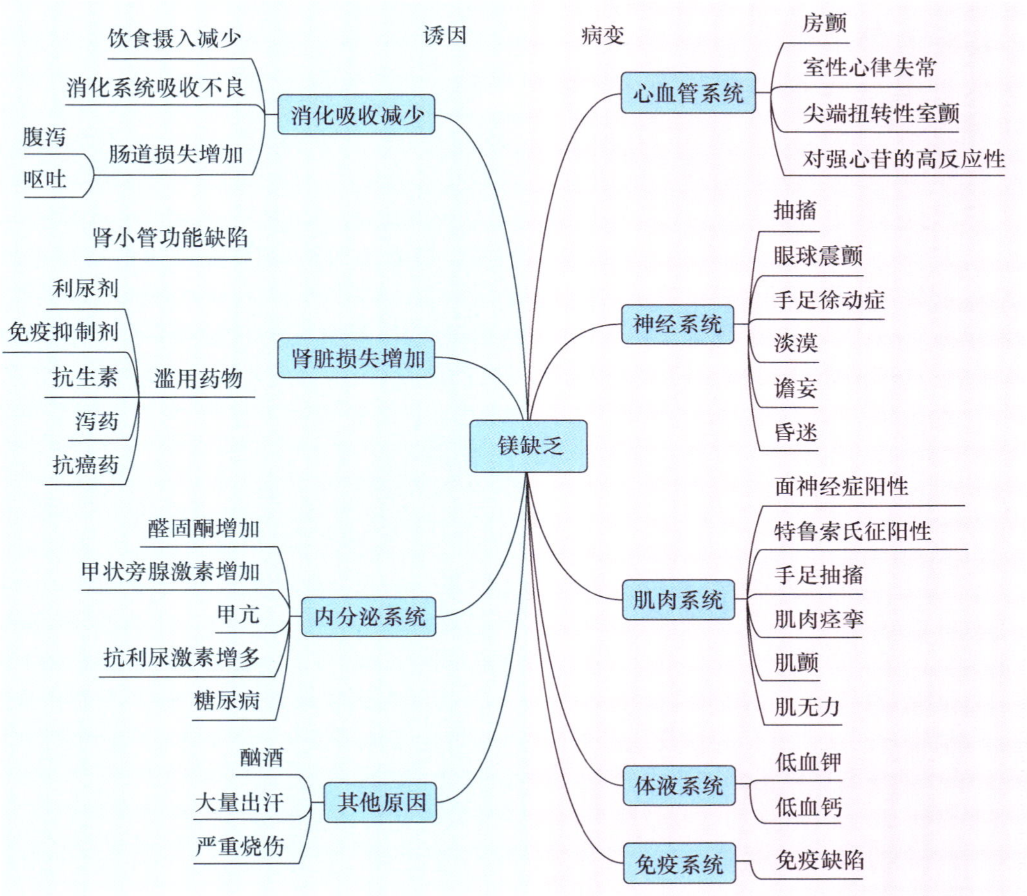


图 10-5　人体缺镁的原因及临床表现(Lameris et al. ,2012)

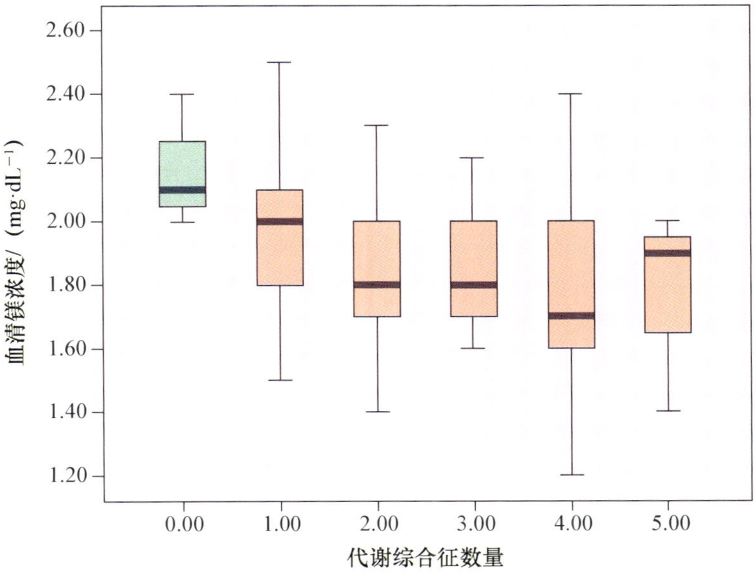


图 10-6　血清镁浓度(mg · dL$^{-1}$)和代谢综合征的数量(Evangelopoulos et al. ,2008)

### 10.4.1　镁与糖尿病

糖尿病是以高血糖引起的代谢紊乱为特征(American Diabetes Association,2004),可能是与细胞内和细胞外镁的损耗最相关的疾病(Paolosso and Barbagallo,1997)。低镁血症一直被认为是导致胰岛素抵抗的原因之一,也是高血糖的后果之一。如果是慢性的,则会导致出现宏观和微观血管的并发症,进一步加重镁的缺乏(Djurhuus et al.,1999;Rodríguez-Morán and Guerrero-Romero,2001)。糖尿病患者缺镁的相关机制尚未明确,主要是由于对胰岛素抵抗、糖尿病的发展及其慢性并发症的影响(Humphries et al.,1999;Wälti et al.,2003)。也有人推测可能是由于随尿排泄镁的增加而触发,特别是代谢紊乱、镁摄入量不足和镁吸收减少的患者(Eibl et al.,1998;Mikhail and Ehsanipoor,1999;Khan et al.,1999)。

在正常条件下,胰岛素(黄色颗粒)进入血液后,激活肌肉与肝脏细胞上的葡萄糖通道(GLUT4),使得葡萄糖分子(蓝色颗粒)可以迅速进入这些细胞变成糖原(图 10-7A)。而Ⅱ-型糖尿病患者体内则不能完成这种转变,胰岛素虽仍能进入血液,但却无法激活和打开葡萄糖通道(GLUT4),使细胞无法吸收葡萄糖,从而使大量葡萄糖继续滞留在血管中(图 10-7B)。其次,虽然钙和镁都是胰岛素作用的介质(Sales et al.,2006),但是高血糖本身也会提高正常人红细胞内钙离子浓度并抑制细胞内镁离子浓度(Resnick et al.,1993)。在Ⅱ-型糖尿病中,发生了细胞内镁稳态平衡的慢性改变,细胞内镁浓度降低,钙离子浓度升高,导致酪氨酸激酶活性受到影响,胰岛素受体拮抗(Dominguez et al.,1998),抗胰岛素(图 10-8A)不能正常进入细胞。当细胞内的镁浓度得到恢复或者提高后,胰岛素受体磷酸化,激活靶细胞细胞膜载体蛋白,使血液中的葡萄糖转运到细胞中转变成糖原(图 10-8B)。

研究表明,摄入富含镁的食物量与患糖尿病的风险呈负相关(Nadler,2004)。对男性和女性进行比较研究也证实了镁摄入量和Ⅱ-型糖尿病风险之间呈负相关关系;并且当女性体重指数(BMI)超过 25 时相关性更明显(Lopez-Riadura et al.,2004;Song et al.,2004)。且胰岛素敏感性与镁摄入量之间呈正相关关系,表明镁可以缓解Ⅱ-型糖尿病的发展(Humphries et al.,1999;Ma et al.,1995)。分析表明,日均增加 100 mg 的镁摄入量即可降低 15%患糖尿病的风险(Larsson and Wolk,2007)。尽管补充镁似乎对糖尿病患者有益,但是关于镁的治疗剂量和持续时间的规则还没有建立,未来还需更多的研究支撑。

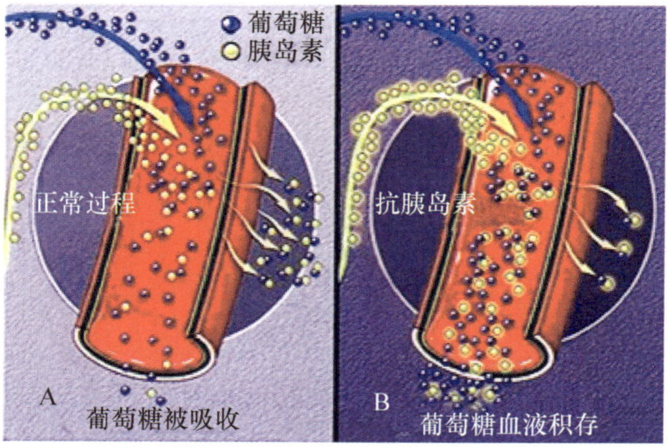


图 10-7　Ⅱ-型糖尿病成因图(http://www.kepu.net.cn/gb/ydrhcz/ydrhcz_wap/ydrhcz_wap_zpzs/201706/t20170623_27480.html)

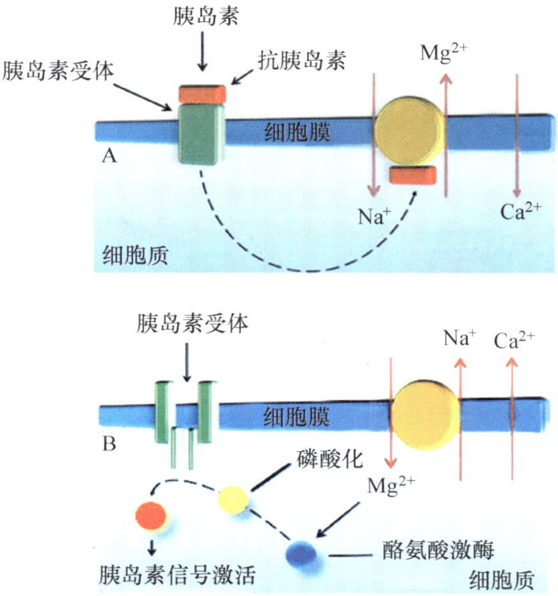


图 10-8 镁与胰岛素抗性(http://www.nutridesk.com.au.)

### 10.4.2 镁与高血压

镁是参与心脏和血管功能的关键必需元素。在亚细胞水平上,镁调节收缩蛋白,调节钙、钠和钾离子的跨膜转运,在 ATP 酶的激活中起重要的辅酶作用,控制能量依赖性细胞质和线粒体的代谢调节途径,并影响 DNA 和蛋白质合成(Hoenderop and Bindels,2005;Laurant and Touyz,2000)。细胞外镁水平和/或细胞内游离镁浓度的细微变化对心脏兴奋性,血管张力、收缩性、反应性和生长都有重要影响(Tammaro et al.,2005;Touyz and Yao,2003)。因此,镁对心血管的作用可能在血压调节过程中具有重要的生理意义。

低血镁和组织中镁含量的降低已经在各种高血压实验模型中得到证实(Mahboob et al.,1996;Laurant et al.,1995;Jelicks and Gupta,1991)。研究表明,高血压大鼠细胞内的镁离子在分离的心肌细胞、横纹肌细胞和血管平滑肌细胞以及循环细胞中的含量均低于正常对照组(Saito et al.,1995)。在患有严重高血压的试验组中,细胞内镁浓度和钙浓度与血管收缩压分别呈负相关和正相关,同时细胞内镁离子和钙离子之间呈负相关(Kisters et al.,2001;Adachi et al.,1993),意味着细胞内镁离子可能通过与钙离子竞争参与血压调节。然而,高血压实验模型中镁缺乏的机制尚不清楚,很可能与肠道镁吸收的改变、细胞内镁代谢障碍或者与肾脏镁流失有关(Jones et al.,1988;Berthelot et al.,1987)。研究表明 TRPM7(瞬时电位受体 M7)同时具有通道和激酶的双重能力,表明这种蛋白参与调节细胞镁水平和细胞内信号(Nadler et al.,2001;Runnels et al.,2001),是镁稳态的关键调节剂,并且在血管细胞功能中起主要作用(图 10-9)。

高血压患者中细胞镁稳态的改变和血管平滑肌细胞功能的异常可能与 TRPM7 表达/活性缺陷有关(Gurney,2006;Paravicini et al.,2009),TRPM7 的表达/活性缺陷可促进血管增生、炎症、纤维化和收缩,在与高血压相关的血管重构过程中起重要作用(He et al.,2005;Son-

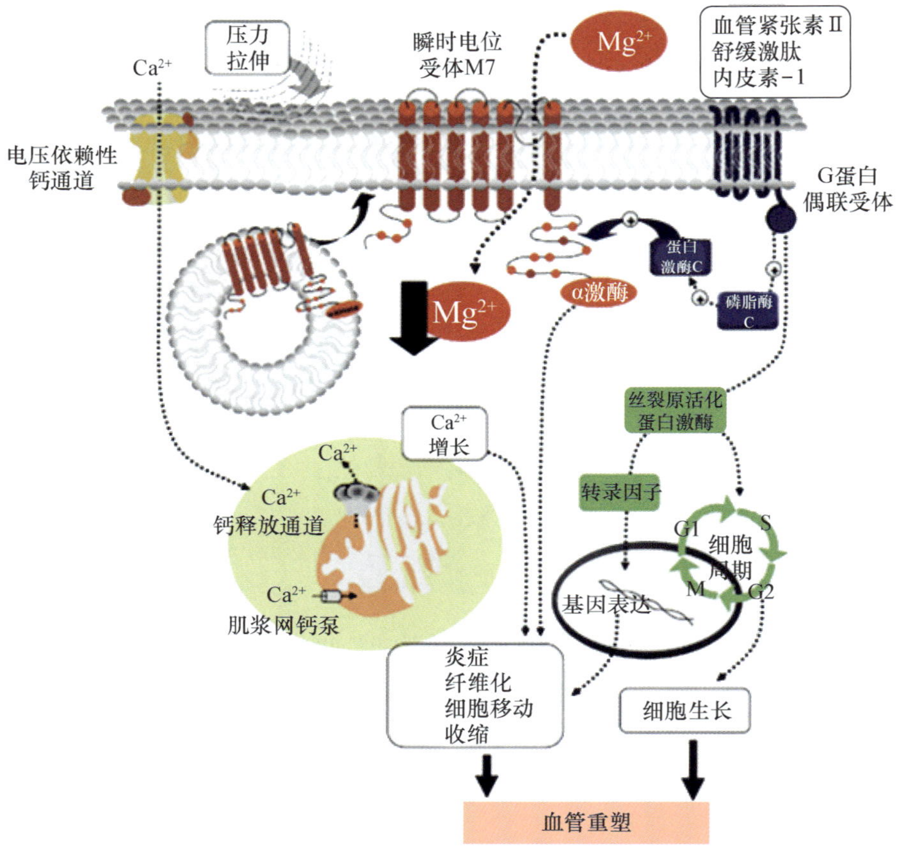


图 10-9　瞬时电位受体 M7(TRPM7)与血管疾病(高血压)有关(Yogi et al. ,2011)

tia et al. ,2008;Yogi et al. ,2010;Ameen et al. ,1991;Adachi et al. ,1993)(图 10-9)。试验动物长期缺镁可增强对血管收缩剂的反应,减弱对血管舒张剂的反应,增加血管张力,血压升高(Ameen et al. ,1991;Laurant et al. ,1999)。血管结构的改变与镁的缺乏已有关系,包括管腔直径的减小和中腔与管腔的比例的增加,表明了血管的内侧肥大和血管重构,这是高血压血管改变的特征(Berthon et al. ,2002)。低镁血症还可促进高血压血管扩张和氧化应激,抗氧化治疗可改善这一情况(Touyz et al. ,2002)。

补充镁对降低血压的影响已经在一些高血压模型中得到证实,但不是全部。在去氧皮质酮性高血压和环孢菌素性高血压中,补充镁可以减弱高血压的发展(Mervaala et al. ,1997;Kh et al. ,2000),而在成年高血压大鼠中,补充镁几乎没有降低血压的作用(Evans et al. ,1989;Laurant et al. ,1996)。在高血压前期和高血压发展阶段,饮食中添加镁可以防止血压继续升高(Berthelot et al. ,1983;Touyz and Milne,1999)。这些数据表明,如果在高血压发展的关键时期给予镁,口服镁可能有助于防止血压进一步升高(Sontia and Touyz,2007)。分析结果表明(Han et al. ,2017),高血镁组较低血镁组,患高血压的风险平均降低 9%,高镁摄入量组相较低镁摄入量组,患高血压的风险平均降低 8%,日均增加 100 mg 的膳食镁摄入量,可降低 5%患高血压的风险,且随着膳食镁摄入量的不断增加可以显著降低高血压的风险(图 10-10)。

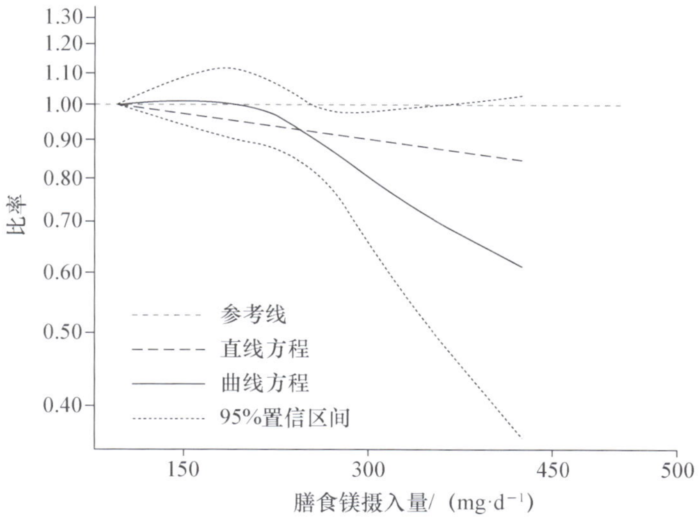


图 10-10　膳食镁摄入量与高血压风险的关系(Han et al.,2017)

### 10.4.3　镁与心血管疾病

人体大部分镁存在于细胞内,虽然血清镁浓度可能不能反映细胞内真实的镁水平,但血清镁浓度的紊乱可导致发病,尤其是心血管疾病(CVD)(Abbott et al.,2003;Liao et al.,1998;Zehender et al.,1997)。越来越多的证据表明,低镁饮食会增加心血管疾病的风险,而高镁饮食有助于预防和治疗心血管疾病(Qu et al.,2013)。轻度至中度缺镁可能会增加心脏异常兴奋、动脉粥样硬化、缺血性心脏病和充血性心力衰竭(HF)的风险,而严重缺镁会导致室性心律失常和增加心脏性猝死的风险(Tangvoraphonkchai and Davenport,2018)。

镁是许多酶的关键辅因子,所有依赖于 ATP 的反应都需要镁来水解和转移磷酸基,因此镁对于细胞能量的产生非常重要(Schrier,1999)。镁在维持细胞膜上的电化学梯度方面也起着重要作用,镁浓度的变化会改变膜电位和离子传输(Tangvoraphonkchai and Davenport,2018)。镁主要通过调节离子通道来影响心脏的信号传导和收缩,如心脏的兴奋和自动性受镁调节的心肌细胞和起搏细胞钾、钙通道和钠-钾 ATP 酶泵的影响,因此,镁可以调节心肌细胞的第 2、3、4 阶段和起搏细胞的第 0、3 阶段的膜电位(De Baaij et al.,2015)(图 10-11)。

在起搏细胞的第 0 阶段和心肌细胞的第 2 阶段,细胞内和细胞外的镁浓度通过抑制 L-型钙通道来控制钙流入细胞(Kolte et al.,2014),防止细胞内钙超载和细胞毒性(Wang et al.,2004)。这种 L-型钙离子通道蛋白的调节取决于镁离子浓度和磷酸化状态,因为镁的结合会抑制磷酸化通道发生构象变化,从而导致该通道更频繁地打开(White and Hartzell,1988)。急性心肌梗塞(AMI)和洋地黄中毒是细胞溶质钙增加的例子,通过延迟去极化后导致心律失常的风险增加(Tangvoraphonkchai and Davenport,2018)。在第 3 阶段,细胞内的镁通过内向和延迟整流钾通道控制钾的向外运输(Duchatelle-Gourdon et al.,1989;Ishihara et al.,2009),此调节对于心脏复极至关重要,并导致复极的延迟,这在心电图(ECG)上表现为 QT 间

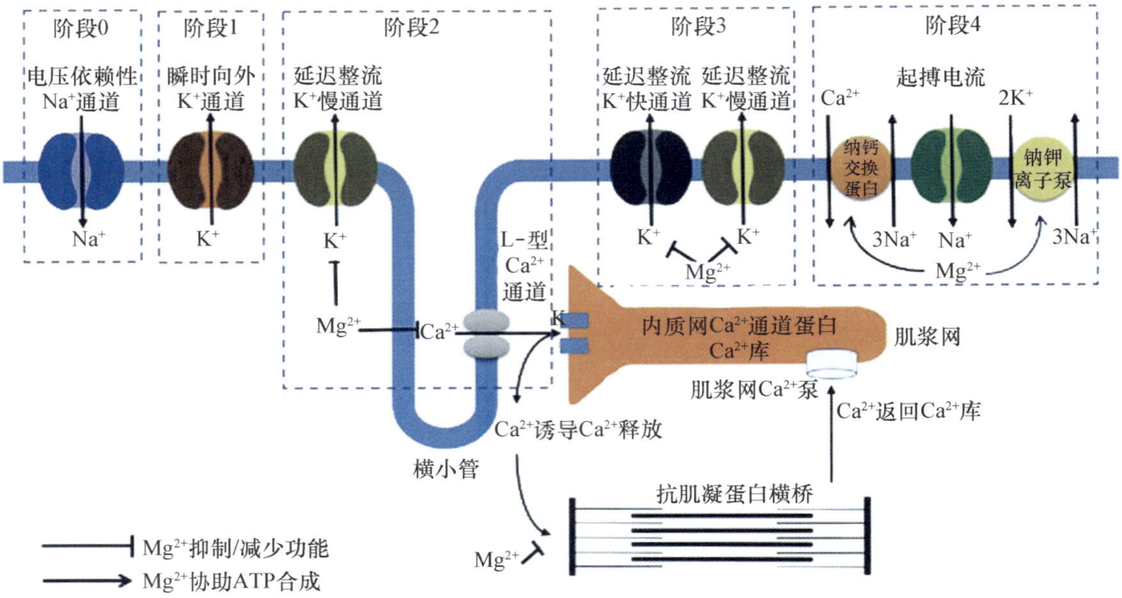


**图 10-11　心肌细胞兴奋-收缩耦合过程中的离子转运蛋白示意图**
**(Tangvoraphonkchai and Davenport,2018)**

隔较长。第 4 阶段的恒定静息膜电位是由钠/钾 ATP 酶泵的活性和钠钙交换器活性(NCX)维持的。这些活性转运蛋白需要 ATP 水解的能量来转运钠离子和钾离子,使它们逆着各自的浓度梯度穿过细胞膜,以维持细胞膜电位和低浓度的钠离子。镁不仅参与 ATP 的形成和水解,而且直接驱动胞质域钠钾离子泵的开放和关闭,在这个阶段,钾离子向内整流是通过细胞内镁离子阻断钾离子通道来调节的(Grycova et al.,2009)。镁对心肌收缩力的影响主要是通过影响钙的调配起作用的。细胞内钙被认为通过与肌钙蛋白结合,在心脏兴奋-收缩耦合中起中心作用,从而激活心肌细丝蛋白。在这种情况下,镁通过与钙竞争肌钙蛋白 C 和钙调蛋白的结合而成为钙的天然拮抗剂(Iseri and French,1984)。此外,镁可以直接或间接调节几种钙转运蛋白的功能,如钙 ATP 酶、钠钙交换蛋白、L-型钙离子通道蛋白和肌浆/内质网钙 ATP 酶,因此会改变细胞外液以及肌浆网中细胞内钙的动员和调配(Tangvoraphonkchai and Davenport,2018)。综上所述,镁通过调节钾钙钠离子转运体和通道蛋白,在调节心脏内传导和心肌收缩方面起着关键作用。

长期的观察数据显示,低镁与动脉粥样硬化、冠状动脉疾病、心律失常和心力衰竭等心血管疾病(CVD)之间存在关联(Tangvoraphonkchai and Davenport,2018)。如图 10-12 所示(Qu et al.,2013),血清镁浓度与 CVD 风险的相对风险呈负相关,而在适宜范围内增加日均镁摄入量可有效降低 CVD 的风险。高血镁浓度较低血镁浓度的 CVD 风险指数降低 23%,高镁摄入量较低镁摄入量,CVD 风险指数降低 15%(Qu et al.,2013)。因此通过镁干预可以起到预防 CVD 的目的,然而,除了治疗心律失常的低镁血症患者必须补充镁外,其他镁干预的临床诊疗试验未能始终显示出任何对心脏的益处(Tangvoraphonkchai and Davenport,2018)。

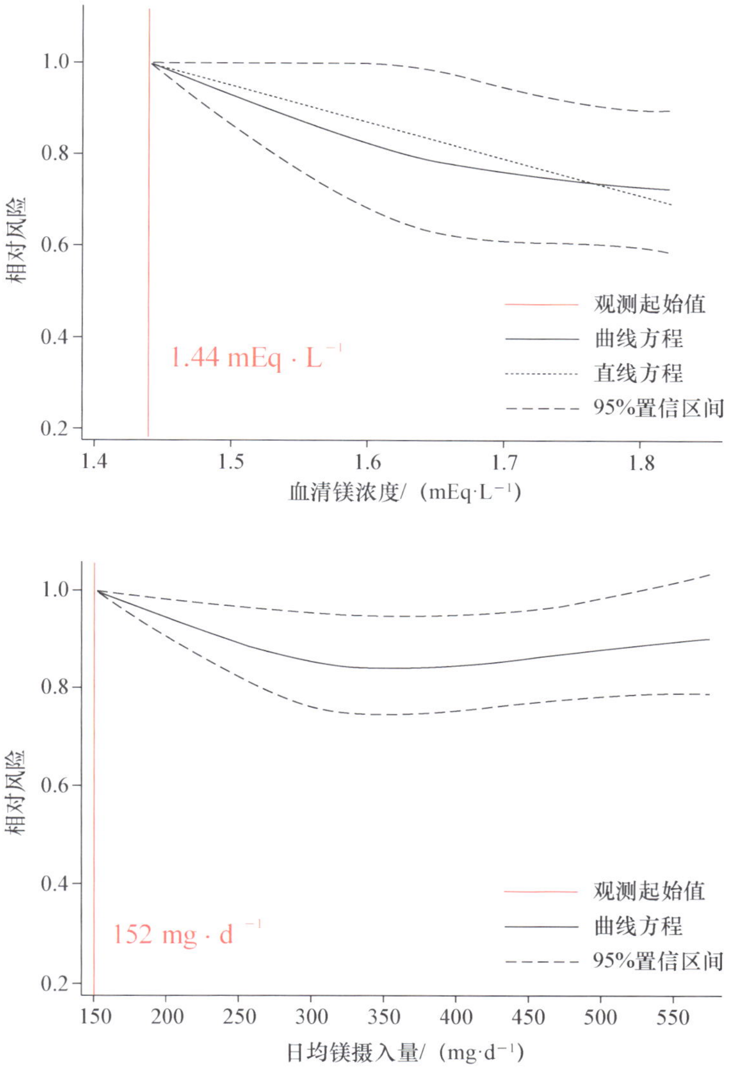


图 10-12　血清镁浓度和日均镁摄入量与心血管疾病风险的关系(Qu et al.,2013)

## 10.4.4　镁与其他疾病

低血镁不仅会导致心血管疾病(CVD)致病率的增加,同时也会导致其他人体疾病风险的增加,如脑部病变(偏头痛、癫痫、中风)、严重的慢性阻塞性肺病以及骨质疏松症和佝偻病等(图 10-13)。

### 1. 镁与骨质疏松

镁在骨骼代谢和钙调节中的重要性已有综述(Wallach,1990,1991;Cohen,1990)。镁以大量矿物质的形式存在于骨骼中,占骨灰的 0.5%～1%(Sojka,1995)。镁会影响骨骼中基质和矿物质代谢,镁的消耗会导致骨生长停止、成骨细胞和破骨细胞活性降低、骨质减少和骨质疏松(Blumenthal et al.,1977)。镁通过破坏羟基磷灰石晶体的稳定性来阻止骨质疏松,并与

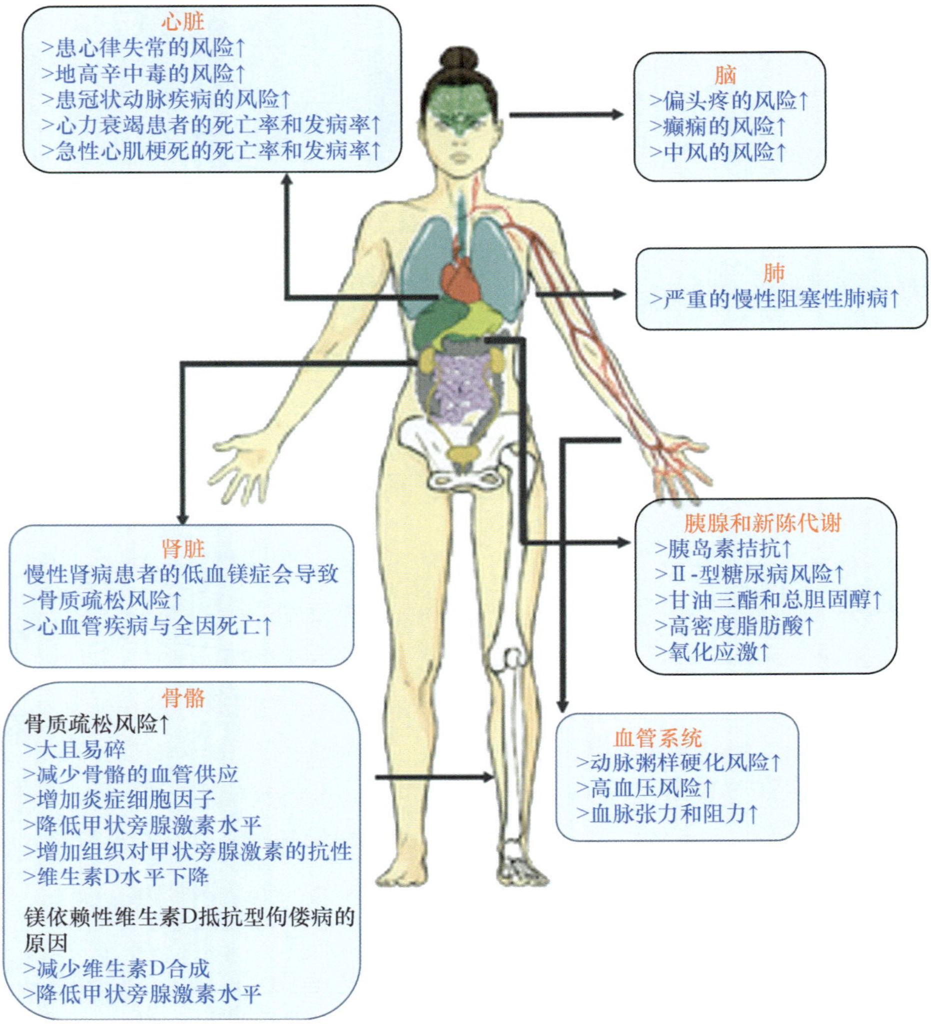


**图 10-13　低血镁对人体健康的影响(Alawi et al.,2018)**

ATP 协同作用以稳定无定形的磷酸钙和防止羟基磷灰石的形成(Blumenthal et al.,1977)。随着磷灰石镁含量的减少,骨矿物晶体尺寸增加(Bigi et al.,1992)。因此,含镁量降低的骨矿物会形成更大、更完美的骨矿物晶体,比无定形晶体更脆(Sojka,1995)。与对照组相比,骨质疏松的女性骨小梁的镁含量降低,骨晶体形成增大(Cohen and Kitzes,1981;Cohen et al.,1983)。骨质疏松症患者可能会观察到镁耗竭,这是由静脉内镁负荷的增加所决定的(Cohen,1988)。一些报告发现骨质疏松症患者的骨小梁中镁含量降低(Manicourt et al.,1981),但骨皮质样品中的镁含量升高或正常(Hogervorst et al.,1985;Reginster et al.,1989;Burnell et al.,1982)。适当的血清镁水平对于钙代谢是必要的,因为低镁血症会导致低钙血症(Rude,1993),诱发外周血液抗维生素 D 的作用(Medalle et al.,1976),同时也抵抗甲状旁腺激素的作用(Freitag et al.,1979)。因此,如果体内镁水平偏低,即使钙得到补充,也无法保证骨骼的健康(Sojka,1995)。尽管骨量减少是骨质疏松症的标志,但骨基质中也存在质的变化,这可能导致脆性的骨骼更容易骨折(Vaananen,1991)。由于常规骨矿物质密度测量无法检测到脆性骨，因此脆性没有在骨质疏松性中得到很好的描述(Verhaeghe et al.,1994)。但是越来越多的证据表明，镁可能是决定骨脆性的骨基质质变的重要因素(Sojka,1995)。

综上所述，镁缺乏与骨质疏松症的相关机制见图 10-14。镁缺乏会直接导致骨骼磷灰石晶体的稳定性增加，降低骨刚度；同时缺镁会导致成骨细胞数降低，增加破骨细胞数。缺镁对骨质疏松的间接影响有多条途径。首先镁缺乏降低甲状旁腺激素水平，进而降低维生素 D 的结构与功能，导致骨生成能力减弱。其次，镁缺乏会刺激氧化应激反应和炎症细胞的增加，导致骨细胞吸收增加。抑或，缺镁会导致内皮功能紊乱，继而改变了骨骼血液供应，导致骨骼发育不良和骨质疏松。

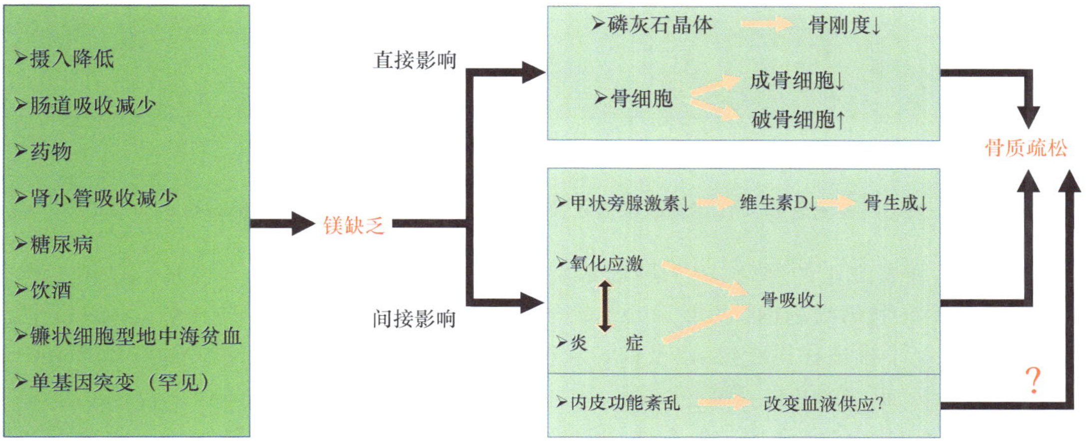


图 10-14　镁缺乏与骨质疏松症的相关机制(Castiglioni et al.,2013)

骨质疏松症影响全球数百万人，主要是绝经后的妇女(Castiglioni et al.,2013)。在美国，低骨量对 4 000 多万人构成威胁(Nieves,2005)。在欧洲，到 2050 年，骨质疏松症预计将影响 3 000 多万人(Ström et al.,2011)。骨质疏松症往往与老龄化有关，预计老龄化人口在未来 10 年翻倍，将会给医疗系统带来巨大的负担(Castiglioni et al.,2013)。传统的认知表明，骨质疏松首选的是钙补充剂，而非镁补充剂。研究发现，摄入高量的镁才是预防骨质疏松症至关重要的因素(Veronese et al.,2017)。令人惊讶的是，共识会议仍未考虑将镁用于预防或治疗骨质疏松症，依然提倡补充钙剂，直到最近人们才对摄入高剂量钙的安全性表示怀疑(Classen and Kisters,2017)。分析表明，镁摄入量与全骨骨折风险和腰椎骨密度没有显著相关，与股骨颈骨密度和前臂骨密度之间存在轻微的显著相关性和极显著的正相关关系(Farsinejad-Marj et al.,2016)。最新的流行病学随访调查表明(Veronese et al.,2017)，男性与女性高镁摄入组(Q5：骨折发生率男性为 20%，女性为 27%)与低镁摄入组(Q1：骨折发生率男性为 27%，女性为 31%)相比，镁摄入量较高的人骨折发生率明显较低，分别降低 26%和 13%(图 10-15)。

## 2. 镁与癌症

镁作为次级信使激活大量的酶(Wolf and Trapani,2008)，并参与所有主要的机体代谢过程以及氧化还原反应，因此镁在控制细胞存活和生长中具有直接作用(Castiglioni and Maier,2011)。在正常的二倍体细胞中，镁的总浓度在细胞分裂 G1 时期和 S 时期均有所增加，所以细胞外镁浓度降低则会显著抑制细胞的繁殖(Wolf and Trapani,2008)。相反，细胞外低镁浓

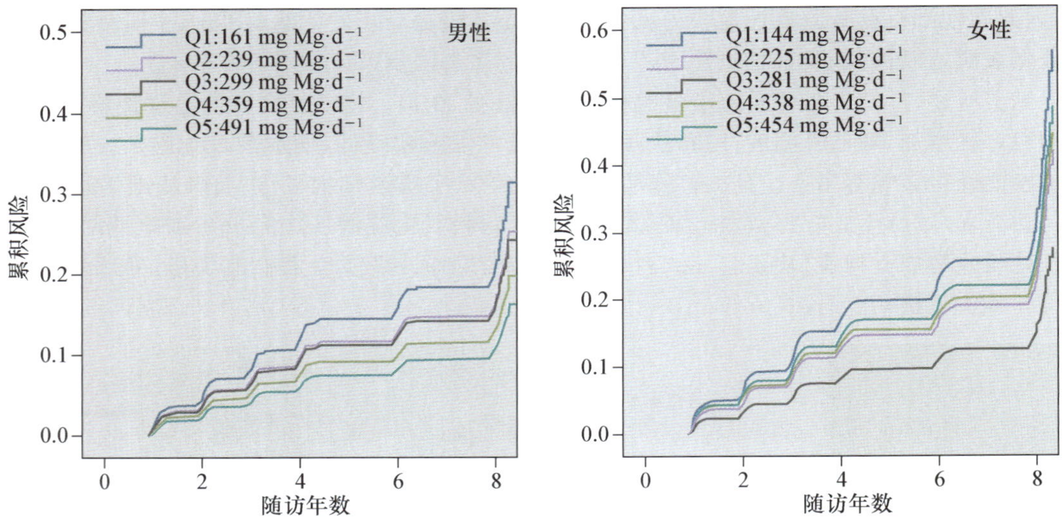


图 10-15 随访调查男性和女性在基线镁摄入情况下发生骨折的累积风险(Veronese et al.,2017)

度却难以抑制肿瘤细胞的增殖,由于肿瘤细胞与阳离子极度亲和,因此即使在低镁培养水平下,镁也会聚集在肿瘤细胞内(Wolf et al.,2009)。这种亲和力至少在某种程度上取决于钠离子依赖型的镁离子排出作用受损,以及镁特异性转运蛋白(TRPM7)的过度表达(Wolf et al.,2007;Guilbert et al.,2009)。

突变是癌症发展的驱动力。值得注意的是,镁参与了 N-甲基嘌呤 DNA-糖苷酶的抑制作用,该酶可通过移除多种烷基化、脱氨和脂质过氧化物诱导的嘌呤加合物,启动 DNA 的碱基切除修复(Adhikari et al.,2006)。此外在各种人类原发性肿瘤中过表达的细胞核内丝氨酸/苏氨酸磷酸酶(PPM1D,即磷酸酯酶 WIP1)需要镁才能发挥其活性,而 PPM1D 参与了肿瘤发生的重要信号通路的调控(Bernards,2004;Le Guezennec and Bulavin,2010)。特别是 PPM1D 会去磷酸化,并以此促使 *p53* 肿瘤抑制基因(一种典型的增值抑制基因)失活(Castiglioni and Maier,2011),同时也补充给几种致癌基因(*Ras*、*Myc* 和 *HER-2/neu*)用于细胞内外的物质转化。其次,端粒酶是一种特殊的 DNA 聚合酶,可扩展端粒 DNA 并抵抗与细胞复制相关的渐进性端粒侵蚀。端粒酶活性的存在与衰老和细胞凋亡的诱导抗性相关,被认为是重要的抗癌防御机制(Hanahan and Weinberg,2000,2011),而镁是激活端粒酶的必需元素(Lue,1999;Yuan et al.,2007)。细胞内高镁浓度对癌症特征的贡献如图 10-16 所示。

而仅对肿瘤赘生细胞进行的研究是不科学的,因为肿瘤细胞远不是简单的多度增殖细胞,相反,它们是与基质中的正常细胞聚合生成的复杂异生组织(Hanahan and Weinberg,2000,2011)。许多促进癌细胞增殖和侵袭的生长信号来源于肿瘤的基质细胞成分(Castiglioni and Maier,2011)。因此,低镁会调节肿瘤微环境中正常基质细胞的功能,继而有利于肿瘤细胞的过度增殖。有研究表明,低镁培养的内皮细胞和人成纤维细胞会释放更多的金属蛋白酶和生长因子,唯独微血管内皮细胞在低镁培养条件下与上述表象不符(Ferrè et al.,2010;Castiglioni and Maier,2011)。众所周知,血管生成是滋养肿瘤和促进其扩散的关键,但细胞外低镁会影响微血管内皮细胞获得血管生成表型,此外低镁水平会阻碍内皮细胞的体外增殖、迁移和分化(Bernardini et al.,2005)。

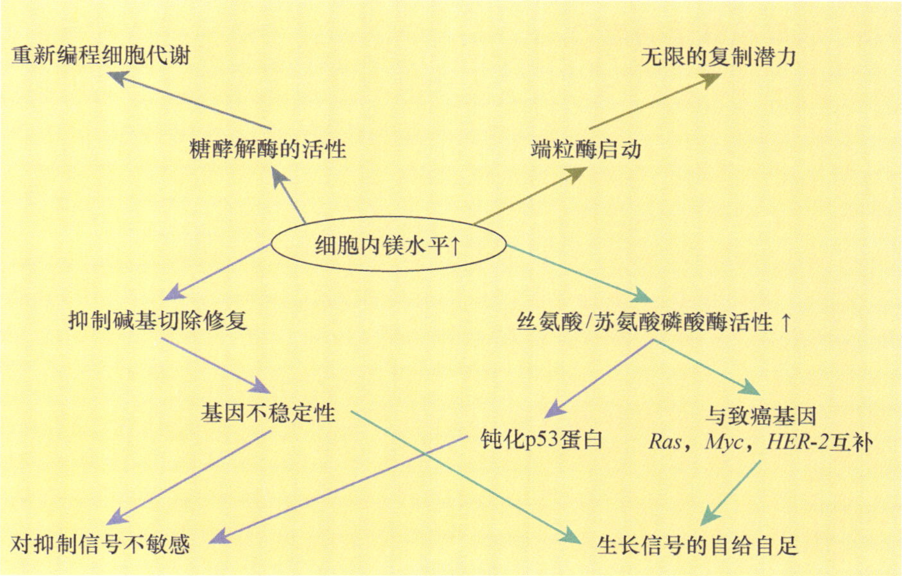


图 10-16 癌细胞内高镁浓度对某些癌症特征的贡献(Castiglioni and Maier,2011)

动物模型研究表明,镁在化学致癌作用的早期起到保护作用。镁可以预防小鼠铅和镍引起的肺部肿瘤(Poirier et al.,1984),抑制大鼠肾脏中镍引起的癌变(Kasprzak et al.,1994),并防止 3-甲基胆碱引起的纤维肉瘤(Patiroğlu et al.,1997)。镁通过抑制肠黏膜上皮中的 *c-myc* 表达和鸟氨酸脱羧酶活性,从而成为结直肠癌的保护剂(Mori et al.,1997)。因此提出镁作为癌症的化学预防剂是可行的。

人类流行病学研究表明,饮食中的镁与各种类型的癌症之间存在相关性。饮用水中的镁含量高,可以预防食道癌和肝癌(Yang et al.,2002;Tukiendorf and Rybak,2004)。此外,饮用水中镁的浓度与乳腺癌、前列腺癌和卵巢癌的死亡呈负相关,而与其他肿瘤则无相关性(Yang et al.,2000a,2000b;Chiu et al.,2004)。同时,镁摄入量低与结肠癌风险之间存在关联(Larsson et al.,2005;Folsom and Hong,2006;Chiu et al.,2010)。日本的一项研究表明,男性饮食中镁的摄入与结肠癌之间存在显著的负相关(Ma et al.,2010)。有趣的是,镁摄入量低与结肠癌之间的关联与 N-亚硝基化合物形成的增加有关,其中大多数是强致癌物(Chiu et al.,2010)。腺瘤和增生性息肉(可能发展为癌)与 *TRPM7* 基因多态性的关系进一步强调了镁与结肠肿瘤的关系(Dai et al.,2007)。

目前,尚不清楚辐射或药物引起的低镁血症是否会增强癌症治疗的效果,但是建议血清镁的降低作为西妥昔单抗治疗结肠癌的疗效的判定标准(Vincenzi et al.,2008,2011)。再者,低血镁会增加炎症的产生,而炎症与癌症的发生和发展亦有关联(Colotta et al.,2009),因此是否对重度低镁血症癌症患者补充镁仍存在争议(Wolf et al.,2009)。尽管前人的研究提供了大量信息,但是依然没有回答镁缺乏是否会引起癌症以及小鼠中获得的结果是否能直接预测人类发生的病症,但可以肯定的是,镁可以作为化学预防剂,优化镁的摄入量是降低癌症风险的有效且低成本的预防措施。分析结果依然显示,镁摄入量增加 100 $mg \cdot d^{-1}$ 可有效降低结直肠腺瘤(−13%)、结肠直肠癌(−13%)、结肠癌(−14%)和直肠癌(−18%)的患病风险(Wark et al.,2012)。

### 10.4.5 镁与机体运动能力

葡萄糖是细胞的主要能量来源，运动过程中循环系统和局部身体系统的葡萄糖动员涉及一个复杂的机制(Kjaer,1998)。镁在葡萄糖的利用和代谢中起着中心作用，但运动可能导致镁缺乏，因为运动增加了镁在汗液和尿液中的排泄。因此，运动表现高度依赖于镁稳态的调节和维持。此外，在缺镁情况下，运动表现似乎会受到损害(Bohl and Volpe,2002;Clarkson,1991;Lukaski and Nielsen,2002)。动物研究表明，镁可能通过提高大脑、肌肉和血液中的葡萄糖供应来改善运动表现；减少或延迟肌肉中的乳酸积累(Chen et al.,2014)。运动也可以调节镁的分配和利用，而镁参与力量活动和心肺功能(Bohl and Volpe,2002;Lukaski,2001;Nielsen and Lukaski,2006;Laires et al.,2014)，说明运动与镁具有相互关系(Nielsen and Lukaski,2006)。机体运动过程中，镁被运送到正在产生能量的组织。例如，一方面，在长期耐力运动中，血清镁可能会从血清转移到红细胞或肌肉，以支持运动功能；另一方面，短期运动可能降低血浆/血清体积，导致血清镁水平升高(Bohl and Volpe,2002)。镁在肌肉功能中的作用已得到广泛研究(Newhouse and Finstad,2000;Rayssiguier et al.,1990;Garrison et al.,2012)。镁参与能量代谢过程，帮助维持正常的肌肉收缩和放松(Zhang et al.,2017)，老年和男性运动员的肌肉表现与血清镁水平呈正相关(Santos et al.,2012;Matias et al.,2010)。此外，研究表明，镁缺乏可能导致神经肌肉功能的扭曲(Cheng et al.,2010;Keen et al.,1987;Liu et al.,1983)，意味着镁与肌肉痉挛可能存在联系。

综上所述，镁对运动能力的增强可能与血液、肌肉和大脑中葡萄糖的可获得性和调节有关(Chen et al.,2014)。也有越来越多的证据表明，镁可以改善运动表现，但运动期间镁干预对全身葡萄糖动员的影响尚不清楚(Golf et al.,1998;Ahlboro et al.,1968)。

## 10.5 人体缺镁的风险评估和现状

从严格意义上来说，人体缺镁与否很难诊断(Witkowski et al.,2012)。而目前常用血清镁浓度来评判人体镁缺乏的程度，不同的研究有不同的判断标准。Terasawa(2005)认为低血清镁浓度应小于 18 mg·$L^{-1}$ 或者小于 0.74 mmol·$L^{-1}$，据此标准，日本富井县一项 62 例调查研究表明，有 9.7%的成人处于低血镁水平(Akizawa et al.,2008)。中国湖北襄阳的一项成人研究则参考检测仪器(BH5100 原子吸收光谱仪，北京博晖)的指定标准(正常的血清镁浓度为 1.12～2.06 mmol·$L^{-1}$)，结果表明，不同年龄组中有 0.8%～1%的人处于镁缺乏状态(任瑞平,2012)。参考同样的标准(正常的血清镁浓度为 1.12～2.06 mmol·$L^{-1}$)，北京 0～19 岁少儿镁缺乏率平均为 0.1%(王晓燕等,2007)。因此，可以看出成人比儿童更容易缺镁。

但是这种镁状态的评估是有问题的(Arnaud,2008;Elin,2010)，这种诊断困难和存在问题的原因主要是由于镁在人体内的分布导致(Witkowski et al.,2012)。首先，人体大约一半的镁元素存在于骨骼中，另一半在软组织中(图 10-4)。细胞外镁只占人体镁总量的 1%，因此，血浆/血清镁的测定并不能准确反映其细胞内水平(Witkowski et al.,2012)。其次，在健康受试者中，肠道镁吸收和尿排泄之间存在平衡，尿镁排泄显得更为重要，当镁元素摄入过量时，尿排出量增加，而当镁元素缺乏时，肾脏再吸收的增加使镁元素得以保留，因此，尿镁反映了镁的摄入量，可以提供有关个人的镁状态信息（Witkowski et al.，2012）。但是，当肾脏受疾病或者治疗药物或方案的影响（如糖尿病、利尿剂、西妥昔单抗、肾透析等），肾脏对镁的过滤发生改变（Sartori et al.，1992；Yao et al.，2007），又会限制了尿镁排出量在一些病理生理条件下对人体镁状态评判的价值（Witkowski et al.，2012）。因此，膳食镁摄入量是判断人体镁缺乏的一个有力的宏观指标。19～65 岁男性的推荐营养摄入量为 260 mg/d（WHO 和 FAO，2004）。研究表明，西方国家食物中镁的含量一直在下降；目前，许多成年人的膳食镁含量达不到推荐摄入量（Galan et al.，1997；Pennington，2000；King et al.，2005；Moshfegh et al.，2005；Bo et al.，2006；Rosanoff，2010），这种低镁摄入会增加潜在的镁缺乏的风险。然而全球的研究表明，食物链中镁的供应量不断增加，从 1992 年的（558±61）$mg \cdot d^{-1}$ 增加至 2011 年的（613±69）$mg \cdot d^{-1}$，在 1992 年和 2011 年，分别有 0.37%和 0.26%的人口可能面临饮食缺乏镁的风险，2011 年全球可能缺镁的人数约为 1 400 万人，主要分布在非洲、美洲、亚洲、欧洲和大洋洲，分别有 120 万人、280 万人、860 万人、160 万人和 10 万人，镁缺乏的风险范围从北非的 0.08%到加勒比海的 0.64%（Kumssa et al.，2016）。

## 10.6 小结与展望

镁是地球生物化学循环过程中重要的矿质和营养元素，在许多人体功能中起到关键的结构和辅酶作用。缺镁会增加人体患病的风险，对部分疾病而言，适当补充镁可以起到预防和治疗的效果，同时也可以增强机体的运动表现。目前的人体镁营养诊断还不够科学，未来还需健全和完善人体镁营养诊断指标体系。虽然全球膳食镁营养的供应总量在不断增加，但是仍然有部分国家和地区的人口存在严重的镁摄入不足的风险。然而，人体镁的真实摄入量还不明确，现代社会饮食结构的变化和生境的改变很有可能会降低人体对镁的摄入和吸收，因此迫切需要强化“镁与人体健康息息相关”这一科学认识，即“不缺镁才能真的美”！

## 参考文献

董爱国，朱祥坤. 2016. 表生环境中镁同位素的地球化学循环. 地球科学进展，31(1)：43－58.

刘英俊，曹励明，李兆麟，等. 1987. 元素地球化学. 北京：地质出版社.

任瑞平. 2012. 湖北省襄阳地区成年人血液微量元素分析. 微循环学，22(3)：70－71.

王晓燕，金春华，刘玉兰，等. 2007. 儿童全血部分常量和微量元素含量的年龄差异分析. 北京医学，29(11)：647－649.

赵其渊. 1989. 海洋地球化学. 北京：地质出版社.

Abbott R D，Ando F，Masaki K H，et al. 2003. Dietary magnesium intake and the future risk of coronary heart disease(the Honolulu Heart Program). The American Journal of Cardiology,92(6):665-669.

Adachi M,Nara Y,Mano M,et al. 1993. Intralymphocytic free calcium and magnesium in stroke-prone spontaneously hypertensive rats and effects of blood pressure and various anti-hypertensive agents. Clinical and Experimental Pharmacology and Physiology,20(9):587-593.

Adhikari S,Toretsky J A,Yuan L,et al. 2006. Magnesium,essential for base excision repair enzymes,inhibits substrate binding of N-methylpurine-DNA glycosylase. Journal of Biological Chemistry,281(40):29525-29532.

Ahlboro B,Ekelund L G,Nilsson C G. 1968. Effect of potassium-magnesium-aspartate on the capacity for prolonged exercise in man. Acta Physiologica Scandinavica,74(1-2):238-245.

Akizawa Y,Koizumi S,Itokawa Y,et al. 2008. Daily magnesium intake and serum magnesium concentration among Japanese people. Journal of Epidemiology,JE2007381.

Alawi A M,Majoni S W,Falhammar H. 2018. Magnesium and human health:perspectives and research directions. International Journal of Endocrinology,ID9041694.

Ameen M,Davies J E,Ng L L. 1991. A comparison of free intracellular calcium and magnesium levels in the vascular smooth muscle and striated muscle cells of the spontaneously hypertensive and Wistar Kyoto normotensive rat. Annals of the New York Academy of Sciences,639(1):550-553.

American Diabetes Association. 2004. Dyslipidemia management in adults with diabetes. DiabetesCare,27(suppl 1):s68-s71.

Arnaud M J. 2008. Update on the assessment of magnesium status. British Journal of Nutrition,99(S3):S24-S36.

Bernardini D,Nasulewicz A,Mazur A,et al. 2005. Magnesium and microvascular endothelial cells:a role in inflammation and angiogenesis. Frontiers in Bioscience,10(1-3):1177-1182.

Bernards R. 2004. Wip-ing out cancer. NatureGenetics,36(4):319-320.

Berthelot A,Esposito J. 1983. Effects of dietary magnesium on the development of hypertension in the spontaneously hypertensive rat. Journal of the American College of Nutrition,2(4):343-353.

Berthelot A,Luthringer C,Meyers E,et al. 1987. Disturbances of magnesium metabolism in the spontaneously hypertensive rat. Journal of the American College of Nutrition,6(4):329-332.

Berthon N,Laurant P,Hayoz D,et al. 2002. Magnesium supplementation and deoxycorticosterone acetate salt hypertension:effect on arterial mechanical properties and on activity of endothelin-1. Canadian Journal of Physiology and Pharmacology,80(6):553-561.

Bertinato J,Xiao C W,Ratnayake W M N,et al. 2015. Lower serum magnesium concentration is associated with diabetes,insulin resistance,and obesity in South Asian and white Canadian women but not men. Food & Nutrition Research,59(1):25974.

Bigi A,Foresti E,Gregorini R,et al. 1992. The role of magnesium on the structure of biological apatites. Calcified Tissue International,50(5):439-444.

Blumenthal N C,Betts F,Posner A S. 1977. Stabilization of amorphous calcium phosphate by Mg and ATP. Calcified Tissue Research,23(1):245-250.

Bo S,Durazzo M,Guidi S,et al. 2006. Dietary magnesium and fiber intakes and inflammatory and metabolic indicators in middle-aged subjects from a population-based cohort. The AmericanJournal of Clinical Nutrition,84(5):1062-1069.

Bohl C H,Volpe S L. 2002. Magnesium and exercise. Critical Reviews in Food Science and Nutrition,42(6):533-563.

Burnell J M,Baylink D J,Chestnut Ⅲ C H,et al. 1982. Bone matrix and mineral abnormalities in postmenopausal osteoporosis. Metabolism,31(11):1113-1120.

Castiglioni S,Cazzaniga A,Albisetti W,et al. 2013. Magnesium and osteoporosis:current state of knowledge and future research directions. Nutrients,5(8):3022-3033.

Castiglioni S,Maier J A M. 2011. Magnesium and cancer:a dangerous liason. Magnesium Research,24(3):92-100.

Chen H Y,Cheng F C,Pan H C,et al. 2014. Magnesium enhances exercise performance via increasing glucose availability in the blood,muscle,and brain during exercise. PloS One,9(1):e85486.

Cheng S M,Yang L L,Chen S H,et al. 2010. Magnesium sulfate enhances exercise performance and manipulates dynamic changes in peripheral glucose utilization. European Journal of Applied Physiology,108(2):363-369.

Chiu H F,Chang C C,Yang C Y. 2004. Magnesium and calcium in drinking water and risk of death from ovarian cancer. Magnesium Research,17(1):28-34.

Chiu H F,Tsai S S,Wu T N,et al. 2010. Colon cancer and content of nitrates and magnesium in drinking water. MagnesiumResearch,23(2):81-89.

Clarkson P M. 1991. Minerals:exercise performance and supplementation in athletes. Journal of Sports Sciences,9(S1):91-116.

Classen H G,Kisters K. 2017. Magnesium and osteoporosis. Trace Elements and Electrolytes,34(3):100.

Cohen L,Kitzes R. 1981. Infrared spectroscopy and magnesium content of bone mineral in osteoporotic women. Israel Journal of Medical Sciences,17(12):1123-1125.

Cohen L,Laor A,Kitzes R. 1983. Bone magnesium,crystallinity index and state of body magnesium in subjects with senile osteoporosis,maturity-onset diabetes and women treated with contraceptive preparations. Magnesium,2(2):70-75.

Cohen L. 1988. Recent data on magnesium and osteoporosis. Magnesium research,1(1-2):85-87.

Cohen L. 1990. Magnesium and osteoporosis. Metal Ions in Biological Systems,26:505-512.

Colotta F,Allavena P,Sica A,et al. 2009. Cancer-related inflammation,the seventh hallmark of cancer:links to genetic instability. Carcinogenesis,30(7):1073－1081.

Dai Q,Shrubsole M J,Ness R M,et al. 2007. The relation of magnesium and calcium intakes and a genetic polymorphism in the magnesium transporter to colorectal neoplasia risk. The AmericanJournal of Clinical Nutrition,86(3):743－751.

de Baaij J H F,Hoenderop J G J,Bindels R J M. 2015. Magnesium in man:implications for health and disease. Physiological Reviews,95(1):1－46.

Delva P,Degan M,Pastori C,et al. 2002. Glucose-induced alterations of intracellular ionized magnesium in human lymphocytes. Life Sciences,71(18):2119－2135.

Djurhuus M S,Henriksen J E,Klitgaard N A,et al. 1999. Effect of moderate improvement in metabolic control on magnesium and lipid concentrations in patients with type 1 diabetes. Diabetes care,22(4):546－554.

Dominguez L J,Barbagallo M,Sowers J R,et al. 1998. Magnesium responsiveness to insulin and insulin-like growth factor I in erythrocytes from normotensive and hypertensive subjects. The Journal of Clinical Endocrinology & Metabolism,83(12):4402－4407.

Duchatelle-Gourdon I,Hartzell H C,Lagrutta A A. 1989. Modulation of the delayed rectifier potassium current in frog cardiomyocytes by beta-adrenergic agonists and magnesium. The Journal of Physiology,415(1):251－274.

Eibl N,Schnack C,Schernthaner G. 1998. Magnesium supplementation in type 2 diabetes. Diabetes Care,21(11):2031.

Elin R J. 2010. Assessment of magnesium status for diagnosis and therapy. Magnesium research,23(4):194－198.

Evangelopoulos A A,Vallianou N G,Panagiotakos D B,et al. 2008. An inverse relationship between cumulating components of the metabolic syndrome and serum magnesium levels. Nutrition Research,28(10):659－663.

Evans G H,Weaver C M,Harrington D D,et al. 1989. Dietary magnesium does not affect blood pressure in spontaneously hypertensive rats. Clinical and Experimental Hypertension. Part A:Theory and Practice,11(4):619－632.

Farsinejad-Marj M, Saneei P, Esmaillzadeh A. 2016. Dietary magnesium intake, bone mineral density and risk of fracture:a systematic review and meta-analysis. Osteoporosis International,27(4):1389－1399.

Ferrè S,Baldoli E,Leidi M,et al. 2010. Magnesium deficiency promotes a pro-atherogenic phenotype in cultured human endothelial cells via activation of NFkB. Biochimica et Biophysica Acta(BBA)-Molecular Basis of Disease,2010,1802(11):952－958.

Folsom A R,Hong C P. 2006. Magnesium intake and reduced risk of colon cancer in a prospective study of women. AmericanJournal of Epidemiology,163(3):232－235.

Freitag J J,Martin K J,Conrades M B,et al. 1979. Evidence for skeletal resistance to parathyroid hormone in magnesium deficiency:studies in isolated perfused bone. The Journal of-Clinical Investigation,64(5):1238－1244.

Galan P,Preziosi P,Durlach V,et al. 1997. Dietary magnesium intake in French adult population. Magnesium: Current status and new developments. Dordrecht: Springer, 147－149.

Garrison S R, Allan G M, Sekhon R K, et al. 2012. Magnesium for skeletal muscle cramps. Cochrane Database of Systematic Reviews, 9: CD009402.

Golf S W, Bender S, Grüttner J. 1998. On the significance of magnesium in extreme physical stress. Cardiovascular Drugs and Therapy, 12(2): 197－202.

Gröber U, Schmidt J, Kisters K. 2015. Magnesium in prevention and therapy. Nutrients, 7(9): 8199－8226.

Grycova L, Sklenovsky P, Lansky Z, et al. 2009. ATP and magnesium drive conformational changes of the $Na^+$/$K^+$-ATPase cytoplasmic headpiece. Biochimica et Biophysica Acta (BBA)-Biomembranes, 1788(5): 1081－1091.

Guilbert A, Gautier M, Dhennin-Duthille I, et al. 2009. Evidence that TRPM7 is required for breast cancer cell proliferation. American Journal of Physiology-Cell Physiology, 297(3): C493－C502.

Gurney A M. 2006. Going with the flow: smooth muscle TRPM7 channels and the vascular response to blood flow. Journal of the American Heart Association, 98: 163－164.

Han H, Fang X, Wei X, et al. 2017. Dose-response relationship between dietary magnesium intake, serum magnesium concentration and risk of hypertension: a systematic review and meta-analysis of prospective cohort studies. Nutrition Journal, 16(1): 26.

Hanahan D, Weinberg R A. 2011. Hallmarks of cancer: the next generation. Cell, 144(5): 646－674.

Hanahan D, Weinberg R A. 2000. The hallmarks of cancer. Cell, 100: 57－70.

He Y, Yao G, Savoia C, et al. 2005. Transient receptor potential melastatin 7 ion channels regulate magnesium homeostasis in vascular smooth muscle cells: role of angiotensin Ⅱ. Circulation Research, 96(2): 207－215.

Hoenderop J G J, Bindels R J M. 2005. Epithelial $Ca^{2+}$ and $Mg^{2+}$ channels in health and disease. Journal of the American Society of Nephrology, 16(1): 15－26.

Hogervorst E J M, Lips P, de Blieck-Hogervorst J M A, et al. 1985. Bone mineral content of transilial biopsies in patients with hip fracture. Bone, 6(5): 297－299.

Holland H D. 2005. Sea level, sediments and the composition of seawater. American Journal of Science, 305(3): 220－239.

Humphries S, Kushner H, Falkner B. 1999. Low dietary magnesium is associated with insulin resistance in a sample of young, nondiabetic Black Americans. American Journal of Hypertension, 12(8): 747－756.

Iseri L T, French J H. 1984. Magnesium: natures physiologic calcium blocker. The American Heart Journal, 108(1): 188－193.

Ishihara K, Sarai N, Asakura K, et al. 2009. Role of $Mg^{2+}$ block of the inward rectifier $K^+$ current in cardiac repolarization reserve: A quantitative simulation. Journal of Molecular and Cellular Cardiology, 47(1): 76－84.

Jahnen-Dechent W, Ketteler M. 2012. Magnesium basics. Clinical kidney journal, 5(Suppl 1): i3–i14.

Jelicks L A, Gupta R K. 1991. Intracellular free mMagnesium and high energy phosphates in the perfused normotensive and spontaneously hypertensive rat heart-a $^{31}P$ NMR study. American Journal of Hypertension, 4: 131–136.

Jones M R, Martins J E, Clemens R A. 1988. Mineral balance and blood pressure in the young spontaneously hypertensive rat. The Journal of Nutrition, 118(1): 114–120.

Kasprzak K S, Diwan B A, Rice J M. 1994. Iron accelerates while magnesium inhibits nickel-induced carcinogenesis in the rat kidney. Toxicology, 90(1–2): 129–140.

Keen C L, Lowney P, Gershwin M E, et al. 1987. Dietary magnesium intake influences exercise capacity and hematologic parameters in rats. Metabolism, 36(8): 788–793.

Kh R, Khullar M, Kashyap M, et al. 2000. Effect of oral magnesium supplementation on blood pressure, platelet aggregation and calcium handling in deoxycorticosterone acetate induced hypertension in rats. Journal of Hypertension, 18(7): 919–925.

Khan L A, Alam A M S, Ali L, et al. 1999. Serum and urinary magnesium in young diabetic subjects in Bangladesh. The American Journal of Clinical Nutrition, 69(1): 70–73.

King D E, Mainous Ⅲ A G, Geesey M E, et al. 2005. Dietary magnesium and C-reactive protein levels. Journal of the American College of Nutrition, 24(3): 166–171.

Kisters K, Hausberg M, Kosch M. 2001. Effect of oral magnesium supplementation on blood pressure, platelet aggregation and calcium handling in deoxy corticosterone acetate-induced hypertension in rats. Journal of Hypertension, 19(1): 161–162.

Kjær M. 1998. Hepatic glucose production during exercise. Skeletal Muscle Metabolism in Exercise and Diabetes. Boston, MA: Springer, 117–127.

Kolte D, Vijayaraghavan K, Khera S, et al. 2014. Role of magnesium in cardiovascular diseases. Cardiology in Review, 22(4): 182–192.

Kumssa D B, Joy E J M, Ander E L, et al. 2016. Global magnesium supply in the food chain. Crop and Pasture Science, 66(12): 1278–1289.

Laires M J, Monteiro C P, Matias C N, et al. 2014. Magnesium status and exercise performance in athletes. Trace Elements & Electrolytes, 31(1). 13–20.

Lameris A L, Monnens L A, Bindels R J, et al. 2012. Drug-induced alterations in $Mg^{2+}$ homoeostasis. Clinical Science, 123(1): 1–14.

Larsson S C, Bergkvist L, Wolk A. 2005. Magnesium intake in relation to risk of colorectal cancer in women. Jama Network, 293(1): 86–89.

Larsson S C, Wolk A. 2007. Magnesium intake and risk of type 2 diabetes: a meta-analysis. Journal of Internal Medicine, 262(2): 208–214.

Laurant P, Galliard E, Kantelip J P, et al. 1996. Lack of magnesium supplementation effects on blood pressure and vascular responsiveness in ages spontaneously hypertensive rats. Magnesium Bulletin, 18: 38–43.

Laurant P, Hayoz D, Brunner H R, et al. 1999. Effect of magnesium deficiency on blood pressure and mechanical properties of rat carotid artery. Hypertension,33(5):1105－1110.

Laurant P,Kantelip J P,Berthelot A. 1995. Dietary magnesium supplementation modifies blood pressure and cardiovascular function in mineralocorticoid-salt hypertensive rats but not in normotensive rats. The Journal of Nutrition,125(4):830－841.

Laurant P,Touyz R M. 2000. Physiological and pathophysiological role of magnesium in the cardiovascular system: implications in hypertension. Journal of Hypertension, 18(9): 1177－1191.

Le Guezennec X,Bulavin D V. 2010. WIP1 phosphatase at the crossroads of cancer and aging. Trends in Biochemical Sciences,35(2):109－114.

Liao F,Folsom A R,Brancati F L. 1998. Is low magnesium concentration a risk factor for coronary heart disease? The atherosclerosis risk in communities(ARIC) study. American Heart Journal,136(3):480－490.

Liu L,Borowski G,Rose L I. 1983. Hypomagnesemia in a tennis player. The Physician and Sportsmedicine,11(5):79－80.

Lopez-Ridaura R,Willett W C,Rimm E B,et al. 2004. Magnesium intake and risk of type 2 diabetes in men and women. Diabetes Care,27(1):134－140.

Lue X,Wang F,Zhang H,et al. 1999. Study on the synthesis of allyl magnesium bromide. Chemical Reagents,21:181－182.

Lukaski H C,Nielsen F H. 2002. Dietary magnesium depletion affects metabolic responses during submaximal exercise in postmenopausal women. The Journal of Nutrition, 132(5):930－935.

Lukaski H C. 2001. Magnesium,zinc,and chromium nutrition and athletic performance. Canadian Journal of Applied Physiology,26(S1):S13－S22.

Ma E,Sasazuki S,Inoue M,et al. 2010. High dietary intake of magnesium may decrease risk of colorectal cancer in Japanese men. The Journal of Nutrition,140(4):779－785.

Ma J,Folsom A R,Melnick S L,et al. 1995. Associations of serum and dietary magnesium with cardiovascular disease,hypertension,diabetes,insulin,and carotid arterial wall thickness:the ARIC study. Journal of Clinical Epidemiology,48(7):927－940.

Mahboob T,Mumtaz M,Haleem M A. 1996. Electrolyte content of serum,erythrocyte, kidney and heart tissue in salt induced hypertensive rats. Life Sciences,59(9):731－737.

Manicourt D H,Orloff S,Brauman J,et al. 1981. Bone mineral content of the radius: good correlations with physicochemical determinations in iliac crest trabecular bone of normal and osteoporotic subjects. Metabolism,30(1):57－62.

Martin K J,González E A,Slatopolsky E. 2009. Clinical consequences and management of hypomagnesemia. Journal of the American Society of Nephrology,20(11):2291－2295.

Matias C N,Santos D A,Monteiro C P,et al. 2010. Magnesium and strength in elite judo athletes according to intracellular water changes. Magnesium Research,23(3):138－141.

Medalle R,Waterhouse C,Hahn T J. 1976. Vitamin D resistance in magnesium deficiency. The American Journal of Clinical Nutrition,29(8):854－858.

Mervaala E M A, Pere A K, Lindgren L, et al. 1997. Effects of dietary sodium and magnesium on cyclosporine a-induced hypertension and nephrotoxicity in spontaneously hypertensive rats. Hypertension, 29(3): 822−827.

Mikhail N, Ehsanipoor K. 1999. Ionized serum magnesium in type 2 diabetes mellitus: its correlation with total serum magnesium and hemoglobin A1c levels. Southern Medical Journal, 92(12): 1162−1166.

Mikkelsen R. 2010. Soil and fertilizer magnesium. Better crops, 94(2): 26−28.

Mori H, Tanaka T, Sugie S, et al. 1997. Chemoprevention by naturally occurring and synthetic agents in oral, liver, and large bowel carcinogenesis. Journal of Cellular Biochemistry, 67(S27): 35−41.

Moshfegh A, Goldman J, Cleveland L. 2005. What we eat in America, NHANES 2001−2002: usual nutrient intakes from food compared to dietary reference intakes. US Department of Agriculture, Agricultural Research Service, 9.

Nadler J L. 2004. A new dietary approach to reduce the risk of type 2 diabetes? Diabetes Care, 27(1): 270−271.

Nadler M J S, Hermosura M C, Inabe K, et al. 2001. LTRPC7 is a Mg · ATP-regulated divalent cation channel required for cell viability. Nature, 411(6837): 590−595.

Newhouse I J, Finstad E W. 2000. The effects of magnesium supplementation on exercise performance. Clinical Journal of Sport Medicine, 10(3): 195−200.

Nielsen F H, Lukaski H C. 2006. Update on the relationship between magnesium and exercise. Magnesium Research, 19(3): 180−189.

Nieves J W. 2005. Osteoporosis: the role of micronutrients. The American Journal of Clinical Nutrition, 81(5): 1232S−1239S.

Paolisso G, Barbagallo M. 1997. Hypertension, diabetes mellitus, and insulin resistance: the role of intracellular magnesium. American Journal of Hypertension, 10(3): 346−355.

Paravicini T M, Yogi A, Mazur A, et al. 2009. Dysregulation of vascular TRPM7 and annexin-1 is associated with endothelial dysfunction in inherited hypomagnesemia. Hypertension, 53(2): 423−429.

Patiroğlu T, Şahin G, Kontaş O, et al. 1997. Protective effect of magnesium supplementation on experimental 3-methyl cholantrene-induced fibrosarcoma and changes in tissue magnesium distribution during carcinogenesis in rats. Biological Trace Element Research, 56(2): 179−185.

Pennington J A T. 2000. Current dietary intakes of trace elements and minerals. Clinical nutrition of the essential trace elements and minerals. Totowa, NJ: Humana Press, 49−67.

Poirier L A, Theiss J C, Arnold L J, et al. 1984. Inhibition by magnesium and calcium acetates of lead subacetate-and nickel acetate-induced lung tumors in strain a mice. Cancer Research, 44(4): 1520−1522.

Qu X, Jin F, Hao Y, et al. 2013. Magnesium and the risk of cardiovascular events: a meta-analysis of prospective cohort studies. PloS One, 8(3). e57720.

Rayssiguier Y, Guezennec C Y, Durlach J. 1990. New experimental and clinical data on the relationship between magnesium and sport. Magnesium Research, 3:93－102.

Reginster J Y, Strause L, Deroisy R, et al. 1989. Preliminary report of decreased serum magnesium in postmenopausal osteoporosis. Magnesium, 8(2):106－109.

Resnick L M, Altura B T, Gupta R K, et al. 1993. Intracellular and extracellular magnesium depletion in type 2(non-insulin-dependent) diabetes mellitus. Diabetologia, 36(8):767－770.

Rodríguez-Morán M, Guerrero-Romero F. 2001. Low serum magnesium levels and foot ulcers in subjects with type 2 diabetes. Archives of Medical Research, 32(4):300－303.

Rosanoff A. 2010. Rising Ca∶Mg intake ratio from food in USA adults: a concern? Magnesium Research, 23(4):181－193.

Rude R K. 1993. Hypocalcemia due to magnesium deficiency. Primer on the Metabolic Bone Diseases and Disorders of Mineral Metabolism. New York: Raven Press, 200－202.

Runnels L W, Yue L, Clapham D E. 2001. TRP-PLIK, a bifunctional protein with kinase and ion channel activities. Science, 291:1043－1047.

Ryan M F. 1991. The role of magnesium in clinical biochemistry: an overview. Annals of Clinical Biochemistry, 28(1):19－26.

Saito N, Abbu G C, Konishi Y, et al. 1995. Magnesium, calcium and trace elements in spontaneously hypertensive rats. Clinical and Experimental Pharmacology and Physiology, 22:s212－s214.

Sales C H, Pedrosa L F C. 2006. Magnesium and diabetes mellitus: their relation. Clinical Nutrition, 25(4):554－562.

Santos D A, Matias C N, Monteiro C P, et al. 2012. Magnesium intake is associated with strength performance in elite basketball, handball and volleyball players. Magnesium Research, 24(4):215－219.

Saris N E L, Mervaala E, Karppanen H, et al. 2000. Magnesium: an update on physiological, clinical and analytical aspects. Clinica Chimica Acta, 294(1－2):1－26.

Sartori S, Nielsen I, Tassinari D, et al. 1992. Serum and erythrocyte magnesium concentrations in solid tumours: relationship with stage of malignancy. Magnesium Research, 5(3):189－192.

Schrier R W. 1999. Atlas of Diseases of the Kidney. Wiley-Blackwell.

Sojka J E. 1995. Magnesium supplementation and osteoporosis. Nutrition Reviews, 53(3):71－74.

Song Y, Manson J A E, Buring J E, et al. 2004. Dietary magnesium intake in relation to plasma insulin levels and risk of type 2 diabetes in women. Diabetes Care, 27(1):59－65.

Sontia B, Montezano A C I, Paravicini T, et al. 2008. Downregulation of renal TRPM7 and increased inflammation and fibrosis in aldosterone-infused mice: effects of magnesium. Hypertension, 51(4):915－921.

Sontia B, Touyz R M. 2007. Role of magnesium in hypertension. Archives of Biochemistry and Biophysics, 458(1): 33-39.

Tammaro P, Smith A L, Crowley B L, et al. 2005. Modulation of the voltage-dependent $K^+$ current by intracellular $Mg^{2+}$ in rat aortic smooth muscle cells. Cardiovascular Research, 65(2): 387-396.

Tangvoraphonkchai K, Davenport A. 2018. Magnesium and cardiovascular disease. Advances in Chronic Kidney Disease, 25(3): 251-260.

Terasawa A. 2005. Magnesium//Kanai M. Kanai's manual of clinical laboratory medicine. Tokyo: Kanehara Co. Press, 574-577.

Touyz R M, Milne F J. 1999. Magnesium supplementation attenuates, but does not prevent, development of hypertension in spontaneously hypertensive rats. American Journal of Hypertension, 12(8): 757-765.

Touyz R M, Pu Q, He G, et al. 2002. Effects of low dietary magnesium intake on development of hypertension in stroke-prone spontaneously hypertensive rats: role of reactive oxygen species. Journal of Hypertension, 20(11): 2221-2232.

Touyz R M, Yao G. 2003. Modulation of vascular smooth muscle cell growth by magnesium-role of mitogen-activated protein kinases. Journal of Cellular Physiology, 197(3): 326-335.

Tukiendorf A, Rybak Z. 2004. New data on ecological analysis of possible relationship between magnesium in drinking water and liver cancer. Magnesium Research, 17(1): 46-52.

Väänänen H K. 1991. Pathogenesis of osteoporosis. Calcified tissue international, 49(1): S11-S14.

Verhaeghe J, Suiker A M H, Einhorn T A, et al. 1994. Brittle bones in spontaneously diabetic female rats cannot be predicted by bone mineral measurements: studies in diabetic and ovariectomized rats. Journal of Bone and Mineral Research, 9(10): 1657-1667.

Veronese N, Stubbs B, Solmi M, et al. 2017. Dietary magnesium intake and fracture risk: data from a large prospective study. British Journal of Nutrition, 117(11): 1570-1576.

Viering D H H M, de Baaij J H F, Walsh S B, et al. 2017. Genetic causes of hypomagnesemia, a clinical overview. Pediatric Nephrology, 32(7): 1123-1135.

Vincenzi B, Galluzzo S, Santini D, et al. 2011. Early magnesium modifications as a surrogate marker of efficacy of cetuximab-based anticancer treatment in KRAS wild-type advanced colorectal cancer patients. Annals of Oncology, 22(5): 1141-1146.

Vincenzi B, Santini D, Galluzzo S, et al. 2008. Early magnesium reduction in advanced colorectal cancer patients treated with cetuximab plus irinotecan as predictive factor of efficacy and outcome. Clinical Cancer Research, 14(13): 4219-4224.

Wallach S. 1990. Effects of magnesium on skeletal metabolism. Magnesium and Trace Elements, 9(1): 1-14.

Wallach S. 1991. Relation of magnesium to osteoporosis and calcium urolithiasis. Magnesium and Trace Elements, 10(2-4): 281-286.

Wälti M K, Zimmermann M B, Walczyk T, et al. 2003. Measurement of magnesium absorption and retention in type 2 diabetic patients with the use of stable isotopes. The American Journal of Clinical Nutrition, 78(3): 448−453.

Wang M, Tashiro M, Berlin J R. 2004. Regulation of L-type calcium current by intracellular magnesium in rat cardiac myocytes. The Journal of Physiology, 555(2): 383−396.

Wark P A, Lau R, Norat T, et al. 2012. Magnesium intake and colorectal tumor risk: a case-control study and meta-analysis. The American Journal of Clinical Nutrition, 96(3): 622−631.

White R E, Hartzell H C. 1988. Effects of intracellular free magnesium on calcium current in isolated cardiac myocytes. Science, 239(4841): 778−780.

Witkowski M, Hubert J, Mazur A. 2012. Methods of assessment of magnesium status in humans: a systematic review. Magnesium Research, 24(4): 163−180.

Wolf F I, Cittadini A R M, Maier J A M. 2009. Magnesium and tumors: ally or foe? Cancer Treatment Reviews, 35(4): 378−382.

Wolf F I, Maier J A M, Nasulewicz A, et al. 2007. Magnesium and neoplasia: from carcinogenesis to tumor growth and progression or treatment. Archives of Biochemistry and Biophysics, 458(1): 24−32.

Wolf F I, Trapani V. 2008. Cell(patho) physiology of magnesium. Clinical Science, 114(1): 27−35.

Yang C Y, Chiu H F, Cheng B H, et al. 2000a. Calcium and magnesium in drinking water and the risk of death from breast cancer. Journal of Toxicology and Environmental Health, Part A, 60(4): 231−241.

Yang C Y, Chiu H F, Tsai S S, et al. 2000b. Calcium and magnesium in drinking water and risk of death from prostate cancer. Journal of Toxicology and Environmental Health, Part A, 60(1): 17−26.

Yang C Y, Chiu H F, Tsai S S, et al. 2002. Magnesium and calcium in drinking water and the risk of death from esophageal cancer. Magnesium Research, 15(3−4): 215−222.

Yao X, Panichpisal K, Kurtzman N, et al. 2007. Cisplatin nephrotoxicity: a review. The American Journal of the Medical Sciences, 334(2): 115−124.

Yogi A, Callera G E, Antunes T T, et al. 2010. Vascular biology of magnesium and its transporters in hypertension. Magnesium Research, 23(4): 207−215.

Yogi A, Callera G E, Antunes T T, et al. 2011. Transient receptor potential melastatin 7 (TRPM7) cation channels, magnesium and the vascular system in hypertension. Circulation Journal, 75(2): 237−245.

Yuan B F, Xue Y, Luo M, et al. 2007. Two DNAzymes targeting the telomerase mRNA with large difference in $Mg^{2+}$ concentration for maximal catalytic activity. The International Journal of Biochemistry & Cell Biology, 39(6): 1119−1129.

Zehender M, Meinertz T, Faber T, et al. 1997. Antiarrhythmic effects of increasing the daily intake of magnesium and potassium in patients with frequent ventricular arrhythmias. Journal of the American College of Cardiology, 29(5): 1028−1034.

Zhang Y, Xun P, Wang R, et al. 2017. Can magnesium enhance exercise performance? Nutrients, 9(9): 946.

陈晓辉(福建农林大学资源与环境学院 国际镁营养研究所)

# 第二篇

# 镁对作物产量与品质的影响

第 11 章

# 中国农业施用镁肥提质增效潜力分析

随着农作物经济效益的提高,我国化肥氮磷钾的投入量高于作物生长的需求量,但忽视了包括镁在内的其他营养元素的补充,尤其是南方地区的蔬菜、果树等经济作物,田间缺镁症状较为普遍,镁营养已成为限制作物产量和品质提升的限制性因素之一。缺镁土壤不能为作物生长提供充足的镁营养,而过量的镁很少直接对作物有害,但会抑制对钙、钾、锰等营养元素的吸收,影响作物正常生长(Huber and Jones,2013)。缺镁不仅抑制作物生长,生育期延缓(Clark,1984),也影响产量和品质(Graeff et al., 2001;Yang et al.,2012;Cakmak,2013;Verbruggen and Hermans,2013)。

白由路等(2004)调研结果表明,我国 8%土壤严重缺镁(<60 mg · $L^{-1}$),13%缺乏(60~120 mg · $L^{-1}$),33%中等水平(120~300 mg · $L^{-1}$),而处于丰富(300~600 mg · $L^{-1}$)和极丰富(>600 mg · $L^{-1}$)的土壤分别占 34%和 12%。随着工业和农业产业的快速发展,很多地区酸沉降现象加剧,镁在酸性土壤中溶解流失加重,高渗滤或沙质土壤中的镁含量通常很低。作物生产中的镁缺乏症在强酸性土壤中更为常见(Fageria and Souza,1991;Mayland and Wilkinson,1989)。土壤 $Mg^{2+}$ 的缺乏也可能发生在阳离子交换能力低的湿润地区和质地较粗土壤中。据全国土壤普查资料,我国缺镁土壤面积达 553.3 万 $hm^2$,约占全国耕地总面积的 6%(范可正等,2001)。

## 11.1 国内外农业生产中镁营养研究进展

1960—1990 年,农业绿色革命实现了粮食增产,解决了大量人口对粮食的需要(FAO,1996;Tilman et al.,2002;Welch,2002),但粮食产量的攀升却伴随着籽粒镁浓度的下降(Murphy et al.,2008;Fan et al.,2008;Ficco et al.,2009)。这个时期,美国和英国地区的多种水果、蔬菜中的养分浓度和品质逐渐下降(Davis et al.,2004;Davis,2009),这不仅是因为优势品种选择的原因(Farnham et al.,2000;Broadley et al.,2008),作物也没有得到所需的镁营养补给。缺镁条件下,蔗糖从源组织(成熟叶片)向库器官(果实/籽粒、幼叶、根/块茎)的运输受到抑制(Cakmak et al.,1994;Hermans et al.,2005;Cakmak and Kirkby,2008),就会降低作物生物量形成及产量,如玉米(Jezek et al.,2015)、向日葵(Lasa et al.,2000)、甜菜(Terry and Ulrich,1974)、菠菜(Ze et al.,2009)、柑橘(Tang et al.,2012;Yang et al.,2012)等。

我国不同地区土壤镁浓度变异较大,谢建昌等(1963)对南方红壤区土壤的镁素供应状况进行调查,发现在我国的大面积红壤中,土壤全镁含量一般为 0.6～3 $g \cdot kg^{-1}$。黄鸿翔等(2000)对江西、广西、广东、湖南和海南等地 7 种土壤类型分析结果表明,调研地区平均有效镁浓度为 37.2 $mg \cdot kg^{-1}$。林齐民和陈举鸣(1986)对福建省 9 种土壤类型分析表明,平均全镁含量为 0.33%,与陆集卿等(1985)调研结果一致。李春英等(2000)研究表明,福建省主烟区 80%以上的土壤交换镁浓度为 31.8 $mg \cdot kg^{-1}$。湖北省西南恩施地区约有 67%的土壤严重缺镁(袁家富等,2002)。北方地区也有报道,如山东(卢丽萍和高贤彪,1995)、山西(丁玉川等,2012;刘艳等,2014)、沈阳(姜勇等,2003)等地的土壤有效镁含量相对较高,但由于 Ca/Mg 和 K/Mg 等问题也影响土壤中镁的有效性。设施栽培和露地栽培两种种植模式土壤养分变化差异较大,余海英(2006)对山东寿光、辽宁沈阳、辽宁北宁、江苏常州、四川双流等地区设施和露地蔬菜模式土壤调研结果表明,在同一地区设施土壤 $Ca^{2+}$、$Mg^{2+}$、$K^{+}$、$Na^{+}$ 含量均高于露地,以山东寿光地区设施和露地土壤为例,露地土壤 66%缺镁,100%缺钾;设施土壤 61%有效镁和 90%速效钾含量处于高水平(余海英,2006);在山东烟台地区,设施蔬菜土壤有效镁浓度为 525～999 $mg \cdot kg^{-1}$,有效钾和交换性钙浓度分别为 108～159 $g \cdot kg^{-1}$ 和 2.12～3.45 $g \cdot kg^{-1}$(张瑞峰,2015)。

全国多地区作物出现镁营养缺乏现象。为明确不同作物的镁营养状况,各区域通过大量的田间调研采样分析:福建省烤烟(高伟民,2009)、香蕉(郭义龙,2005)、蜜柚(林锋,2013;黄绿林,2015)、茶叶(吴洵,1998;侯玲利等,2009)等经济作物产区土壤镁养分状况调研均表明超过 50%的土壤缺镁,补镁使作物的产量和部分品质得到了改善;湖南、安徽、重庆烤烟种植区约有 40%～90%土壤中交换性镁偏低,66%～76%的烟叶缺镁(张国等,2009;李孝良等,2009;徐畅等,2010;向鹏华等,2013),但云南腾冲市烤烟田土壤有效镁平均值为 565.4 $g \cdot kg^{-1}$,植烟土壤有效镁分布不均匀,部分地块严重缺镁(陈建军等,2012)。海南、广东、广西等 3 省橡胶缺镁严重,种植区交换性镁含量占全镁含量的 0.9%～6.1%(陈宝三,1986)。果树、蔬菜缺镁现象普遍,尤其在南方地区,海南菠萝种植区土壤交换性镁含量均值仅有 10.44 $mg \cdot kg^{-1}$,且 99%的土壤 pH 小于 5.5(郭继阳等,2019);广东省蔬菜种植区调研结果表明,65%土壤缺镁,45%土壤 pH 低于 5.5(郭巨先等,2010);浙江常山胡柚种植于丘陵山地,土壤养分贫瘠,有效镁含量极低(张晓栋,2011;胡育化,2013)。可见,缺镁已经成为我国南方农业生产中影响作物产量和品质的一个重要的限制因子。

作物缺镁是一种常见的营养失调现象,影响农产品的产量和质量(Graeff et al.,2001;Yang et al.,2012;Cakmak,2013;Verbruggen and Hermans,2013)。可持续农业发展应维持土壤有效镁的供应,保障作物的生长,然而镁在施肥时经常被忽视(Malavolta,2006)。Bolton 和 Penny(1968)在英国开展了 7 种作物的镁肥定位试验(1960—1967 年)表明,施镁可以提高作物干物质重和产量,如马铃薯(11.0%)、甜菜(4.8%)、甘蓝(5.3%)、大麦(5.0%)、黑麦草(2.7%)、三叶草(6.0%)等。Orlovius 和 Mchoul(2015)在英国的研究也表明,施用镁肥可使甜菜和马铃薯平均增产 5%左右，显著提高了两种作物叶片镁浓度和甜菜的糖含量。在土耳其和波兰施用镁肥也可以提高牧草 2%左右干物质量（Aydin and Uzun，2008；Cwalina-Ambroziak et al.，2012）。给波兰的萝卜和洋葱（Kleiber et al.，2012；Poberezny et al.，2012）、土耳其的向日葵（Ertiftik and Zengin，2016）等田间作物施用镁肥，都获得了对作物产量的正效应结果。施用叶面肥也能改善缺镁作物的营养状况和产量（Neuhaus et al.，2014）。

在我国施用镁肥也可以提高作物的产量和相关品质。大量研究表明，在缺镁的土壤上施用矿质镁肥可以明显改善粮食、水果、蔬菜以及其他多种经济作物的生长状况、产量以及品质（蒋式洪和何云峰，1994）。早在 20 世纪 60 年代，谢建昌等（1965）在红壤地区缺镁稻田和旱地上进行了水稻、大豆镁肥的肥效试验，发现施用硫酸镁肥 187.5 $kg \cdot hm^{-2}$，可使水稻增产 5%～18%，大豆平均增产 23.5%；施用镁肥可以明显提高水稻有效分蘖数、千粒重和产量（李延等，1994；高菊生等，2000；李晓鸣，2002），也能提高食味品质（田中义郎，1991；杨文祥等，2006），但过量施镁的水稻品质会下降（殷大伟等，2010）。杨利华等（2003）研究表明，镁肥过多对玉米产量没有改善。缺镁的烤烟经济产量、中上等烟比例分别降低 3.2%和 2.5%（冯红柳，2010），增施镁肥显著提高了烤烟的评吸品质（聂新柏和靳志丽，2003）、产量和产值（徐畅，2010）。在适宜的镁水平下，番茄叶片叶绿素含量、株高、挂果量及果实产量显著提高（赵冰等，2006）。

对于多年生作物，作物体内会有养分积累循环，不同组织中镁养分含量是不同的。荔枝植株的叶片中镁累积量约占整株镁养分的 50%，其次为茎，根系中含量最少（陈锦瑞和陈菁，2012），不同作物各组织的生物量和镁浓度也不尽相同。一般镁浓度为叶片＞果实＞枝条组织（吴洵和王晓萍，1987；李鑫等，2007）。田间试验结果表明，施镁可以提高茶叶的水浸出物、氨基酸等含量，改善茶叶品质（朱永兴和陈福兴，2003）；也可提高葡萄果实的糖酸比、可溶性固形物和总糖含量，降低可滴定酸，提高果实品质（韩艳婷，2011），对荔枝和香蕉果实产量也有增加作用（郭义龙，2005；李国良等，2007）。

## 11.2 我国土壤镁养分现状

国际镁营养研究所和全国镁营养研究协作网收集整理了全国 28 个省（直辖市、自治区）（不含西藏、青海、天津、台湾）共 10 382 个土壤交换性镁浓度测试结果。数据样本来源包括镁营养研究协作网实地调研采样数据（镁营养研究协作网合作单位提供），全国茶叶体系的茶叶种植区土壤数据，全国油菜体系的油菜种植区土壤数据，农业部全国测土配方施肥调研数据，及汇总发表文献报道数据。收集样本的分析结果表明：现阶段我国土壤交换性镁浓度平均值为 160.5 $mg \cdot kg^{-1}$，基本呈北高南低的变化趋势，整体变化规律与全国土壤环境背景值趋势一致（国家环境保护局，1990）。其中南、北方平均值分别为 94.3 $mg \cdot kg^{-1}$ 和 393.0 $mg \cdot kg^{-1}$，六大农业生产区土壤交换性镁浓度分布状况从高到低依次为：华北＞东北＞西北＞长江中下游＞西南＞东南。就各省的平均值而言，我国土壤有效镁浓度较低的省份主要集中在长江以南地区，除了四川（131.8 $mg \cdot kg^{-1}$）、江苏（283.5 $mg \cdot kg^{-1}$）和上海（344.8 $mg \cdot kg^{-1}$）3 个地区的土壤交换性镁浓度平均值高于 120 $mg \cdot kg^{-1}$ 以外，其他 11 个省份（福建、海南、广西、云南、浙江、江西、贵州、广东、湖南、重庆、安徽）均低于 120 $mg \cdot kg^{-1}$，尤其是福建、云南、海南、广西 4 省(自治区)低于 60 mg·kg$^{-1}$,浙江、江西、贵州、广东、湖南、重庆、安徽 7 省(直辖市)平均值在 60～120 mg·kg$^{-1}$。全国土壤交换性镁浓度大于 300 mg·kg$^{-1}$ 的省份主要分布在北方,包含新疆、吉林、内蒙古、辽宁、甘肃、山西和山东 7 省(自治区)。山东省土壤交换性镁浓度居全国之首,平均 532.0 mg·kg$^{-1}$(图 11-1)。

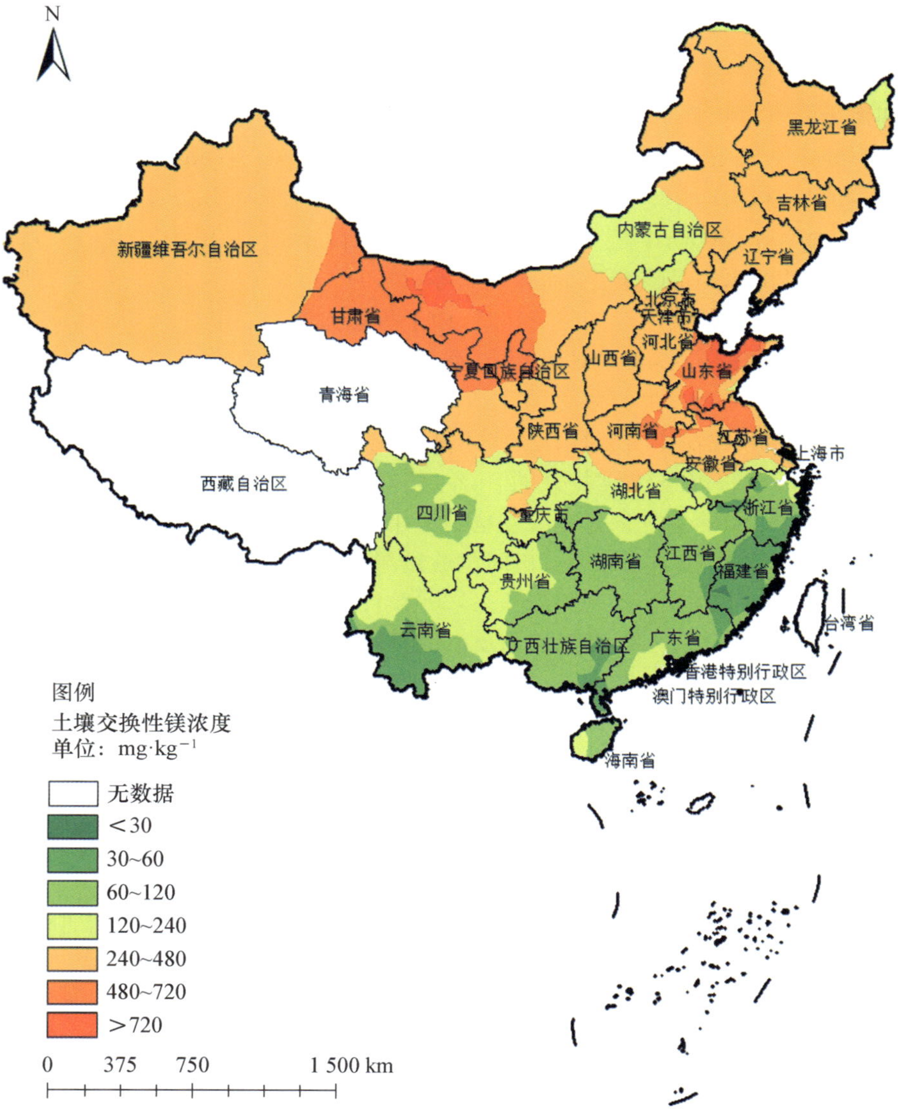


图 11-1 我国土壤镁养分状况分布图($n$=10 382)

根据目前收集到的 10 382 个土壤镁养分数据,结合我国田间作物生长状况与土壤镁养分浓度关系,全国土壤镁养分现状的分布比例为:45.3%的土壤严重缺镁(<60 mg·kg$^{-1}$),18.3%处于缺乏水平(60～120 mg·kg$^{-1}$),16.4%处于中等水平(120～240 mg·kg$^{-1}$),12.9%处于偏高水平(240～480 mg·kg$^{-1}$),处于丰富(480～720 mg·kg$^{-1}$)和极丰富(>720 mg·kg$^{-1}$)的比例分别为 4.0%和 3.0%(图 11-2)。

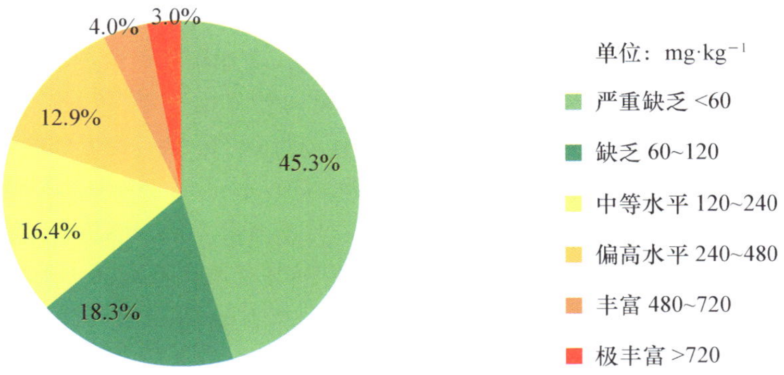


图 11-2　我国土壤镁养分丰缺占比状况（$n$＝10 382）

## 11.3 施用镁肥提高作物产量的整合分析

运用整合分析（Meta 分析）方法，通过对大量已发表文章结果进行重新挖掘可以得到新的认识和理解，在农业生产得到广泛应用（Cui et al.，2013；Pittelkow et al.，2014；Huang et al.，2015；He et al.，2017）。2019 年，Hauer-Jákli 和 Tränkner（2019）通过 Meta 分析方法总结了作物叶片的镁临界值及镁对植物生长和光氧化防御的影响；2020 年 Wang 等（2020）通过 Meta 分析方法对田间镁肥增产效果和镁肥农学效率进行了报道。为了分析评价我国田间镁肥施用对作物生产的影响，这一研究通过中国知网（http://www.cnki.net/）收集了 1960 年到 2019 年之间发表的 77 篇我国田间镁肥试验文献，建立了田间镁肥试验效果数据库（样本量 $n$＝382），试验分布在全国 18 个省份，所有结果均为田间试验数据，不包括室内试验；所有研究以不施镁肥为对照，施用镁肥为处理组，其他条件一致，镁肥为单一变量。采用 Meta 分析方法：①评价田间施用镁肥对作物产量及相应农学效率的总体影响；②理解不同种植作物和施肥条件下施用镁肥的产量效应；③提出不同土壤交换性镁和 pH 水平条件下施用镁肥的策略。

根据作物的类型和特点分为 8 组：粮食类、水果类、蔬菜类、块茎类、油料作物、甘蔗、烟草、茶叶。根据土壤 pH 和土壤交换性镁水平分别分为酸性（pH＜6.5）、中性（pH 6.5～7.5）和碱性（pH＞7.5）土壤 3 类；缺镁（＜60 mg·kg$^{-1}$）、中等（60～120 mg·kg$^{-1}$）和相对充足（＞120 mg·kg$^{-1}$）3 类。镁肥分为两类：(1)缓释型（Mg-S）肥料，包括氧化镁、氢氧化镁、白云石、碳酸镁和钙镁磷肥等；(2)速溶型（Mg-R）肥料，包括一水硫酸镁、七水硫酸镁、氯化镁和硫酸钾镁。镁肥用量（折算为 MgO）分为＜50、50～100 和＞100 kg MgO·hm$^{-2}$。

施用镁肥对作物产量的效果评价根据公式 $\ln R=\ln(Xt/Xc)$ 计算效应值（Response Ratio，$\ln R$），其中 $\ln R$ 为响应比的自然对数，$Xt$ 和 $Xc$ 分别为施镁肥处理和不施镁肥处理的作物产量（Hedges et al.，1999；Verena et al.，2012）。考虑到超过 50%的产量数据没有提供方差，本研究采用 R 语言混合效应模型（Mixed Effects Models），考虑了研究数量和试验数量实现对每个观测值进行加权。为了更清楚地解释和表达镁肥的增产效果，根据“增产率＝$(R-1)\times100\%$”将效应值转化为产量变化的百分数来表示。增产率为正百分数值表示施镁肥增加作物产量，负值表示降低。

如果 95% 置信区间 CI 没有与横坐标的 0 线重叠表明具有显著性差异(Hedges et al.,1999)。

我国在田间土壤施用镁肥提高了大多数作物的产量,增加幅度取决于作物品种、土壤条件、镁肥的施用量和其他因素。分析结果表明,通过施镁肥可使作物产量平均提高 9.6%,显著增加了甘蔗(15.2%)、块茎类(12.8%)、水果类(11.5%)、烤烟(9.9%)、蔬菜类(9.8%)、油料类(8.8%)、粮食类(7.7%)和茶叶(6.7%)等作物的产量($P<0.01$,图 11-3)。对 8 组分类作物通过 SPSS(Statistical Product and Service Solutions)软件进行单因素方差齐性检验,表明镁肥对不同作物的增产效果存在显著性差异($P<0.01$,图 11-3),其中,甘蔗增产显著高于油料类、粮食类和茶叶作物。以不施镁处理作为对照(CK),通过 72 对作物叶片镁浓度值进行配对样本 $T$ 检验分析结果表明,施镁(+Mg)可以显著提高作物叶片镁浓度 33.7%($P<0.01$,图 11-4)。

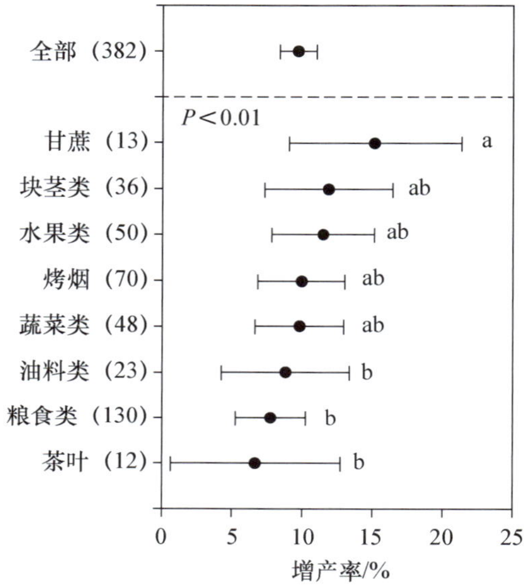


图 11-3 施用镁肥对不同作物产量的影响

黑色圆点表示产量变化的平均值±95% CI(置信区间),纵坐标括号内数字表示研究观测值,小写字母不同表示不同作物之间增产率存在显著差异。

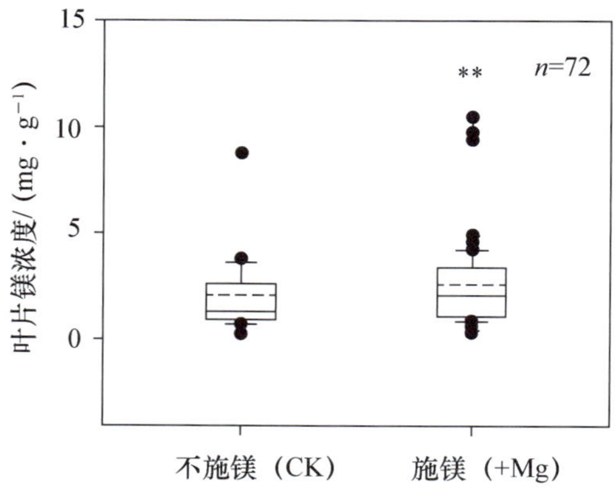


图 11-4 与不施镁处理相比,施镁对作物叶片中镁浓度变化的影响

箱图中矩形的上下界线分别为 75% 和 25% 点位值;矩形中的实线和虚线分别表示中值和平均值;$n$ 表示样本量。** 表明两组数据间有统计学意义($P<0.01$)。

作物通过根系从土壤中获取矿质养分，维持生长发育(Hodge，2004；Nibau et al.，2008)。土壤条件，如交换性镁浓度和 pH 直接影响作物获取镁营养的多少，从而影响作物成长和产量形成(Foy and Barber，1958；Fox and Piekielek，1984；Clarka et al.，1997)。本研究结果显示，我国南方地区施用镁肥的作物增产效果显著高于北方地区(图 11-5)。

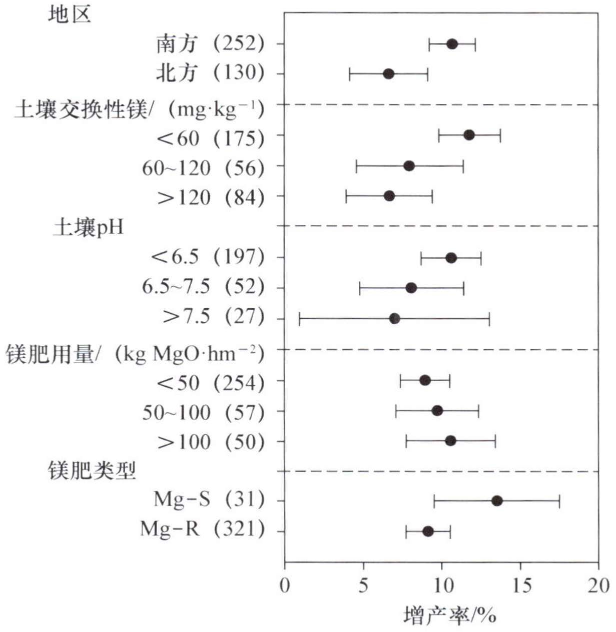


图 11-5 施用镁肥对作物产量的影响

镁肥类型 Mg-R 和 Mg-S 分别为速溶型镁肥和缓释型镁肥。

在缺镁和酸性土壤上施用镁肥对作物产量均有明显提高(图 11-5)。在不同交换性镁水平的土壤上施用镁肥增产效果不同，交换性镁浓度低于 60 mg·kg$^{-1}$ 和 60～120 mg·kg$^{-1}$ 土壤上施用镁肥分别提高作物产量 11.8%和 8.0%，即使在交换性镁浓度较高(>120 mg·kg$^{-1}$)的土壤上，施用镁肥同样增产 6.7%(图 11-5)。此外，在不同土壤 pH 条件下施用镁肥增产效果有差异，在酸性(pH<6.5)、中性(6.5～7.5)和碱性(pH>7.5)土壤条件下施镁肥分别提高作物产量 10.6%，8.0%和 7.1%(图 11-5)。田间施用镁肥的增产效果受到施肥管理和土壤条件的交互影响，土壤交换性镁浓度因素对产量的影响更为关键，随着土壤中交换性镁浓度和 pH 的增加，施镁肥对作物增产效果逐渐降低。镁肥的用量与作物增产呈正相关，随着镁肥用量的增加，增产趋势减弱。施用不同镁肥类型，如缓释型 Mg-R 和速溶型 Mg-S 分别增产 6.6%和 10.7%。施用 Mg-S 型镁肥增产较高，与本研究中收集到的我国南方试验数据($n$=252)多于北方地区($n$=130)有关。我国南方土壤 pH 较低，缓释型镁肥(氧化镁、氢氧化镁、白云石、碳酸镁和钙镁磷肥等)溶解后可缓解土壤酸性，且释放缓慢可能在南方强降雨地区淋洗风险较低，养分利用效率较 Mg-R 较高。因此，根据我国不同区域土壤条件和气候降雨条件选择适宜的镁肥类型和用量是田间作物镁养分管理的基本原则。

## 11.4 施用镁肥对作物的提质增效田间效果

国际镁营养研究所(IMI)和全国镁营养研究协作网(NMN)自 2016 年开始在全国开展了土壤、作物镁养分状况以及农户施肥调查。根据 NMN 成员在调研农户田间采集的 3 463 份土壤样本进行的测试分析结果,0～20 cm 土层的土壤 pH 平均值为 5.3,交换性镁浓度 224.1 mg·$kg^{-1}$。其中 55%土壤 pH 低于 5.0,46%土壤交换性镁浓度低于 60 mg·$kg^{-1}$。土壤 pH 与交换性镁浓度呈正相关($P<0.01$)。根据调研农户的 2 699 份问卷调查结果,农户田间养分管理粗放,化肥氮磷钾总量投入普遍过高,镁肥投入农户和用量很少。与大量施用氮磷钾相比,大部分农户在生产中没有施用镁肥,所有调研区域 2 699 户农民仅有 4 个区域中的 424 户施用过镁肥,且施镁肥农户的平均投入量仅有 2.3～67.5 kg MgO·$hm^{-2}$,低于磷肥投入的 10%。在福建蜜柚、广东冬瓜、海南菠萝和山东番茄 4 个区域作物调研中,分别有 62%、5%、43%和 42%的农户施镁肥,这 4 个地区施镁肥农户的平均镁肥施用量分别为 67.5、10.3、23.2 和 2.3 kg MgO·$hm^{-2}$。

NMN 成员在全国 14 个省份共选择 16 种作物布置了 37 个 2+$X$ 试验和 19 个镁水平定位试验(表 11-1),镁肥试验均在优化 NPK 用量的基础上补充镁肥。

(1)2+$X$ 试验,包括农民常规施肥和优化氮磷钾处理,在优化氮磷钾基础上添加一个 $X$ 处理(添加不定量的镁肥);

(2)镁水平定位试验:优化氮磷钾处理(优化 NPK,且不施镁肥)和优化氮磷钾+不同镁肥用量(至少 3 个镁水平:Mg1,Mg2,Mg3……)。

镁肥试验结果表明:与优化氮磷钾处理相比,我国田间作物施用镁肥平均增产 7.8%($n=110$,图 11-6)。分析不同类型作物产量的变化可发现,施镁后一年生经济作物的增产最高,多年生作物增产居中,粮食作物增产最低。油料作物增产 18.4%,马铃薯 15.5%,甘蔗 11.6%,蔬菜 8.6%,水果 7.1%,茶叶 6.9%,粮食 2.1%(图 11-6)。同时,施镁也增加了作物组织中的镁浓度,叶片镁浓度平均提高 7.6%,其中油料类提高 23.8%,蔬菜 17.6%,甘蔗 12.9%,粮食类 4.3%,水果 1.4%,茶叶 0.3%(图 11-7A);收获器官的镁浓度平均提高 5.2%,其中甘蔗提高 10.2%,蔬菜提高 7.4%,油料类 2.7%,粮食类 1.6%,水果 0.1%(图 11-7B)。

此外,NMN 成员完成的镁水平试验结果表明,与不施镁肥处理相比,施用镁肥增加了不同作物的品质指标,如施镁肥提高了茶叶芽头数、冬瓜果实直径和千粒重、葡萄单果重、小麦分蘖数及穗粒数、水稻千粒重、油菜收获密度等产量构成指标及外观品质(表 11-2)。施镁也提高了多数作物内在品质,对水果类作物,施镁肥提高了蜜柚果实可溶性糖含量,柑橘果实维生素 C 和可溶性固形物,脐橙果实维生素 C 含量,葡萄果实可溶性糖、维生素 C 及可溶性固形物;对蔬菜类作物,施镁提高了甜椒果实维生素 C 含量、冬瓜叶片可溶性糖浓度。施镁也提高了粮食类作物水稻籽粒氮、磷养分浓度,油菜含油量,甘蔗中可溶性糖及总糖含量等作物品质指标(表 11-2)。

**表 11-1 全国 2+X 和镁水平试验点在各省的研究数量及作物**

| 试验地区 | 2+X 试验 | | 镁水平试验 | |
|---|---|---|---|---|
| | 试验点数量 | 作物 | 试验点数量 | 作物 |
| 黑龙江 | 2 | 水稻 | | |
| 内蒙古 | 2 | 马铃薯 | | |
| 新疆 | | | 2 | 葡萄 |
| 山东 | 2 | 设施番茄 | | |
| 江苏 | 1 | 设施黄瓜 | 1 | 设施黄瓜 |
| | 1 | 水稻 | 1 | 水稻 |
| | | | 1 | 小麦 |
| 浙江 | 4 | 茶叶 | | |
| 湖北 | 1 | 油菜 | 1 | 油菜 |
| | 1 | 花生 | 2 | 水稻 |
| 四川 | 4 | 柑橘 | 1 | 柑橘 |
| 贵州 | 1 | 辣椒 | 1 | 辣椒 |
| 江西 | 2 | 脐橙 | 1 | 脐橙 |
| | 4 | 茶叶 | 2 | 茶叶 |
| 福建 | 1 | 蜜柚 | 2 | 蜜柚 |
| | 1 | 设施甜椒 | 1 | 设施甜椒 |
| 广东 | 3 | 冬瓜 | 1 | 冬瓜 |
| | 5 | 甘蔗 | 1 | 甘蔗 |
| 海南 | 2 | 辣椒 | 1 | 辣椒 |

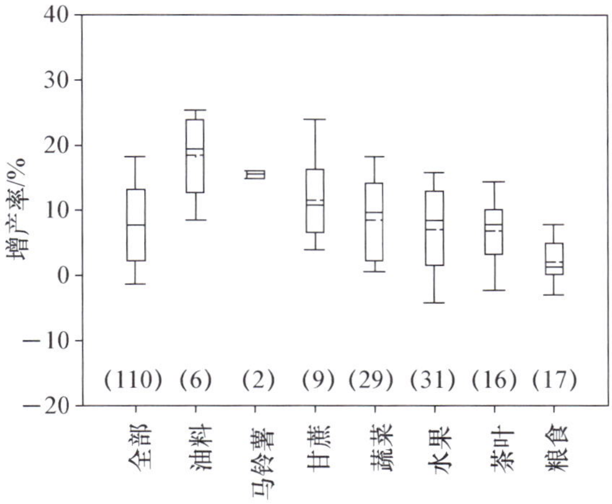


图 11-6 田间施用镁肥对不同作物产量变化的影响

箱图中 3 条实线分别为 75%、50%和 25%点位值，黑色实线和虚线分别表示中值和平均值，括号里的数表示样本量。下同。

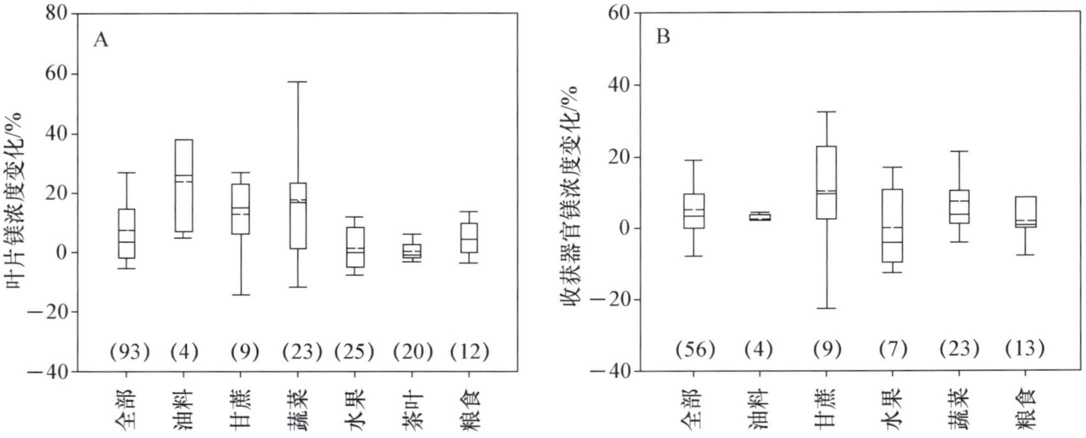


图 11-7　田间施用镁肥对不同作物叶片(A)和收获器官(B)组织镁浓度变化的影响

表 11-2　施用镁肥对不同区域作物品质的影响

| 试验地点 | 作物 | 试验点数量 | 镁肥用量(MgO)†/(kg·hm$^{-2}$) | 品质‡ |
|---|---|---|---|---|
| 福建安溪 | 茶叶 | 2 | 70 | 芽头数＋ |
| 福建平和 | 蜜柚 | 2 | 255 | 可溶性糖＋ |
| 福建诏安 | 甜椒 | 1 | 50 | 维生素C＋ |
| 广东广州 | 冬瓜 | 1 | 150 | 果实直径＋，千粒重＋，叶片可溶性糖＋ |
| 广东湛江 | 甘蔗 | 1 | 80 | 果实可溶性糖＋，总糖含量＋ |
| 海南临高 | 辣椒 | 1 | 31 | |
| 贵州锦屏 | 辣椒 | 1 | 113 | |
| 四川丹棱 | 柑橘 | 1 | 230 | 维生素C＋＋，可溶性固形物＋ |
| 江西赣州 | 脐橙 | 1 | 45 | 维生素C＋＋＋ |
| 湖北武穴 | 水稻 | 2 | 30 | 千粒重＋ |
| 湖北武穴 | 油菜 | 1 | 45 | 含油量＋，收获密度＋，穗粒数＋ |
| 江苏如皋 | 小麦 | 1 | 40 | 分蘖数＋，穗粒数＋ |
| 江苏溧阳 | 黄瓜 | 1 | 60 | |
| 江苏如皋 | 水稻 | 1 | 40 | 籽粒氮和磷养分浓度＋＋ |
| 新疆石河子 | 葡萄 | 2 | 15 | 果实可溶性糖＋，维生素C＋，可溶性固形物＋，单果重＋ |

† 指达到最高产量时所用的镁肥用量；‡ 品质指标中符号“＋”“＋＋”“＋＋＋”表示品质增加0%～5%、5%～10%、10%～20%范围。

## 11.5 小结与展望

近年来，随着氮磷钾等化肥用量增加，有机肥用量锐减。同时随着我国人口对粮食的需求增加，复种指数不断提高，农田土壤中的镁元素逐渐耗竭；土壤中镁离子的水合半径较大，与土壤的吸附能力较弱，在湿润降雨频繁地区，土壤中镁的淋失严重（Shaul，2002；Maguire and Cowan，2002）。全国镁营养研究协作网的调研结果说明，目前农户施用镁肥数量较少，土壤长期缺少镁肥的补充，使不少作物已表现出明显的缺镁症状。

目前我国有超过 63%的土壤缺镁或严重缺镁（$<60\sim120\ mg\cdot kg^{-1}$），严重影响作物生长、品质和养分利用率的提高。当土壤镁浓度高于 $60\ mg\cdot kg^{-1}$ 时，施用镁肥依然可以提高作物产量。但另一方面，大多数作物产量随着镁肥用量的增加呈先增加后不变或者降低趋势，说明过高的镁肥投入并不能继续增加产量。镁过量一般没有特定的毒性症状（Turner et al.，2010；Farhat et al.，2016），但当作物组织中的镁含量过高时，会引起 Mg 与 Ca 或 K 元素之间的不平衡而影响作物生长，以及产量和品质（Gerendás and Führs，2013）。因此，应结合土壤条件及作物生长情况选择适宜的镁肥类型和用量，才能提高肥料利用效率。

总之，尽管我国农业投入氮磷钾化肥对农作物生产做出了巨大贡献，但养分高投入也是造成土壤、作物缺镁的潜在因素，从而影响作物的产量与品质形成。目前的养分管理研究中，对土壤有机质、pH、碱解氮、有效磷、速效钾等常用指标关注较多，而对镁及其他中微量元素的关注较少。土壤缺镁需要通过人为投入镁营养进行补充：①结合土壤条件、作物养分需求选择适宜的镁肥类型和用量，一般在作物根系活跃区域进行埋施，提高土壤有效镁含量；②应该考虑与其他元素配合施用，发挥镁与其他元素间的协同作用，以提高肥料的使用效率（Römheld and Kirkby，2010；Grzebisz et al.，2010）。2016 年成立的国际镁营养研究所在全国推进的镁营养基础研究和应用研究，将对我国农业生产中镁肥的生产和推广应用起到积极的推进作用，并将为我国农业生产的提质增效和绿色发展做出重要的贡献。

## 参考文献


白由路，金继运，杨俐苹. 2004. 我国土壤有效镁含量及分布状况与含镁肥料的应用前景研究. 土壤肥料，(2)：3-5.

陈宝三. 1986. 两广植胶区土壤中钾钙镁养分含量状况. 热带作物研究，4：32-39.

陈建军，沈晗，招启柏，等. 2012. 云南腾冲火山区域主要植烟区土壤养分状况分析. 作物研究，26(2)：157-160.

陈锦瑞，陈菁. 2012. 妃子笑荔枝树体镁素分布及累积特点. 热带农业科学，(12)：1-4.

丁玉川，焦晓燕，聂督，等. 2012，山西农田土壤交换性镁含量、分布特征及其与土壤化学性质的关系. 自然资源学报，(2)：311-321.

范可正，冯元琦，曾宪坤. 2001. 中国肥料手册. 北京：中国化工信息中心.

冯红柳，刘永贤，郑希，等. 2010. 镁、硼对烤烟生长发育与产品质量的影响. 广西农业科学，41(3)：244-247.

高菊生，陈福兴，秦道珠，等. 2000. 湘南红壤稻田施用镁肥对水稻的增产效果. 湖南农业科学，(4)：21-22.

高伟民. 2009. 南平烟区镁素营养状况与施镁效应研究：[硕士学位论文]. 长沙：湖南农业大学.

郭继阳,张汉卿,杨越,等.2019.基于因子-聚类分析的菠萝园土壤养分状况评价.土壤通报,50(1):137-143.

国家环境保护局.1990.土壤环境背景值研究概论.北京:中国环境科学出版社.

郭巨先,陈琼贤,曹健,等.2010.广东主要菜田土壤养分状况及施肥建议.中国蔬菜,1(8):41-45.

郭义龙.2005.漳州香蕉园土壤镁素分布状况及施镁效应研究.土壤肥料,(2):38-41.

韩艳婷.2011.葡萄镁营养生理机制研究:[博士学位论文].长沙:湖南农业大学.

侯玲利,陈磊,郭雅玲,等.2009.福建省铁观音茶园土壤镁素状况研究.植物营养与肥料学报,(1):137-142.

胡育化.2013.连续两年施用钙、镁、硼肥对常山胡柚叶片黄化和果实品质的影响:[硕士学位论文].武汉:华中农业大学.

黄鸿翔,陈福兴,徐明岗,等.2000.红壤地区土壤镁素状况及镁肥施用技术的研究.土壤肥料,5:19-23.

黄绿林.2015.平和县琯溪蜜柚果园土壤镁含量与缺镁矫治.东南园艺,3(5):10-12.

姜勇,张玉革,梁文举,等.2003.沈阳市郊耕地不同土属交换态钙镁铁锰铜锌含量状况的分析.农业系统科学与综合研究,(3):207-213.

蒋式洪,何云峰.1994.作物镁素营养与镁肥应用前景.化肥工业,(1):17-18.

李春英,高伟民,陈腊梅,等.2000.福建烟区土壤镁营养状况及其施用效果研究.河南农业大学学报,34(1):63-66.

李国良,姚丽贤,付长营,等.2007.香蕉钾镁配施效应研究.广东农业科学,(1):45-47.

李晓鸣.2002.矿质镁对水稻产量和品质影响的研究.植物营养与肥料学报,8(1):125-126.

李孝良,赵利凤,于群英.2009.安徽省水稻土中镁含量及其影响因素.安徽科技学院学报,(5):17-22.

李鑫,张丽娟,刘威生,等.2007.李营养累积、分布及叶片养分动态研究.土壤,(6):982-986.

李延,唐建海,李季芳.1994.水稻镁肥肥效及镁素营养诊断指标的研究.中国农学通报,10(2):12-14.

林锋.2013.琯溪蜜柚果园钙、镁、硫营养状况及缺镁矫治措施研究:[硕士学位论文].福州:福建农林大学.

林齐民,陈举鸣.1986.福建省主要土壤类型的镁素含量.福建农学院学报,(2):132-140.

刘艳,姚延梼,李彩珍,等.2014.晋中市左权县作物土壤有效镁营养状况分析.天津农业科学,20(8):38-41.

卢丽萍,高贤彪.1995.山东省土壤代换性镁含量分布特征及评价.山东农业科学,(6):28-30.

陆集卿,陈大勋,李双霖.1985.福建省主要土类代换性钾、钙、镁含量及其分布规律的研究.福建农学院学报,(2):134-142.

聂新柏,靳志丽.2003.烤烟中微量元素对烤烟生长及产品质量的影响.中国烟草科学,(04):30-34.

田中义郎. 1991. 良食味米高产的设想和实际. 东京:农山渔村文化协会.

吴洵,王晓萍. 1987. 红壤茶园镁的农化性质与茶树镁营养. 中国茶叶,(1):2-5.

吴洵. 1998. 安溪茶园土壤镁含量和施肥建议. 福建茶叶,(2):23-26.

向鹏华,单雪华,王国平,等. 2013. 衡阳烟区土壤镁及烟叶镁含量测定. 湖南农业科学,(13):61-62,66.

谢建昌,陈际型,朱月珍,等. 1963. 红壤区几种主要土壤的镁素供应状况及镁肥肥效的初步研究. 土壤学报,8(12):294-305.

谢建昌,马茂桐,朱月珍,等. 1965. 红壤区土壤中镁肥肥效的研究. 土壤学报,(4):377-386.

徐畅,高明,谢德体,等. 2010. 重庆市植烟区土壤镁素含量状况及施镁效应研究. 植物营养与肥料学报,16(2):449-456.

杨利华,郭丽敏,傅万鑫. 2003. 玉米施镁对氮磷钾肥料利用率及产量的影响. 中国生态农业学报,11(1):78-80.

杨文祥,王强盛,王绍华,等. 2006. 镁肥对水稻镁吸收与分配及稻米食味品质的影响. 西北植物学报,(12):2473-2478.

殷大伟,马德全,郑桂萍,等. 2010. 硅镁锌对寒地水稻品质的影响及其与产量的相关性. 中国稻米,16(2):26-29.

余海英. 2006. 设施土壤养分状况及盐分的累积、迁移特征:[硕士学位论文]. 成都:四川农业大学.

袁家富,邹焱,彭成林,等. 2002. 鄂西南烟区土壤的主要肥力特征分析. 湖北农业科学,(1):38-40.

张国,赵松义,相智华,等. 2009. 湖南烤烟烟叶中镁与土壤交换性镁含量的特征及关系分析. 中国烟草科学,(4):58-61.

张瑞峰. 2015. 烟台市设施土壤养分状况及有机肥对土壤养分影响的研究:[硕士学位论文]. 泰安:山东农业大学.

张晓栋. 2011. 浙江常山胡柚果实品质与钙镁硼营养的关系及调控:[硕士学位论文]. 武汉:华中农业大学.

赵冰,毛小云,廖宗文. 2006. 几种镁肥对番茄肥效的比较研究. 土壤通报,37(4):830-832.

朱永兴,陈福兴. 2003. 红壤丘陵茶园镁营养调控研究. 茶叶科学,23:34-37.

Aydin I,Uzun F. 2008. Potential decrease of grass tetany risk in rangelands combining N and K fertilization with MgO treatments. European Journal of Agronomy,29(1):33-37.

Bolton J,Penny A. 1968. The effects of potassium and magnesium fertilizers on yield andcomposition of successive crops of ryegrass,clover,sugar beet,potatoes,kale and barley on sandy soil at Woburn. Journal of Agricultural Science,70(3):303-311.

Broadley M R,Hammond J P,King G J,et al. 2008. Shoot calcium and magnesium concentrations differ between subtaxa,are highly heritable,and associate with potentially pleiotropic loci in *Brassica oleracea*. Plant Physiology,146:1707-1720.

Cakmak I,Hengeler C,Marschener H. 1994. Partitioning of shoot and root dry matter and carbohydrates in bean plants suffering from phosphorus, potassium and magnesium deficiency. Journal of Experimental Botany, 45(9):1245-1250.

Cakmak I, Kirkby E A. 2008. Role of magnesium in carbon partitioning and alleviating photooxidative damage. Physiologia Plantarum, 133:692-704.

Cakmak I. 2013. Magnesium in crop production, food quality and human health. Plant and Soil, 368:1-4.

Clark R B. 1984. Physiological Aspects of Calcium, Magnesium, and Molybdenum Deficiencies in Plants//Adams F. Soil Acidity and Liming, 2nd ed. Madison, USA: American Statistical Association.

Clarka R B, Zetoa S K, Ritcheya K D, et al. 1997. Maize growth and mineral acquisition on acid soil amended with flue gas desulfurization by-products and magnesium. Communications in Soil Science and Plant Analysis, 28(15-16):1441-1459.

Cui Z L, Yue S C, Wang G L, et al. 2013. In-season root-zone N management for mitigating greenhouse gas emission and reactive *n* losses in intensive wheat production. Environmental Science and Technology, 47, 6015-6022.

Cwalina-Ambroziak B, Wierzbowska J, Damszel M. 2012. The effect of mineral fertilization on achenes yield and fungal communities isolated from the stems of milk thistle *Silybum marianum* (L.) Gaertner. Acta Scientiarum Polonorum-Hortorum Cultus, 11(4):157-168.

Davis D R, Epp M D, Riordan H D. 2004. Changes in USDA Food Composition Data for 43 Garden Crops, 1950 to 1999. Journal of the American College of Nutrition, 23(6):669-682.

Davis D R. 2009. Declining fruit and vegetable nutrient composition: what is the evidence? HortScience, 44(1):15-19.

Ertiftik H, Zengin M. 2016. Response of sunflower to potassium and magnesium fertilizers in calcerous soils in central Anatolia of Turkey. Journal of Plant Nutrition, 39(12):1734-1744.

Fageria N K, De Souza C M R. 1991. Upland rice, common bean, and cowpea response to magnesium application on an oxisol. Communications in Soil Science and Plant Analysis, 22(17-18):1805-1816.

Fan M S, Zhao F J, Fairweather T S J, et al. 2008. Evidence of decreasing mineral density in wheat grain over the last 160 years. Journal of Trace Elements in Medicine and Biology, 22:315-324.

FAO, Agriculture and food security. 1996. //Global Perspectives Studies Unit and Food and Agriculture Organization of the United Nations(Eds). World food summit: Food for all. FAO Corporate Document Repository, Rome, Italy.

Farhat N, Elkhouni A, Zorrig W, et al. 2016. Effects of magnesium deficiency on photosynthesis and carbohydrate partitioning. Acta Physiologiae Plantarum, 38(6):1-10.

Farnham M W, Grusak M A, Wang M. 2000. Calcium and magnesium concentration of inbred and hybrid broccoli heads. Journal of the American Society for Horticultural Science,

125:344－349.

Ficco D B M, Riefolo C, Nicastro G, et al. 2009. Phytate and mineral elements concentration in a collection of Italian durum wheat cultivars. Field Crops Research, 111:235－242.

Fox R H, Piekielek W P. 1984. Soil magnesium level, corn (*Zea mays* L.) yield, and magnesium uptake. Communications in Soil Science and Plant Analysis, 15:109－123.

Foy C D, Barber S A. 1958. Magnesium deficiency and corn yield on two acid Indiana soils. Soil Science Society of America Journal, 22(2):145－148.

Gerendás J, Führs H. 2013. The significance of magnesium for crop quality. Plant and Soil, 368:101－128.

Graeff S, Steffens D, Schubert S. 2001. Use of reflectance measurements for the early detection of N, P, Mg and Fe deficiencies in *Zea mays* L. Journal of Plant Nutrition and Soil Science, 164:445－450.

Grzebisz W, Przygocka-Cyna K, Szczepaniak W, et al. 2010. Magnesium as a nutritional tool of nitrogen efficient management-plant production and environment. Journal of Elementology, 15:771－788.

Hauer-Jákli M, Tränkner M. 2019. Critical leaf magnesium thresholds and the impact of magnesium on plant growth and photo-oxidative defense: a systematic review and meta-analysis on 70 years of research. Frontiers in Plant Science, 10:766.

He G, Cui Z L, Ying H, et al. 2017. Managing the trade-offs among yield increase, water resources inputs and greenhouse gas emissions in irrigated wheat production systems. Journal of Cleaner Production, 164:567－574.

Hedges L V, Gurevitch J, Curtis P S. 1999. The meta-analysis of response ratios in experimental ecology. Ecology, 80:1150－1156.

Hermans C, Bourgis F, Faucher M, et al. 2005. Magnesium deficiency in sugar beets alters sugar partitioning and phloem loading in young mature leaves. Planta, 220:541－549.

Hodge A. 2004. The plastic plant: root responses to heterogeneous supplies of nutrients. New Phytologist, 162:9－24.

Huang M, Zhou X F, Cao F B, et al. 2015. Effects of fertilizer management practices on yield-scaled ammonia emissions from cropland in China: a meta-analysis. FieldCrops Research, 183:126－137.

Huber D M, Jones J B. 2013. The role of magnesium in plant disease. Plant and Soil, 368 (1－2):73－85.

Jezek M, Geilfus C M, Bayer A, et al. 2015. Photosynthetic capacity, nutrient status, and growth of maize (*Zea mays* L.) upon $MgSO_4$ leaf-application. Frontiers in Plant Science, 5: 1－10.

Kleiber T, Golcz A, Krzesiński W. 2012. Effect of magnesium nutrition of onion (*Allium cepa* L.): Part Ⅰ. Yielding and nutrient status. Ecological Chemistry and Engineering S, 19 (1):97－105.

Lasa B, Frechilla S, Aleu M, et al. 2000. Effects of low and high levels of magnesium on the response of sunflower plants grown with ammonium and nitrate. Plant and Soil, 225: 167−174.

Maguire M E, Cowan J A. 2002. Magnesium chemistry and biochemistry. Biometals, 15: 203−210.

Malavolta E. 2006. Handbook of Plant Mineral Nutrition. São Paulo, Brazil: Agronômica Ceres.

Mayland H F, Wilkinson S R. 1989. Soil factors affecting magnesium availability in plant-animal systems: a review. Journal of Animal Science, 67: 3437−3444.

Murphy K M, Reeves P G, Jones S S. 2008. Relationship between yield and mineral nutrient concentrations in historical and modern spring wheat cultivars. Euphytica, 163: 381−390.

Neuhaus C, Geilfus C M, Mühling K H. 2014. Increasing root and leaf growth and yield in magnesium deficient faba beans (*Vicia faba*) by $MgSO_4$ foliar fertilization. Journal of Plant Nutrition and Soil Science, 177: 741−747.

Nibau C, Gibbs D J, Coates J C. 2008. Branching out in new directions: the control of root architecture by lateral root formation. New Phytologist, 179: 595−614.

Orlovius K, Mchoul J. 2015. Effect of two magnesium fertilizers on leaf magnesium concentration, yield, and quality of potato and sugar beet. Journal of Plant Nutrition, 38(13): 2044−2054.

Pittelkow C M, Liang X Q, Linquist B A, et al. 2014. Productivity limits and potentials of the principles of conservation agriculture. Nature, 517(7534): 365.

Poberezny J, Wszelaczynska E, Keutgen A J. 2012. Yield and chemical content of carrot storage roots depending on foliar fertilization with magnesium and duration of storage. Journal of Elementology, 17(3). 479−494.

Römheld V, Kirkby E A. 2010. Research on potassium in agriculture: needs and prospects. Plant and Soil, 335: 155−180.

Shaul O. 2002. Magnesium transport and function in plants: the tip of the iceberg. Biometals, 15: 309−323.

Tang N, Li Y, Chen L S. 2012. Magnesium deficiency-induced impairment of photosynthesis in leaves of fruiting Citrus reticulata trees accompanied by up-regulation of antioxidant metabolism to avoid photo-oxidative damage. Journal of Plant Nutrition and Soil Science, 175: 784−793.

Terry N, Ulrich A. 1974. Effects of magnesium deficiency on the photosynthesis and respiration of leaves of sugar beet. Plant Physiology, 54: 379−381.

Tilman D, Cassman K G, Matson P A, et al. 2002. Agricultural sustainability and intensive production practices. Nature, 418: 671−677.

Turner T L, Bourne E C, Von Wttberg E J, et al. 2010. Population resequencing reveals local adaptation of *Arabidopsis lyrata* to serpentine soils. Nature Genetics, 42(3): 260−263.

Verbruggen N, Hermans C. 2013. Physiological and molecular responses to magnesium nutritional imbalance in plants. Plant and Soil,368:87-99.

Verena S,Navin R,Jonathan A F. 2012. Comparing the yields of organic and conventional agriculture. Nature,485:229-232.

Wang Z, Hassan U M, Nadeem F, et al. 2020. Magnesium fertilization improves crop yield in most production systems:a meta-analysis. Frontiers in Plant Science,10:1727.

Welch R M. 2002. The impact of mineral nutrients in food crops on global human health. Plant and Soil,247:83-90.

Yang G H,Yang L T,Jiang H X,et al. 2012. Physiological impacts of magnesium-deficiency in Citrus seedlings:photosynthesis,antioxidant system and carbohydrates. Trees,26:1237-1250.

Ze Y G,Zhou M,Luo L Y,et al. 2009. Effects of cerium on key enzymes of carbon assimilation of spinach undermagnesium deficiency. Biological Trace Element Research,131:154-164.

王正 李春俭 张福锁(中国农业大学资源与环境学院)

# 第 12 章

# 农业生产中科学施用镁肥及其应用效果

经过半个多世纪的发展，我国氮肥、磷肥、复合肥总产量和消费量居全球第一，为国家粮食安全提供了重要保障(FAO，2020)。然而，当前我国农业生产面临着化肥，尤其是氮磷肥施用过量的问题，导致增肥不增产、农产品品质低、养分利用效率低和环境污染大等重大问题。现阶段我国不合理施用化肥与农业绿色发展之间的矛盾越来越突出，无法满足进一步实现提质增效、绿色发展的需求。随着农业和肥料产业向绿色发展转型，肥料应用将逐步趋向养分平衡方向发展，人们逐渐认识到除氮磷钾以外其他元素对提高作物产量、品质和养分利用效率的重要作用。

镁是作物生长所必需的大量营养元素，植物体的需要量仅次于氮、钾和钙(Marschner，2012)。对作物产量的形成和品质的提高具有重要作用(Marschner，2012；Gerendás and Führs，2013)。然而，作物镁营养缺乏的问题日益突出，已成为集约化农业生产中的一个重要限制因素。我国的农作物，特别是经济作物缺镁现象普遍发生，尤其在南方酸性土壤地区，降雨量大，作物生物量大，年收获次数多，导致土壤镁淋洗和耗竭严重，以及过量使用氮磷钾肥料，都成为作物缺镁、限制产量和品质提高的重要原因(Römheld and Kirkby，2010；Cakmak and Yazici，2010；Rosanoff，2013；黄鸿翔等，2000；阮建云等，2002)。但不管是在科学研究还是在农业生产实践上，作物镁营养却常常被忽视。在我国镁肥的发展还处于起步阶段。从我国镁肥的生产和进出口数据估算，我国镁肥的施用量每年大约 10 万 t 氧化镁，施用总量非常少(黄高强，2018)。因此，提高土壤镁的供应能力、改善作物镁营养状况是集约化农业生产中亟待解决的关键问题。

本章围绕土壤镁供应状况、镁肥特性、土壤-植株镁的临界值、镁与其他元素互作及科学施镁技术进行了梳理和探讨，并对农业中镁肥应用的效果进行综述，以期为农业的绿色可持续发展提供参考。

## 12.1 我国土壤镁的供应状况

土壤中的含镁量主要受土壤母质、气候条件、风化程度和淋溶作用等因素的影响。我国土壤全镁含量呈北高南低的趋势。在多雨湿润地区，镁的淋洗损失严重，其含量多在 1%以下；在干旱或半干旱地区，石灰性土壤的含镁量可达 2%以上。镁在土壤中的迁移和淋洗也受到土壤质地的影响，黏粒含量较高的土壤具有较高的吸附量，而在通透性较好的壤土，镁离子容易随灌溉水向下运动，淋失量增大。质地偏沙的土壤含镁量低，随黏粒含量的提高，土壤含镁量增加。不同母质中，以岩浆岩含镁量最高，平均含 MgO 3.49%，但其中的花岗岩等酸性岩的含镁量可低于 1%。沉积岩平均含 MgO 2.52%，其中镁含量的高低顺序为：石灰岩＞页岩＞砂岩。不同类型土壤的供镁能力和水平有明显差异，几种典型土壤的供镁能力排序为：水稻土＞棕色石灰土＞暗泥质砖红壤＞泥质红壤＞麻砂质红壤＞硅质红壤＞红泥质红壤（黄鸿翔等，2000）。白由路等（2004）采用土壤养分系统研究法分析表明，我国土壤有效镁含量较低的区域主要集中在长江以南地区，其中，有 54%的土壤镁含量偏低，需要补充镁肥，主要有福建、江西、广东、广西、贵州、湖南和湖北等省份。

## 12.2 镁肥的种类、性质及施用方法

不同种类镁肥的镁含量和性质不同（表 12-1）。镁肥的水溶性对其有效性有直接影响。按溶解度可分为水溶性和难溶性两类，$MgCl_2$、$Mg(NO_3)_2$ 及 $MgSO_4$ 等为水溶性镁肥，可用于叶面喷施。施用后见效快，对于缓解作物缺镁有较高的有效性。含镁矿物（图 12-1）、轻烧氧化镁及氢氧化镁为难溶性镁肥。这类镁肥在土壤中释放速度较慢，但能够缓慢释放，具有较长的肥效（Loganathan et al.，2005）。此外，各类有机肥料中也含有镁，含镁量按干重计，厩肥为 0.1%～0.6%，豆科绿肥为 0.2%～1.2%，水稻秸秆为 0.16%～0.35%等。

水溶性镁肥料（$MgSO_4 \cdot H_2O$、$MgSO_4 \cdot 7H_2O$）通常可在相对短的时间内释放出更多的植物可利用的镁，因此能更有效地补充缺镁土壤中作物对镁的需求。在盆栽条件下将一水硫酸镁和氧化镁分别施用于土壤（pH＝4.1）表面，12 周后，一水硫酸镁处理的可交换性镁含量是氧化镁的 2 倍多（Härdter et al.，2004）。在酸性黄壤（pH＝5.0）的培养试验中也证实，一水硫酸镁处理的土壤中交换性镁含量是氧化镁的 2 倍（李丹萍，2018）。镁肥施入土壤后，一部分被作物直接吸收，其余部分被土壤固持或通过淋洗以及地表径流损失。如水溶性镁肥（例如一水硫酸镁和七水硫酸镁）通常可以在较短的时间内快速释放，对于缓解作物缺镁具有较高的有效性，但另一方面，水溶性镁肥也具有淋洗风险，尤其是在沙性土壤或较低阳离子交换量的土壤上。在模拟试验中，过量灌溉后一水硫酸镁和七水硫酸镁的淋洗损失率分别为 8.7%和 22.3%（Härdter et al.，2004）。在黄壤、紫色土和红壤上进行的不同镁肥的淋洗试验结果表明，

表 12-1　含镁肥料的形态、含量与性质(胡霭堂,2003)

| 名称 | 分子式 | 镁含量(MgO)/% | 主要性质 |
|---|---|---|---|
| 泻利盐 | $MgSO_4 \cdot 7H_2O$ | 13～16 | 酸性,溶于水 |
| 硫镁矾 | $MgSO_4 \cdot H_2O$ | 27.1 | 酸性,溶于水 |
| 无水硫酸镁 | $MgSO_4$ | 33.3 | 酸性,溶于水 |
| 硝酸镁 | $Mg(NO_3)_2 \cdot 6H_2O$ | 15.7 | 酸性,溶于水 |
| 氯化镁 | $MgCl_2$ | 25 | 酸性,溶于水 |
| 无水硫酸钾镁肥 | $2MgSO_4 \cdot K_2SO_4$ | 8 | 碱性,溶于水 |
| 氯化钾镁肥 | $KCl \cdot MgSO_4$ | 19.92 | 酸性,溶于水 |
| 镁螯合物 | $Mg \cdot EDTA$ | 2.5～4 | 酸性,溶于水 |
| 白云石 | $CaCO_3 \cdot MgCO_3$ | 21.7 | 碱性,微溶于水 |
| 菱镁矿 | $MgCO_3$ | 44.82 | 弱碱性,微溶于水 |
| 蛇纹石 | $H_4Mg_3Si_2O_9$ | 43.3 | 中性,微溶于水 |
| 氧化镁 | $MgO$ | 90～97 | 碱性,微溶于水 |
| 氢氧化镁 | $Mg(OH)_2$ | 58～75 | 碱性,微溶于水 |
| 磷酸镁 | $Mg_3(PO_4)_2$ | 40.6 | 碱性,微溶于水 |
| 磷酸镁铵 | $MgNH_4PO_4 . xH_2O$ | 21(16.4～26) | 碱性,微溶于水 |
| 光卤石 | $KCl \cdot MgCl_2 \cdot H_2O$ | 14.4 | 中性,微溶于水 |
| 钙镁磷肥 | $Mg_3(PO_4)_2$ | 5～12 | 碱性,微溶于水 |
| 钢渣磷肥 | $MgSiO_3$ | 3.8(2.1～10) | 碱性,微溶于水 |
| 粉煤灰 | $MgO$ | 1.9(1.7～2.0) | 碱性,微溶于水 |

图 12-1　常见含镁矿物(Andreas Gransee,PPT)

硫酸钾钙镁中镁的淋洗量最高，为对照（不施镁）的 3.5～10.2 倍，其次为一水硫酸镁（为对照的 1.8～4.9 倍），氧化镁较低（为对照的 2.3～3.6 倍），钙镁磷肥甚至降低于镁淋洗（为对照的 0.5～0.8 倍）（李丹萍等，2018）。陈星峰利用土柱淋溶模拟试验表明，不同种类镁肥的淋洗损失率高低顺序为一水硫酸镁＞氢氧化镁＞氧化镁＞白云石＞钙镁磷肥，损失率分别为 32.9%、27.3%、24.1%、19.3%和 11.9%（陈星峰，2005）。

难溶性镁肥缓慢释放，可以减少淋洗的风险，但其有效性较低，并与肥料颗粒的细度有关，颗粒越粗释放越缓慢，有效性越低（Härdter et al.，2004；Loganathan et al.，2005）。镁肥的有效性也受到土壤 pH 的影响，低 pH 的土壤可以提高难溶性镁肥的有效性。另一方面，菱镁矿、轻烧氧化镁、氢氧化镁和白云石粉等碱性镁肥则具有调节土壤酸度的作用。施用菱镁矿提高了土壤的 pH（提升 0.2～1.5），降低了土壤溶液中的铝浓度，增加了马尾松针林下草本植被生物量和马尾松的镁含量（Huang et al.，2014）。施用煅烧菱镁矿（MgO）25 个月后，使土壤 pH 升高 0.15～0.35 个单位（Härdter et al.，2004）。

各类镁肥由于性状不同，在不同土壤上的效果也不一致。因此，施用镁肥时，要考虑土壤性质，强酸性土壤施用氧化镁、氢氧化镁、白云石粉、蛇纹石粉、钙镁磷肥等缓效性镁肥做基肥效果好，既能增加溶解度，提高镁的有效性，又能中和土壤的酸性，消除 $H^+$、$Al^{3+}$、$Mn^{2+}$ 毒害。而对弱酸性和中性土壤施用硫酸镁和硫镁矾效果好。谢建昌等（1965）研究表明，在红壤上镁肥肥效高低的顺序为：碳酸镁＞硝酸镁＞氯化镁＞硫酸镁；基于 Meta 分析结果，在酸性土壤中，与速效镁肥相比（增产 10.8%），缓效镁肥的增产效果更为显著（增产 20.9%）；但在中性和碱性土壤中，速效镁肥的性能优于缓效镁肥（Wang et al.，2020）。沙质壤土（pH＝6.4）的盆栽实验结果显示，供七水硫酸镁时，植株的镁吸收量比供氧化镁高 19.6%，产量高 10.6%（Durrant et al.，1976）。但也有研究表明，由于一水硫酸镁的电解度是七水硫酸镁的 1/24，说明一水硫酸镁比七水硫酸镁更具有缓释性（Härdter et al.，2004），因而在酸性土壤上也有比较好的效果。例如，在酸性土壤（pH＝4.1）的盆栽实验中，撒施一水硫酸镁比氧化镁能使大豆产量提高 10.6%，镁吸收量增加 19.6%（Härdter et al.，2004）。在田间（土壤 pH＝5.5），对于缺镁的灰泥田和赤砂土施用硫镁矾（$MgSO_4 \cdot H_2O$）明显比施用白云石（$CaCO_3 \cdot MgCO_3$）的增产效果好，经济效益高（章明清，1999）。此外，酸性土壤上，通过对一水硫酸镁改性将能更好提高镁肥的肥效，例如在黄壤（pH＝5.0）上，改性一水硫酸镁（一水硫酸镁含有一定的氧化镁）的效果优于钙镁磷肥、氧化镁和硫酸钾镁处理（李丹萍，2018）。

## 12.3　土壤/植物中的镁临界值

由于不同研究所用的土壤和作物对象不同，测定方法不统一，目前提出的土壤镁临界指标差异较大（表 12-2）。一般认为，以 1.0 $mol \cdot L^{-1}$ $NH_4OAc$（pH 7.0）提取的交换性镁作为土壤有效镁的诊断指标，对许多植物来说，60 $mg \cdot kg^{-1}$ 为缺镁临界值（胡霭堂，2003）。土壤交换性镁饱和度也是衡量土壤供镁能力的指标，当交换性镁的饱和度低于 10%时，就有可能缺镁。其数值依作物对镁的需求而异：需镁较多的牧草要求在 12%～15%之间，大多数作物为

6%～10%，豆科作物不小于 6%，一般作物不能低于 4%。

表 12-2　不同作物的土壤有效镁临界值

| 浸提剂 | 作物 | 适宜范围/(mg·kg$^{-1}$) | 资料来源 |
|---|---|---|---|
| Mehlich 1 | 柑橘 | 15～30 | Obreza et al.，2008 |
| Mehlich 3 | 柑橘 | 25～33 | Obreza et al.，2008 |
| $NH_4OAc$(pH 4.8) | 柑橘 | 14～26 | Obreza et al.，2008 |
| $NH_4OAc$(pH 7.0) | 柑橘 | 50 | Obreza et al.，2008 |
| 1 mol·L$^{-1}$ $NH_4NO_3$ | 甜菜 | 20 | Durrant and Draycott，1971 |
| 1 mol·L$^{-1}$ $NH_4OAc$ | 牧草 | 17 | McNaught and Dorofaeff，1965 |
| 1 mol·L$^{-1}$ $NH_4Cl$ | 玉米 | 25.6 | Hailes et al.，1997 |
| 1 mol·L$^{-1}$ $NH_4OAc$ | 茶园 | 40 | 彭福元，1990 |
| 1 mol·L$^{-1}$ $NH_4OAc$ | 茶园 | 40 | 阮建云等，2003 |
| 1 mol·L$^{-1}$ $NH_4OAc$ | 大豆 | 50～80 | 于群英，2002 |
| 1 mol·L$^{-1}$ $NH_4OAc$ | 土壤 | 50～70 | 李伏生，1994 |
| 1 mol·L$^{-1}$ $NH_4OAc$ | 全国 | 60 | 胡霭堂，2003 |
| 1 mol·L$^{-1}$ KCl | 全国 | 60～120 | 白由路，2004 |

一般而言，植物叶片镁含量低于 0.2%(干重)就有缺镁的可能，但各种作物有所差异，双子叶植物标准常高于单子叶植物(表 12-3)。

表 12-3　部分植物镁营养的诊断指标(Reuter and Robinson，1997；Bryson and Mills，2015)　%

| 作物 | 采样时期 | 取样部位 | 缺乏 | 适宜 | 过量 |
|---|---|---|---|---|---|
| 玉米 | 抽穗期 | | <0.12 | 0.16～0.6 | 0.61～0.85 |
| 小麦 | 生长中后期 | 最新成熟叶 | <0.11 | 0.13～0.3 | |
| 马铃薯 | 开花前期 | 最新成熟叶 | | 0.3～0.5 | |
| 红薯 | 移栽后 28 d | 最新成熟叶 | | 0.15～0.35 | |
| 大豆 | 花期 | 最新成熟叶 | | 0.25～0.8 | 1～1.2 |
| 甜菜 | 播种后 50～80 d | 叶片 | 0.05～0.24 | 0.25～1 | >1 |
| 甘蔗 | 4 个月 | 中部叶 | | 0.2～0.3 | |
| 茶叶 | 生长旺期 | 成熟叶 | | 0.18～0.25 | |
| 烟草 | 开花期 | 最新成熟叶 | | 0.2～0.65 | |
| 油菜 | 营养期 | 成熟叶片 | | 0.25～0.60 | |
| 棉花 | 营养生长到开花期 | 最新成熟叶 | | 0.3～0.9 | 1.0～1.2 |
| 柑橘 | 5～7 个月龄春梢 | 营养性春梢中部成熟叶 | <0.16 | 0.26～0.6 | 0.7～1.2 |
| 卷心菜 | 收获期 | 最新成熟芯叶 | | 0.2～0.25 | |
| 胡萝卜 | 生长中期 | 最新成熟叶 | | 0.3～0.55 | |
| 黄瓜 | 结果到收获期 | 倒 5 叶 | 0.25～0.29 | 0.3～1.2 | >1.2 |

续表12-3

| 作物 | 采样时期 | 取样部位 | 缺乏 | 适宜 | 过量 |
|---|---|---|---|---|---|
| 生菜 | 收获期 | 最新成熟芯叶 | | 0.32～0.6 | |
| 豇豆 | 开花前 | 最新成熟叶 | | 0.35～1.0 | 1.3 |
| 常春藤 | 收获期 | 最新成熟叶 | | 0.25～0.70 | |
| 鹅掌柴 | 收获期 | 最新成熟叶 | | 0.25～0.75 | |
| 红车轴草 | 开花前期 | 整株 | | 0.21～0.60 | |
| 狗牙根草 | 播种后 4～5 周 | 整株 | | 0.13～0.30 | |
| 百脉根 | 开花期 | 最新成熟叶 | | 0.40～0.60 | |

## 12.4 镁与其他元素互作及平衡施用

诸多阳离子如 $NH_4^+$、$K^+$、$Ca^{2+}$、$Al^{3+}$、$H^+$ 和 $Mn^{2+}$ 等均会对作物镁的吸收产生拮抗作用，由于阳离子竞争诱发的作物镁缺乏现象也相当普遍（Römheld and Kirkby，2010；Marschner，2012）。铵态氮和硝态氮是植物吸收利用的主要无机氮形态。施用酰胺态氮肥和铵态氮肥会使镁的吸收受到明显抑制，而施用硝态氮肥会促进镁的吸收（Mulder，1956；邹春琴等，1996；Ruan et al.，2000；Ruan et al.，2004）。不同氮肥品种对镁吸收的不利影响程度表现为：硫酸铵＞尿素＞硝酸铵＞硝酸钙（Alten et al.，1965）。特别是在酸性土壤上，尿素水解和硝化作用可能会受到抑制，当 pH＜5 时，土壤硝化作用不明显，甚至几乎无硝化作用（Katyal et al.，1988；Morrill and Dawson，1967）。因而，过量的氮肥供应，尤其是以尿素态氮和铵态氮为主要氮源时，很可能会导致土壤中铵态氮的浓度过高，造成 $NH_4^+$ 离子对镁离子吸收强烈的竞争性抑制（Mulder，1956）。而当植物吸收过多的铵态氮时，进入细胞内的 $NH_4^+$ 易导致铵中毒，影响植物生长发育。适量增施镁肥，增加植物对 $Mg^{2+}$ 的吸收，一定程度上可以抑制植物对铵态氮过量吸收，缓解植物的铵毒害。供氮量是影响土壤镁有效性的另一重要因素。氮肥过量施用会使土壤 pH 以及土壤和植株中的镁含量明显下降（Ruan et al.，2006）。

土壤交换性镁含量与土壤速效磷含量呈现二次曲线关系，当土壤速效磷含量小于 20～25 $mg \cdot kg^{-1}$ 时，土壤交换性镁含量随着土壤速效磷含量的增加而增加，当土壤有效磷含量大于 20～25 $mg \cdot kg^{-1}$ 时，土壤交换性镁含量随有效磷含量的增加而下降（丁玉川等，2012）。

由于 $Mg^{2+}$ 的水合离子半径大于 $K^+$ 和 $Ca^{2+}$ 的水合离子半径，因此与土壤胶体的吸附强度不如 $K^+$ 和 $Ca^{2+}$ 离子。当农业生产中的钾、钙肥料施入土壤后，土壤溶液中的 $K^+$ 和 $Ca^{2+}$ 离子浓度增高时，土壤胶体上吸附的 $Mg^{2+}$ 容易被 $K^+$ 和 $Ca^{2+}$ 取代，造成镁离子的淋洗或镁离子形成化合物而沉淀（Hermans et al.，2004）。另外，土壤溶液中高浓度的 $K^+$ 和 $Ca^{2+}$ 会抑制根系对 $Mg^{2+}$ 的吸收，还会阻碍镁离子由根系向地上部运输（Ohno et al.，1985；李娟，2003），从而降低镁的有效性。但相反，镁对钾、钙的拮抗作用较弱，甚至没有影响。平衡施用钾、钙、镁肥可以增加作物的产量，表明钾和镁、钙和镁之间有一定的协同作用，当介质中的钾、钙浓度较低时，钾、钙离子会刺激植物对于镁的吸收利用。K/Mg值和 Ca/Mg 值也可以作为作物土壤有效镁的诊断指标（丁玉川等，2012）。一般要求土壤 Ca/Mg 值在 12～17 之间，当交换性 Ca/Mg 值大于 20 时，易发生缺镁现象（袁可能，1983）。交换性 K/Mg 的最佳值在 0.4～0.5 之间，当土壤 K/Mg 值高于 1.0 时为镁缺乏（邹邦基等，1985）。

在酸性土壤上，过高的 $Al^{3+}$、$H^{+}$ 和 $Mn^{2+}$ 对镁的吸收也有强烈的拮抗作用。Rengel 和 Robinson（1989）研究结果表明，将营养液 pH 从 6.0 降到 4.2 的过程中，对黑麦草根系吸收镁具有非竞争抑制作用；在营养液 pH 为 4.2 时，6.6 $\mu mol \cdot L^{-1}$ 的 $Al^{3+}$ 对黑麦草吸收镁具有竞争性抑制作用，并在 $Al^{3+}$ 诱导 30 min 产生显著效果。Heenan 和 Campbell（1981）通过盆栽试验研究钾、锰对大豆吸收镁的影响，结果表明，添加锰会降低大豆对镁的吸收量，大豆老叶中的镁浓度随营养液中锰离子浓度（1.8 $\mu mol \cdot L^{-1}$、90 $\mu mol \cdot L^{-1}$、275 $\mu mol \cdot L^{-1}$）的升高而降低；而新叶仅在钾离子浓度为 1 $mmol \cdot L^{-1}$ 时，出现叶片中镁浓度随锰离子浓度的升高而降低的现象。

## 12.5 镁肥的施用技术

镁肥施用并非越多越好。如果过多施用镁肥，会导致橡胶叶片和胶乳的含镁量过高，引起胶乳早凝，排胶障碍增大，不利于产胶（华南热带作物科学研究院橡胶系生理农化组，1978）。施用镁肥的增产效果与不同作物的需镁量和对镁的敏感程度有关。各种作物对于镁的需求不同，一般果树、豆科作物、块根块茎作物、烟草、甜菜等需镁量多于禾谷类作物；果菜类和根菜类作物多于叶菜类作物。镁对柑橘、葡萄、蔬菜、薯类、甘蔗、烟草、油棕、甜菜、多年生牧草、橡胶和油橄榄等作物有良好的增产效果，应重视这些作物镁肥的施用。本章总结了国内外报道的在缺镁状况下的镁肥推荐用量结果（表 12-4），表明谷类粮食作物的镁肥施用量（MgO）为 15～90 $kg \cdot hm^{-2}$，马铃薯的用量为 22.5～119 $kg \cdot hm^{-2}$，棉花的用量为 60～90 $kg \cdot hm^{-2}$，糖料作物的用量为 30～149 $kg \cdot hm^{-2}$，蔬菜的用量为 9～150 $kg \cdot hm^{-2}$，果树的用量为 19～450 $kg \cdot hm^{-2}$，烟草的用量为 25～45 $kg \cdot hm^{-2}$，茶叶的用量为 30～48 $kg \cdot hm^{-2}$。

镁肥可做基肥、追肥和根外追肥施用。水溶性镁肥宜做追肥，微水溶性则宜做基肥。由于镁营养的临界期在生长前期（例如小麦的拔节和开花期），所以在作物生育早期追施效果好。采用 2%～5%的 $MgSO_4 \cdot 7H_2O$ 溶液叶面喷施矫正缺镁症状见效快，但应连续喷施多次。有研究表明温室条件下，叶片涂抹或喷施 4%的 $MgSO_4 \cdot 7H_2O$ 溶液与根施镁肥的效果相当（Jezek et al.，2015）；纳米叶面镁肥则比硫酸镁的效果更佳（Rathore and Tarafdar，2015）。叶面喷施镁肥见效快，也能避免镁与土壤阳离子拮抗，减少镁淋洗损失，提高镁肥吸收利用效率。

表 12-4　作物镁肥施用量推荐统计表

| | 作物 | 地点 | 适宜用量(MgO)/($kg \cdot hm^{-2}$) | 参考文献 |
|---|---|---|---|---|
| 大田作物 | 水稻 | 福建 | 25 | 李延,2000 |
| | 水稻 | 南京市 | 30 | 杨文祥等,2006 |
| | 水稻 | 兴宁市 | 30 | 温海英等,2014 |
| | 水稻 | 奉化市 | 15～23 | 唐建海等,1994 |
| | 水稻 | 韶关市 | 60 | 高志红等,2008 |
| | 玉米 | 松嫩平原西部 | 50～75 | 尹雪巍等,2018 |
| | 玉米 | 辽宁地区 | 45～90 | 苏仲等,2011 |
| | 玉米 | 朗布尔 | 31.5 | Noor et al. ,2015 |
| | 马铃薯 | 贵州锦屏县 | 24～48 | 龙胜碧等,2018 |
| | 马铃薯 | 云南 | 22.5 | 杨群擎等,2018 |
| | 马铃薯 | 珠三角地区 | 75 | 黄继川等,2014 |
| | 马铃薯 | 朗布尔 | 21.6 | Talukder et al. ,2009 |
| | 马铃薯 | 英国 | 119(土壤交换性 Mg<25 $mg \cdot L^{-1}$;硝酸铵浸提) | DEFRA,2010 |
| | 马铃薯 | 英国 | 80(土壤交换性 Mg 26～50 $mg \cdot L^{-1}$;硝酸铵浸提) | DEFRA,2010 |
| | 马铃薯 | 英国 | 40(土壤交换性 Mg 51～100 $mg \cdot L^{-1}$;硝酸铵浸提) | DEFRA,2010 |
| | 马铃薯 | 英国 | 0(土壤交换性 Mg>100 $mg \cdot L^{-1}$;硝酸铵浸提) | DEFRA,2010 |
| | 油菜 | 湖南衡阳地区 | 45～60 | 李小芳等,2018 |
| | 油菜 | 中国 | 75(土壤交换性 Mg<60 $mg \cdot kg^{-1}$,醋酸铵浸提) | 王鲲娇等,2019 |
| | 棉花 | 湖北 | 60～90 | 胡时友等,2015 |
| 糖料作物 | 甜菜 | 英国 | 149(土壤交换性 Mg<25 $mg \cdot L^{-1}$;硝酸铵浸提) | DEFRA,2010 |
| | 甜菜 | 英国 | 75(土壤交换性 Mg 26～50 $mg \cdot L^{-1}$;硝酸铵浸提) | DEFRA,2010 |
| | 甜菜 | 英国 | 0(土壤交换性 Mg>50 $mg \cdot L^{-1}$;硝酸铵浸提) | DEFRA,2010 |
| | 甘蔗 | 广东 | 60 | 周修冲等,1998 |
| | 甘蔗 | 广西 | 30～60 | 樊保宁等,2011 |
| | 甘蔗 | 广东 | 30～45 | 敖俊华,2019 |
| 蔬菜作物 | 莴苣 | 青海省湟中县 | 24 | 郭石生等,2011 |
| | 冬瓜 | 广东 | 100～150 | 张白鸽,2019 |
| | 辣椒 | 贵州 | 60～75 | 刘敦一,2019 |
| | 辣椒 | 海南 | 45 | 李晓亮,2019 |
| | 西瓜 | 江西 | 15～45 | 杨锌,2019 |
| | 甜椒 | 福建 | 50～100 | 孟祥明等,2019 |
| | 番茄 | 海南 | 9～18 | 黄家权,2019 |
| | 番茄 | 班加罗尔 | 13.5 | Kashinath et al. ,2013 |
| | 黄瓜 | 漳州南靖 | 94 | 陈水利,2019 |

续表12-4

| | 作物 | 地点 | 适宜用量(MgO)/(kg·$hm^{-2}$) | 参考文献 |
|---|---|---|---|---|
| 果树作物 | 香蕉 | 漳州市 | 19 | 颜明娟等,2006 |
| | 香蕉 | 广东 | 36～72 | 李国良等,2007 |
| | 香蕉 | 海南 | 90～189(0.05～0.105 kg·株$^{-1}$,按每公顷 1 800 株算) | 邓燕,2019 |
| | 杨梅 | 浙江 | 60(0.15 kg·株$^{-1}$,按每公顷 400 株算) | 郭秀珠等,2017 |
| | 葡萄 | 四川龙泉驿区 | 38 | 马晓丽等,2018 |
| | 葡萄 | 广西 | 100(25 g·株$^{-1}$,按每公顷 4 000 株算) | 周咏梅等,2016 |
| | 荔枝 | 广东岭南 | 25 | 姚丽贤等,2004 |
| | 台湾青枣 | 云南 | 38(75 g·株$^{-1}$,按每公顷 500 株算) | 吕玉兰等,2010 |
| | 柑橘 | 重庆 | 300～450 | 杨敏等,2019 |
| | 晚熟杂柑 | 四川 | 300～450 | 张跃强等,2019 |
| | 蜜柚 | 漳州平和 | 255 | 张利军等,2019 |
| | 蜜柚 | 漳州平和 | 135～156(0.225～0.26 kg·株$^{-1}$,按每公顷 600 株算) | 谢志南等,1991 |
| | 沙田柚 | 广东 | 45～117 | 李国良等,2007 |
| | 芒果 | 广西 | 100(0.2 kg·株$^{-1}$,按每公顷 500 株算) | 谭宏伟等,1996 |
| 烟草 | 烟草 | 百色烟区 | 30～45 | 高华军等,2016 |
| | 烟草 | 河南浏阳市 | 45 | 周世民等,2007 |
| | 烟草 | 河南省襄城、宜阳和郏县 | 25 | 刘国顺等,1998 |
| 茶叶 | 茶叶 | 中国 | 30～45 | 张群峰,2019 |
| | 茶叶 | 福建 | 18 kg/季 | 黄梓璨等,2019 |
| | 茶叶 | 云南 | 36～48 | 王建新等,2007 |

## 12.6 镁肥在农业生产中的应用效果

20 世纪 60 年代初,在我国南方酸性红壤上施用镁肥使水稻、大豆明显增产。70 年代,海南岛的橡胶出现大面积缺镁黄叶症状,花生、油菜、马铃薯、甜菜、玉米等作物也相继出现镁肥的良好反应。80 年代以后,随着复种指数提高及作物产量增加、高浓度复合肥的大量施用,以及农家肥使用量减少,农作物的缺镁症状日益加重,施用镁肥的增产效果越来越明显,对镁肥的需求也不断增加,尤其是在降水量多的酸性土壤地区。黄鸿翔等(2000)的研究结果表明,与不施镁相比,花生、黄豆、高粱、甘薯、菠萝、水稻和香蕉施镁后的增产率分别为 40.2%、25.5%、11.0%、9.6%、9.3%、3.4%～9.0%和 2.7%,烤烟提高了上等烟和中等烟的占比,茶叶增产 9.6%～19.5%,茶叶中的氨基酸、咖啡因和水浸出物的含量分别提高 5.9%、9.2%、2.3%。Wang 等(2020)通过对国内外发表文献的 Meta 分析,比较不同土壤条件、不同种植制度下施用镁肥对作物生产及农学效应的影响,发现在不考虑土壤条件、作物品种等因素的前提下,施用镁肥可以使作物平均增产 8.5%。在土壤 pH<6.5 时,施用镁肥对作物的平均增产率

为 11.3%；土壤严重缺镁时（交换性镁含量<60 mg・$kg^{-1}$）镁肥的增产效果（9.4%）是土壤交换性镁含量相对充足（>120 mg・$kg^{-1}$）时的两倍（4.9%）左右；同时，镁肥的施用使作物叶片镁含量平均提高 34.3%，可食部分的糖浓度提高 5.5%。

对谷物类作物而言，施镁能够增加千粒重，提高籽粒中镁含量、粗蛋白和面筋含量。尹雪巍等（2008）在松嫩平原西部的玉米试验结果表明，与不施镁相比，施镁的玉米产量增加 9.5%～13.1%，粗蛋白含量增加 6.0%～15.3%，粗淀粉含量提高 1.1%～1.5%，粗脂肪含量增加 0.2%～11.3%，籽粒容重增加 0.4%～3.1%。国外的研究结果也表明，与不施镁相比，施镁的玉米产量显著提高，穗粒数可增加 20.9%，千粒重增加 7.3%（Noora et al.，2015）；施镁的大麦产量显著提高了 9.4%，千粒重增加 2.1%，穗重增加 4.8%（Babaeian et al.，2012）；施镁肥后水稻产量提高了 17%（Biswas et al.，2013）。Matlosz（1992）的研究结果表明，只有在土壤极缺镁情况下，施用镁肥可以提高冬黑麦产量，Craighead 和 Martin（2001）在新西兰利用小麦进行的一系列试验也得到了一致的结论。

对于块茎、块根作物，施镁不仅能提高薯块中的镁含量，还能提高淀粉含量，提高薯块的紧实度，提高储藏品质。在广东的试验中发现，与不施镁相比，施镁的马铃薯产量提高了 23.9%，粗蛋白含量提高了 10.5%～25.4%，可溶性糖含量提高了 4.2%～24.4%，淀粉含量提高了 13.8%～19.5%（黄继川等，2014）。国外的研究结果表明，与不施镁肥相比，施镁的马铃薯产量提高了 31%（Talukder et al.，2009）或 0.8～3.3 t・$hm^{-2}$（Orlovius and McHoul，2015）。施镁也可使甜菜产量提高 1.6～3.4 t・$hm^{-2}$，糖浓度提高 0.02%～0.1%（Orlovius and McHoul，2015）。但也有研究表明，甜菜产量对镁肥的响应存在较大变异，从无明显变化到增产 25%～33%，主要原因包括土壤交换性镁背景值不同及镁肥施用量的差异（Barłóg et al.，2002a；Barłóg et al.，2002b；Barłóg and Grzebisz，2004；Grzebisz et al.，2002；Skubiszewska and Diatta，2008；Zengin et al.，2009）。

对于油菜等油料作物，施镁能提高含油率。李小芳等（2018）在湖南衡阳的油菜试验结果表明，施镁使油菜产量增加 17.1%～40.2%，籽粒含油量提高 0.19～0.86 个百分点，蛋白质含量降低 0.08～1.77 个百分点。Vrataric 等（2006）4 年的田间试验结果表明，施镁提高了大豆产量 5%，蛋白含量 1.55%，含油量 3.49%。

施镁可以提高蔬菜的产量及品质。陈水利（2019）在福建漳州南靖的实验证明，施镁可使黄瓜产量增加 6.5%，瓜长、瓜径、单瓜重分别比对照增加 13.8%、13.5%和 10.5%。施镁也可以使番茄产量显著提高 29.8%，番茄红素增加 35.4%～40.9%，总类胡萝卜素提高 36.1%～53.2%，酸度增加 18.9%～28.6%，抗坏血酸含量提高 47.1%～48.5%（Kashinath et al.，2013）。

施用镁肥可以促进果树的光合产物向果实中运输，也有助于果皮转色，果实中粗蛋白含量、维生素 C、可溶性糖和糖酸比明显提高，还能提高果实的耐贮藏性。例如，施镁可以提高葡萄果实的单粒重 8.9%，果实的镁含量 18.2%～30.9%，增加可溶性总糖含量 14.5%～25.6%（周咏梅等，2007）；分别提高杨梅果实的单果质量、可溶性固形物、总糖、维生素 C 含量和株产量 6.5%、9.9%、7.9%、15.5%和 5.7%（郭秀珠等，2017）；增加芒果产量 44.3%，单果重 2.5%～4.9%，分别增加果实中的粗蛋白、维生素 C、可溶性糖和可滴定酸 17.6%、7.2%、3.6%、54.2%，糖酸比降低 32.8%，可食部分增加 1.3%，耐储藏天数增加了 9.5%（谭宏伟等，1996）。Ozenc（2015）也证明，施镁的榛子产量提高 51%，含油量提高 4.8%。

施肥可以提高烤烟的上等烟占比，以及烟叶的总糖、还原糖和烟碱等品质指标。在河南的烤烟试验中，施镁后尽管烤烟产量差异不显著，但产值提高了 1 876 元·$hm^{-2}$，上等烟比例提高 13.2 个百分点(周世民等，2007)。

此外，Dordas(2009)研究结果表明，喷施镁肥可使牛至净产量提高 23.5%～32.5%，单株茎数增加 25.1%～27.8%，叶片叶绿素含量增加 28%～46%。施镁可使白车轴草的产量显著提高 9.42%，黑麦草的产量也显著提高(Sun et al.，2018)。

## 12.7 小结与展望

我国土壤缺镁的区域主要集中在长江以南地区。大量田间试验证明，随着复种指数提高及作物产量增加、高浓度复合肥的大量施用，以及农家肥用量减少，农作物施用镁肥的增产效果越来越明显，对于提高作物产量和品质均有明显的效果。各类镁肥由于性状不同，在不同土壤上的效果也不一致。强酸性土壤上，施用氧化镁、氢氧化镁、白云石粉、蛇纹石粉、钙镁磷肥等缓效性镁肥做基肥效果好；而对弱酸性和中性土壤施用七水硫酸镁和硫镁矾效果好。由于不同研究所用的土壤和作物对象不同，测定方法不统一，目前提出的土壤镁临界指标差异较大，不同作物的营养诊断指标也差异较大，仍需要建立土壤有效镁的统一测试方法。镁与铵、钾、钙等离子间有强烈的拮抗作用，需要注意平衡施用以提高镁肥的肥效。各种作物对于镁的需求不同，应根据作物特性确定适宜用量。总之，作物镁肥施用技术的研究与我国镁肥产业发展仍处在起步阶段，还需要不断发展和深入。在未来的研究中，应加强不同区域和不同作物镁营养的调查及诊断，建立镁肥管理技术体系，加强镁与大量元素配合施用，实现平衡施肥，同时开发含镁的专用肥或新型镁肥，开展镁知识的普及、知识转化和技术服务，引领镁肥产业健康发展，并推动镁肥的大面积应用，为我国实现提质增效、绿色发展的可持续农业做出应有的贡献。

## 参考文献

敖俊华. 2019. 甜蜜(甘蔗)的事业谈镁事. 中国农资，08:17.

白由路，金继运，杨俐苹. 2004. 我国土壤有效镁含量及分布状况与含镁肥料的应用前景研究. 土壤肥料，2:3-5.

陈水利. 2019. 硫酸镁肥不同施用量对黄瓜经济性状和产量的影响. 福建农业科技，6:30-32.

陈星峰. 2005. 福建烟区土壤镁素营养与镁肥施用效应的研究:[硕士毕业论文]. 福州:福建农林大学.

丁玉川，焦晓燕，聂督，等. 2012. 山西农田土壤交换性镁含量、分布特征及其与土壤化学性质的关系. 自然资源学报，27(2):311-321.

邓 燕. 2019. 香蕉的“镁”你知多少? 中国农资，12:17.

樊保宁，方锋学，游建华，等. 2011. 不同镁肥处理甘蔗吸收镁素养分参数与产量效应研究. 现代农业科技，19：85-86.

华南热带作物科学研究院橡胶系生理农化组. 1978. 镁素对橡胶树生长和产胶的影响. 热带作物通讯，3：5-15.

高华军，林北森，韦忠，等. 2016. 不同镁肥用量对高钙区烤烟产量、镁含量及香气质量的影响. 山西农业科学，44：1507.

高志红，陈晓远，张世龙. 2008. 硫酸钾镁肥对水稻生长、产量和品质的影响. 华北农学报，03：194-197.

张利军，罗自威，杨金昌，等. 2019. 减肥增镁提高蜜柚产量和品质. 中国农资，44：55.

郭石生，韩梅. 2011. 硫酸钾镁肥在莴笋上的应用效果. 北方园艺，9：61-62.

郭秀珠，姜武，黄品湖，等. 2017. 钾镁肥配施对杨梅品质和矿质营养的影响. 中国南方果树，46(3)：72-75.

黄高强. 2018. 全国镁肥消费在农业生产中区域分布及市场前景. 中国农资，41：12.

胡霭堂. 2003. 植物营养学(下). 2版. 北京：中国农业大学出版社.

胡时友，马朝红，庄光泉，等. 2015. 镁肥施用量对棉花生长发育及产量的影响. 农村经济与科技，26(12)：59-60.

黄鸿翔，陈福兴，徐明岗，等. 2000. 红壤地区土壤镁素状况及镁肥施用技术的研究. 土壤肥料，5：19-23.

黄继川，彭智平，于俊红，等. 2014. 不同镁肥用量对冬种马铃薯产量和品质的影响. 广东农业科学，41(7)：74-76.

黄家权. 2019. 合理施镁，让番茄更美. 中国农资，02：15.

黄梓璨，苏达，吴良泉. 2019. 镁肥助力铁观音茶增产增效. 中国农资，46：15.

李丹萍. 2018. 不同镁肥在土壤中的迁移淋洗及其生物有效性研究：[硕士毕业论文]. 重庆：西南大学.

李丹萍，刘敦一，张白鸽，等. 2018. 不同镁肥在中国南方三种缺镁土壤中的迁移和淋洗特征. 土壤学报，55(06)：1513-1524.

李伏生. 1994. 热带作物的镁素营养问题. 广西热作科技，02：48-53.

李国良，姚丽贤，周修冲，等. 2007. 沙田柚配施钾镁肥效应研究. 中国土壤与肥料，02：64-66.

李国良，姚丽贤，付长营，等. 2007. 香蕉钾镁配施效应研究. 广东农业科学，1：45-47.

李娟. 2003. 烤烟钾、钙、镁互作效应的研究：[硕士毕业论文]. 福州：福建农林大学.

李小芳，李倩，雷利琴，等. 2018. 高钾地力下不同镁肥用量对油菜产量和品质的影响. 湖南农业科学，8：48-50.

李晓亮. 2019. 增施镁肥助力辣椒"双"提升. 中国农资，39：17.

李延. 2000. 水稻缺镁黄叶症的诊断与矫治. 耕作与栽培，4：33-34.

刘敦一. 2019. 辣椒镁营养现状、需求规律与镁肥科学施用. 中国农资，06：15.

刘国顺，符云鹏，刘清华，等. 1998. 镁肥施用量对烤烟生长及产量、质量的影响. 河南农业大学学报，S1：35-38.

龙胜碧，王坤，黄万花，等. 2018. 硫酸镁不同用量对马铃薯产量及性状的影响. 耕作与栽培,1:27-28,11.

吕玉兰,黄家雄,王跃全.2010.镁肥对台湾青枣叶片叶绿素含量和果实品质的影响.热带农业科学,12:17-19.

马晓丽,刘雪峰,杨梅,等.2018.镁肥对葡萄叶片糖、淀粉和蛋白质及果实品质的影响.中国土壤与肥料,4:114-120.

孟祥明,郑朝元.2019.设施甜椒增施镁,品质产量双提升.中国农资,4:16.

彭福元.1990.茶园土壤镁含量及其影响因素的初步探讨.茶叶科学简报,03:17-18,16.

阮建云,吴洵.2003.钾、镁营养供应对茶叶品质和产量的影响.茶叶科学,S1:21-26.

阮建云,管彦良,吴洵.2002.茶园土壤镁供应状况及镁肥施用效果研究.中国农业科学,35:815-820.

苏仲,曹敏建,盛耀辉,等.2011.镁肥对玉米功能叶光系统Ⅱ荧光特性的影响.浙江大学学报(农业与生命科学版),37(5):540-544.

谭宏伟,周柳强,谢如林,等.1996.右江河谷芒果园土壤营养条件及优质高产施肥研究.广西农业科学,6:295-296.

唐莉莉.2007.日光温室栽培条件下土壤养分累积特性及钾镁养分关系研究:[硕士毕业论文].杨凌:西北农林科技大学.

唐建海,李秀芳.1994.水稻缺镁症及镁肥试验效果.浙江农业科学,03:108-110.

王建新,周绍松,周敏,等.2007.硫酸钾镁肥在茶叶上的施用效果.科技创新导报,34:244-244.

温海英,陈利利,曾志.2014.镁肥对水稻经济性状及产量的影响.农技服务,3:79-79.

吴淑岱.1994.中华人民共和国土壤环境背景值图集.北京:中国环境科学出版社.

谢建昌,马茂湘,朱月珍,等.1965.红壤区土壤中镁肥肥效研究.土壤学报,13(4):377-386.

谢志南,庄伊美,王仁玑,等.1991.土壤施镁矫治琯溪蜜柚缺镁的研究.亚热带植物通讯,20(2):1-9.

颜明娟,章明清,林琼,等.2006.不同施肥水平对漳州香蕉产量和品质的影响.福建农业学报,02:95-99.

杨群擎,和生鼎,和平根.2018.不同钾、镁肥施用水平对马铃薯产量的影响.云南农业科技,2:4-6.

杨文祥,王强盛,王绍华,等.2006.镁肥对水稻镁吸收与分配及稻米食味品质的影响.西北植物学报,12:2473-2478.

杨锌.2019.瓜果飘香,镁味来袭.中国农资,Z1:17.

姚丽贤,李国良,许潮漩,等.2006.镁肥在荔枝和柑橘上的施用效应.磷肥与复肥,04:79-81.

姚丽贤,许潮漩,莫启安,等.2004.荔枝钾镁肥配施技术研究.中国南方果树,33(4):32-33.

于群英.2002.安徽沿淮地区土壤交换性镁含量及镁对大豆营养的影响.安徽农学通报,06:60-62.

尹雪巍,杨克军,张翼飞,等.2018.不同施镁水平对松嫩平原西部玉米产量及品质的影响.

2018 中国作物学会学术年会.

章明清，林琼，彭嘉桂，等. 1999. 闽东南旱地土壤镁肥肥效与钾镁平衡施肥技术研究. 中国土壤与肥料，1：27－29.

周世民，符云鹏，周建军，等. 2007. 镁肥用量及施用方法对烤烟产量和品质的影响. 农业现代化研究，28(5)：637－639.

周修冲，刘国坚，Portch S，等. 1998. 高产甘蔗营养特性及钾、硫、镁肥效应研究. 土壤肥料，03：26－28，32.

周咏梅，韦荣福，林玲，等. 2016. 镁肥处理对巨峰葡萄冬果品质的影响. 南方园艺，4：6－8.

邹邦基，何雪晖. 1985. 植物的营养. 北京：农业出版社.

袁可能. 1983. 植物营养元素的土壤化学. 北京：科学出版社.

杨敏，张跃强，石孝均. 2019. 解困中国柑橘产业，镁肥补施迫在眉睫. 中国农资，01：15.

张白鸽. 2019. 冬瓜镁营养管理. 中国农资，4：13.

张群峰. 2019. 茶树镁营养，添镁茶更香. 中国农资，10：17.

张跃强，龙泉，杨敏. 2019. 镁让晚熟杂柑更“美”. 中国农资，34：17.

王鲲娇，鲁剑巍. 2019. 镁——油菜施肥中的白龙. 中国农资，14：15.

邹春琴，李春俭，张福锁，等. 1996. 铁和不同形态氮素对玉米植株吸收矿质元素及其在体内分布的影响：Ⅰ. 对氮，磷，钾，钙，镁等营养元素的影响. 植物营养与肥料学报，2：68－73.

Alten F 等. 1965. 关于土壤中镁的需求性和镁肥效果方面的一些新成果. 土壤译丛，3：40－43.

Babaeian M. 2012. Efficacy of different iron，zinc and magnesium fertilizers on yield and yield components of barley. Frican Journal of Microbiology Research，6(28)：5754－5756.

Barłóg P，Grzebisz W. 2004. Yield forming and diagnostic evaluation of sugar beet fertilization with potassium，sodium and magnesium：Part I. Yield of storage roots and tops. Biuletyn Instytutu Hodowli i Aklimatyzacji Roslin，234：73－82.

Barłóg P，Grzebisz W，Paradowski A. 2002a. Effect of potassium，sodium and magnesium fertilization of three sugar beet varieties：Part Ⅰ. Yield of roots and sugar. Biuletyn Instytutu Hodowli i Aklimatyzacji Roslin，222：119－126.

Barłóg P，Grzebisz W，Górski D，et al. 2002b. Response of high-yielding sugar beet varieties to fertilization with potassium，sodium and magnesium. Biuletyn Instytutu Hodowli i Aklimatyzacji Roslin，222：135－142.

Biswas B，Dey D，Pal S，et al. 2013. Integrative effect of magnesium sulphate on growth of flowers and grain yield of paddy：A chemist's perspective. Rasayan Journal of Chemistry，6(4)：300－302.

Bryson G M，Mills H A. 2015. Plant Analysis Handbook Ⅳ. Micro-Macro Publishing，Incorporated.

Craighead M D，Martin R J. 2011. Responses to magnesium fertilizers in wheat in mid Canterbury. Agronomy New Zealand，31：63－70.

DEFRA-Department for Environment，Food and Rural Affairs. 2010. The Fertilizer Manual(RB209). 8th ed. The Stationery Office(TSO).

Dordas C. 2009. Foliar application of calcium and magnesium improves growth, yield, and essential oil yield of oregano(*Origanum vulgare* ssp. hirtum). Industrial Crops and Products, 29(2-3): 599-608.

Durrant M J, Draycott A P. 1971. Uptake of magnesium and other fertilizer elements by sugar beet grown on sandy soils. The Journal of Agricultural Science, 77(1): 61-68.

Durrant M J, Draycott A P. 1976. Improvements in calcined magnesite as a magnesium fertilizer. The Journal of Agricultural Science, 86: 543-552.

FAO. 2020. FAOSTAT Database. http://www.fao.org/faostat/en/#data(verified on 8.03.2020).

Gerendás J, Führs H. 2013. The significance of magnesium for crop quality. Plant and Soil, 368: 101-128.

Grzebisz W, Górski D, Barłóg P. 2002. Mineral composition of storage roots and tops as criterion of technological ripeness of sugar beets: Part Ⅰ. Yield of storage roots. Journal of Elementology, 7(4): 247-258.

Hailes K J, Aitken R L, Menzies NW. 1997. Magnesium in tropical and subtropical soils from north-eastern Australia: Ⅱ. Response by glasshouse-grown maize to applied magnesium. Soil Research, 35(3): 629-642.

Heenan D P, Campbell L C. 1981. Influence of potassium and manganese on growth and uptake of magnesium by soybeans(*Glycine max* (L.) Merr. cv. Bragg). Plant and Soil, 61(3): 447-456.

Hermans C, Johnson G N, Strasser R J, et al. 2004. Physiological characterization of magnesium deficiency in sugar beet: Acclimation to low magnesium differentially affects photosystems Ⅰ and Ⅱ. Planta, 220: 344-355.

Huang Y, Kang R, Ma X, et al. 2014. Effects of calcite and magnesite application to declining Masson pine forest on strongly acidified soil in Southwestern China. Science ofthe Total Environment, 481: 469-478.

Jezek M, Geilfus C M, Bayer A, et al. 2015. Photosynthetic capacity, nutrient status, and growth of maize(*Zea mays* L.) upon $MgSO_4$ leaf-application. Frontiers in Plant Science, 5: 781.

Cakmak I, Yazici A M. 2010. Magnesium: a forgotten element in crop production. Better Crops, 94: 23-25.

Katyal J, Carter M, Vlek P. 1988. Nitrification activity in submerged soils and its relation to denitrification loss. Biology and Fertility of Soils, 7: 16-22.

Kashinath B L, Murthy A N G, Senthivel T, et al. 2013. Effect of applied magnesium on yield and quality of tomato in Alfisols of Karnataka. Journal of Horticultural Sciences, 8(1): 55-59.

Loganathan P, Hanly J A, Currie L D. 2005. Effect of serpentine rock and its acidulated products as magnesium fertilisers for pasture, compared with magnesium oxide and epsom salts, on a pumice soil. Dissolution and estimated leaching loss of fertiliser magnesium. New

Zealand Journal of Agricultural Research,48:461－471.

Marschner P. 2012. Marschner's Mineral Nutrition of Higher Plants. 3rd ed. Academic Press.

Matłosz C. 1992. Effect of cereals fertilization with magnesium conducted in different stages of growth on yields of grain and straw and some grain quality parameters:[PhD thesis]. Poznań Univeristy of Life Sciences.

McNaught K J, Dorofaeff F D. 1965. Magnesium deficiency in pastures. New Zealand Journal of Agricultural Research,8(3):555－572.

Morrill L,Dawson J. 1967. Patterns observed for the oxidation of ammonium to nitrate by soil organisms. Soil Science Society of America Journal,31:757－760.

Mulder E. 1956. Nitrogen-magnesium relationships in crop plants. Plant and Soil,7:341－376.

Noora S,Akhterb S,Islamc M M,et al. 2015. Effect of magnesium on crop yields within maize-green manure-Taman rice cropping pattern on acid soil. Archives of Agronomy and Soil Science,61(10):1381－1392.

Obreza T A, Morgan K T. 2008. Nutrition of Florida Citrus Tress 2nd ed. University Florida.

Ohno T,Grunes D L. 1985. Potassium-magnesium interaction affecting nutrient uptake by wheat forage. Soil Science Society of America Journal,49:685－690.

Orlovius K,Mchoul J. 2015. Effect of two magnesium fertilisers on leaf magnesium concentration,yield,and quality of potato and sugar beet. Journal of Plant Nutrition,38(13):2044－2054.

Ozenc D,Ozenc D B. 2015. Effect of Mg fertilization on some plant nutrient interactions and nut quality properties in Turkish hazelnut(*Corylus avellana* L.). Scientific Research and Essays,10(14):465－470.

Rathore I,Tarafdar J C. 2015. Perspectives of biosynthesized magnesium nanoparticles in foliar application of wheat plant. Journal of Bionanoscience,9(3):209－214.

Rengel Z,Robinson D L. 1989. Competitive $Al^{3+}$ inhibition of net $Mg^{2+}$ uptake by intact *Lolium multiflorum* roots: Ⅰ. kinetics. Plant Physiology,91(4):1407－1413.

Reuter D J,Robinson B J. 1997. Plant Analysis:An Interpretation Manual. CSIRO publishing.

Rosanoff A. 2013. Changing crop magnesium concentrations:impact on human health. Plant and Soil,368:139－153.

Römheld V,Kirkby E A. 2010. Research on potassium in agriculture:needs and prospects. Plant and Soil,335:155－180.

Ruan J,Zhang F,Wong M H. 2000. Effect of nitrogen form and phosphorus source on the growth,nutrient uptake and rhizosphere soil property of *Camellia sinensis* L. Plant and Soil,223:65－73.

Ruan J,Ma L,Shi Y,et al. 2004. Effects of litter incorporation and nitrogen fertilization on the contents of extractable aluminum in the rhizosphere soil of tea plant(*Camallia sinensis* (L.) O. Kuntze). Plant and Soil,26:283-296.

Ruan J,Ma L,Shi Y. 2006. Aluminum in tea plantations:mobility in soils and plants,and the influence of nitrogen fertilization. Environmental Geochemistry and Health,28:519-528.

Härdter R,Rex M,Orlovius K. 2004. Effects of different Mg fertilizer sources on the magnesium availability in soils. Nutrient Cycling in Agroecosystems,70(3):249-259.

Skubiszewska A,Diatta J. 2008. Overcoming aluminum negative effects by the application of magnesium sulfate. Ochrona Środowiska i Zasobów Naturalnych,35(36):289-296.

Sun X,Chen J H,Liu L S,et al. 2018. Effects of magnesium fertilizer on forage crude protein content depend upon available soil nitrogen. Journal of Agricultural and Food Chemistry,66(8):1743-1750.

Talukder M A H,Islam M B,Kamal S M A H M,et al. 2009. Effects of magnesium on the performance of potato in the Tista Meander Floodplain soil. Bangladesh Journal of Agricultural Research,34(2):255-261.

Vrataric M,Sudaric A,Kovacevic V,et al. 2006. Response of soybean to foliar fertilization with magnesium sulfate(epsom salt). Cereal Research Communications,34(1):709-712.

Wang Z,Hassan M U,Nadeem F,et al. 2020. Magnesium fertilization improves crop yield in most production systems:Meta-analysis. Frontiers in Plant Science,10. Doi:10.3389/FPLS.2019.01727.

Zengin M,Gokmen F,Yazici M A,et al. 2009. Effect of potassium,magnesium,and sulphur containing fertilizers on yield and quality of sugar beets(*Beta vulgaris* L.). Turkish Journal of Agriculture and Forestry,33:495-502.

吴良泉 何冬冬 张卫强(福建农林大学资源与环境学院 国际镁营养研究所)
张世昌(福建省农田建设与土壤肥料技术总站)
叶德练(福建农林大学农学院 国际镁营养研究所)

# 第 13 章

# 镁对作物品质的影响

早在 1939 年左右，镁就被确认为植物生长必需的矿质营养元素(Schonewille，2013)，其参与植物体内光合作用，酶、核酸和蛋白质合成等重要生理和生物学过程。近年来，通过施肥改善农作物品质越来越受到关注。镁作为植物生长所必需的养分的重要性已经得到充分认可，但是镁调控作物品质的研究依然有限，且缺乏深入机理探究。已有研究表明，镁作为营养元素经植物吸收利用，对作物品质产生多方面影响。镁肥对于不同作物品质的影响也不尽相同(Gerendás et al.，2013)，因具体作物或指标而异(表 13-1)。为了尽可能全面地理解镁肥与作物品质的内在联结，推动镁营养研究，引导农业生产过程中科学施用镁肥，本章综述了施用镁肥对粮食作物以及蔬菜、水果等经济作物品质的影响。

表 13-1　施用镁肥对不同粮食作物、水果和蔬菜等经济作物品质的影响

| 作物 | 品质及相关表型 | 文献来源 |
|---|---|---|
| 粮食作物 | | |
| 小麦 | 促进碳水化合物在植物体内分配，降低源叶中蔗糖和淀粉含量；增加穗数、千粒重、产量、籽粒中淀粉含量、粗蛋白质含量及粗面筋含量 | Ceylan et al.，2016；Gerendás and Führs，2013 |
| 水稻 | 增加有效穗数、千粒重、结实率、产量；提高籽粒中淀粉、粗蛋白质、维生素 C 及游离氨基酸含量 | 赵洁，2013；李晓鸣，2002 |
| 玉米 | 增加叶片 SPAD 值和 $CO_2$ 净同化速率，提高光合速率，增加植株产量；增加籽粒容重以及可溶性糖、粗蛋白质、脂肪和淀粉含量 | Jezek et al.，2015；尹雪巍 等，2018 |
| 马铃薯 | 提高产量、块茎硬度、淀粉含量、蛋白含量、存储品质以及块茎中的氮浓度 | Poberezny et al.，2011 |
| 大豆 | 促进根瘤生长，增加根瘤固氮量，改善植株氮营养状态；提高产量、蛋白质含量、油含量 | Vrataric et al.，2006；Peng et al.，2018，2019 |
| 蔬菜 | | |
| 番茄 | 增加坐果数，减少果实腐烂；提高外观品质、果实硬度、可溶性固形物、还原糖、维生素 C 和淀粉含量 | 杜承林，1994；Chapagain and Wiesman，2004 |

续表13-1

| 作物 | 品质及相关表型 | 文献来源 |
| --- | --- | --- |
| 白菜 | 降低叶片硝酸盐含量，增加叶片开展度以及叶绿素、可溶性糖、可溶性蛋白、类胡萝卜素及维生素 C 含量 | 林仁辉，2009；韩冬芳等，2010 |
| 黄瓜 | 增大茎粗和叶面积，提高产量；降低果实中硝酸盐含量，提高果实中可溶性蛋白质、还原糖和维生素 C 的含量 | 谢小玉等，2009 |
| 水果 | | |
| 葡萄 | 增加单粒重，提高产量；提高果实 pH、糖酸比、可溶性固形物、总糖、维生素、总蛋白、游离氨基酸含量，降低可滴定酸含量，并显著增加果皮花色素含量，提高外观品质 | 马晓丽等，2018；吴一群等，2019 |
| 龙眼 | 提高坐果率和果径、果实单果重、可食率、可溶性固形物、总糖和维生素 C 含量 | 李锡铭，2004；徐培智等，2000 |
| 西瓜 | 提早成熟，提高商品价值；增加果肉中可溶性固形物、类胡萝卜素、可溶性糖、可溶性蛋白、维生素 C 含量和硝酸还原酶活性 | 林新坚等，2005；林丽琳等，2015 |
| 苹果 | 提高果实维生素 C、总糖、可溶性固形物的含量及糖酸比 | 林海涛等，2006 |

## 13.1 镁对粮食作物品质的影响

关于镁对粮食作物品质影响的研究较少，研究者更多关注镁对产量的影响。因为镁在土壤中易淋洗损失，除了在土壤中施用镁肥外，叶片施镁也被证明是改善作物品质的有效方法之一（Marschner ，2011）。在已有的研究中发现，给玉米叶面喷施镁可以显著提高叶片 SPAD 值和 $CO_2$ 净同化速率，进而提高植株光合速率，促进生长，增加植株生物量（Jezek et al.，2015）。Ceylan（2016）等研究发现，通过叶面喷施镁，可以有效减少小麦叶片黄化现象，缓解小麦缺镁症状；还可以促进碳水化合物在植物体内的分配，降低小麦源叶中蔗糖和淀粉的含量，促进小麦生长，提高植株生物量。并且，喷施镁肥可以通过增加小麦穗数、千粒重来提高小麦产量、籽粒淀粉含量，改善小麦籽粒品质。反之，缺镁会造成植株中碳水化合物运输受阻，向种子中的运输减少，导致小麦种子萌发率和活力下降，影响下一代的生长和产量。赵洁（2013）等研究发现，适当施用镁肥能够增加水稻的有效穗数、千粒重和结实率，提高籽粒中粗蛋白质、维生素 C 及游离氨基酸含量。大豆叶片喷施浓度为 5％的 $MgSO_4$ 显著提高产量，而且籽粒蛋白质和油含量也有所增加（Vrataric et al.，2006）。

施镁还可以通过改善作物的营养状况间接对作物品质产生影响。Ding（2006）等介绍了镁在氮素营养中的重要性，发现通过改善植物的镁素营养状况可以改善植物的氮素代谢，并提高氮同化度。增加大豆镁的施用量促进低氮条件下大豆植株的根瘤生长，根瘤显著增大，瘤数量增加，进而增加了大豆根瘤对 $N_2$ 的固定并促进植株生长（Peng et al.，2018）。施用镁肥改善大豆氮营养状况的另一个重要原因是，镁可以促进植株体内碳水化合物的运输以及分配，使地上部的碳水化合物更多地运输到大豆根系中，促进根瘤生长，进而改善作物氮营养。增加大豆镁供应，显著上调大豆根系中硝酸盐转运蛋白基因 *NRT2.1/2.2* 的表达，促进氮的吸收；其机理仍待深入解析，可能是通过镁调控蔗糖从叶片到根分配这一途径来实现的（Peng et al.，

2019)。镁还可以帮助植物缓解非生物胁迫，促进植物生长。在水稻体内，OsMGT1 是负责水稻根系吸收镁的一个转运蛋白，当水稻根系铝浓度过高时，根系会通过上调 *OsMGT1* 表达增加根系对镁的吸收，提高细胞中镁的浓度，进而提高植株对铝的耐受性，恢复正常生长状态(Chen et al.,2013)。

## 13.2 镁对蔬菜品质的影响

蔬菜补施镁肥能够促进光合作用，提高品质，并促进植株对磷、硅等元素的吸收，增强磷的营养代谢，提高植株抗病能力。杜承林(1994)等的研究表明，镁肥对茄果类蔬菜植株的营养生长有良好的促进作用，增施镁肥显著增加结果数，减少果实腐烂，提高外观品质。赵冰研究表明，施用镁肥可明显提高番茄生长后期的叶片叶绿素含量、株高及挂果数量，而且果实产量和生物量增加效果明显；施用 MgO 处理的番茄生长后期叶片的叶绿素含量、株高及挂果数量明显优于施用 $MgSO_4$ 的处理，果实产量和生物量显著增加(赵冰等,2006)。谢小玉(2009)等通过研究发现，给黄瓜施镁可以增大茎粗和叶面积，降低黄瓜叶片中的硝酸盐含量，提高黄瓜中可溶性蛋白质、还原糖和可溶性糖的含量。施用硫酸镁可有效提高大白菜中叶绿素、可溶性糖、可溶性蛋白质及维生素 C 的含量；而缺镁则会造成蔬菜中维生素 C 和可溶性蛋白含量下降，表明充足镁供应对于蔬菜品质的重要性(韩冬芳等,2010)。张菊平研究表明，缺镁抑制小白菜根系生长，在一定范围内，增加营养液中镁的浓度能显著促进小白菜植株生长，增加维生素含量，提高产量和品质(张菊平等,2003)。在蔬菜中，Mg、K 和 Ca 的不同比例也影响作物品质(Gerendás et al.,2013)。Hao 等(2003)研究表明，在营养液中钙质量浓度为 150 $mg \cdot L^{-1}$、供镁质量浓度为 20 $mg \cdot L^{-1}$ 时会显著降低商品果重，造成黄化叶的比例显著高于正常供镁处理，但对叶片的叶面积和干物质重没有显著影响。夏广清(2007)等对番茄研究发现，在一定范围内，随着钙镁肥用量的增加，番茄幼苗株高、茎粗和叶片数都呈现增加的趋势，番茄植株地上部干、鲜物质的积累也有一定程度的增加，并在钙、镁肥 4∶1 时效果最好，说明合理施用钙镁肥可以通过增强植物幼苗的生长发育为获得高产提供保障。另外有研究表明，钙镁浓度过高或不足时，番茄植株对氮磷钾的吸收量会减少，植株生长发育弱，果实产量和品质降低；植物缺钙镁还会引起根茎叶部分细胞木质化程度加深，影响植株对养分的吸收、运输和分配过程，影响作物生长(申晓芳,2015)。Chapagain 和 Wiesman(2004)研究发现，通过配合施用 KCl 和 $MgCl_2$，可以显著增加番茄果实中葡萄糖、干物质和镁含量，提高番茄果实的品质。当向番茄植株供镁 50 $mg \cdot L^{-1}$ 时，果实干物质重显著高于其他处理，果实中可溶性固形物的含量也较高，品质较优。镁的施用能使樱桃番茄增产 19.3%，果实着色均匀，成熟度一致(应晓平等,2004)。

## 13.3 镁对水果品质的影响

马晓丽(2018)等对葡萄进行土施和叶面喷施镁肥，发现可以提高果实中可溶性固形物含量，降低可滴定酸含量，并显著增加果皮花色素含量，使果皮变红，这可能是镁通过提高 ABA/GA3（脱落酸/赤霉素）比值，刺激 UFGT（类黄酮糖基转移酶）活性升高，从而促进果皮花色素苷合成（周开兵等，2016）。在土壤缺镁条件下，适量施用镁肥可使柑橘果实数明显增多，提高果实的糖酸比，改善口感和风味；土壤施镁和叶片喷镁相结合可以显著增加柑橘叶片中镁的含量，促进镁向果实的运输，提高果实中镁的含量和可溶性糖含量，并防止果实膨大后期叶片出现黄化现象（温明霞等，2015）。对在缺镁土壤上生长的芒果树施用镁肥，发现能明显提高成果的两性花比例，进而显著增加产量（赖富发等，1998）。增施镁肥可以提高龙眼植株的坐果率、单果重、果实可食率、可溶性固形物和维生素 C 含量（李锡铭，2004）。徐培智等（2000）在对多种果树施用镁肥的研究中发现，给香蕉配施镁肥，果实中的可溶性糖和淀粉含量有所提高；施镁处理的荔枝坐果率比不施镁处理相对提高 24.8%；适量施用镁肥可提高龙眼果实品质，尤其对果径、单果重、维生素 C 含量和总糖含量影响显著。朱晓晖研究表明，镁肥能提高香蕉幼苗叶片的抽生速度，促进香蕉假茎伸长、增粗和叶片增厚，并能提高单株干物质积累量（朱晓晖，2006）。增施镁肥也可使桃单果重提高 15%～23%，每公顷桃园施用 50 kg MgO 可显著提高果实可溶性糖及维生素 C 含量，降低可滴定酸含量，改善口感和外观品质，但果实耐贮性有所下降（刘光栋等，2000）。在绿茶研究中发现，充足的镁供应增加了茶叶的生物量和氨基酸的含量，例如茶氨酸、幼根和嫩枝中的氨基酸含量，还有植株木质部中氨基酸和糖的浓度，提高了茶叶的品质（Ruan et al.，2012）。缺镁茶园施用水溶性硫酸镁肥料后，缺镁症逐渐消失，产量比对照平均增长 9.8%～13.6%。施镁还能显著增加茶叶中咖啡因及水浸出物含量（朱永兴等，2003）。唐小付（2008）等通过研究发现，施镁可增加甜瓜的单果重、糖含量和维生素 C 含量，提高糖酸比，可能是因为镁结合钾钙等元素促进了叶绿素的合成，增强甜瓜的光合作用以及促进光合产物的运输，使果实中蔗糖磷酸合成酶的活性提高，促进果实中糖的合成与积累，并且当营养液中镁浓度在 10～70 $mg \cdot L^{-1}$ 范围内时，可以显著提高厚皮甜瓜果实产量和品质。林新坚（2005）等研究表明，增施镁肥可使西瓜坐果节位降低 1.7，使西瓜提早上市，提高了商品价值。

而且，钾镁配施能增强作物的光合作用，促进氮的同化，可增加西瓜果肉中可溶性固形物含量和维生素 C 含量，这与黄贤贵（2005）等的研究结果一致。通过“新天玲”西瓜的沙培试验表明，西瓜整个生长发育过程都受镁的影响。随着镁浓度的升高，西瓜各时期叶片中叶绿素、类胡萝卜素、可溶性糖、可溶性蛋白含量和硝酸还原酶活性呈先升高后降低趋势，48 $mg \cdot L^{-1}$ 为最适镁浓度（林丽琳等，2015）。在一定范围内，增施硫酸钾镁肥可以提高苹果维生素 C、总糖、可溶性固形物的含量及糖酸比，在改善风味的同时还能提高苹果的营养品质（林海涛等，2006）。钾镁肥适量配施能促进香蕉植株生长，均衡香蕉叶片的 K、Ca、Mg 营养，增加果实可溶性固形物、可溶性糖和维生素 C 含量，提高果实产量和种植效益（李国良等，2007）。另外在土壤钾、镁均缺乏的情况下，在施钾的基础上配施镁肥，提高了荔枝叶片的含镁量，降低了叶片含钾量。配施适量镁肥改善果实内在品质，提高了荔枝果实的农艺性状和产量，有较好的增收效果（姚丽贤等，2006）。在为期一年的试验中，Velez Ramos 和 Borges（1995）证明了镁对菠萝产量的积极影响，在高钾和高氮供应情况下，随着镁的施用量增加，果实的平均长度和宽度以及直径显著增加。

## 13.4 小结与展望

适量施镁能从多个方面改变作物内部一系列的生化反应，从而明显改善营养品质。经济类作物营养和外观是很重要的品质指标，适量施用镁肥能带来更大的经济效益。目前，镁对粮食、经济作物品质影响的研究虽然已取得了很多进展，但相关的生理和分子机制尚不清楚，仍待进一步深入解析，以期满足不断提高的精准施肥和定向育种的理论和实践应用需求。

## 参考文献

杜承林，韦洁诚. 1994. 钾镁肥料对茄果类蔬菜的效应. 北方园艺，3：102－12.

韩冬芳，王德汉，黄培钊，等. 2010. 不同形态镁对‘早熟 5 号’大白菜产量及品质的影响. 园艺学报，10：113－118.

黄贤贵，李清华，李昱，等. 2005. 硫酸钾镁肥在西瓜上的应用效果初报. 中国西瓜甜瓜，2：15－16.

赖富发，叶大放. 1998. 镁素肥料对芒果树生长结果效应试验和研究. 热带作物研究，2：16－17.

李国良，姚丽贤，周修冲，等. 2007. 沙田柚配施钾镁肥效应研究. 中国土壤与肥料，2：61－63.

李锡铭. 2004. 镁、硫肥在龙眼上的施用试验. 福建果树，2：41－42.

李晓鸣. 2002. 矿质镁对水稻产量及品质影响的研究. 植物营养与肥料学报，8：11－13.

林海涛，江丽华，刘兆辉，宋效宗，等. 2006. 施用硫酸钾镁对苹果产量、品质和叶片矿质营养的影响. 山东农业科学，6：86－88.

林丽琳，陈晟，施木田，等. 2015. 镁对‘新天玲’西瓜叶片光合色素、可溶性蛋白含量和硝酸还原酶活性的影响. 热带农业科学，1：26－30.

林敏霞，张晓东，邱美欢，等. 2016. 植物镁素生理功能及镁素营养诊断和施用. 热带农业科学，3：39－43.

林仁辉. 2009. 小白菜镁素营养生理研究：[硕士学位论文]. 福州：福建农林大学.

林新坚，李昱，李清华，等. 2005. 硫酸钾镁肥对小白菜、茶叶、西瓜产量和品质的影响. 土壤肥料，5：21－24，28.

刘光栋，杨力，宋国菡，等. 2000. 镁、钙肥对肥城桃品质影响及平衡施肥的研究. 山东农业大学学报（自然科学版），2：173－176.

马晓丽，刘雪峰，杨梅，等. 2018. 镁肥对葡萄叶片糖、淀粉和蛋白质及果实品质的影响. 中国土壤与肥料，4：114－120.

申晓芳. 2015. 不同钙、镁肥处理对番茄生长、产量和品质的影响的研究：[硕士学位论文]. 郑州：河南农业大学.

唐小付，龙明华，于文进，等. 2008. 不同钾、钙、镁水平对厚皮甜瓜产量和品质的影响. 北方园艺，4：17－20.

温明霞，吴韶辉，王鹏，等. 2015. 缺镁温州蜜柑果园的施镁效应研究. 果树学报，1：63－68.

吴一群，林琼，陈子聪，等. 2019. 不同镁水平对无限生长型番茄吸收镁及果实品质与产量的影响. 安徽农学通报，7：54－56.

夏广清，王薇，陈志刚，等. 2007. 钙镁肥不同用量对番茄幼苗生长发育的影响. 北方园艺，3：26－27.

谢小玉，邓小勇. 2009. 镁对黄瓜生长和光合特性的影响. 西北农业学报，2：199－202.

徐培智，陈建生，张发，等. 2000. 香蕉、荔枝、龙眼施镁效应研究. 广东农业科学，6：35－36.

姚丽贤，李国良，许潮漩. 2006. 镁肥在荔枝和柑橘上的施用效应. 磷肥与复肥，4：76－77.

尹雪巍，杨克军，张翼飞，等. 2018. 不同施镁水平对松嫩平原西部玉米产量及品质的影响. 中国作物学会学术年会.

应晓平，吕伟庆，陈君德，等. 2004. 硫酸钾镁肥在蔬菜、茶园上的施用效果试验. 宁波农业科技，4：4－5.

张菊平，张兴志，冯俊芹，等. 2003. 镁元素对日光温室小白菜生长发育和品质的影响. 河南农业科学，6：34－36.

赵冰，毛小云，廖宗文. 2006. 几种镁肥对番茄肥效的比较研究. 土壤通报，4：208－210.

赵洁，杨兰，罗春梅，等. 2013. 硫酸钾镁在几种作物上应用的产量与品质效应. 湖北农业科学，19：4577－4581，4586.

周开兵，周晓超，苏阳，等. 2016. 叶面镁营养促进妃子笑荔枝果皮着色的生理成因. 热带作物学报，9：1752－1758.

朱晓晖. 2006. 镁肥和芸苔素内酯对香蕉产量、品质及养分吸收的影响：[硕士学位论文]. 武汉：华中农业大学.

朱永兴，陈福兴. 2003. 红壤丘陵茶园镁营养调控研究. 茶叶科学，23：s1.

Ceylan Y，Kutman U B，Mengutay M，et al. 2016. Magnesium applications to growth medium and foliage affect the starch distribution，increase the grain size and improve the seed germination in wheat. Plant and Soil，406(1－2)：145－156.

Chapagain B P，Wiesman Z. 2004. Effect of Nutri-Vant-PeaK foliar spray on plant development，yield，and fruit quality in greenhouse tomatoes. Scientia Horticulturae，102(2)：177－188.

Chen Z C，Yamaji N，Motoyama R，et al. 2012. Up-regulation of a magnesium transporter gene *OsMGT1* is required for conferring aluminum tolerance in rice. Plant Physiology，159(4)：1624－1633.

Ding Y，Luo W，Xu G. 2006. Characterization of magnesium nutrition and interaction of magnesium and potassium in rice. Annals of Applied Biology，149(2)：111－123.

Gerendás J，Führs H. 2013. The significance of magnesium for crop quality. Plant and Soil，368(1－2)：101－128.

Hao Xiuming，Papadopoulos A P. 2003. Effects of calcium and magnesium on growth，fruit yield and quality in a fall greenhouse tomato crop grown on rockwool. Canadian Journal of Plant Science,83(4):903－912.

Jezek M,Geilfus C M,Bayer A,et al. 2015. Photosynthetic capacity,nutrient status,and growth of maize(*Zea mays* L.) upon $MgSO_4$ leaf-application. Frontiers in Plant Science, 5:781.

Marschner H. 2011. Marschner's mineral nutrition of higher plants. Academic Press.

Peng W T,Qi W L,Nie M M,et al. 2019. Magnesium supports nitrogen uptake through regulating *NRT2. 1/2. 2* in soybean. Plant and Soil,1:1－15.

Peng W T,Zhang L D,Zhou Z,et al. 2018. Magnesium promotes root nodulation through facilitation of carbohydrate allocation in soybean. Physiologia Plantarum,163(3):372－385.

Poberezny J, Wszelaczynska E. 2011. Effect of bioelements(N,K,Mg) and long-term storage of potato tubers on quantitative and qualitative losses:Part Ⅱ. Content of dry matter and starch. Journal of Elementology,16(2):354.

Ruan J,Ma L,Yang Y. 2012. Magnesium nutrition on accumulation and transport of amino acids in tea plants. Journal of the Science of Food and Agriculture,92(7):1375－1383.

Schonewille J T H. 2013. Magnesium in dairy cow nutrition: An overview. Plant and Soil,368(1/2):167－178.

Velez-Ramos A,Borges J. 1995. Foliar application of nitrogen,potassium and magnesium,and pineapple yield and quality. The Journal of Agriculture of the University of Puerto Rico,79(3－4):111－119.

Vrataric M,Sudaric A,Kovacevic V,et al. 2006. Response of soybean to foliar fertilization with magnesium sulfate(epsom salt). Cereal Research Communications,34(1):709－712.

李学贤　王泳棋　袁浩　靖梦华(中国农业大学资源与环境学院)

第 14 章

# 镁对油菜产量和品质的影响

油菜是我国重要的油料作物，提供了60%左右的国产食用植物油。其中长江流域的冬油菜种植面积和总产量占全国的85%左右(中国统计年鉴，2018)，是国际上4大油菜种植中心之一(FAO，2017)。该区域一般采用一年两熟或三熟的种植制度，具有土地利用强度大、土壤养分带走量大和流失量大、土壤养分缺乏种类多、土壤自身供肥和保肥能力差等特点。在农业生产上，农民偏重氮磷钾肥而忽略中微量元素(如镁)的平衡施用，进一步加剧了这类养分的缺乏。油菜是需镁量较大(30～50 kg·$hm^{-2}$)的农作物之一(邹娟等，2009)，土壤有效镁含量低(长江流域缺镁土壤面积接近50%)、镁肥供应不足或大量施用铵态氮肥和钾肥等均会导致油菜缺镁，表现出典型的紫红色斑块和叶片脉间失绿的现象(鲁剑巍，2010)，并显著影响植株生长、籽粒产量和品质。本章通过总结分析国内外相关文献，综述了镁素影响油菜产量和品质的研究进展，有助于理解镁在调控油菜产量和品质形成上的机制。

## 14.1 油菜需镁特性

油菜需镁量随土壤有效镁含量、生长环境及品种差异而有较大变化，变幅在20～50 kg·$hm^{-2}$，百千克籽粒需镁量变幅为1.8～2.4 kg·$hm^{-2}$(邹娟，2009)。油菜植株镁含量在出苗时最高，根、茎、叶的镁含量分别为0.32%、0.40%和0.59%(图14-1)。随着生育期的推进，营养器官中的镁含量逐渐降低；进入花期后，绿叶和落叶中的镁含量显著增加，并远高于其他器官。落叶镁含量的变化趋势与绿叶相似，但是在185 d(花期)前高于绿叶，185 d之后则低于绿叶，差异明显。收获时不同器官的镁含量表现为落叶＞籽粒＞角壳＞根、茎。

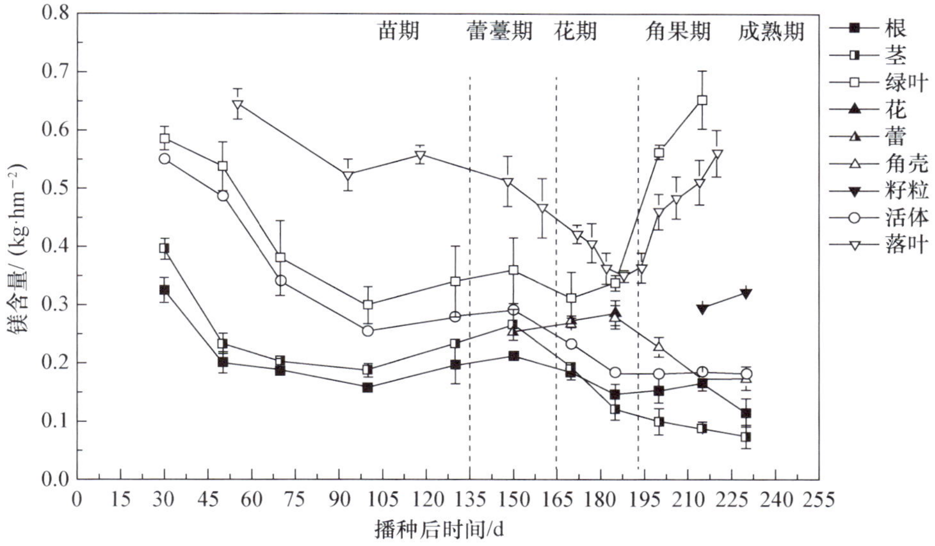


图 14-1　油菜各部位镁含量动态变化(刘晓伟等,2012)

镁积累量的动态变化显示,镁总积累量自出苗后持续上升,在 215 d(角果期)达最大值 35.8 $kg \cdot hm^{-2}$,而后略有降低,苗期、薹花期、角果成熟期的积累比例分别为 36%、45%、19%(图 14-2)。收获时活体的积累量占总积累量的 73%。根、茎的镁积累量均在花期达最大值,分别为 3.3 $kg \cdot hm^{-2}$ 和 6.1 $kg \cdot hm^{-2}$,之后均有小幅度下降。绿叶的镁积累量先升高后降低,在蕾薹期达最大值 8.3 $kg \cdot hm^{-2}$,花期后缓慢下降。生殖生长器官的镁积累持续增加,收获时达 20.5 $kg \cdot hm^{-2}$,其中有 70%分配在籽粒中,角壳仅积累 6.3 $kg \cdot hm^{-2}$。落叶的镁积累量亦持续增加,收获时达 9.7 $kg \cdot hm^{-2}$,占总积累量的 27%。收获时各器官镁积累量大小顺序为籽粒>落叶>角壳>茎、根。从全生育期各器官镁累积量的变化来看,叶片、茎秆和根中镁往角果转移的比例分别为 70%、10%和 10%。

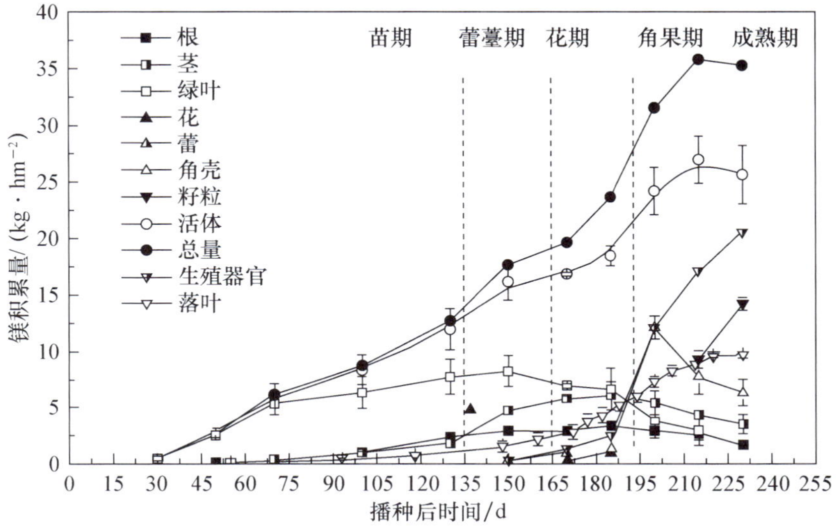


图 14-2　油菜各部位镁累积量动态变化(刘晓伟等,2012)

## 14.2 油菜缺镁症状

油菜对镁缺乏敏感，极易显现出典型的缺镁症状。缺镁时油菜下部老叶呈现明显的紫红色斑块（图 14-3），中后期老叶和中部叶片脉间失绿，呈黄紫色与绿紫色的花斑叶，严重时叶片枯萎过早脱落，上部叶叶色褪淡，容易因强光照射而表现出典型的脉间失绿现象。缺镁植株的开花往往受到抑制，花瓣呈现苍白色，植株大小与不缺镁植株差异较小（鲁剑巍，2010）。通常，油菜叶片镁浓度在 0.10%～0.15%时较容易表现出典型的缺镁症状。在农业生产上，植株缺镁症状往往在镁缺乏一段时间后才容易显现，因此采用叶片缺镁症状来诊断油菜是否缺镁，并以此来确定增施镁肥时间的方法略显滞后。更为准确的是以叶片镁浓度作为油菜缺镁诊断的依据，但这种方法也存在操作不简易、农民难以实现等问题。

图 14-3 油菜缺镁症状

a. 越冬期油菜植株缺镁症状 b. 蕾薹期油菜植株缺镁症状 c～e. 缺镁叶片局部特写

## 14.3 施镁提高油菜产量

2018 年我们针对长江流域冬油菜主产区的土壤镁状况进行分析，调查数据显示该区域土壤交换性镁含量小于 190 $mg \cdot kg^{-1}$ 的土壤比例占 52.6%，可见，冬油菜主产区土壤有效镁含量总体偏低，油菜生产面临着缺镁的威胁。适当补充镁肥可有效增加油菜籽粒产量，平均增幅在 18%左右，增产效果较单子叶农作物好（图 14-4）。不同作物对镁肥响应的差异可能与它们对镁的吸收、转移和利用能力有关（Conn and Gilliham，2010；Conn et al.，2011；Waters，2011），也可能是因为细胞壁中果胶含量和细胞壁阳离子交换量的不同所致（White et al.，2018）。

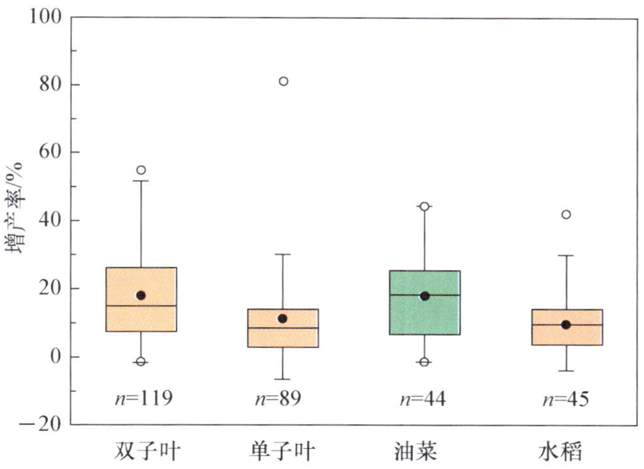


图 14-4　不同作物施镁效果(数据来源于 23 篇已发表的外文文献和 34 篇中文文献)

施用镁肥主要通过改善植株群体密度、单株角果数、每角粒数和千粒重来提高籽粒产量。良好的群体依赖于种子较高的发芽率和生育过程中尤其是在逆境环境下(如冬季低温)植株的生存能力。从调查的 20 篇文献结果来看,氧化镁用量为 30～45 kg・hm$^{-2}$ 时,油菜群体密度最大,比不施镁肥处理增加了 12.2 万株・hm$^{-2}$(表 14-1)。除了补充镁肥来有效提高群体密度外,种子中的镁含量对出苗率和幼苗活力也有重要影响。Ceylan 等(2016)在小麦上的研究结果表明,在缺镁土壤上种植的小麦籽粒中镁和淀粉含量均较低,显著影响种子的发芽率和活力。叶面喷施镁肥也有助于提高向日葵种子的发芽率和幼苗活力(Rehman etal.,2018)。因此,缺镁很有可能通过降低油菜籽粒中镁含量以及淀粉等碳水化合物的浓度,影响种子发芽,降低幼苗活力,减弱植株对逆境胁迫的抵抗能力,最终导致群体密度下降。

表 14-1　不同镁肥用量对油菜产量及产量构成因子的影响

| MgO 用量 /(kg・hm$^{-2}$) | 平均增产 /(kg・hm$^{-2}$) | 收获密度 /($10^4$ 株・hm$^{-2}$) | 单株角果数 /(个・株$^{-1}$) | 每角粒数 /(个・角$^{-1}$) | 千粒重/g | 样本数/$n$ |
|---|---|---|---|---|---|---|
| <15 | 124 | 11.2 | 5.3 | 1.6 | 0.02 | 2 |
| 15～30 | 338 | 11.5 | 8.1 | 2.1 | 0.03 | 5 |
| 30～45 | 452 | 12.2 | 12.4 | 2.5 | 0.03 | 9 |
| >45 | 375 | 11.8 | 10.6 | 2.2 | 0.02 | 4 |

角果数是决定油菜植株生产力的关键因素之一。供镁充足有利于角果数的形成,如基施 100 kg・hm$^{-2}$ 硫酸镁使小扁豆的角果数增加了 25%(Azizi et al.,2011);叶面喷施镁肥显著提高了油菜角果数、角粒数和千粒重(Jareck et al.,2019)。在统计文献中,汇总 20 组分析施镁对产量构成因子影响的数据结果显示,施镁显著增加植株单株角果数,当氧化镁用量小于 15 kg・hm$^{-2}$ 时,单株角果数仅增加了 5.3 个,而当用量增加到 30～45 kg・hm$^{-2}$ 时,角果数则增加了 12.4 个。施用镁肥能略微增加每角粒数,但对千粒重的影响较小。

油菜籽粒产量的形成与库器官强度以及源库协调密不可分,单株角果数、每角粒数和千粒重反映植株库容量,库器官的充实则依赖于源器官(叶片和茎秆)碳水化合物的合成、转移和利用等过程(Blum,1998;Rebetzke et al.,2008)。镁在光合器官同化物合成和植株体内碳水化合物运输上具有重要作用，充足的镁有利于提高叶片 Rubisco 酶同化 $CO_2$ 的速率(Cakmak and Kirkby，2008；Tränkner et al.，2018)，保证同化物运输过程中能量的供给(Mg-ATP)，从而提高叶片源物质往库器官输送的效率(Ayre，2011；Verbruggen and Hermans，2013)，有效填充库容量，促进源库协同来提高籽粒产量(Zhang and Flottmann，2018)。叶片是油菜主要的源器官之一，其同化产物在构建植株群体上发挥着关键作用，进入蕾花期后，叶片内的同化产物向茎秆和角果中快速转移，缺镁植株叶片(尤其是中下部叶片)中碳水化合物累积明显。角果是油菜体内源库同体的器官(Lu et al.，2017)，既能够合成同化产物，又是碳水化合物存储和籽粒形成的场所，目前尚不明确镁对角果同化物合成和转运的影响及其作用机制。

## 14.4 施镁改善籽粒品质

作为全球重要的食用植物油，菜籽油的品质在决定油菜质量和经济效益上发挥着关键作用。镁能改善多种作物的品质，如提高甘蔗的蔗糖含量、茶叶中氨基酸的含量、谷类作物淀粉含量、油料作物含油量等(Gerendás and Führs，2013)。目前，关于镁对油菜籽粒含油量以及脂肪酸组成上的影响报道很少，Jahangir 等(2005)发现在有效镁含量低的土壤上收获的油菜籽粒含油量较低(39.2%)，施用镁肥后，籽粒含油量增加到 40.8%。施镁的效果很大程度上依赖于土壤有效镁的含量，当土壤有效镁含量小于 150 mg • $kg^{-1}$ 时，施镁才能略微增加籽粒的含油量(Bogdevich and Mishuk，2006)。我们的研究结果表明，施用镁肥后籽粒含油量从 45.5%增加到 48.4%，产油量则比不施镁处理(1 197 kg • $hm^{-2}$)增加了 28.6%；在基施镁肥的基础上，在终花期喷施硫酸镁对籽粒的含油量没有显著影响，但却增加了不施镁处理籽粒的产油量(田贵生等，2019)。

油菜籽具有较低的饱和脂肪酸含量(7%)、较高的非饱和脂肪酸(60%)和人体必需的亚油酸和亚麻酸(10%)。有报道显示，施用镁肥增加了向日葵籽粒中亚油酸和亚麻酸的含量，但其他脂肪酸的含量却有所降低(Rehman et al.，2018)。我们的研究则表明，镁肥的施用显著提高了油酸的含量，但使亚油酸的含量下降了 2.5%(表 14-2)。总体而言，适宜的镁营养有利于增加籽粒中非饱和脂肪酸的含量，有益于降低人体血清胆固醇和甘油三酯及软化血管和阻止血栓形成，提高油脂营养价值(Yuan et al.，2017)。

表 14-2 不同镁肥用量对油菜籽粒含油量和脂肪酸组成的影响

| MgO 用量/(kg • $hm^{-2}$) | 含油量/% | 产油量/(kg • $hm^{-2}$) | 脂肪酸组成/% | | |
|---|---|---|---|---|---|
| | | | 油酸 | 亚油酸 | 亚麻酸 |
| 0 | 43.5 | 670c | 58.92b | 18.56a | 8.99 |
| 15 | 44.1 | 842b | 60.09a | 18.07b | 9.00 |
| 45 | 44.9 | 1 035a | 60.00a | 18.13b | 8.92 |

不同小写字母表示不同镁用量间差异显著。

充足的蔗糖供应是保障籽粒油脂合成的关键，因此提高叶片和角果光合速率和同化物的有效转运是提高籽粒含油量的基础(Fallahi et al.，2008)。终花期喷施硫酸镁显著提高了角果皮和籽粒的叶绿素含量，有利于 $CO_2$ 的同化，扩充库容，提高籽粒产油量（田贵生等，2019）。关于镁对油分组成的影响机制目前尚不明确，可能和镁影响油脂合成过程中生化代谢酶类活性以及能量供应（Mg-ATP）有关（Bates et al.，2013）。

## 14.5 小结与展望

长江流域冬油菜主产区土壤有效镁含量较低（约一半土壤有效镁含量小于 190 mg $kg^{-1}$），油菜生产上容易出现缺镁的现象，表现为典型的脉间失绿、植株生长受限等现象，影响籽粒产量。施用镁肥显著提高油菜籽粒产量，平均增产幅度为 18%。但目前对油菜主产区内不同生态区、不同土壤有效镁含量和土壤性质、不同轮作系统中镁肥的施用效果不够明确。今后的工作应当完善此部分内容，建立土壤有效镁临界指标体系，同时确定和细化区域镁肥推荐用量，以实现镁肥的科学合理施用。施镁除增加籽粒产量外，显著提高了籽粒的产油量，并一定程度上改善了脂肪酸的品质，增加了非饱和脂肪酸的含量，提高了营养价值。镁对籽粒产量和产油量的改善与其促进源器官同化物的合成以及碳水化合物的转移密不可分，但就目前而言，对镁在协调油菜源库关系以及同化物运输（尤其是角果碳水化合物的运输过程）上的机制了解不多，需要在今后的工作中加强这部分研究。

## 参考文献


刘晓伟，鲁剑巍，李小坤，等. 2012. 直播冬油菜钙、镁、硫养分吸收规律. 中国油料作物学报，34(6)：638－644.

鲁剑巍. 2010. 油菜常见缺素症状图谱及矫正技术. 北京：中国农业出版社.

田贵生，陆志峰，任涛，等. 2019. 镁肥基施及后期喷施对油菜产量与品质的影响. 中国土壤与肥料，5：85－90.

中华人民共和国国家统计局. 2018. 中国统计年鉴. 北京：中国统计出版社.

邹娟，鲁剑巍，吴江生，等. 2009. 4 个双低甘蓝型油菜品种钙、镁、硫吸收动态. 华中农业大学学报，28：295－299.

Ayre B G. 2011. Membrane-transport systems for sucrose in relation to whole-plant carbon partitioning. Molecular Plant，4：377－394.

Azizi K，Yaghobi M，Hidary S，et al. 2011. Effects of different methods of magnesium sulphate application on quantitative and quantitative yield of lentil（*Lens culinaris* Medik.）cultivars under Khorramabad climatic conditions of Iran. Research on Crops，12：103－111.

Bates P D，Stymne S，Ohlrogge J. 2013. Biochemical pathways in seed oil synthesis. Currrent Opinion in Plant Biology，16：358－364.

Blum A. Improving wheat grain filling under stress by stem reserve mobilisation. Euphytica. 1998，100：77－83.

Bogdevich I M, Mishuk O. 2006. Efficiency of magnesium and sulfur-containing fertilizers application for spring rape on sod-podzolic light loamy soil with different magnesium content. Proceeding of the National Academy of Sciences of Belarus Agrarian Sci Ser, 2: 68-72.

Cakmak I, Kirkby E A. 2008. Role of magnesium in carbon partitioning and alleviating photooxidative damage. Physiologia Plantarum, 133: 692-704.

Ceylan Y, Kutman U B, Mengutay M, et al. 2016. Magnesium applications to growth medium and foliage affect the starch distribution, increase the grain size and improve the seed germination in wheat. Plant and Soil, 406: 145-156.

Conn S J, Conn V, Tyerman S D, et al. 2011. Magnesium transporters, MGT2/MRS2-1 and MGT3/MRS2-5, are important for magnesium partitioning within *Arabidopsis thaliana* mesophyll vacuoles. New Phytologist, 190: 583-594.

Conn S, Gilliham M. 2010. Comparative physiology of elemental distributions in plants. Annals of Botany, 105: 1081-1102.

Fallahi H, Scofield G N, Badger M R, et al. 2008. Localization of sucrose synthase in developing seed and siliques of *Arabidopsis thaliana* reveals diverse roles for SUS during development. Journal of Experimental Botany, 59: 3283-3295.

FAO, 2017. FAOSTAT Database Food and Agriculture Organization of the United Nations, Rome. http://www.fao.org/faostat/zh/#data/QC.

Gerendás J, Führs H. 2013. The significance of magnesium for crop quality. Plant and Soil, 368: 101-128.

Jahangir A A, Afroz R S, Latif A, et al. 2005. Response of mustard to Mg and S fertilization. Bangladesh Journal of Science and Industrial Research, 40: 115-122.

Jareck W, Buczek J, Bobrecka-Jamro D. 2019. The response of winter oilseed rape to diverse foliar fertilization. Plant, Soil and Environment, 65: 125-130.

Lu Z F, Pan Y H, Hu W S, et al. 2017. The photosynthetic and structural differences between leaves and siliques of *Brassica napus* exposed to potassium deficiency. BMC Plant Biology, 17: 240.

Rebetzke G J, Van Herwaarden A F, Jenkins C, et al. 2008. Quantitative trait loci for water-soluble carbohydrates and associations with agronomic traits in wheat. Australian Journal of Agricultural Research, 59: 891-905.

Rehman H, Alharby H F, Alzahrani Y, et al. 2018. Magnesium and organic biostimulant integrative application induces physiological and biochemical changes in sunflower plants and its harvested progeny on sandy soil. Plant Physiology and Biochemistry, 126: 97-105.

Tränkner M, Tavakol E, Jákli B. 2018. Functioning of potassium and magnesium in photosynthesis, photosynthate translocation and photoprotection. Physiologia Plantarum, 163: 414-431.

Verbruggen N, Hermans C. 2013. Physiological and molecular responses to magnesium nutritional imbalance in plants. Plant and Soil, 368: 87-99.

Waters B M. 2011. Moving magnesium in plant cells. New Phytologist, 190: 510-513.

White P J,Broadley M R,Ei-Serehy H A,et al. 2018. Linear relationships between shoot magnisium and calcium concentrations among angiosperm species are associated with cell wall chemistry. Annals of Botany,122:221-226.

Yuan Y,Kong Z Y,Sun Y E,et al. 2017. Complex coacervation of soy protein with chitosan:Constructing antioxidant microcapsule for algal oil delivery. LWT-Food Science and Technology,75:171-179.

Zhang H P,Flottmann S. 2018. Source-sink manipulations indicate seed yield in canola is limited by source availability. European Journal of Agronomy,96:70-76.

陆志峰　田贵生　耿国涛　任涛　鲁剑巍(华中农业大学微量元素研究中心)

**第 15 章**

# 镁与茶叶品质

我国是世界上最大的茶叶种植和生产国。中国茶叶流通协会统计数据显示，2018 年我国有茶园 303 万 $hm^2$，占全球茶叶种植面积的 62.1%。茶叶产量 261.6 万 t，列世界第一位。茶叶出口量 36.5 万 t，占世界茶叶出口量的 17%，列世界第 2 位，仅次于肯尼亚，总出口额 17.8 亿美元。2018 年茶叶农业产值 2 157.35 亿元。

近年来，随着我国茶树新品种和植保、栽培技术的巨大进步，我国茶叶单位面积产量和茶叶品质都有了极大提高(阮建云，2019；中国茶叶流通协会)。尤其是基于氮、磷、钾、镁平衡施肥技术的茶园养分管理体系的建立与优化，对于我国名优茶的发展起到了重要推动作用。但是我国当前茶园单位面积产量(阮建云，2019)和茶叶出口单价(表 15-1)与其他国家相比仍有一定的差距。这不仅要求建立优化品质导向的养分供应施肥技术，也要求深入探索矿质营养对茶叶品质的影响和代谢调控作用。

表 15-1　2018 年世界主要茶叶出口国的平均离岸价(国际茶委会，中国茶叶流通协会)

美元 · $kg^{-1}$

| 日本 | 法国 | 德国 | 巴西 | 英国 | 斯里兰卡 | 中国 | 土耳其 | 卢旺达 | 印度 |
|---|---|---|---|---|---|---|---|---|---|
| 27.27 | 19.75 | 11.22 | 8.78 | 7.53 | 4.99 | 4.88 | 4.81 | 3.30 | 2.96 |

## 15.1 全国茶园镁营养状况

### 15.1.1 我国主要茶园土壤镁养分含量状况

茶园土壤中镁的含量因母质、气候条件、管理水平等因子不同变幅很宽，其中石灰岩和玄武岩发育的茶园土镁含量较高，而花岗岩、砂岩风化的茶园土壤镁含量较低。我国茶叶主要种植于南方的热带和亚热带地区。这些地区成土母质风化程度高，土壤镁的含量相对较低。吴洵等(1995)对第 4 纪红黏土发育的低丘红壤茶园土壤镁浓度的调查资料表明，最低的只有 1.25 mg · $kg^{-1}$，最高的达 1 392 mg · $kg^{-1}$，高低相差 1 000 多倍，但多数茶园土壤的镁浓度在 10～70 mg · $kg^{-1}$ 之间，其中，50 mg · $kg^{-1}$ 以下的茶园占 73%左右。值得引起注意的是，一些名优茶产区和老茶区由于大量施用氮肥，使得土壤趋向酸化，镁淋失加剧，茶园土壤中镁贫乏。阮建云等对我国主要茶区茶园土壤调查结果表明，我国茶园土壤交换性镁含量在 10～80 mg · $kg^{-1}$ 之间，其中，由于我国自北向南土壤理化性质差异，降雨淋溶不同，因此，土壤镁含量还呈现自北向南递减的规律(图 15-1)，具有明显的地带性特征，土壤镁浓度一般呈棕壤茶园土＞黄棕壤茶园土＞红黄壤茶园土＞赤红壤茶园土＞砖红壤茶园土的规律（阮建云等，2003；Wu et al.，1994；表 15-2)。阮建云等(2002)对取自我国茶叶主产区浙江、安徽、江苏、湖南、湖北、广西、福建等 7 省(自治区)共 287 个土壤样品交换性镁含量的分析结果表明，多数茶园(约

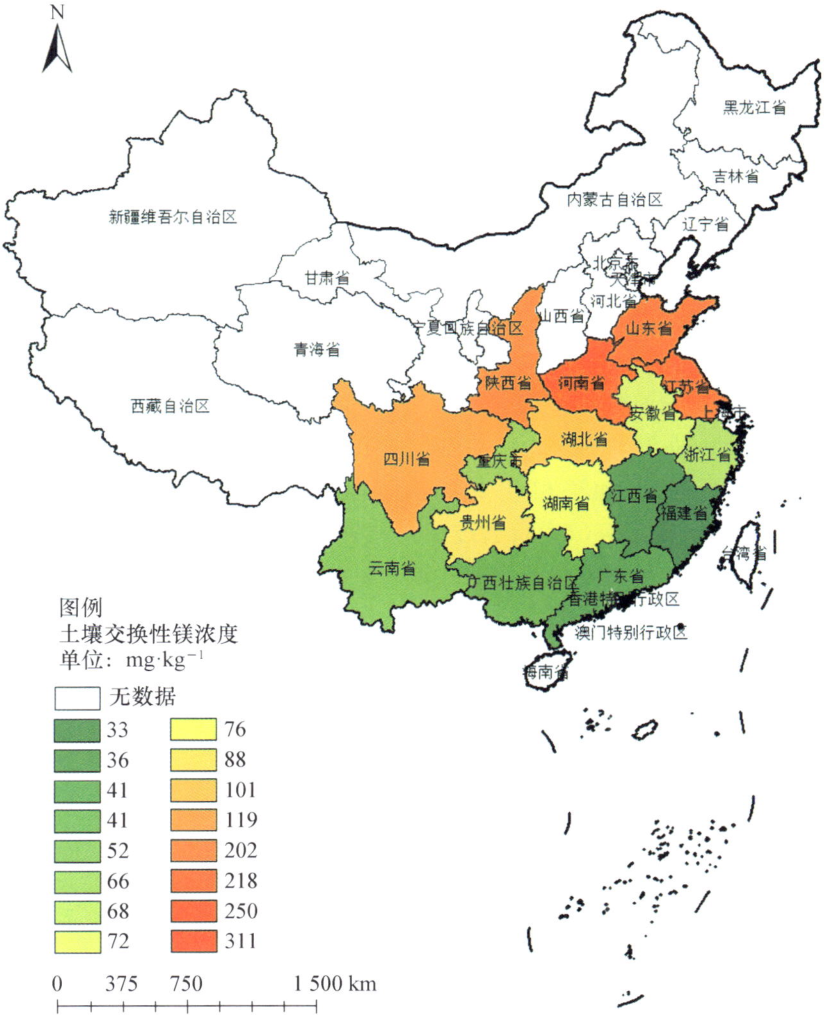


图 15-1　中国茶叶主要生产区土壤交换性镁养分状况

80%)的交换性镁含量在 10～80 mg·kg$^{-1}$ 之间。0～20 cm 和 20～40 cm 土层含量低于 40 mg·kg$^{-1}$ 的比例分别为 57.9%和 64.0%,平均含量分别仅为 19.3 mg·kg$^{-1}$ 和 19.0 mg·kg$^{-1}$。其中表土的交换性镁含量通常高于下层土壤,缺镁土壤主要分布于南方地区或土壤质地偏沙性以及一些老茶园(表 15-2,阮建云等,2002)。对福建省安溪县、华安县和永春县等铁观音主产区的 150 个茶园表土和相应的茶叶镁素含量调查结果表明,供试铁观音茶园土壤全镁含量平均值为 1 700 mg·kg$^{-1}$。土壤交换性镁含量平均值仅为 9.63 mg·kg$^{-1}$,土壤普遍缺镁(侯玲利等,2009)。

表 15-2　我国茶园土壤有效镁含量(阮建云等,2002)　　mg·kg$^{-1}$

| 指标 | 砖红壤 | 赤红壤 | 红壤 | 黄棕壤 | 棕壤 |
|---|---|---|---|---|---|
| 含量 | 4.4～124.8 | 3.9～248.0 | 1.8～288.4 | 9.2～316.2 | 88.4～215.4 |
| 平均含量 | 17.1 | 22.3 | 35.3 | 94.2 | 125.4 |

此外,由于茶树系聚铝作物,在茶树枯枝落叶中含有大量铝,枯枝落叶回归土壤后,造成铝在茶园土壤中累积,并与土壤胶体上的镁交换,易造成镁的淋溶损失。对茶园土壤与非茶园土壤的比较研究表明,茶园土壤的交换性镁含量明显低于非茶园土壤(马立锋等,2000)。

### 15.1.2　茶园土壤镁的分级标准及诊断

对第 4 纪低丘红壤茶园土壤营养元素与产量关系大面积调查结果发现,亩产干毛茶 150 kg 以上的高产优质茶园的土壤有效镁含量多数在 100 mg·kg$^{-1}$ 以上,而亩产干茶在 50 kg 以下的低产低质茶园土壤有效镁的含量大多不到 40 mg·kg$^{-1}$(吴洵等,1994)。当土壤交换性镁含量低于 50 mg·kg$^{-1}$ 时,施用镁肥的效果较显著(马立锋,2000)。吴洵等(1994)结合土壤有效镁含量与茶叶产量的关系,并综合考虑镁对提高茶叶品质的影响,提出了名优茶生产和开发中茶园土壤有效镁含量丰缺的诊断标准(表 15-3)。对于一般生产茶园,土壤有效镁含量达到 50 mg·kg$^{-1}$ 是必要的,如果想获得产量高、品质好的名优茶叶,有效镁含量应达到 100 mg·kg$^{-1}$ 以上。阮建云等(2003)通过田间试验研究提出,即使土壤交换性镁含量超过 50 mg·kg$^{-1}$,施镁肥也能取得显著的增产效果。因此除了考虑交换性镁含量外,非交换性镁作为镁的潜在供源也需要予以重视。

表 15-3　茶园土壤有效镁含量诊断的分级标准(吴洵等,1994)

| 分级 | 极高 | 高 | 中 | 低 | 极低 |
|---|---|---|---|---|---|
| 含量 | >150 | 100～150 | 50～100 | 10～50 | <10 |

### 15.1.3　全国茶园镁肥投入概况

在相差 20 年的两次施肥调查中,我们发现同样的问题一直存在:茶园施肥不平衡,有机肥料投入低,化肥尤其是氮肥用量大幅度增加,而镁等养分的投入不足(阮建云等,2001;倪康等,2019),结果造成茶园土壤有效镁含量较低,明显影响茶叶产量和品质的提高(韩文炎等,2002)。针对镁肥用量,吴洵等认为,茶叶生产中镁对品质的影响大于对产量的影响。尽管在茶叶生产中很难发现明显缺镁的"饥饿"表征,但土壤中镁含量欠缺而影响产量提高和品质升级的镁的"隐饿"性茶园是经常可见的(吴洵等,1994)。尽管我国茶园土壤调查结果显示缺镁现象普遍存在，但是镁肥并没有广泛运用到茶叶生产中。这一方面可能是由于缺镁并不能像缺氮一样造成严重的缺素和减产效果，不足以引起茶农的注意；另一方面可能受到市面上镁肥产品和其使用方便性的限制。

## 15.2 茶树镁营养需求特性

### 15.2.1 茶树镁含量及分布

茶树体内的镁含量一般为 500～4 000 mg · kg$^{-1}$，而且越是幼嫩的组织中镁的含量越高（图 15-2）。因此根据茶叶产量估计，每生产 100 kg 干茶需要镁素 1～2 kg。

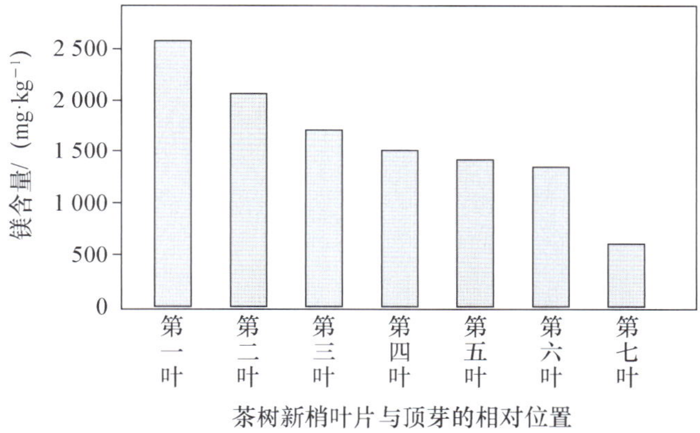


图 15-2　茶树新梢中各叶片镁含量（吴洵等，1994）

### 15.2.2 茶树缺镁症状

缺镁时茶树生长严重受到影响，生物量较供镁充足茶树大量减少。当土壤镁含量不足时，茶树发芽迟，新叶生长缓慢，持嫩性差，氨基酸含量低，对名优茶叶生产不利。缺镁显著降低叶片的叶绿素含量，出现典型的黄化。先表现在基部叶片失去光泽，叶脉间肋骨状黄化，或间杂出现褐色斑块，不易干焦（图 15-3）。第二轮叶绿色，叶小而长，叶片弯曲下卷，形成中脉两边的叶面大小不对称，据观察小边的气孔密度比大边的大，后期幼叶淡绿色，老叶脱落，根系生长尚无异常，植株长势仅次于缺铁、缺磷，胜于缺氮、缺钾、缺钙，但缺镁植株不像缺氮、缺钙、缺钾那样很快死亡（陶汉之，1984）。以老叶含镁量低于 0.2%、茶园土壤中有效镁含量低于 10 mg · kg$^{-1}$ 作为茶树缺镁诊断指标（段毅，1998）。

图 15-3　茶树叶片缺镁表型（张群峰）

### 15.2.3 镁对茶叶产量的影响

镁营养对于茶叶产量的影响研究开展的较早，阮建云等通过实验表明，镁营养对茶树的生物量具有显著影响(Ruan et al.，1998)，但相比缺钾和缺氮，缺镁对茶树的生物量影响相对较小(Ruan et al.，2015)。此外，还发现过量镁肥施用可能会由于钾镁拮抗作用对茶树生物量和氨基酸产生抑制效果(图 15-4，Ruan et al.，1998)。针对我国主要茶类(绿茶、红茶和乌龙茶)产区，在浙江、广东、福建等茶园进行的田间试验(土壤交换镁含量 20～69 mg・kg$^{-1}$)表明，施镁对茶叶产量的增产幅度为 0.1%～8.1%，平均增产 5.7%(表 15-4，阮建云等，2002)。

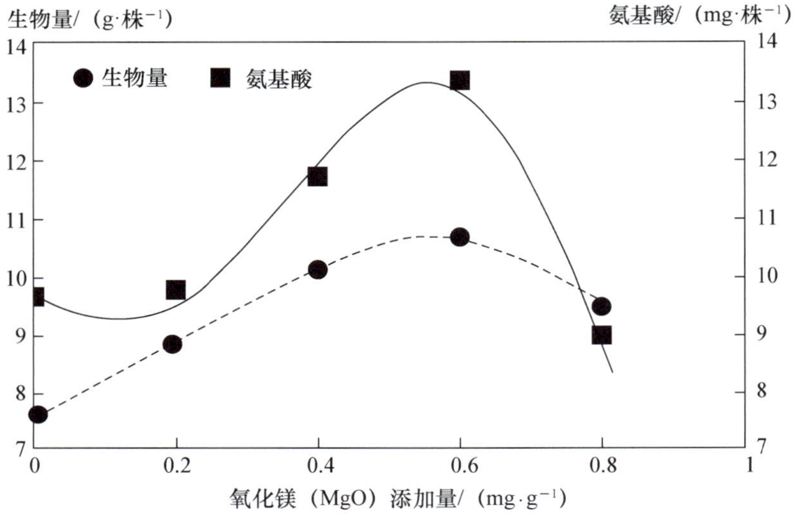


图 15-4 施镁量对茶叶生物量和氨基酸含量的影响(Ruan et al.，1998)

表 15-4 镁肥对茶叶产量的影响(阮建云等，2002)

| 实验地点 | 实验时期 | 茶类 | 土壤交换性镁 /(mg・kg$^{-1}$) | 镁肥用量 /(kg・hm$^{-2}$) | 增产/% |
|---|---|---|---|---|---|
| 广东英德 | 1993—1996 | 红茶 | 20 | 35 | 3.5～7.0 |
| 浙江杭州 | 1993—1996 | 绿茶 | 62 | 35 | 4.0～7.9 |
| 福建安溪 | 1992—1993 | 乌龙茶 | 35 | 35 | 0.1～8.1 |
| 浙江绍兴 | 1996—1997 | 绿茶 | 69 | 42 | 1.8～8.1 |
| 浙江嵊州 | 1996—1997 | 绿茶 | 48 | 42 | 5.5～7.7 |

## 15.3 镁营养对茶叶品质及代谢的影响

相比产量而言，茶叶生产中最为关注的是品质的变化。20 多年来，以中国农业科学院茶叶研究所为代表的我国茶叶科学家开展了系统的探索研究，试图解释镁营养对于茶叶品质形成的影响及作用机制。大量实验结果表明，茶叶的镁含量与绿茶品质关系十分密切。其中最受关注的是茶氨酸、儿茶素、咖啡因等重要品质化学指标的变化。此外，作为直观的品质变化的体现，茶叶的滋味、香气等感官审评结果也验证了镁营养对于茶叶品质形成的积极作用。比如，吴洵等(1994)通过在余姚、杭州、西湖等地开展田间实验建立了绿茶品级($y$)与镁含量($x$)的函数关系 $y=a+bx$，其中余姚珠茶为 $y=25.2946-0.0122x$，$r=-0.9840$；杭州炒青茶为 $y=8.9290-0.5500x$，$r=-0.7890$；西湖龙井茶为 $y=61.3638-0.0302x$，$r=-0.8248$。

### 15.3.1　镁肥提高茶叶氨基酸含量

氨基酸是茶叶中重要的化学成分，与绿茶的品质有密切关系，尤其是对名优绿茶的鲜爽度有更为明显的影响。一般绿茶中氨基酸含量较高时其品质也较好(Zhang et al.，2016)。阮建云等针对我国主要茶类(绿茶、红茶和乌龙茶)产区，在浙江、广东、福建等茶园等地进行的田间试验(土壤交换镁含量 20～69 mg・kg$^{-1}$)表明，施镁增加茶叶游离氨基酸含量(表 15-5)，增加范围 1.2%～16.8%，平均为 7.0%(阮建云等，1996，2002；Ruan et al.，1999)。充足的镁不仅提高茶树新梢中的氨基酸含量(Jayaganesh et al.，2010)，而且对根中的氨基酸含量也有显著的促进作用(Ruan et al.，2012)。

表 15-5　镁营养对茶树生长、游离氨基酸含量和硝酸还原酶活性的影响(Ruan et al.，1998)

| 项目 | CK | NP | NPK | NPKMg |
|---|---|---|---|---|
| 生物量/(g・株$^{-1}$) | 14.2d | 22.1c | 27.4b | 33.8a |
| 叶片游离氨基酸/(mg・g$^{-1}$) | 9.48c | 9.67c | 11.12b | 13.24a |
| 根系游离氨基酸/(mg・g$^{-1}$) | 1.50b | 3.50a | 3.92a | 4.20a |
| 硝酸还原酶活性/(μmol $NO_2^-$ ・g$^{-1}$FW・h$^{-1}$) | 236.2d | 296.9cd | 317.1b | 391.3a |

### 15.3.2　镁肥对茶叶其他品质的影响

作为茶叶品质成分的重要指标还有咖啡因、儿茶素、香气成分等生化指标，近年来相关研究也揭示了镁营养对茶叶中的这些指标具有重要的影响。田间实验结果表明，增施镁肥可以显著提高红茶、乌龙茶和绿茶中的咖啡因含量(阮建云等，2002)，但是施用镁肥对茶多酚含量的作用受到土壤中钾镁养分背景含量的影响(Ruan，1999)。也有研究结果表明，增施镁肥对茶叶中儿茶素和香气指数具有显著的促进作用(Jayaganesh et al.，2010)。此外，施用镁肥对乌龙茶叶的香气品质具有明显的改善效果(阮建云，1997)。镁肥不仅增加了乌龙茶的香气成分总量，而且对香气的组成有明显影响，其中的正己醛、芳樟醇氧化物(Ⅰ)、反-2，反-4-庚二烯醛、顺-3-己酸己烯醋、橙花醇、乙酰吡咯、橙花叔醇、雪松醇等的含量有较明显的升高，尤其对橙花叔醇含量的提高作用更为明显。橙花叔醇作为乌龙茶香气中含量最多的重要化学物质之一，对乌龙茶香气有决定性影响，一般香气越好，品质越高的乌龙茶叶中的橙花叔醇含量越多。另据对福建安溪乌龙茶产区的调查，一般乌龙茶品质与镁含量成正相关，品质越好，香气越足，其镁含量也越多(侯玲利等，2009)。

### 15.3.3　镁促进氮素代谢相关酶活性

为了深入解析镁营养对于茶树氨基酸积累作用的生理机制，也开展了镁营养对于氮素代谢酶活性的研究。发现镁肥可以显著提高茶树新梢中氨基酸转运酶的活性(Jayaganesh et al.,2010)。阮建云等针对镁调控茶树氮素代谢开展了一系列研究工作,发现施镁显著增强了硝酸还原酶活性,表明供镁能改善茶树对硝酸根的吸收和代谢能力(阮建云等,2002)。镁对于茶叶氨基酸含量的增加可能是由于增加了硝酸还原酶的活性(Ruan et al.,1998)。

### 15.3.4 镁促进糖和氨基酸的长距离运输

由于茶氨酸(茶叶中含量最高的游离氨基酸)被认为是在根部合成并转移到叶片储藏,因此镁营养对于茶树叶片中氨基酸积累的影响很可能涉及茶树中代谢产物长距离运输。阮建云等通过分析在给茶树供镁后各组织中镁、氨基酸、糖的分布及积累变化,发现镁营养是调控氨基酸和糖在木质部中长距离运输的重要因素,尤其是茶树春季新梢生长中储藏氮素和碳源的再运输,揭示了镁营养与茶叶品质关系的可能机制(Ruan et al.,2012)。

## 15.4 与其他元素的互作关系

大量研究表明,中微量营养元素对于植物的生理功能具有显著的互作关系,往往表现为协同和拮抗作用。茶树对镁的吸收和利用,不仅取决于土壤中有效性镁的绝对含量,同时也取决于镁与钙、钾、铵等离子的平衡关系。茶树镁容易与其他元素产生拮抗作用,其中与钙的平衡关系影响较大,所以茶树吸收镁常常受到钙、钾的影响。

### 15.4.1 氮

中国农科院茶叶研究所通过缺素、养分搭配、同位素示踪等方法揭示了茶树营养平衡对于其产量和品质形成的重要影响,发现氮镁营养的协调是氨基酸积累的重要影响因素(Ruan et al.,1998,2012)。在土壤培养条件下,采用$^{15}N$示踪方法研究了镁营养供应水平对氮素吸收的影响。通过设置不施氮和镁、施氮不施镁、施镁不施氮、施氮和镁等4个处理,详细比较了氮镁营养对茶树生物量和氨基酸代谢的协作效果。结果表明,只有同时施用氮和镁才能增加茶树的生物量,值得注意的是在同时施用氮和镁时,茶树氮的浓度比只施氮不施镁的处理反而有所降低,但是茶树的氮吸收量却显著增加,主要是由于生长量增加导致的稀释作用。由于氨会造成茶树对镁吸收的拮抗作用,长期施用无机氨的茶园较易出现缺镁症(段毅,1998)。

### 15.4.2 钾

钾、镁互作对于茶叶品质的影响研究较早,20世纪90年代中国农科院茶叶研究所就开展了相关工作。结果表明,钾镁配合施用,增效作用提高,根和叶片中的氨基酸含量都明显增加(吴洵,1995)。随后的田间实验也表明镁和钾协同施用对于红茶、绿茶和乌龙茶的茶叶品质改善效果优于单独施用(Ruan et al.,1999)。盆栽实验缺素培养结果进一步证实了钾镁养分吸收表现出明显的拮抗(Ruan et al.,2015)。测定新梢养分含量也证明了钾镁之间的拮抗作用(Jayaganesh et al.,2010)。张永瑞等在贵州气候、土壤条件下,研究了不同的钾镁肥配施对福鼎、乌牛早两个茶树品种幼龄时期的夏秋季新梢生长的影响,以及镁肥对钾肥的吸收利用效果。发现不同比例的钾、镁肥配施对幼龄茶树生长有较大影响。镁肥能够提高钾肥在幼龄茶树上的作用效果，但两者之间存在着拮抗作用。钾、镁比例为 8∶1 时对幼龄茶树夏秋季新梢的生长有较为良好的影响。测定结果中，上述处理在形态指标和生理指标上如叶绿素含量、过氧化氢酶活性等方面都明显优于其他处理，存在较为显著的优势（张永瑞，2010）。

### 15.4.3 钙

吴洵等的研究还发现，茶树对钙、镁元素的吸收存在互相制约作用，通过检测茶树各个器官钙镁含量发现，叶片中的镁含量比钙低而根中的钙比镁低。该研究还表明，高级的名特优茶叶中 Ca/Mg 值一般都低于 1.5，随着茶叶品级的下降，Ca/Mg 值迅速上升，而土壤中有效性的 Ca/Mg 值对茶叶中的 Ca/Mg 值有一定影响。调查结果表明茶园土壤中有效性的 Ca/Mg 值为 10 左右较为适宜（吴洵，1994）。

### 15.4.4 其他

除了以上氮、钾、钙 3 种营养元素与镁具有互作以外，还有研究发现，硫、磷、铝也会对镁营养的吸收利用产生影响。比如，Ruan 等通过比较氧化镁和硫酸镁两种镁肥的作用效果发现，镁和硫的养分平衡可能对于茶树氨基酸的积累具有重要影响（Ruan et al.，1998）。通过测定新梢养分含量发现，磷、镁具有明显的协同效果（Jayaganesh et al.，2010）。

## 15.5 小结与展望

近 20 年来，国内学者针对茶树镁营养陆续开展了一系列营养液培养、盆栽和田间实验，明确了我国茶园的镁营养状况，证实了镁营养对于茶叶产量和氨基酸等品质成分的积极影响。但是对于镁营养调控茶叶品质成分生物合成和代谢的分子机理方面还缺乏深入的认识。前期研究表明镁营养与氮、钾、硫、钙等元素的互作对于茶叶产量和品质具有重要影响，但其机制也有待深入解析。此外，针对目前我国茶园中普遍缺镁且镁营养投入不足的情况，高效的茶园镁营养管理技术有待进一步优化和推广。

## 参考文献

段毅. 1998. 茶树缺素症的诊断与矫治. 农村经济与科技，01：34－35.

韩文炎，阮建云，林智，等. 2002. 茶园土壤主要营养障碍因子及系列茶树专用肥的研制. 茶叶科学，01：70－74.

侯玲利，陈磊，郭雅玲，等. 2009. 福建省铁观音茶园土壤镁素状况研究. 植物营养与肥料学报，15(01)：133－138.

马立锋，石元值，阮建云. 2000. 苏、浙、皖茶区茶园土壤 pH 状况及十年来的变化. 土壤通报，31(5)：205－207.

倪康,廖万有,伊晓云,等.2019.我国茶园施肥现状与减施潜力分析.植物营养与肥料学报,25(03):421-432.

阮建云,吴洵,Hardter.1996.茶园土壤钾素容量/强度关系及施用钾镁肥的影响.茶叶科学,16(2):93-98.

阮建云,吴洵.1997.钾和镁对乌龙茶产量和品质的影响.茶叶科学,17(1):9-13.

阮建云,吴洵,石元值,等.2001.中国典型茶区养分投入与施肥效应.土壤肥料,05:9-13.

阮建云,管彦良,吴洵.2002.茶园土壤镁供应状况及镁肥施用效果研究.中国农业科学,35(7):815-820.

阮建云,吴洵.2003.钾、镁营养供应对茶叶品质和产量的影响.茶叶科学,23:21-26.

阮建云.2019.中国茶树栽培40年.中国茶叶,41:1-7.

陶汉之.1984.茶树缺素症的研究.中国茶叶,01:31-33.

吴洵,阮建云.1995.钾镁对茶树的生理效应.中国茶叶,17(4):18-19.

吴洵.1994.名茶开发与茶园镁肥施用.茶叶通讯,03:11-13.

张永瑞,尹杰,覃超,等.2010.钾镁肥配施对幼龄茶树夏秋季新梢生长的影响.山地农业生物学报,29:300-303.

中国茶叶流通协会.http://www.ctma.com.cn/.

Jayaganesh S, Venkatesan S. 2010. Impact of magnesium sulphate on biochemical and quality constituents of black tea. American Journal of Food Technology, 5:1557-4571.

Ruan J Y, Gerendas J. 2015. Absorption of foliar-applied urea-N-15 and the impact of low nitrogen, potassium, magnesium and sulfur nutritional status in tea(*Camellia sinensis* L.) plants. Soil Science and Plant Nutrition, 61:653-663.

Ruan J, Ma L, Yang Y. 2012. Magnesium nutrition on accumulation and transport of amino acids in tea plants. Journal of the Science of Food and Agriculture, 92:1375-1383.

Ruan J Y, Wu X, Hardter R. 1999. Effects of potassium and magnesium nutrition on the quality components of different types of tea. Journal of the Science of Food and Agriculture, 79:47-52.

Ruan J Y, Wu X, Ye Y, et al. 1998. Effect of potassium, magnesium and sulphur applied in different forms of fertilisers on free amino acid content in leaves of tea(*Camellia sinensis* L.). Journal of the Science of Food and Agriculture, 76:389-396.

Wu X, Ruan J. 1994. Potassium, magnesium and sulphur status of tea gardens in China-Effects of K, Mg and S fertilizers. Potash Review, 3:1-8.

Zhang Q, Ruan J. 2016. Tea: Analysis and Tasting//Caballero B, Finglas PM, Toldrá F. Encyclopedia of Food and Health. Academic Press, Oxford, 256-267.

张群峰 倪康 伊晓云 阮建云(中国农业科学院茶叶研究所)

第 16 章

# 镁对冬瓜产量和品质的影响

冬瓜是葫芦科冬瓜属，一年生攀缘草本植物，又名白瓜、白冬瓜、地芝、水芝、东瓜等，起源于我国南部（云南等地）及印度，是重要的药食同源作物（Zaini et al.，2011）。根据文献分析和实地调研，冬瓜在我国每年播种面积大约 500 万亩，几乎占全球冬瓜总种植面积的 50%（谢大森等，2006）。华南地区是我国主要的冬瓜种植基地，该区域由于降雨量大、土壤母质风化彻底，且菜田含 $H^+$、$K^+$ 等与 $Mg^{2+}$ 拮抗的阳离子数量较多（Senbayram et al.，2015；Wang et al.，2020），导致土壤镁素含量和生物有效性严重不足（黄东风等，2017）。依据镁肥农学效应判断，珠三角区域 80%以上菜田缺镁（张白鸽等，2011）。冬瓜一般采用一年两茬种植制度，产量一般为 85～130 $t \cdot hm^{-2}$，具有复种指数高，产量高，带走养分多的突出特点。在种植过程中，瓜农长期忽略镁肥的平衡施用。这些原因共同导致华南区域冬瓜近年来普遍发生严重的缺镁现象。本章以课题组研究结果为主，结合国内外相关文献学习，综述了镁对冬瓜生长、产量和品质的影响，有助于理解镁在冬瓜种植中的重要作用。

## 16.1 冬瓜需镁特性

冬瓜需镁量随果实产量、土壤有效镁含量、生长环境及品种差异而有较大变化，平均每形成 1 000 kg 冬瓜果实约需吸收纯镁 0.2 kg（李国良等，2008；张文等，2010）。冬瓜叶片中镁浓度从苗期到初果期逐渐下降，初果期封顶后，叶片中镁浓度又增加，整个生育期浓度范围介于 3～10 $mg \cdot g^{-1}$。随着生育期的推进，冬瓜的叶柄中镁浓度持续增加，茎秆中镁浓度逐渐下降，果实中镁浓度相对稳定（图 16-1）。整体而言，冬瓜镁吸收速率先增加后降低，初果期时植株镁吸收速率最高，为 37 $mg \cdot 株^{-1} \cdot d^{-1}$。

冬瓜植株镁积累量随着生育期延长持续增长，达到商品成熟期时，镁积累量为 20 $kg \cdot hm^{-2}$。全生育期积累的镁在苗期、花期、初果期、膨果期和末果期分别为总量的 4.8%、8.8%、

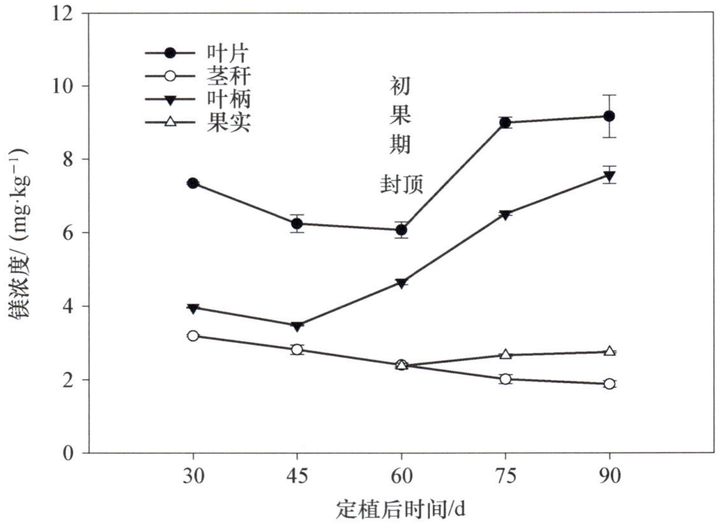


图 16-1　冬瓜各部位组织中镁浓度动态变化

29.6%、27.6%和 28.9%，从开花到成熟 45 d 所累积的镁占整个生育期累积总量的 80%（图 16-2）。

镁素在冬瓜植株各器官内的分配随着生长中心的转移而发生变化。镁素在叶片中的分配率以苗期最高，77.2%的镁素分配到叶片，此后随着生育期的延长不断下降，末果期镁素在叶片中的分配率降低到 36.4%。镁素在茎秆中的分配率随生育进程呈单峰曲线变化，峰值出现在初花期，而后逐渐下降至末果期。坐果后，镁素在冬瓜果实中的分配率一直呈上升趋势，膨果期后，大量的镁素转移到果实中，到末果期约有 50%的镁素最终贮存在果实中。

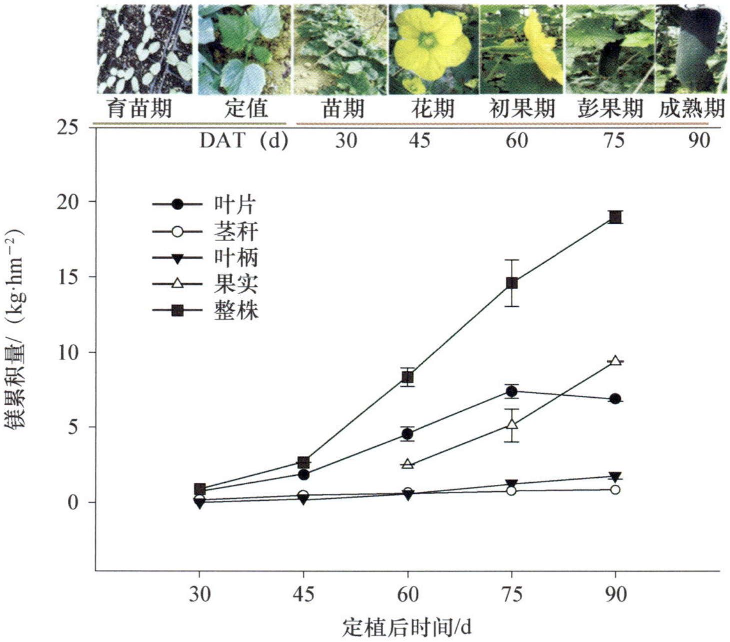


图 16-2　冬瓜各部位组织镁累积量动态变化

## 16.2 冬瓜植株缺镁症状

冬瓜植株对镁缺乏敏感，容易出现缺镁症状。缺镁时叶片呈现明显的脉间失绿现象，严重时叶片干枯脱落。缺镁症状起始的部位可能是最下部老叶，也可能是中部主要功能叶(图 16-3)，取决于土壤缺镁程度和光照影响。中部和上部功能叶容易因强光照射而表现出典型的脉间失绿现象。冬瓜缺镁时，根系的生长也明显受到抑制。

通常在生产上，冬瓜植株叶片缺镁症状常出现在初果期到膨果期，此时植株镁缺乏已经持续了一段时间，采用叶片缺镁症状来诊断缺镁并以此来确定增施镁肥时间的方法明显滞后。应当重视基肥或坐果前的镁肥补充，促进根系生长，避免后期缺镁。而且，引起冬瓜缺镁的原因不仅与土壤镁绝对量不足有关，而且与 N、P、K 等不平衡施肥引起镁的生物有效性不足密切相关，应当予以重视。

图 16-3　冬瓜叶片缺镁症状

a. 挂果后叶片缺镁症状　b. 老叶起始缺镁症状　c. 中部叶片缺镁现象

## 16.3 施镁提高冬瓜产量

施用镁肥能够矫正叶片失绿症状，改善植株生长(图 16-4)，提高产量。课题组分别于 2017 年和 2018 年在广东省佛山市企业基地和农户菜地开展了施用镁肥试验。其中，2017 年农户试验田对照组冬瓜产量为 76 $t \cdot hm^{-2}$，N、P、K 优化不施镁处理的产量为 99 $t \cdot hm^{-2}$，N、P、K 优化＋施镁处理的产量为 122 $t \cdot hm^{-2}$。2018 年农户试验田对照组产量为 82.5 $t \cdot hm^{-2}$，N、P、K 优化不施镁处理的产量为 93.5 $t \cdot hm^{-2}$，N、P、K 优化＋施镁处理的产量为 103.0 t·$hm^{-2}$。两年两地的镁肥增产效果均达到显著水平。施用镁肥主要通过增加果实体积和果肉硬度提高了果实产量(李灿,2019)。与此一致,张文等通过田间试验探讨不同元素对冬瓜产量的影响,结果也表明,增施 90 kg MgO·$hm^{-2}$ 比不施用镁肥处理产量提升16.7%,也发现镁是继氮、钾后,对冬瓜产量影响最大的营养元素(张文等,2010)。

图 16-4 田间冬瓜施镁效果

A. 2017 年成熟期冬瓜生长效果(大型冬瓜,企业示范,基肥一次性施入,90 kg Mg·$hm^{-2}$)
B. 2018 年成熟期冬瓜生长效果(中型冬瓜,农户示范田,依农户习惯随 N、P、K 复合肥分次施用,60 kg Mg·$hm^{-2}$)

## 16.4 施镁改善冬瓜品质

施用镁肥不仅增加冬瓜果实产量,而且由于改善了冬瓜横纵径生长,从而影响果形外观品质。其中,中部横径增加量达到了显著水平,比对照提高 7%(冯建春,2018)。果肉硬度也是影响冬瓜贮藏品质的关键指标之一。与对照相比,镁对冬瓜果实内中外层果肉硬度均产生显著影响,此外,比对照果实的糖酸比增加 23.2%,改善了食用品质,但镁未对果肉中游离氨基酸含量、维生素 C 含量产生明显影响(李灿,2019)。

纤维素和果胶含量是影响果实口感的重要因素,纤维素含量高,果胶含量低的果实不脆(刘春香等,2003)。课题组分析了施镁和不施镁的冬瓜果实中纤维素和果胶含量发现,镁提高果实中的果胶含量,降低纤维素含量。纤维素和果胶作为细胞壁的重要组分,与钙元素关系密切(赵云峰等,2012)。可能镁增加冬瓜生物量,促进了植株对钙的吸收,间接影响了果实质地和口感。抗氧化性是许多药食同源作物发挥保健功效的重要方面,其中,多酚是植物体内的复杂酚类次生代谢物,具有较好的抗氧化性(刘畅等,2011)。补镁后,冬瓜果实中多酚含量降低,总的抗氧化能力下降。见表 16-1。

表 16-1 镁对冬瓜果实纤维素、果胶、多酚和抗氧化能力的影响

| 处理 | 含水量/% | 纤维素 /(g·100 $g^{-1}$ FW) | 果胶 /(g·$kg^{-1}$ FW) | 多酚 /(mg GAE·$g^{-1}$DW) | 抗氧化能力 /(μmol TE·$g^{-1}$ DW) |
|---|---|---|---|---|---|
| 不施镁 | 96.6 | 38.19±0.50a | 2.89±0.045b | 2.29±0.04a | 31.50±0.46a |
| 施镁 | 96.3 | 29.14±0.047b | 3.85±0.047a | 2.09±0.02b | 18.49±0.65b |

不同小写字母表示处理间差异显著。施镁处理:90 kg·$hm^{-2}$。

## 16.5 小结与展望

华南地区菜田土壤有效镁含量较低,尽管冬瓜植株的需镁量不算大,但是快速生长期的需镁强度很高,极容易出现缺镁现象(肖日新等,2017)。缺镁冬瓜的叶片表现出典型的脉间失绿、植株生长受限等现象,影响果实产量和品质。施用镁肥增加果实体积和果肉硬度,显著增加冬瓜产量。

但目前冬瓜缺镁诊断指标还不够明确。镁的生物有效性受土壤有效镁含量,N、P、K 施肥量,降雨,光照及覆膜与否等农艺措施的影响,冬瓜的镁肥施用效果和使用方法还需要多年多点验证优化。今后的工作应当逐步补充和完善此部分内容,在优化 N、P、K 养分用量的基础上建立植株和土壤有效镁临界指标体系,同时确定和细化不同栽培模式(覆膜/裸地、水肥一体化/人工施肥)下的镁肥推荐用量,以实现镁肥的科学合理施用。

此外,合理施用镁肥显著影响冬瓜果实的果胶、纤维素、糖酸比等指标,对果实商品性、贮藏性和口感均有积极效果。这些糖类物质相关指标变化与镁促进源库同化物的合成运转密不可分(Cakmak et al.,1994;Hermans et al.,2005;Hendrik,2013)。但冬瓜碳水化合物累积转化和代谢方面的研究比较薄弱,镁如何协调冬瓜植株同化物运输分配,尤其是同化物在果实内部的转化,对理解镁影响冬瓜果实品质有重要意义,需在今后的工作中加强这部分研究。

## 参考文献

冯建春.2018.施用镁肥对冬瓜生长和土壤镁淋洗的影响:[硕士学位论文].南宁:广西大学,22-24.

黄东风,王利民,李卫华,等.2017.镁肥对小白菜产量、矿质元素吸收及土壤肥力的影响.土壤通报,(2):427-432.

李灿.2019.广东省佛山市三水区黑皮冬瓜生产现状及其优质高产施肥技术研究:[硕士学位论文].北京:中国农业大学,39-43.

李国良,姚丽贤,何兆桓等.2008.冬瓜氮磷钾化肥配施效应.中国农学通报,4:283-286.

刘春香,何启伟,于占东.2003.黄瓜质地与组织结构、纤维素及果胶含量的关系.中国蔬菜,5:3-7.

刘畅,周家春.2011.植物多酚抗氧化性研究.粮食与油脂,2:47-50.

肖日新，何阳. 2017. 华南区菜园土壤选择与综合改良措施. 长江蔬菜，14：24－25.

谢大森，何晓明，彭庆务. 2006. 黑皮冬瓜品质综合评价方法的探讨. 中国蔬菜，09：9－12.

张白鸽，陈琼贤，赫新洲，等. 2011. 珠三角主菜区土壤交换性钙镁丰缺指标及分布特征. 华南农业大学学报，32：25－31.

张文，谢良商，符传良，等. 2010. 冬瓜氮、磷、钾、镁、锌肥效应研究. 中国农学通报，26：212－216.

赵云峰，林瑜，林河通. 2012. 细胞壁组分变化与果实成熟软化的关系研究进展. 食品科技，12：39－43.

Cakmak I，Hengeler C，Marschner H. 1994. Changes in phloem export of sucrose in leaves in response to phosphorus，potassium and Mg deficiency in bean plants. Journal of Experimental Botany，45：1251－1257.

Hermans C，Bourgis F，Faucher M，et al. 2005. Mg deficiency in sugar beets alters sugar partitioning and phloem loading in young mature leaves. Planta，220：541－549.

Hendrik F. 2013. The significance of Mg for crop quality. Plant and Soil，368：101－128.

Senbayram M，Gransee A，Wahle V，et al. 2015. Role of magnesium fertilisers in agriculture：plant-soil continuum. Crop Pasture Sci ence，66：1219－1229.

Wang Z，Hassan M U，Nadeem F，et al. 2020. Magnesium fertilization improves crop yield in most production systems：A Meta-Analysis. Frontiers in Plant Science，10：1727. doi：10. 3389/fpls. 2019. 01727

Zaini N A M，Anwar F，Hamid A A，et al. 2011. Kundur [*Benincasa hispida*（Thunb.）Cogn.]：A potential source for valuable nutrients and functional foods. Food Research International，44：2368－2376.

张白鸽 冯建春 梁逸铭 谢大森 何裕志（广东省农业科学院蔬菜研究所）

李灿 陈晓东（中国农业大学资源与环境学院）

# 第 17 章

# 镁对甘蔗产量和品质的影响

甘蔗是我国乃至世界上重要的糖料作物，蔗糖产量占我国食糖总产的 90%以上(柳琪，2009)。目前在我国主要分布在北纬 24°以南的热带、亚热带地区，四大主产区分别为广西、云南、广东和福建，其种植面积常年占我国糖料种植面积的 85%以上。该蔗区土壤主要为红壤和砖红壤，脱硅富铁铝化严重，呈酸性，含镁矿物易风化及淋洗，造成土壤镁的供应能力降低，加上作物复种指数和产量水平的不断提高，长期施用不含镁肥料以及有机肥施用量的减少，加速了蔗区土壤镁的匮缺。甘蔗缺镁时，苗期叶缘易表现出典型的红褐色斑点和叶片失绿的现象，显著影响生长和产量，对糖分的积累也有一定的负面影响。

## 17.1 甘蔗的生长发育规律

甘蔗是生长周期较长的作物，从种植到砍收约 12 个月，与其他作物一样，植株的生长发育经历由低到高、再由高到低的过程。一般把甘蔗生长发育期分为 5 个时期，分别为萌芽期、幼苗期、分蘖期、伸长期、工艺成熟期。不同生育期甘蔗的干物质积累量随土壤肥力、生长环境及品种差异而有较大变化，而各个生育期干物质积累量占总干物质量的百分比变化不同，苗期、分蘖期、伸长期和成熟期分别占比约为 10%、15%、55%和 20%。多年多点不同甘蔗品种春植蔗试验数据汇总分析表明，随着生育期的延长，叶、茎、根和总干物质积累量不断上升，成熟期时达到最大值，分别为 8 389.4 $kg \cdot hm^{-2}$、26 534.7 $kg \cdot hm^{-2}$、1 587.5 $kg \cdot hm^{-2}$ 和 36 511.6 $kg \cdot hm^{-2}$，但不同器官在不同生育期增加幅度不同(图 17-1)。叶片干物质积累量在苗期急剧增加，到分蘖期以后增加趋势逐渐趋缓。伸长初期之前，甘蔗的生物量以叶占比最大。茎生物量在伸长初期以前增加较为缓慢，到伸长初期之后增速急剧上升，积累量超过叶。根生物量在不同生育期呈平稳递增的趋势，占比较小。随着生长时间的延长，叶干物质占总干物质比例逐渐下降，在苗期、分蘖期、伸长期和成熟期的比重依次为 88.0%、69.8%、29.5%和 23.6%；茎干物质占比则相反，逐渐升高，分别为 3.1%、23.8%、66.5%和 72.1%；根干物质占比与叶相似，表现为逐渐降低，4 个生育期分别 9.9%、6.4%、4.0%和 4.3%。

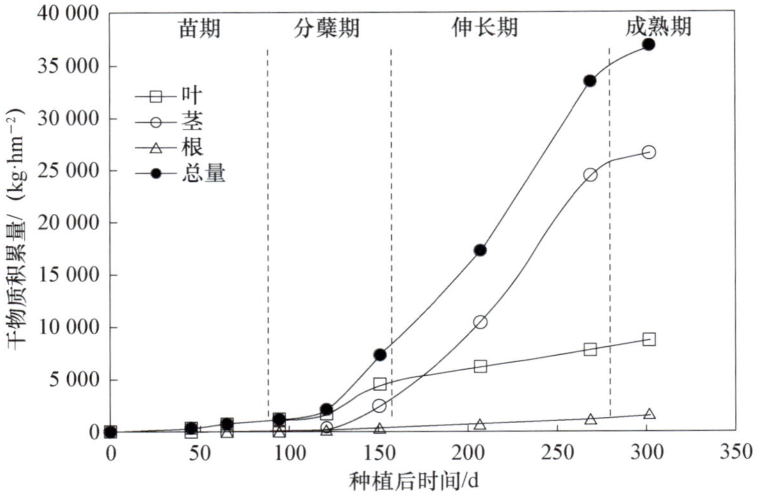


图 17-1　春植蔗干物质积累量动态变化

## 17.2 甘蔗的养分需求规律

甘蔗属 $C_4$ 高光效禾本科作物，生育周期长，干物质积累量大，需要从外界吸收大量的氮、磷、钾等营养元素，并随着植株的增长及生物量的增加而逐渐增加。由于土壤条件、气候环境、施肥管理、种植时期以及品种等存在差异，国内外研究报道的单位经济甘蔗产量所需的氮、磷、钾量有所差异（表 17-1），对氮、磷、钾的需求均表现为钾＞氮＞磷（黄振瑞，2015）。

表 17-1　世界部分国家甘蔗氮、磷、钾养分吸收情况

| 国家 | 每吨经济产量的养分吸收量/kg | | |
|---|---|---|---|
| | N | P | K |
| 中国 | 1.35 | 0.75 | 2.06 |
| 印度 | 1.2 | 0.46 | 1.44 |
| 巴西 | 0.8 | 0.3 | 1.33 |
| 南非 | 1.75 | 0.41 | 6 |
| 美国 | 0.8～1.75 | 0.30～0.46 | 1.32～6.0 |

甘蔗不同部位 N、P 和 K 含量在不同生长时期变化趋势不尽相同（图 17-2）。叶、茎和根中 N 含量均呈现先升高后下降的趋势[图 17-2(a)]。叶和根中 N 含量均在分蘖初期达到最高，分别为 22.4 $g \cdot kg^{-1}$ 和 14.2 $g \cdot kg^{-1}$。茎中 N 含量在分蘖期后期达到最大值，为 17.8 $g \cdot kg^{-1}$。不同生育期不同部位 N 含量存在差异，分蘖初期之前，各部位 N 含量表现为叶＞根＞茎。进入分蘖期以后，叶和根中 N 含量逐渐降低，茎中 N 含量逐渐升高，分蘖初期以后高于根中 N 含量，分蘖中期以后高于叶中 N 含量。成熟期叶、茎和根中 N 含量均最低，分别约为 5.1 $g \cdot kg^{-1}$、6.8 $g \cdot kg^{-1}$ 和 3.6 $\cdot$ g $kg^{-1}$。图 17-2(b)显示，随着生育期的推移，叶和根中 P 含量呈现下降的

趋势，而茎中 P 含量呈现先升高后下降的趋势。叶和根中 P 含量在苗期最高，分别为 4.2 g·kg$^{-1}$ 和 2.1 g·kg$^{-1}$，并维持至分蘖中期，之后下降幅度加大，成熟期时最低，分别为 1.8 g·kg$^{-1}$ 和 0.68 g·kg$^{-1}$。茎中 P 含量在分蘖中期显著升高，分蘖后期达到最大值，约为 4.1 g·kg$^{-1}$。进入伸长期后逐渐降低，至成熟期时与苗期含量相当，约为 2.0 g·kg$^{-1}$。不同生育期不同部位 P 含量同样存在差异，以分蘖中期为界，之前表现为叶＞茎＞根，之后表现为茎＞叶＞根。叶和茎中 K 含量呈现先升高后下降的趋势，而根中 K 含量呈现逐渐下降的趋势[图 17-2(c)]。

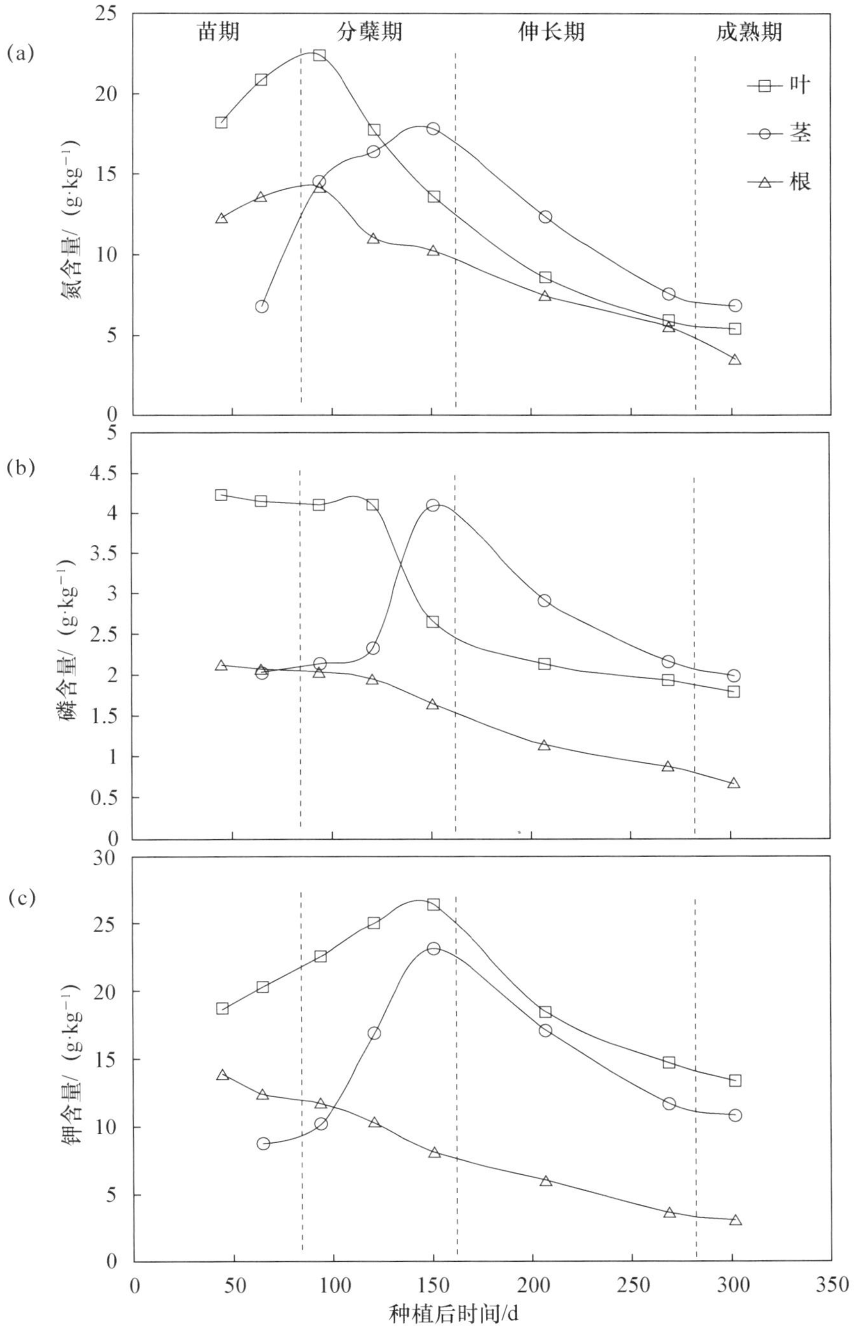


图 17-2　甘蔗各部位氮磷钾含量动态变化

叶和茎中 K 含量在分蘖后期最高，分别为 26.4 g·kg$^{-1}$ 和 23.2 g·kg$^{-1}$，进入伸长期后逐渐下降，至成熟期，叶中 K 含量略低于苗期，约为 13.4 g·kg$^{-1}$，而茎中 K 含量略高于苗期，约为 10.9 g·kg$^{-1}$。根中 K 含量苗期最高，约为 13.9 g·kg$^{-1}$，随着生育期的推移，逐渐下降，成熟期时最低，约为 3.1 g·kg$^{-1}$。不同部位 K 含量在不同生育期存在差异，整个生育期叶中 K 含量均高于茎和根，分蘖初期前，根中 K 含量高于茎，而分蘖初期后则相反，茎中 K 含量显著高于根。

甘蔗不同生育期体内 N、P、K 累积量变化趋势大致相同，均随着生育期的推进而逐渐上升，成熟期达到最大值，分别约为 235 kg·hm$^{-2}$、70 kg·hm$^{-2}$ 和 400 kg·hm$^{-2}$（图 17-3）。

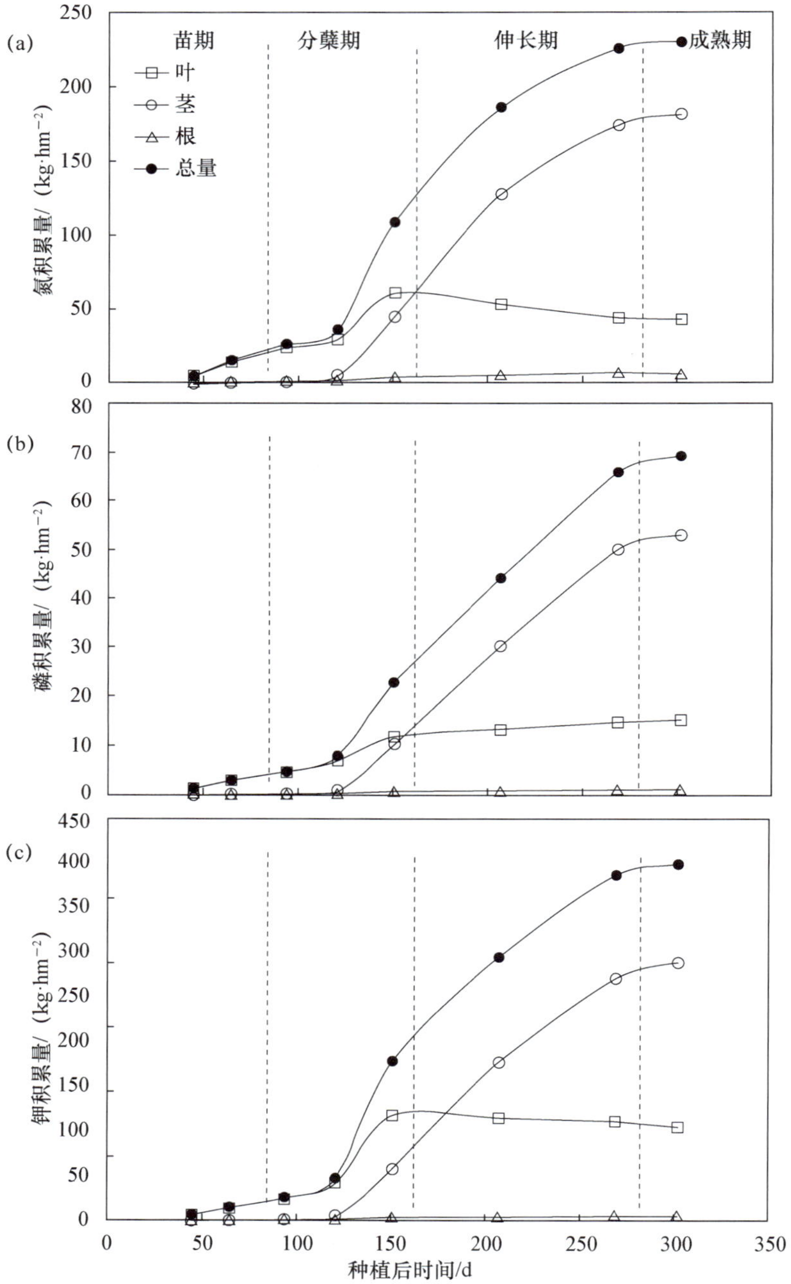


图 17-3　甘蔗各部位氮磷钾积累量动态变化

苗期到分蘖中期，甘蔗体内 N、P、K 积累速率较为缓慢，分蘖中期以后随着干物质积累量的急剧上升，N、P、K 积累量也显著增加。不同部位 N、P、K 积累量在不同生育期存在差异。苗期，不同部位 N、P、K 积累量表现为叶>根>茎，分蘖期则表现为叶>茎>根，伸长期之后，表现为茎>叶>根。图 17-3(a)和 17-3(c)显示，叶中 N 和 K 积累量在分蘖末期达到最大值，分别约为 60 $kg \cdot hm^{-2}$ 和 117 $kg \cdot hm^{-2}$，而后略有下降，可能是部分往茎中转移。

不同生育期甘蔗氮磷钾养分积累比例不同，总体表现为，苗期和成熟期较少，主要集中在分蘖期和伸长期，其中氮在 4 个时期的积累比例分别为 11%、36%、51%和 2%；磷的积累比例分别为 7%、26%、62%和 5%；钾的积累比例分别为 7%、38%、52%和 3%。

## 17.3 甘蔗需镁特性

甘蔗植株镁浓度在苗期最高，叶、茎和根的镁浓度分别为 1.41 $g \cdot kg^{-1}$、1.20 $g \cdot kg^{-1}$ 和 0.92 $g \cdot kg^{-1}$(图 17-4)。随着生育期的推进，各器官中的镁浓度逐渐降低，成熟期时最低，分别为 0.52 $g \cdot kg^{-1}$、0.25 $g \cdot kg^{-1}$ 和 0.32 $g \cdot kg^{-1}$。叶的镁浓度在整个生育期均显著高于其他部位，茎的镁浓度在 235 d(伸长中后期)前高于根，而之后则略低于根。

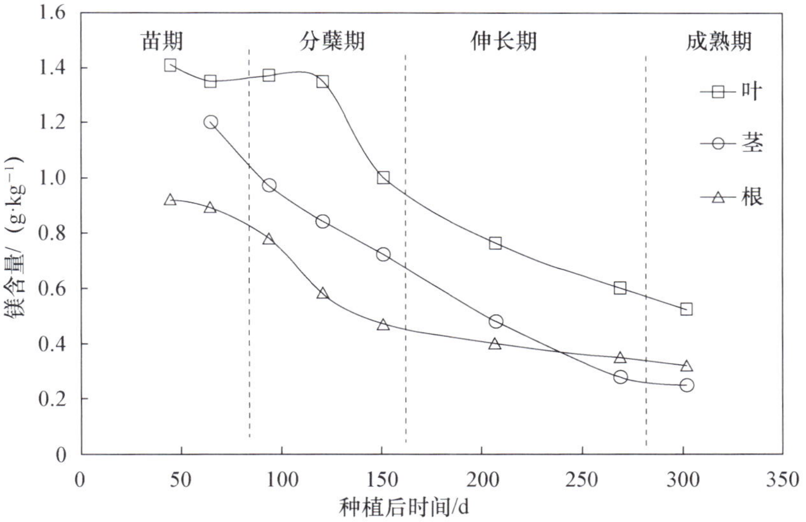


图 17-4　甘蔗各部位镁含量的动态变化

镁积累量的动态变化显示(图 17-5)，镁总积累量自出苗后持续上升，在 280 d(成熟期)达最大值 11.5 $kg \cdot hm^{-2}$，而后略有降低。苗期、分蘖期、伸长期和成熟期的积累比例分别为 14%、42%、43%和 1%。根、茎的镁积累量均在成熟期达最大值，分别为 0.51 $kg \cdot hm^{-2}$ 和 6.6 $kg \cdot hm^{-2}$。叶的镁积累量先升高后降低，在分蘖末期达最大值 4.7 $kg \cdot hm^{-2}$，而后有所下降。收获时各器官镁积累量大小顺序为茎>叶>根。

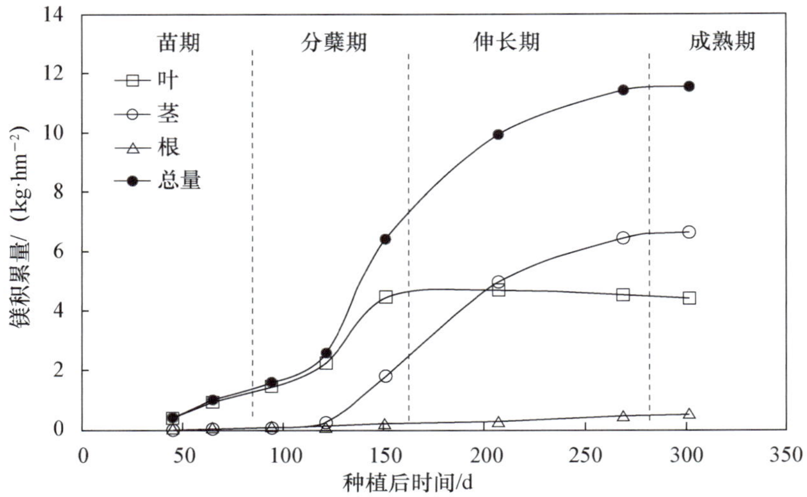


图 17-5　甘蔗不同部位镁积累量动态变化

## 17.4 甘蔗缺镁症状

甘蔗对镁缺乏敏感性中等，苗期较易显现缺镁症状。由于镁在韧皮部的移动性较强，缺镁症状常常首先表现在老叶上，如果得不到补充，则逐渐发展到新叶。甘蔗缺镁时，下部老叶叶缘呈现明显的红褐色斑点（图 17-6），中后期老叶和中部叶片脉间失绿，红褐色斑点变大，呈黄色的花斑叶，严重时叶片枯萎。缺镁植株生长明显受限，甘蔗在缺镁时，植株矮小，生长缓慢。通常，甘蔗叶片镁浓度低于 0.05% 时容易表现出典型的缺镁症状。在农业生产上，植株缺镁症状的显现存在滞后性，采用叶片缺镁症状来指导施肥略显滞后，宜以叶片镁浓度作为甘蔗缺镁诊断的依据，但该方法需具备一定的试验设备才能实现，在具体生产过程中农民难以应用。

图 17-6　甘蔗缺镁症状

a. 苗期甘蔗植株缺镁症状　b. 早期缺镁叶片局部特写　c. 后期缺镁叶片局部特写

## 17.5 施镁提高甘蔗产量

2017—2019 年我们针对广东甘蔗主产区粤西蔗区的土壤镁状况进行调查分析，数据显示该区域土壤 0～20 cm 土层交换性镁含量平均为 29.1 mg·kg$^{-1}$，小于 60 mg·kg$^{-1}$ 的比例占 90%以上($n$=83)(图 17-7)，可见，广东甘蔗主产区土壤有效镁含量处于严重缺乏状态。2017—2019 年在湛江蔗区的两年镁肥定位试验数据显示(表 17-2)，镁的淋洗下渗量排在钾和钙之后，平均每年损失约为 15.4 kg·hm$^{-2}$，加上甘蔗每年吸收带走量 11.5 kg·hm$^{-2}$(图 17-5)以及降水迁移等，甘蔗种植系统每年镁的输出量为 30～45 kg·hm$^{-2}$。然而，由于生产中施肥习惯的改变，多采用氮磷钾复合肥，含镁肥料很少被关注，使得镁的输入非常有限，加剧了蔗区土壤缺镁程度，甘蔗生产面临缺镁的威胁日益严重。我们近年的研究结果和已报道的文献分析表明，增施镁肥可显著提高甘蔗产量，甘蔗平均增产 10.56%(图 17-8)(曾贤杰，1992；何天春，1997；陈超君，2002；樊保宁，2011；刘逊忠，2013；Singh，2008；王亚彪，2016)。施用镁肥主要通过促进甘蔗生长，增加株高、茎径和单茎重来提高甘蔗产量。单茎重是甘蔗产量形成的关键因子。Singh 等(2008)研究表明，增施镁肥显著提高甘蔗株高和单茎重，甘蔗单产提高 14.5 t·hm$^{-2}$。

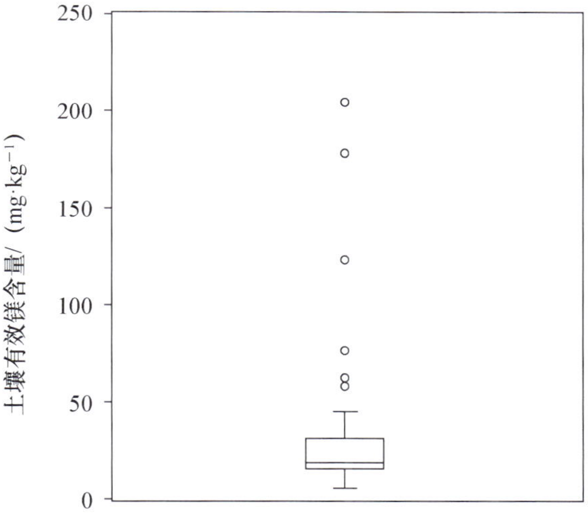


图 17-7　粤西蔗区土壤有效镁含量状况($n$=83)

表 17-2　2017—2019 年镁水平定位试验土壤养分淋洗情况　kg·hm$^{-2}$

| 时间 | N | P | K | Ca | Mg |
|---|---|---|---|---|---|
| 2017—2018 | 1.36 | 0.38 | 23.26 | 28.85 | 16.34 |
| 2018—2019 | 5.30 | 0.59 | 57.85 | 42.2 | 14.46 |
| 两年平均 | 3.33 | 0.48 | 40.55 | 35.56 | 15.40 |

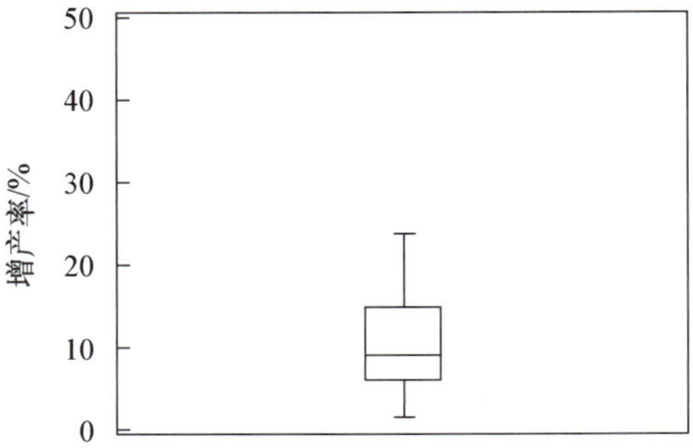


图 17-8　甘蔗施镁的增产效果($n=27$)(数据来源于 7 篇文献和我们多年多点试验结果)

## 17.6 施镁提高甘蔗糖分

镁能改善多种作物的品质,如提高甘蔗的蔗糖含量、茶叶中氨基酸的含量、谷类作物淀粉含量、油料作物含油量等(Gerendás and Führs,2013)。我们的研究结果和对文献报道的结果分析表明,施镁甘蔗糖分平均提升 2.3%(图 17-9),增加效果没有产量明显。

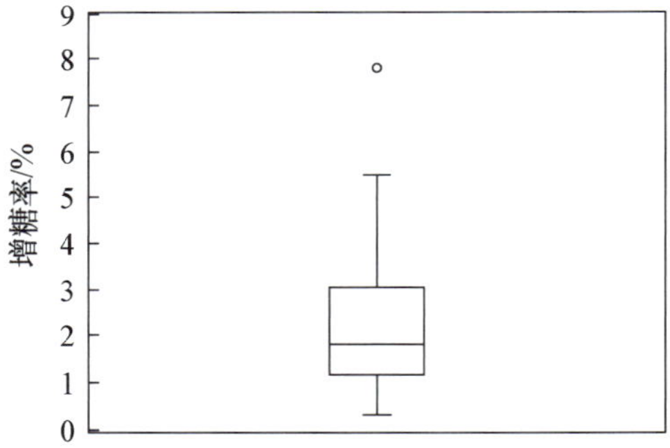


图 17-9　甘蔗施镁的增糖效果($n=27$)(数据来源于 7 篇文献和我们多年多点试验结果)

## 17.7 小结与展望

与其他作物不同,茎是甘蔗的收获器官,为人类生活提供蔗糖。收获时,茎的生物量达到植株总重量的 70%以上,其中的镁含量也达到整株的 55%以上。缺镁条件下,增施镁肥可以显著提高甘蔗产量,提升甘蔗的糖分含量,对甘蔗产业提质、增效具有重要作用。因此需要在生产中,特别是我国南方酸性土壤地区优化氮磷钾肥料的使用,注重科学施用镁肥,实现甘蔗产业的绿色发展。

## 参考文献

陈超君，黄有总，徐建云. 2002. 酸性蔗作土施用石灰、钙镁磷肥的效应. 甘蔗，9(3)：24-29.

樊保宁，方锋学，游建华，等. 2011. 不同镁肥处理甘蔗吸收镁素养分参数与产量效应研究. 现代农业科技，19：85-86.

何天春，韦家幸，黄恒掌. 1997. 镁肥对甘蔗产量与品质的影响. 广西农业科学，4：20-22.

黄振瑞. 2015. 高产甘蔗养分需求规律及施肥调控研究：[博士学位论文]. 北京：中国农业大学.

刘逊忠，黄健，朱伦. 2013. 砖赤红壤施用钙镁肥对甘蔗的效应. 中国糖料，02：11-14.

柳琪. 2009. 经济类作物收获机械现状及发展趋势. 农业机械，48：33-35.

王亚彪，黄振瑞，江永，等. 2016. 有机肥、硫酸镁、钙镁磷及石灰在酸性红壤蔗区的施用效应. 甘蔗糖业，3：10-13.

曾贤杰，彭怀泉，黄承武，等. 1992. 钾、镁、硫、氯四元素在甘蔗上的效应. 湖南农业科学，4：30-32.

Gerendás J，Führs H. 2013. The significance of magnesium for crop quality. Plant and Soil，368：101-128.

Singh B，Shukla A K，Gill M S，et al. 2008. Improving sugarcane productivity through balanced nutrition with potassium，sulphur，and magnesium. Better Crops India，2：12-14.

周文灵　敖俊华（广东省科学院生物工程研究所）

第 18 章

# 镁对柑橘产量和品质的影响

柑橘是世界上第一大水果作物，也是全球的第五大贸易农产品（齐乐，2016）。全球柑橘商品性栽培主要分布于南、北纬 20°～40°的亚热带区域，种植面积和产量均为果树作物首位（陈仕俏等，2008）。2017 年，全世界柑橘类水果种植面积达 920 万 $hm^2$，年产量 1.47 亿 t，年贸易额达 100 亿美元。改革开放以来，我国柑橘产量不断增长，2008 年柑橘种植面积超过苹果，2018 年柑橘总产量（4 138 万 t）首次超过苹果（3 924 万 t），现已成为我国第一大水果（国家统计局，2018）。目前我国是世界上最大的柑橘类水果生产国，产量占全球柑橘类水果产量的 26.8%（FAO，2018）。我国柑橘的经济栽培区主要分布在长江流域及其以南的亚热带地区。2018 年产量超过 100 万 t 的省（自治区、直辖市）共 9 个，分别是广西壮族自治区、湖南省、湖北省、广东省、四川省、江西省、福建省、重庆市和浙江省，占全国柑橘总产量的 94.7%，向优势产区集中的趋势明显。

我国柑橘产业迅速发展的同时，也面临着一系列挑战，其中柑橘缺镁是值得关注的问题之一。我国土壤有效镁含量呈现出北高南低，缺镁地区与我国柑橘主产区高度重合。柑橘属于亚热带常绿果树，种植于热带、亚热带和温带的湿润、半湿润地区，多为酸性或强酸性的红壤、黄壤或砖红壤。我国柑橘主产区因受气候条件及土壤酸化等因素的影响，土壤中的镁容易因迁移、风化和淋溶而损失，造成土壤有效镁含量不断下降。特别是近年来，随着 N、P、K 化肥用量的增加以及有机肥用量的减少，同时，由于与 $K^+$、$Al^{3+}$、$H^+$、$Ca^{2+}$、$NH_4^+$ 等离子之间的拮抗作用，土壤中镁的有效性逐渐降低，柑橘园缺镁日益严重，影响了我国柑橘产量和品质的提高。

本章通过相关文献综合分析了柑橘的需镁特性、缺镁典型特征及缺镁成因，并对我国柑橘园镁素调控提出了一些展望，以期为我国柑橘产业的提质增效和绿色发展提供技术支撑。

## 18.1 柑橘需镁特性

在柑橘植株生长过程中，对各种养分元素的需求规律存在一定差异，但在一年中的动态变化相似。柑橘树体中镁含量为干物质的 0.3%～0.7%，生育期内对养分需求主要有两个高峰期，一个是花期，能提高花质，增加坐果率，并且为春梢抽发提供养分；另一个为果实膨大期，为果实膨大提供养分，同时为抽发秋梢（次年结果母枝）和进行花芽分化提供养分，因此在柑橘果实发育期内对镁素吸收较多（沈兆敏，2013）。在周年生育期内，树体镁含量随着时间变化呈现动态变化，在开花期、幼果期、果实膨大期、收获期和花芽分化期的 5 个生长阶段中（图 18-1），大致表现为增加—下降—再增加的总体趋势。其中在花芽分化期植株体内镁素含量达到最大值，在果实膨大期末期植株内镁含量降到最低，大量镁素被果实带走。如果镁素得不到及时补充，会导致柑橘缺镁，从而引起柑橘产量和品质降低（马进川等，2019）。

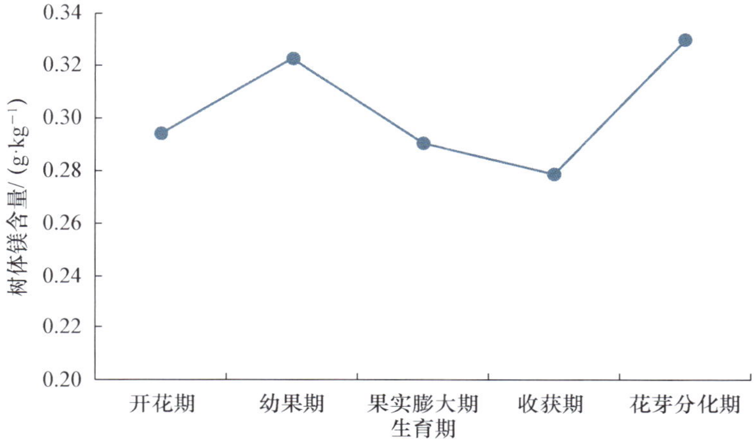


图 18-1　蜜橘不同生育期树体内的镁素含量变化（马进川等，2019）

柑橘植株体内不同部位的镁素含量存在差异，且存在品种间差异。一般在叶片和种子中镁素含量较高，并且不同种类和品种对镁素敏感度不同。敏感度通常表现为：柚＞甜橙＞宽皮柑橘。在柑橘生长初期，镁素大多存在于叶片中，到了结果期，镁素大多转运到果实中，因此柑橘种子中含镁较多，叶、茎次之，根系最少（表 18-1，沈兆敏，2013）。

表 18-1　不同柑橘品种植株各部位组织中镁素含量（沈兆敏，2013）

| 植株部位 | 品种 | 镁含量/($g \cdot kg^{-1}$) |
|---|---|---|
| 叶片 | 伏令夏橙 | 2.6～5.8 |
| | 葡萄柚 | 1.4 |
| 新梢枝条 | 伏令夏橙 | 1.7～3.6 |
| | 葡萄柚 | 6.0 |
| 树干 | 伏令夏橙 | 0.7 |
| | 葡萄柚 | 0.7 |
| 根系 | 伏令夏橙 | 0.5 |
| | 葡萄柚 | 0.7 |

开花后柑橘果实中累积大量的镁，含量与果实中磷含量相当。坐果期—幼果期柑橘果实镁含量最高，超过 0.2 $g \cdot kg^{-1}$，并随着果实干物质积累而不断降低。在第二次生理落果结束并进入果实膨大期前降低到低点，随后果实镁含量因果实膨大而快速增加，后期随着含水量增加果实

中镁含量降低(图 18-2),花后老叶中镁素快速降低,表明镁素在植株内容易移动,且存在“源-库”竞争。此外春梢含镁量高于老叶,与镁参与叶绿体、蛋白质及遗传物质的合成有关(肖家欣,2008)。

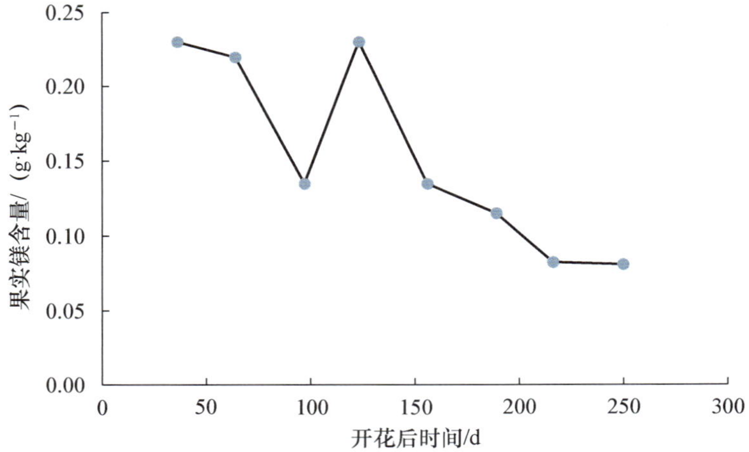


图 18-2　花后柑橘果实中镁素动态变化

在柑橘生产中,每生产 1 t 柑橘鲜果的镁素携出量为 0.06～0.20 kg,平均为 0.16 kg。镁携出量占氮、磷、钾携出量的 10%、70%、8%(表 18-2)。然而,生产中果农往往施用过量的氮磷钾肥,而长期忽视镁肥的施用,导致柑橘缺镁问题日益严重。

表 18-2　我国现有不同栽培柑橘品种每生产 1 t 鲜果带走的养分量　　kg · $t^{-1}$

| 品种 | 鲜果带走养分量 | | | | |
|---|---|---|---|---|---|
| | N | P | K | Ca | Mg |
| 温州蜜柑 | 1.96 | 0.17 | 1.71 | 0.66 | 0.20 |
| 椪柑 | 1.70 | 0.22 | 2.32 | 0.21 | 0.06 |
| 蕉柑 | 1.90 | 0.17 | 1.33 | 0.21 | 0.12 |
| 甜橙 | 1.46 | 0.23 | 2.67 | 0.56 | 0.23 |
| 脐橙 | 1.76 | 0.24 | 2.47 | 0.24 | 0.18 |
| 金柑 | 1.36 | 0.23 | 2.27 | 0.25 | 0.20 |
| 柠檬 | 1.63 | 0.37 | 1.85 | 1.13 | 0.14 |
| 葡萄柚 | 1.10 | 0.22 | 1.99 | 0.36 | 0.18 |
| 不知火 | 2.21 | 0.20 | 2.17 | 0.35 | 0.13 |
| 平均 | 1.58 | 0.23 | 2.08 | 0.45 | 0.16 |

## 18.2 柑橘植株缺镁症状与原因

我国柑橘主产区与土壤缺镁区高度重合,导致柑橘园中缺镁现象较为严重。通过对湖北部分柑橘园土壤分析发现,约有 37.1%的柑橘园存在着缺镁现象(鲁剑巍,2002);对福建省平和县 319 个蜜柚园土壤分析发现,土壤交换性镁含量范围和平均值分别为 0.5～272.3 mg · $kg^{-1}$

和 57.0 mg·kg$^{-1}$，土壤交换性镁缺乏的柑橘园占比高达 77.4%。近 10 年来，国家柑橘产业体系通过大量土壤分析表明，除了陕西（16.7%）、重庆（46%）和湖北（64%）外，江西、湖南、福建、广东、广西、四川等柑橘主产区土壤缺镁的比例均超过 90%。

镁素在植株体内极易移动进而导致老叶首先出现缺镁现象，通常柑橘全年均可发生缺镁现象，尤其在柑橘坐果初期和果实膨大前期极易发生。缺镁现象发生时首先出现在结果枝和老叶上，具体的外在表现为沿主脉两侧脉间叶肉出现褪绿黄化斑点而叶片边缘完好，进而出现仅在叶片的基部倒三角区域和叶尖保持绿色而其余区域均黄化的现象（图 18-3），随着缺镁的加剧，会导致仅叶片基本倒三角区域保持绿色并出现叶脉木栓化（图 18-4），严重缺镁时会使叶片黄化枯萎最后脱落（李建，2011）。在柑橘生产中，当土壤中交换性镁素含量 <80 mg·kg$^{-1}$ 时，或者植物叶片中的镁含量低于 0.2%时可能出现叶片缺镁现象。缺镁时植物根系长势减弱，植物生长迟缓，生物量下降。

图 18-3　柑橘植株缺镁表现

A. 柑橘整株缺镁现象　B. 挂果枝缺镁症状　C. 叶片重度缺镁症状

单位：g·kg$^{-1}$

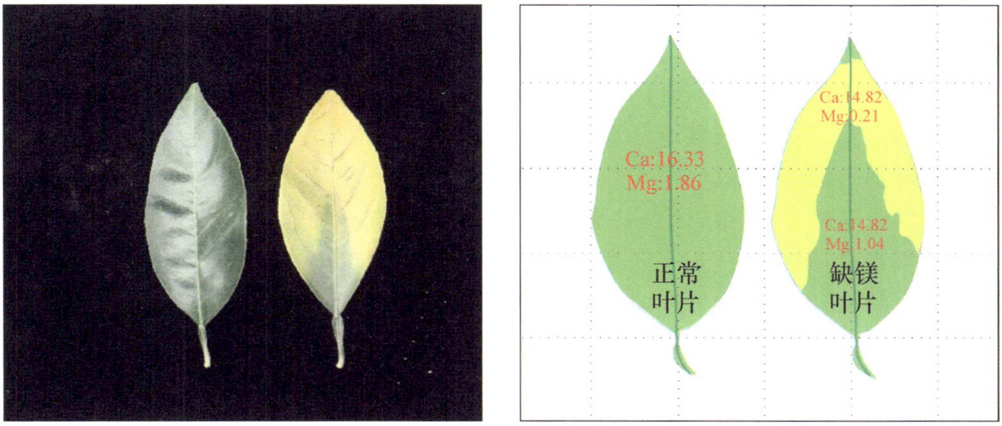


图 18-4　正常叶片与缺镁叶片对比（杨敏，未发表）

当柑橘植株出现缺镁症状时，会通过影响光合作用降低柑橘地上部和根系干重，也会影响柑橘叶片（图 18-4）和根系正常生长。缺镁条件下可观察到可溶性糖（葡萄糖、果糖和蔗糖）和淀粉在叶片中大量积累；并且抑制光合产物从源叶到库的转运（Farhat，2016）。缺镁也会影响果实中苹果酸和柠檬酸的合成，果实中的镁浓度与糖浓度呈显著正相关，而与有机酸浓度呈显著负相关(Zhou et al.，2018)。缺镁会降低叶片光合效率、$CO_2$ 同化速率以及蒸腾速率(Yang et al.，2019)，并对光合电子传递链造成损伤。缺镁同样也会影响有机酸代谢，导致碳水化合物分配紊乱，导致叶片中大量累积氨基酸和化合物(Guo et al.，2017)。

明确柑橘缺镁的原因，对于建立相应的调控措施非常重要。我国的柑橘种植范围主要分布在热带及亚热带地区，在柑橘生产过程中导致缺镁的原因多种多样，主要分为两大类原因：一是由于土壤中镁素长期的损耗没有得到补充，二是由于土壤中镁素与其他阳离子拮抗导致的缺镁。在以红、黄壤酸性土壤为主的南方柑橘种植园，缺镁的原因更为复杂(图 18-5)，主要归纳如下：

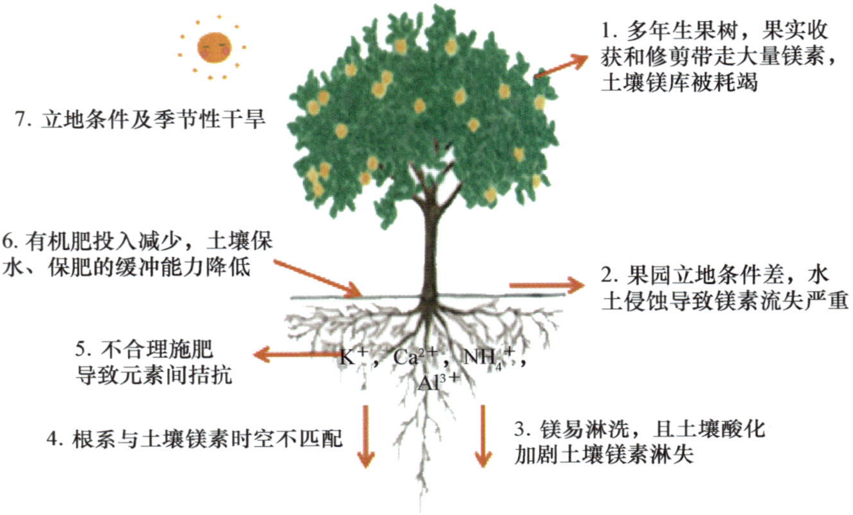


图 18-5　柑橘生产中主要的缺镁成因

(1)土壤质地。镁素虽然在地壳中含量较高，可达到 2%的含量，但是由于酸性土壤中的有机质含量以及阳离子交换量较低，并含有大量的 $Al^{3+}$、$Fe^{2+}$ 等因素(Maguire et al.，2002)，导致其土壤母质中含有较低的镁素供应能力，进而导致柑橘种植过程中出现缺镁现象。而且土壤中的镁大多以无机态存在，被固定在土壤晶格之中，导致土壤中镁素不足。

(2)降雨量大。在南方柑橘产区地区，往往降水充沛，而 $Mg^{2+}$ 由于离子半径较小、水合半径较大使镁离子的移动性较强，与土壤结合能力较弱容易淋失(Senbayram et al.，2015)。利用土柱模拟试验发现，在黄壤、红壤以及紫色土等酸性土壤中加入不同种类的镁肥后能够提升土壤中的镁素含量，但是都存在不同程度的镁素淋洗流失现象，而且镁素在质地较轻的黄壤和紫色土中更容易流失(李丹萍等，2018)。

(3)土壤酸化。由于大多数柑橘园都属于酸性土壤，而且果园中长期的不合理施肥也会导致土壤酸化。有研究表明，柑橘园中土壤和叶片镁素含量会随着 pH 降低而下降，而且土壤酸化会加剧土壤中镁素的流失(刁莉华，2013)。通过室内酸化模拟试验也证实，柑橘幼苗生长和根茎叶各器官中镁素含量均随供酸强度的增加而显著下降。

(4)不合理施肥。在柑橘生产过程中为追求经济效益，农户在种植过程中会施用大量化肥，由于长期的不合理施肥会导致土壤中产生离子拮抗以及土壤酸化。土壤酸化过程中会导致果树出现缺镁症状，而不合理的大量施用钾肥也会导致 $K^+$、$Mg^{2+}$ 之间出现拮抗作用，抑制柑橘对镁素的吸收利用。尤其是大量施用钾肥时，在果实膨大期会导致土壤中交换性 K/Mg 比例失调，进而抑制柑橘对镁素的吸收。

在实际的农业生产过程中，柑橘缺镁的原因是复杂多变的，除了与土壤条件、环境气候相关之外还有柑橘品种、树龄大小等多种因素的影响。对柑橘园镁素的调控研究需要从多个方面进行综合考虑，不能仅靠单一的施用镁肥来解决缺镁问题，而应通过综合分析来确定缺镁的原因，使用有效合理的农艺措施达到镁素养分综合管理的目的。因此，柑橘生产中，在重视镁肥施用的同时，也应考虑柑橘园的生态环境特征、土壤质量性状和树体特性，进而发挥镁素养分综合管理的最大矫治效果。

## 18.3 施用镁肥与柑橘增产增效

大量的田间试验表明，施用镁肥在多个地区、多种作物上都可以显著提升作物的产量。如施用镁肥能够增加柑橘产量，平均增产达到 12.8%(图 18-6)。当然，不同的镁肥施肥方式、施

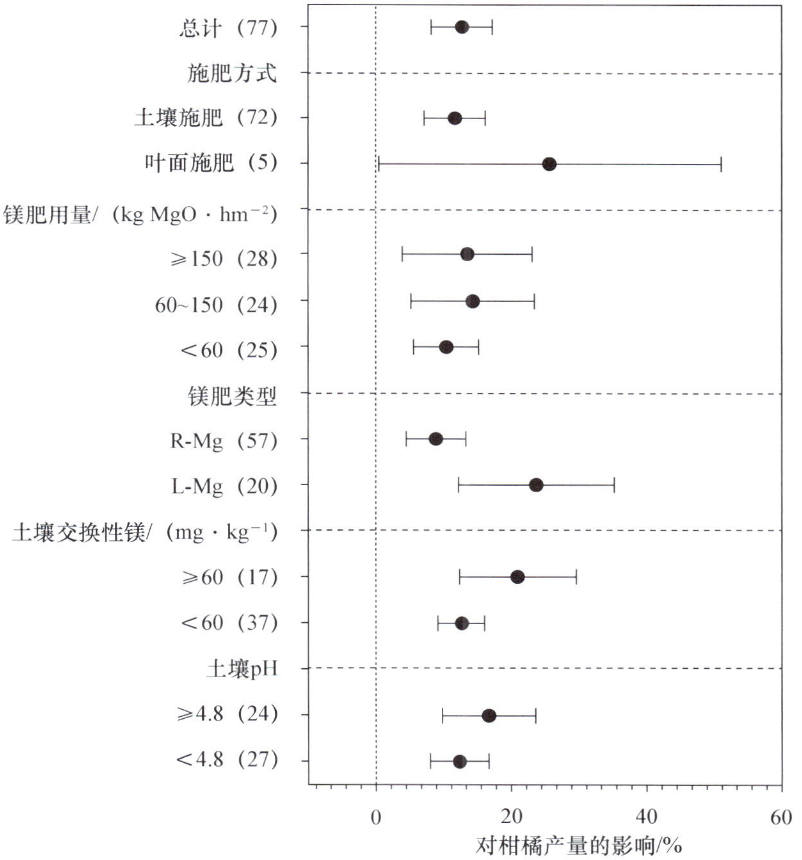


图 18-6　施用镁肥对柑橘产量的影响(龙泉,2020)

部分实验没有测定土壤交换性镁和 pH。

用量等也会影响柑橘产量。其中叶面喷施平均增产 25.6%，土壤施肥平均增产 11.7%。在土壤施用镁肥实验中，不同镁肥施用量对产量的影响效果不同：施用量小于 60 kg MgO・$hm^{-2}$ 时，平均增产 10.4%；施用量为 60～150 kg MgO・$hm^{-2}$ 时，平均增产 14.4%；当镁肥施用量大于 150 kg MgO・$hm^{-2}$ 时，平均增产 13.5%。不同类型的镁肥对柑橘产量影响也不同：施用缓效型镁肥(L-Mg)，增产 23.8%，显著高于施用速效型镁肥的增产效果(R-Mg，平均增产 8.9%)。

施用镁肥具有较高的经济效益。在四川丹棱县凤凰村开展的田间试验表明，与对照相比，对照＋镁肥处理时，亩增加投入 47.8 元，但亩产值从 5 280 元增加到 7 038 元，肥料经济效益达到 1 758 元・$亩^{-1}$，施用镁肥的产出与投入比达到 36.8。桂花村试验点也表现出类似的增收效果(表 18-3)。

表 18-3　四川丹棱县施用镁肥的经济效益分析

| 试验点 | 处理 | 增加投入/(元・$亩^{-1}$) | 产量/(kg・$亩^{-1}$) | 产品价格/(元・$kg^{-1}$) | 产值/(元・$亩^{-1}$) | 增效益/(元・$亩^{-1}$) | 施肥产出与投入比 |
|---|---|---|---|---|---|---|---|
| 凤凰村 | 对照 | — | 587 | 9 | 5 280 | | |
| | 对照＋镁肥 | 47.8 | 782 | 9 | 7 038 | 1 758 | 36.8 |
| 桂花村 | 对照 | — | 2 545 | 9 | 22 902 | | |
| | 对照＋镁肥 | 56.3 | 2 840 | 9 | 25 560 | 2 658 | 47.3 |

## 18.4 施用镁肥与柑橘品质改善

柑橘作为我国种植面积最广的水果品种，不仅种类多样，其营养价值也十分丰富。柑橘果实产量在一定范围内随叶片镁含量的增加而增加，且果实中的蔗糖、果糖和葡萄糖与镁含量呈显著正相关，而果实中的柠檬酸、苹果酸和奎宁酸则与镁含量呈显著负相关(Zhou et al.，2018)，表明柑橘果实的镁含量与柑橘果实品质密切相关。有研究认为，缺镁时，柑橘果实通常较小，但缺镁对柑橘内部品质的影响不显著(张广越，2009)。但高菊生等(2004)的试验结果表明，施用镁肥能增加柑橘果实的可溶性固形物、维生素 C 和水溶性还原糖含量，从而改善柑橘营养品质。还有研究发现，柑橘施用镁肥除了可提高果实中维生素 C、全糖含量，降低全酸含量外，还能使柑橘果皮变薄(廖育林，2007)。

对 55 组施用镁肥试验的结果分析发现(图 18-7)，与不施用镁肥对照相比，施镁显著提升了柑橘的可溶性固形物含量，平均增加 3.2%。与对照相比，土施镁肥时，不同镁肥投入量(以 MgO 计)对柑橘可溶性固形物的相对提升分别为：1.91%(0～60 kg・$hm^{-2}$)，3.40%(60～150 kg・$hm^{-2}$)，4.32%(高于 150 kg・$hm^{-2}$)。随着镁肥施用量的增加，柑橘果实可溶性固形物相对增加量更大，但与不施用镁肥相比均未达到显著水平($P>0.05$)。

通过对可滴定酸分析，与不施用镁肥相比，镁肥施用后，柑橘果实可滴定酸平均降低 0.99%，但未达到显著水平($P=0.499$)。土壤施用不同量镁肥时，施用量低于 60 kg MgO・$hm^{-2}$ 时，可滴定酸平均升高 0.25%($P=0.930$)；施用量为 60～150 kg MgO・$hm^{-2}$ 时，可滴定酸平

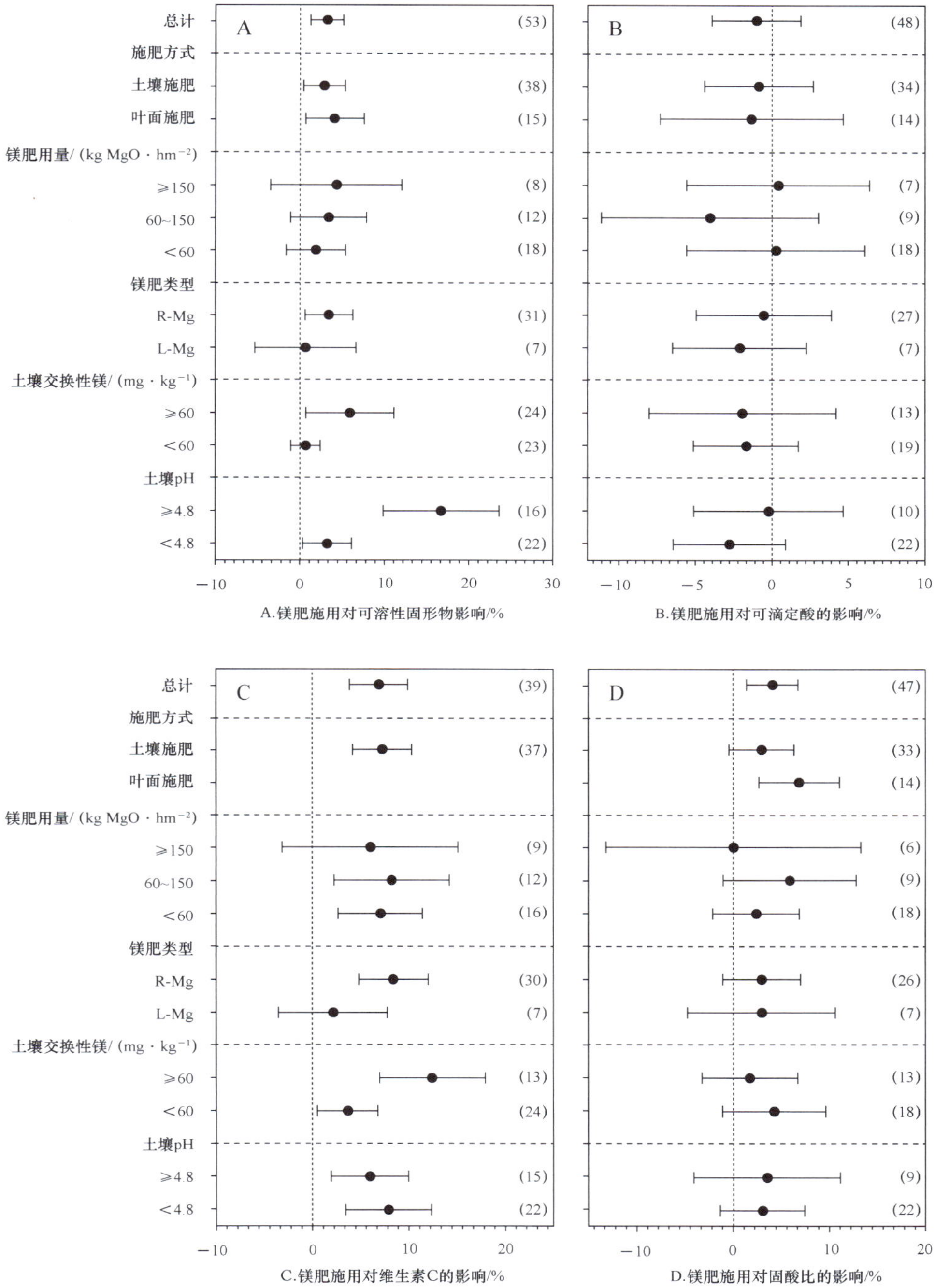


图 18-7　施用镁肥对柑橘品质的影响

括号内数字表示试验组数量。

均降低 4.02%($P$=0.225)；施用量高于 150 kg MgO · $hm^{-2}$ 时，可滴定酸平均升高 0.41%($P$=0.871)。土壤施用镁肥的情况下，不同的镁肥类型对可滴定酸的影响为：施用缓释型镁肥(L-Mg)使可滴定酸平均降低 2.09%($P$=0.281)；施用速效型镁肥(R-Mg)使可滴定酸平均降低 0.53%($P$=0.808)。

柑橘固酸比是最重要的口感指标。分析了 47 组施用镁肥对于综合口感指标固酸比的影响,发现镁肥施用后柑橘果实固酸比平均提高 4.1%,达到极显著差异水平($P$<0.01)。不同镁肥用量 0~60、60~150 和>150 kg MgO·$hm^{-2}$ 使固酸比分别提高 2.42%($P$=0.269)、5.89%($P$=0.083)和 0.10%($P$=0.986)。缓效型镁肥(L-Mg)和速效形镁肥(R-Mg)对固酸比的提高量分别为 2.96%($P$=0.148)和 2.94%($P$=0.378)。

柑橘的维生素 C 含量也是重要的品质指标。对营养成分维生素 C 影响的 39 组对照研究中,施用镁肥后柑橘果实维生素 C 含量平均提升 6.91%,差异达到极显著水平($P$<0.01)。土壤施用镁肥后果实维生素 C 平均提升 7.21%,差异达到极显著水平($P$<0.01)。施用缓效型镁肥(L-Mg)后,维生素 C 含量提高 2.18%,差异不显著($P$=0.376);施用速效型镁肥(R-Mg)后,维生素 C 含量提高 8.38%,差异达到极显著水平($P$<0.01)。

## 18.5 小结与展望

我国柑橘产业发展迅速,截至 2018 年,在我国的水果种植业中,柑橘的种植面积和总产量已经达到全国第一,柑橘产量超过全球 25%。但是市场上果实小、风味平淡、外观差的柑橘果品仍占相当大的比例,与国外优质柑橘相比,整体品质相差甚远。

我国南方柑橘园大多以酸性土壤为主,缺镁现象十分普遍。缺镁会影响光合速率以及同化速率,进而降低柑橘产量,影响柑橘品质。试验证明,施用镁肥不但增加了柑橘产量,也改善了柑橘的品质,降低了果实的酸度,提升了可溶性固态物和维生素 C 含量。所以在农业生产中合理施肥是保证柑橘树体营养均衡供应和优质高产的基础。此外,还需要对耐酸耐缺镁的柑橘品种进行筛选,结合镁素等养分调控,进一步提升柑橘品质。

鉴于我国柑橘园土壤有机质含量低、土壤酸化严重、氮磷钾化肥过量施用和缺镁等生产现状,需要针对性地建立功能性生物有机肥替代化肥、调酸改土、不同肥料间的形态配伍、中微量元素因缺补缺于一体的综合养分管理措施,这是培肥地力、提高土壤质量、改善树体镁等矿质营养状况的关键举措,可为我国柑橘产业的提质增效、绿色发展提供有力的科技支撑,具有重要的理论和现实指导意义。

目前,大量试验已经证明了施镁对柑橘有益,但是镁素在柑橘树体中如何分布、转运仍然不是十分明确,而且典型柑橘园镁素去向仍不清晰,亟须在今后的研究中加强。

## 参考文献

陈仕俏,赵文红,白卫东. 2008. 我国柑橘的发展现状与展望. 农产品加工,(003):21-24.

刁莉华,彭良志,淳长品,等. 2013. 赣南脐橙园土壤有效镁含量状况研究. 果树学报,30(2):241-247.

丁晓波,张华,刘世尧,等. 2012. 柑橘果品营养学研究现状. 园艺学报,(09):61-76.

高菊生,曾希柏,颜均,等. 2005. 镁肥在湘南红壤旱地作物上的增产效果研究. 耕作与栽培,2000,(05):31-32.

蓝业政,陆卫,石鲤奔,等. 2019. 赤红壤柑橘施用有机钙镁硼锌铜肥的效应. 农业科技通讯,8:257-259.

李丹萍,刘敦一,张白鸽,等. 2018. 不同镁肥在中国南方三种缺镁土壤中的迁移和淋洗特征. 土壤学报,55(06):219-230.

李健,谢钟琛,谢文龙,等. 2011. 柑橘叶脉开裂症与矿质营养的关系. 园艺学报,38(3):425-433.

廖育林,郑圣先. 2007. 钾镁锌硼肥对椪柑产量和品质的影响. 土壤通报,38(7):1158-1161.

鲁剑巍,陈防,王富华,等. 2002. 湖北省柑橘园土壤养分分级研究. 植物营养与肥料学报,8(4):390-394.

马进川,邹平,俞巧钢,等. 2019. 宫川蜜橘成年果树的营养需求特征. 浙江农业科学,60(8):1435-1438.

齐乐,祁春节. 2016. 世界柑橘产业现状及发展趋势. 农业展望,(12):46-52.

沈兆敏,刘焕东. 2013. 柑橘营养与施肥. 北京:中国农业出版社.

沈兆敏. 2015. 柑橘缺锌、缺硼的症状、原因及其矫治措施. 科学种养,(04):34-35.

肖家欣,严翔,彭抒昂,等. 2008. 赣南华盛顿脐橙果实发育中几种矿质营养含量动态的研究. 中国生态农业学报,01:140-144.

张广越,彭良志,曾明. 2009. 柑橘镁和硼营养元素研究进展. 中国南方果树 38(1):63-66.

中华人民共和国国家统计局. 2018. 中国统计年鉴. 北京:中国统计出版社.

周求晓,刘晓东. 2010. 硫酸钾镁在脐橙上的试验初报. 广东科技,(12):62-63.

庄伊美. 1994. 柑橘营养与施肥. 北京:中国农业出版社.

FAO,2017. FAOSTAT Database Food and Agriculture Organization of the United Nations,Rome. http://www.fao.org/faostat/zh/#data/QC.

Obreza T A,Morgan K T. 2008. Nutrition of Florida citrus trees. Florida:University of Florida.

Maguire M E,Cowan J A. 2002. Magnesium chemistry and biochemistry. BioMetals,15:203-210.

Senbayram M,Granee A,Wahle V,et al. 2015. Role of magnesium fertilisers in agriculture:plant-soil continuum. Crop and Pasture Science,66:1219-1229.

LI Y,Han M Q,Lin F,et al. 2015. Soil chemical properties,'Guanximiyou' pummelo leaf mineral nutrient status and fruit quality in the southern region of Fujian province,China. Journal of Soil Science and Plant Nutrition,15:615-628.

Farhat,Nejia,Elkhouni A,et al. 2016. Effects of magnesium deficiency on photosynthesis and carbohydrate partitioning. Acta Physiologiae Plantarum,38(6):145-154.

Zhou Y,He W,Zheng W,et al. 2018. Fruit sugar and organic acid were significantly related to fruit Mg of six citrus cultivars. Food Chemistry,259(9.1):278-285.

Yang G H,Yang L T,Jiang H X,et al. 2019. Physiological impacts of magnesium-deficiency in *Citrus* seedlings: photosynthesis, antioxidant system and carbohydrates. Trees, 26 (4): 1237−1250.

Guo W L. 2017. Magnesium homeostasis mechanisms and magnesium use efficiency in plants. //Plant Macronutrient Use Efficiency.

Zengin M, Kmen F, Yazici M A, et al. 2009. Effects of potassium, magnesium, and sulphur containing fertilizers on yield and quality of sugar beets(*Beta vulgaris* L.). Turkish Journal of Agriculture & Forestry, 33(5): 495−502.

Moss G I, Higgins M L. 1974. Magnesium influences on the fruit quality of sweet orange (*Citrus sinensis* L. Osbeck). Plant and Soil, 41(1): 103−112.

Shewfeld R, Brückner B. 2000. Fruit and Vegetable Quality: An Integrated View. Technomic Publishing INC, Lancaster Pennsylvania.

Rab Nawaz N A, Abbasi Ishfaq Ahmad Hafiz, Azeem Khalid. 2020. Impact of climate variables on fruit internal quality of Kinnow mandarin(*Citrus nobilis* Lour×*Citrus deliciosa* Tenora) in ripening phase grown under varying environmental conditions. Scientia Horticulturae, 265−267.

Cakmak I, Yazici A M. 2010. Magnesium: a forgotten element in crop production. Better crops, 94(2): 23−25.

王昱桁 张跃强(西南大学资源环境学院)
龙泉(中国农业大学资源与环境学院)

第 19 章

# 镁对设施番茄产量和品质的影响

据 FAO 数据统计，我国是世界上最大的蔬菜生产国和消费国，2018 年蔬菜种植面积占整个农作物种植总面积的 12.32%（中国统计年鉴，2019）。2011 年蔬菜首次成为我国第一大农产品，全国蔬菜产量从 1991 年的 2.04 亿 t 增长到 2011 年的 6.79 亿 t，比 2011 年的粮食总产量高出 1 亿 t，产值达到 1.26 万亿元，超过粮食总产值（陈明均，2014）。番茄是一种产量高、营养价值和经济价值极高而又喜钙、镁的蔬菜作物，在各地区冬季日光温室内普遍种植，占蔬菜生产和供应的主要地位（于世欣，2015）。我国设施蔬菜产业分布呈明显的优势区域分布，从总面积来看，环渤海及黄淮地区占 57%，长江中下游占 20%，西北地区占 11%，其他地区占 12%（王宏丽等，2008）。一般情况下，蔬菜作物对镁的需求比较少，但对于果类蔬菜，镁肥往往显得比较重要，例如番茄、甜瓜、黄瓜等对镁较为敏感（李惠霞等，2018）。近年来，我国北方地区日光温室栽培中番茄、黄瓜等蔬菜频繁出现叶片缺镁黄化现象，已经严重影响了蔬菜的产量与品质（闫波等，2016），直接影响了菜农的经济收入。本章通过总结分析国内外相关文献，综述了设施番茄的需镁特征，以及施镁对设施番茄产量和品质的影响研究进展，有助于理解镁在调控设施番茄产量和品质形成上的机制。

## 19.1 设施番茄需镁特性

在土壤营养丰富或作物营养得到满足的条件下，设施番茄能够按照其生育特性和营养需求规律吸收养分，能客观地表现出设施番茄本身营养吸收的规律和特点（Yuan et al.，2016）。研究发现，番茄对氮、磷、钾、镁的吸收比例为 1：(0.22～0.25)：(0.80～0.87)：(0.31～0.34)，表明番茄对镁的需求相对较高，甚至高于对磷的需求（柳美玉等，2017）。设施番茄植株镁吸收强度自出苗后持续上升，在花期达到最高；随后呈降低趋势，结果中期最低，在结果后期之后又呈上升趋势[图 19-1(a)]。镁积累量的动态变化显示,镁总积累量自出苗后先快速上升,到结果中期后,植株番茄镁累积量缓慢升高[图 19-1(b)]。综上表明,设施番茄植株对镁的吸收贯穿整个生育期。在生育前期需镁量较高,在结果中期后也需要补充镁营养。

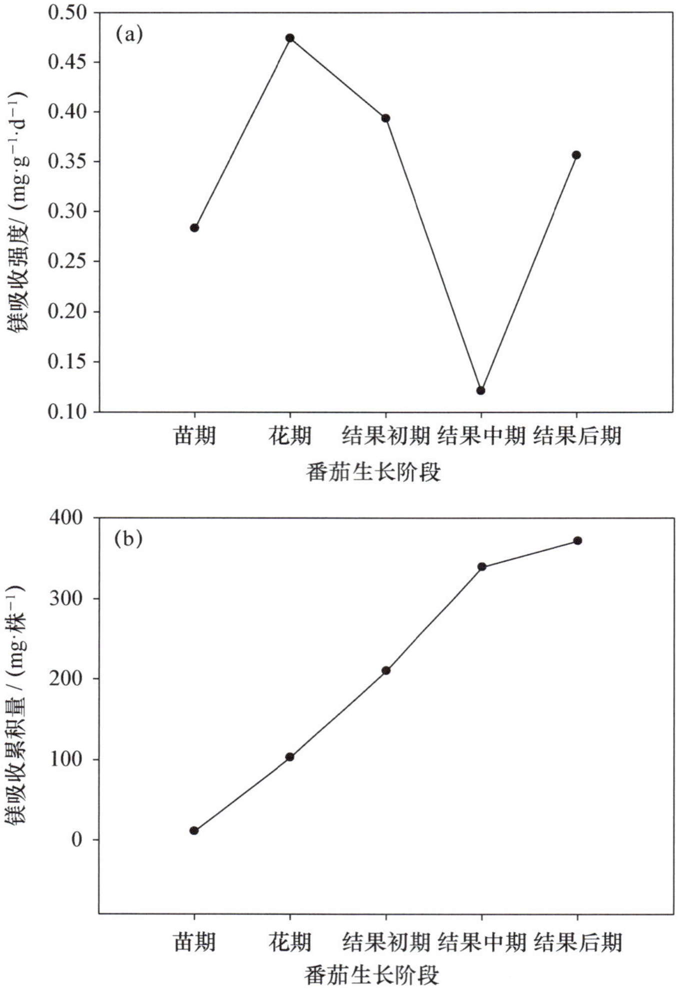


**图 19-1　设施番茄镁累积量动态变化(杨竹青等,1993)**

一般植物的含镁量为干物质的 0.05%~0.7%(陆景陵,2004)。因植物种类不同,缺镁临界指标及植物表现出的症状也不同。当设施番茄叶片中镁浓度小于 0.2%时,叶片会表现出缺镁的症状(廖红等,2003);叶片镁浓度 0.2%~0.25%时较为适宜。从季度角度分析,幼叶的平均镁浓度在秋冬茬为 1.86 $g \cdot kg^{-1}$,冬春茬为 1.75 $g \cdot kg^{-1}$;功能叶的平均镁浓度在秋冬茬为 2.12 $g \cdot kg^{-1}$,低于冬春茬 2.57 $g \cdot kg^{-1}$(图 19-2)。综合对比设施番茄幼叶和功能叶的镁浓度,发现功能叶镁浓度高于幼叶。虽然镁元素在韧皮部的移动性较强,但由于镁元素是叶绿素分子结构卟啉环的核心成分,而功能叶的叶绿体要比幼叶多且发达,叶绿素含量较高,故功能叶的镁元素含量会高于幼叶。

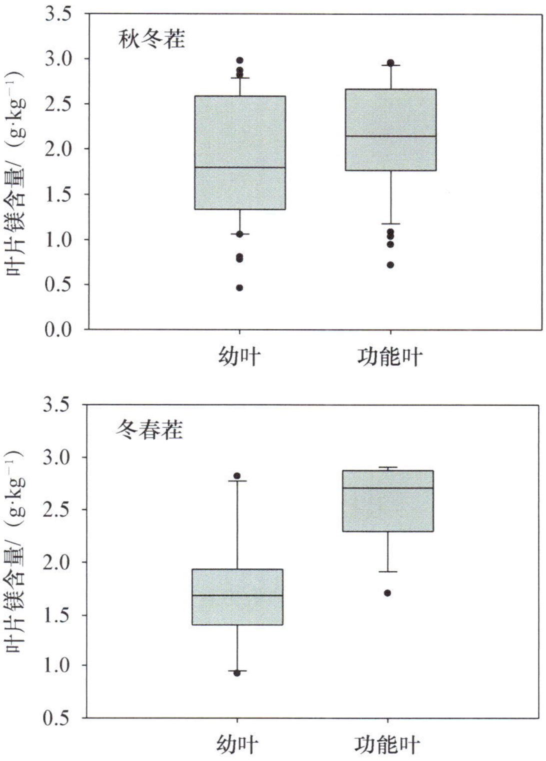


图 19-2 不同茬口设施番茄叶片镁含量(韩笑,2014)

## 19.2 设施番茄缺镁症状

设施番茄对镁缺乏敏感,在种植多年的设施蔬菜地上,极易出现典型的缺镁症状。设施番茄植株缺镁时,通常会在下部老叶出现叶脉间模糊的黄化现象,后向上部叶扩展,形成黄化斑叶,严重时叶片略僵硬或边缘上卷,叶脉间出现坏死斑或在叶脉间形成褐色块带,致叶片干枯或整叶至全株黄化的现象(图 19-3)。虽然茎及果实无畸形表现,但植株茎秆瘦弱,果实小或不能发育,最终导致设施番茄品质较差和减产(闫波等,2016)。作物叶片脉间失绿黄化是镁缺乏症的晚期可见反应,作物初期潜在性和突发性缺镁容易被忽视(Kobayashi et al. ,2018)。

## 19.3 设施番茄土壤镁含量

土壤中交换性镁含量是植株镁营养状况的决定因素。对山东省不同类型土壤镁含量的测定结果表明,山东省土壤交换性镁含量平均为 480 mg · $kg^{-1}$,最低含量为 19.2 mg · $kg^{-1}$,最

图 19-3　设施番茄缺镁叶片

A,C,D. 缺镁功能叶　B. 缺镁幼叶

高 2 409.6 mg·kg$^{-1}$(杨力等,1988)。这与我们调研寿光设施番茄种植区域 0～20 cm 土层交换性镁含量范围 127.2～1 113.6 mg·kg$^{-1}$ 的结果基本一致。该区域土壤 0～20 cm 土层交换性镁含量远低于 20～40 cm 土层,可见主产区表层土壤有效镁含量降低(图 19-4),也暗示着可能有镁的淋洗发生。寿光地区土壤交换性镁含量分布与蔬菜种植分布区域和种植时间有关,呈现出北高南低的趋势(图 19-5)。寿光南北部生产条件差异较大,资源优势各有特色。中南部土地肥沃,水利条件好,多用于发展粮食 、蔬菜和果品生产;北部沿海滩涂辽阔,浅海面积大,畜牧、海水养殖和捕捞等发展迅猛(牟子平等,2004)。另外,蔬菜供销产业链的形成使得山东寿光种植结构存在地区分割现象,出现“番茄村”“黄瓜小镇”“辣椒供销社”等的区域划分种植现象,不同作物需镁量与发展时期不同,可能是造成土壤镁营养呈现出斑块状分布的重要原因。

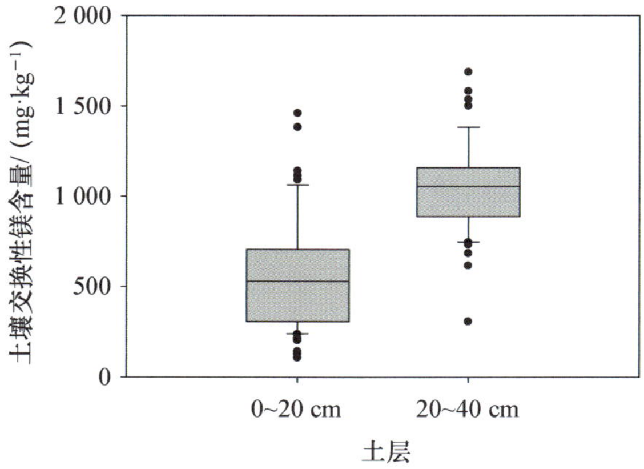


图 19-4　山东寿光设施番茄主要种植区土壤交换性镁含量

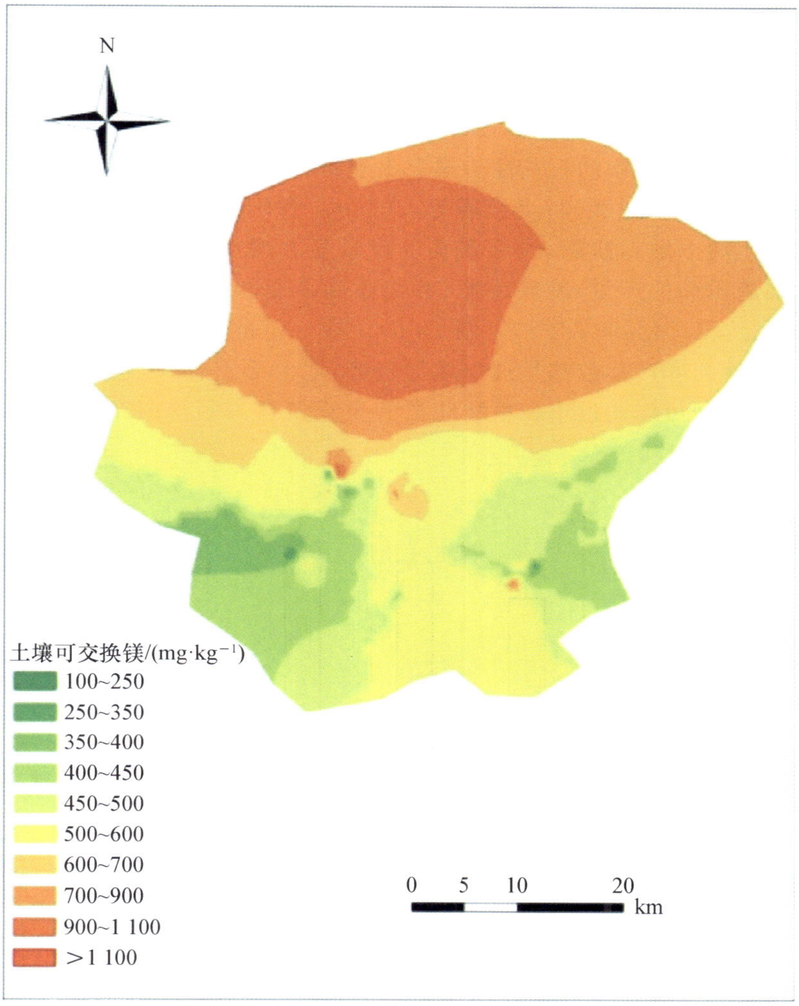


图 19-5　山东寿光设施番茄主要种植区土壤交换性镁分布

## 19.4 施镁提高设施番茄的产量与品质

镁是作物生长所需的矿质元素之一，光合作用、呼吸作用以及各种代谢过程离不开镁的参与（Huber et al.，1998）。镁含量的多少直接影响作物的光合作用及有机物的积累，从而影响作物生长，进而影响作物的产量和品质（Bergmann et al.，1992；Cakmak et al.，2010；Kobayashi et al.，2018）。设施番茄对镁的需求相对较高。设施蔬菜栽培多为一年两茬连作种植，因此常年种植设施番茄带走了土壤中大量的镁，而生产中农户大量投入氮、磷、钾肥，忽视钙镁等养分的施用（赵冰等，2006；陈竹君等，2013）。虽然石灰性土壤中镁含量丰富，有效镁供应充足，一般不会导致植株缺镁。但近年来石灰性土壤设施栽培番茄等作物缺镁现象频发，严重影响其产量与品质（陈竹君等，2013；闫波等，2016）。在陕西杨凌农业高新技术产业示范区调查结果显示，70％以上设施番茄出现典型缺镁症状，中等和严重缺镁设施番茄分别减产 40％和 60％（闫波等，2016）。在我国设施作物主要栽培区域如山东、河北等地区，也发现了在富含钙镁的石灰性土壤上出现番茄、黄瓜、葡萄等作物因缺镁而导致的品质与产量降低（赵春爱等，2015；李惠霞等，2018）。有研究表明，在设施番茄未表现出缺镁症状的石灰性土壤上增施镁肥，设施番茄的产量显著增加（赵冰等，2006）。适当补充镁肥可有效增加设施番茄的产量，基施镁肥、叶面喷施镁肥和基施镁肥＋叶面喷施镁肥使产量分别提高 20.6％、31.4％和 34.7％（图 19-6）。在一定范围内，随着镁肥用量的增加，设施番茄幼苗株高、茎粗和叶片数都呈现出增加趋势，地上部干、鲜物质积累也有一定程度增加，说明合理施用镁肥可以通过增强植物幼苗的生长发育为获得高产提供保障（Gransee et al.，2013；刘中良等，2018）。

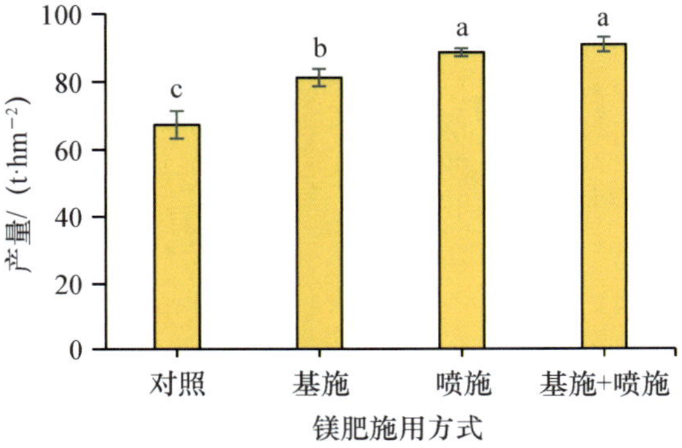


图 19-6　不同镁肥施用方式对设施番茄产量的影响

不同小写字母表示镁肥施用方式处理间差异显著。

镁肥对茄果类的营养生长有良好的促进作用，增施镁肥能显著增加结果数，减少果实腐烂，提高外观品质（于世欣，2015；陈竹君等，2008）。总酸度是设施番茄的营养品质，维生素 C 是设施番茄的保健品质，含量高低直接决定着设施番茄的营养价值和口味，进而影响商品价值。钾是公认的品质元素，高浓度的钾有利于植株干物质积累，适当提高钾浓度可以增加设施番茄坐果率和产量，降低果实中硝酸盐含量，提高果实的维生素 C、可溶性糖及有机酸含量（吴国喜，2007；罗勤等，2015）。但钾和镁之间存在拮抗作用，施钾越多则植物对镁的吸收越少（张西森等，2007；陈竹君等，2008）。在土壤高钾含量条件下，不同的镁肥施用方式都能够提高设施番茄的产量，尽管对设施番茄的总酸度没有显著影响[图 19-7(a)]。基施镁肥和叶面喷施镁肥与农民传统对照相比，维生素 C 含量无显著性差异[图 19-7(b)]，但基施镁肥＋叶面喷施镁肥分别比农民传统施肥、基施镁肥和叶面喷施镁肥的维生素 C 含量提高了 92.6％、50.7％和 102.3％。表明基施镁肥＋叶片喷施镁肥能够均衡作物营养，提高设施番茄的品质。

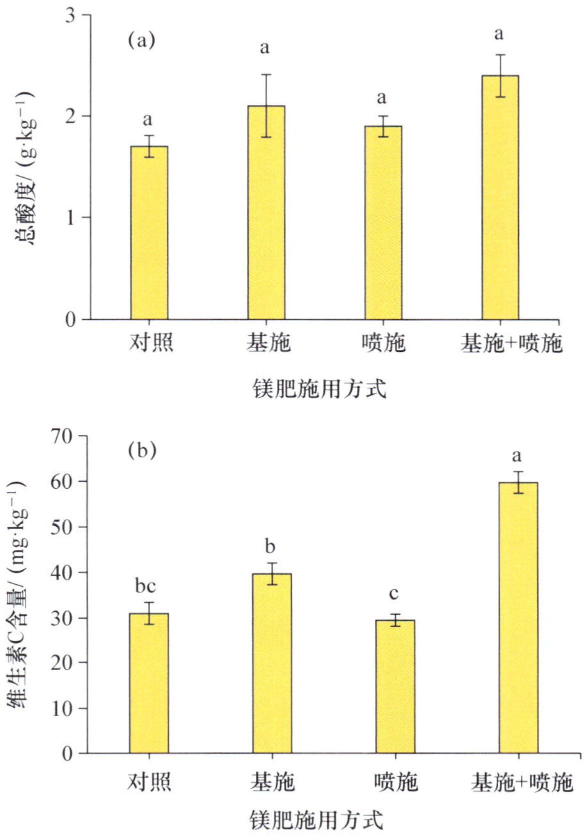


**图 19-7　不同施肥方式对设施番茄品质的影响**

不同小写字母表示镁肥施用方式处理间差异显著。

(a)总酸度　(b)维生素 C 含量

## 19.5 小结与展望

一般来说，我国的作物缺镁多发生在长江以南地区，因为南方地区土壤镁含量低，降雨量高，土壤有效镁淋失作用强烈，而北方石灰性土壤中的镁含量丰富。但近年来在黄土高原、山东等设施栽培中频频报道番茄缺镁。石灰性土壤上，设施番茄种植缺镁的诱因是多样复杂的，需要进一步的探究与分析。虽然施用镁肥能够一定程度上缓解镁缺乏症状，提高设施番茄产量，但对镁充足的土壤再施用镁肥将会增加土壤中的离子总量，使土壤盐渍化问题加重。严格控制土壤钾含量或通过客土法等手段来调控钾镁平衡问题，是解决石灰性土壤上设施番茄缺镁减产的重要思路。同时，目前关于镁营养的研究主要集中在缺镁对光合作用、同化产物分配、植物生长等影响方面，有关植物对镁的吸收、转运和动态平衡方面的研究相对较少，需要加强镁在植株中转化的研究。

# 参考文献

陈明均.2014.我国蔬菜流通创新与发展:访中国蔬菜流通协会秘书长陈明均.农业工程技术(农产品加工业),12:22-26.

陈竹君,赵文艳,张晓敏,等.2013.日光温室番茄缺镁与土壤盐分组成及离子活度的关系.土壤学报,50(02):388-395.

陈竹君,王益权,周建斌,等.2008.钾镁供应浓度及比例对温室土壤 K-Mg 吸附特性的影响.水土保持学报,22(5):106-109.

李惠霞,周婷,刘岩.2018.不同番茄品种镁吸收特性比较.植物营养与肥料学报,24(1):187-194.

廖红,严小龙.2003.高等植物营养学.北京:科技出版社,182-187.

刘中良,张艳艳,谷端银,等.2018.农业废弃物还田对番茄品质、产量及土壤氮磷钾含量的影响.排灌机械工程学报,36(7):639-644.

柳美玉,曹红霞,杜贞其.2017.营养液浓度对番茄营养生长期干物质累积及养分吸收的影响.西北农林科技大学学报(自然科学版),45(04):119-126,133.

陆景陵.2004.植物营养学:上册.北京:中国农业大学出版社,66-67.

罗勤,陈竹君,闫波,等.2015.水肥减量对日光温室土壤水分状况及番茄产量和品质的影响.植物营养与肥料学报,021(002):449-457.

牟子平,吴文良,雷红梅.2004.寿光蔬菜产业化历程及其支撑体系研究.科技进步与对策,21(9):152-154.

王宏丽,邹志荣,周长吉.2008.西北地区设施园艺发展现状与对策探析.上海交通大学学报(农业科学版),5:377-381.

吴国喜.2007.钾肥对大棚番茄品质影响及主要相关机理的研究:[硕士学位论文].合肥:安徽农业大学.

韩笑.2014.设施番茄钾镁吸收的品种差异分析及缺镁成因探索:[硕士学位论文].青岛:青岛农业大学.

闫波,周婷,王辉民.2016.日光温室栽培番茄镁缺乏与土壤阳离子平衡的关系.中国农业科学,49(18):3588-3596.

杨竹青,黄灵胜,叶宏平.1993.大棚番茄养分吸收及其分布规律的研究.华中农业大学学报,(2):160-165.

杨力,泉维洁.1998.山东省土壤交换性镁含量及分布.山东农业科学,(3):8-12.

于世欣.2015.不同地区土壤养分含量与番茄叶片养分含量、产量的关系:[硕士学位论文].泰安:山东农业大学.

张西森.2007.温棚番茄缺镁危害与防治.现代农业科技,(12):75-76.

赵冰,毛小云,廖宗文.2006.几种镁肥对番茄肥效的比较研究.土壤通报,37(4):830-832.

赵春爱,张铁兵,王奎稳.2015.设施维多利亚葡萄缺镁性黄化病防治.河北果树,(2):55-55.

国家统计局. 2019. 中国统计年鉴. 中国统计出版社.

Bergmann W. 1992. Nutritional Disorders of Plants-Development, Visual and Analytical Diagnosis. Gustav Fischer Verlag, Germany.

Cakmak I, Yazici A M. 2010. Magnesium: a forgotten element in crop production. Better Crops, 94: 23-25.

Gransee A, Fuhrs H. 2013. Magnesium mobility in soils as a challenge for soil and plant analysis, magnesium fertilization and root uptake under adverse growth conditions. Plant and Soil, 368: 5-21.

Huber S C, Maury W. 1980. Effects of magnesium on intact chloroplasts evidence for activation of (sodium) potassium exchange across the chloroplast envelope. Plant Physiology, 65 (2): 350-354.

Kobayashi N I, Ogura T, Takagi K, et al. 2018. Magnesium deficiency damages the youngest mature leaf in rice through tissue-specific iron toxicity. Plant and Soil, 4: 1-16.

Yuan H, Jiao Y, Nawaz M A. 2016. Improving magnesium uptake, photosynthesis and antioxidant enzyme activities of watermelon by grafting onto pumpkin rootstock under low magnesium. Plant and Soil, 409(1-2): 229-246.

丁效东　费超（青岛农业大学资源与环境学院）

# 第 20 章

# 镁对露地蔬菜产量和品质的影响

我国是世界蔬菜生产和消费的第一大国。目前我国蔬菜种植面积为 3.35 亿亩左右，产量达 7.69 亿 t，蔬菜生产已经成为我国农业发展的重要产业之一。在蔬菜栽培方式中，虽然设施蔬菜的总产量一直在不断扩大，但露地栽培仍为我国蔬菜的主要栽培方式，播种面积和产量分别占蔬菜总播种面积和总产量的 82% 和 68%。常见的蔬菜基本上都可以进行露地种植。露地蔬菜直接栽植于裸露的地面上，在生长发育过程中受到自然光照、温度和降水等的直接影响。与设施蔬菜相比，露地蔬菜具有大面积种植，随季节生长，但供应时间短，受自然气候影响大等特点。有研究也指出，露地蔬菜的口味较好，有自然风味。

相比于大田粮食作物，大部分蔬菜的根系浅(Weaver and Bruner，1927)，复种指数高，我国蔬菜生产系统中农户为了追求高产，投入较高量的氮磷钾肥，而往往忽视中微量元素(如镁)的平衡施用，导致近年来蔬菜缺镁症状越来越普遍，严重影响了蔬菜的产量和品质。美国有研究表明，在 20 世纪 80 年代，蔬菜中镁的含量与 1950 年前相比下降了 25%～80%(Dreosti，1980)，可能与土壤中镁的供应不足以及蔬菜产量大幅度增加导致的镁营养稀释有关。加之食品精细加工过程从谷物中去除大部分有效镁，居民的日常饮食仅能提供推荐的每日摄取量(成年男子：400～420 $mg \cdot d^{-1}$；成年女子：310～320 $mg \cdot d^{-1}$)一半多的镁(Medicine，1997)。

关注蔬菜的镁营养问题，特别是受自然气候影响较大的露地蔬菜镁营养，对提高蔬菜品质和产量，保障人体镁营养健康有重要意义。本章将国内外相关文献与课题组研究结果结合，综述了镁素对露地蔬菜生长、产量和品质的影响，有助于理解镁在露地蔬菜种植中的重要作用。

## 20.1 主要露地蔬菜的镁含量与需镁特性

据估计，全球可食用植物有 2 万多种，但人们食用的 90% 以上的植物只有不到 20 种。不同蔬菜种类可食用部分的镁营养浓度相差很大，根据 USDA（美国农业部）的数据，常见蔬菜的镁含量一般在 12～25 mg・100 $g^{-1}$（表 20-1），蔬菜中含镁量最高的种类为紫菜（约 460 mg・100 $g^{-1}$），常见蔬菜中镁含量较高的有菠菜、秋葵和生姜（43～79 mg・100 $g^{-1}$），蔬菜加权平均的镁含量约为 22 mg・100 $g^{-1}$（表 20-1）。

表 20-1 几种常见蔬菜的镁含量（数据来源：USDA）

| 蔬菜种类 | 镁含量/（mg・100 $g^{-1}$） |
|---|---|
| 辣椒 | 23 |
| 白菜 | 12 |
| 番茄 | 11 |
| 黄瓜 | 12 |
| 茄子 | 14 |
| 菠菜 | 79 |
| 胡萝卜 | 12 |
| 莲藕 | 23 |
| 大蒜 | 25 |
| 生姜 | 43 |
| 洋葱 | 10 |
| 秋葵 | 57 |
| 芦笋 | 14 |
| 菜花 | 15 |
| 莴苣 | 13 |
| 加权平均值 | 22 |

不同露地蔬菜对镁的需求量有较大差异。例如，镁的吸收与辣椒生长同步，呈“S”形。从苗期到开花期，镁累积量仅占整个生育期的 15%，而从开花期到膨果期，镁累积量约占 60%。生产 1 000 kg 辣椒果实需 MgO 1.38 kg。在成熟期，辣椒地上部的镁累积量约为 74.5 kg・$hm^{-2}$，其中在膨果期镁累积速率最大，为 0.8 kg・$hm^{-2}$・$d^{-1}$（刘彬等，2017）。而在番茄种植的整个生命周期中，镁的累积量相对恒定（2～3 g・株$^{-1}$）（Huett，1985）。此外，相比于露地栽培，设施栽培生长环境可部分受人为调控，因此，一般来说同一蔬菜种类露地栽培的密度和所获得的产量要小于设施栽培，相应对养分的需求也有一定差异。表 20-2 列出了辣椒和番茄在不同栽培条件下的目标产量和镁吸收量，可以看出在露地栽培条件下，辣椒、番茄的产量和需镁量均低于设施栽培条件。

表 20-2 设施和露地栽培辣椒和番茄的目标产量和镁吸收量

| | 辣椒 | | 番茄 | |
|---|---|---|---|---|
| | 设施栽培 | 露地栽培 | 设施栽培 | 露地栽培 |
| 目标产量/（t・$hm^{-2}$） | 75～200 | 11～140 | 120～240 | 80～150 |
| MgO 吸收量/（kg・$hm^{-2}$） | 60～150 | 22～115 | 86～152 | 67～110 |

露地栽培条件下，不同目标产量对应的镁需求量也不同。由表 20-3 可以看出，辣椒露地栽培条件下，随着目标产量的增加，果实带走的镁和整株吸收的镁都在增加。表明高产露地蔬菜栽培条件下，需更注重镁的补充以保证养分的平衡。

表 20-3　露地栽培条件下不同产量水平的辣椒对镁的需求

| 辣椒目标产量/($t \cdot hm^{-2}$) | MgO 需求量/($kg \cdot hm^{-2}$) | |
|---|---|---|
| | 果实带走 | 整株吸收 |
| 20 | 6 | 28 |
| 40 | 12 | 43 |
| 60 | 18 | 57 |
| 80 | 24 | 72 |
| 100 | 30 | 86 |
| 120 | 36 | 100 |
| 140 | 42 | 115 |

## 20.2 露地蔬菜缺镁症状及其诊断

蔬菜作物缺镁的一般特征是中、下位叶片的脉间褪绿黄化，叶脉仍为绿色，有时叶片还伴有橘黄、紫红等杂色。果菜类蔬菜在土壤供镁不足时，果实附近的几个叶片首先出现缺镁症状，主要是因为叶片中的镁转运到果实，导致叶片缺镁失绿。如番茄缺镁叶片沿主脉两侧叶肉呈斑块状黄化或黄白化，叶尖、主脉和侧脉仍保持绿色，症状尤其在果实膨大期容易发生。蔓生型蔬菜品种叶片缺镁易发生于开花结荚期，以下部叶为多见，叶片从边缘开始褪淡，逐渐叶肉呈块状黄化，并伴有棕褐色斑块，叶脉仍为绿色，叶缘完好。

土壤供镁不足是造成辣椒缺镁的主要原因。南方高温多雨地区土壤阳离子淋洗较为强烈，是缺镁症的易发区域。土壤类型、土壤质地以及土壤 pH 也是影响土壤有效镁高低的因素。例如，红壤风化程度高，矿物分解比较彻底，一般镁含量较低；紫色土风化程度低，含镁量较高；土壤质地粗、沙性强、酸性较强的土壤中的镁容易淋洗，土壤中有效镁含量低。此外，气候因素（如强光、多雨）、施肥不当（如大量钾肥和铵态氮肥的施用）也是露地蔬菜缺镁的原因。

根据课题组对西南露地蔬菜主产区的调研及土样分析结果显示，黄壤和红壤中的土壤有效镁浓度普遍较低，且由于低量有机肥料和过量化学肥料的投入，使菜地土壤质量呈退化趋势，土壤保肥能力下降。此外，某些露地蔬菜的生育期内常高温多雨（4—7 月），土壤中阳离子淋失严重，加剧了露地蔬菜镁的缺乏，例如辣椒。常见的辣椒镁素缺乏症状有：由底部老叶开始向上，叶片叶脉间黄化而叶脉持绿，严重时叶脉间会出现褐色或紫红色坏死斑，辣椒生长明显受阻，果实小，减产严重（图 20-1）。

判断蔬菜是否缺镁的有效方法是土壤、植株诊断。一般将土壤有效镁含量低于 50 $mg \cdot kg^{-1}$

图 20-1　辣椒正常生长植株与镁营养缺乏植株对比

作为蔬菜缺镁的临界标准，但由于不同蔬菜对镁的吸收及对土壤缺镁的耐受能力不同，土壤有效镁含量并不能作为判定蔬菜是否缺镁的统一标准，例如在华南的冬瓜生产体系中，土壤中的有效镁含量在 100 mg · $kg^{-1}$ 以上，但在冬瓜快速膨果期，果位叶仍表现出明显的缺镁症状，镁肥的施用能显著增加冬瓜的产量。因此植株和叶片的镁营养状况成为诊断蔬菜是否缺镁的最直接指标。在白菜和花菜上，正常叶片的镁浓度在 0.30%～0.50%；茄子叶片适宜的镁浓度为 0.24%～0.49%（De Kreij et al.，1992）；番茄结果前叶片镁浓度在 0.50%～0.80%，结果期在 0.40%～1.0%；辣椒叶片镁浓度小于 0.25%时为镁缺乏状态，0.25%～0.40%为适宜，0.40%～0.60%为植株高镁状态；黄瓜叶片上镁缺乏、低、正常、高和过量的浓度分别为<0.15%、0.15%～0.30%、0.30%～1.50%、1.50%～2.50%和>2.5%（Ankerman and Large，1992）。

## 20.3　施镁提高露地蔬菜产量

合理施用镁肥可以改善蔬菜的生长，提高蔬菜的产量。20 世纪六七十年代，国外就有施用镁肥增加蔬菜产量的报道（Winsor et al.，1965；Hara and Sonoda，1981）。在我国，从 90 年代开始，越来越多的研究关注镁肥对露地蔬菜的增产效应（杜承林等，1993；杨竹青，1994），且镁肥的类型主要以钾镁肥、钙镁肥为主（夏广清等，2007；郭石生等，2010）。Meta 分析表明，施用镁肥可使蔬菜平均增产 8.9%，高于镁对粮食作物的增产效应（8.2%），蔬菜的镁肥农学利用率达 73.7 kg · $kg^{-1}$（Wang et al.，2019）。文章同时指出，在所有作物中，蔬菜对施用镁肥最为敏感。由图 20-2 结果可以看出，在多种蔬菜中，辣椒上施用镁肥的增产效果最为显著。施用镁肥在蔬菜上的增产机理主要解释为：镁是叶绿素的重要组成成分，而叶绿素是叶绿体在光合作用中捕集光能并能把它转变为化学能的物质；同时，镁也是蔬菜体内许多酶的活化剂，能加强酶的催化作用，有助于促进碳水化合物的代谢和分配。

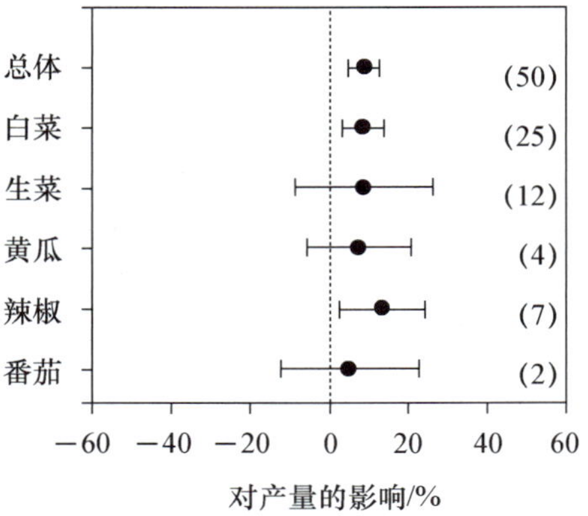


图 20-2　施用镁肥对不同蔬菜产量的影响(Wang et al. ,2019)

本课题组在贵州省黔东南苗族侗族自治州锦屏县也开展了露地辣椒镁肥试验示范。对辣椒产量和经济效益的分析结果表明(表 20-4),与农民习惯施肥相比,优化氮磷钾施肥在环境风险减荷(在农民习惯施肥的基础上减氮 30.6%,减磷 61.1%,减钾 16.7%)的同时,辣椒稳产且经济效益没有显著降低;在优化氮磷钾施肥的基础上增施镁肥,可增产约 25%,提高经济效益 34%,增产增收效果显著。为进一步探究露地辣椒适宜的施镁量,课题组于 2018 年开始在黄壤上开始镁梯度定位试验。两年的试验结果表明,与不施镁处理相比,辣椒的产量随着施镁量的增加而增加,施镁量为 112.5 $kg \cdot hm^{-2}$ 时平均增产最高,可达 25.6%,进一步增加镁肥用量增产效果不明显(图 20-3)。

表 20-4　施用镁肥对辣椒的增产效果

| | 产量/($t \cdot 亩^{-1}$) | 增产率 | 经济效益/(元 · $亩^{-1}$) | 增值率 |
|---|---|---|---|---|
| 农民习惯施肥 | 2.00±0.11 | — | 3 691 | — |
| 氮磷钾优化施肥 | 1.90±0.11 | — | 3 590 | — |
| 优化施肥+镁肥 | 2.49±0.36 | 24.5% | 4 963 | 34.4% |

注:种苗成本 0.3 元/株×3 030 株/亩=909 元/亩。农药成本 120 元/亩。各处理肥料成本:农民习惯施肥,480 元/亩;氮磷钾优化施肥,322 元/亩;优化施肥+镁肥,482 元/亩。辣椒销售均价 2.6 元/kg。经济效益=产值−成本。增产率和增值率为与优化施肥相比较。

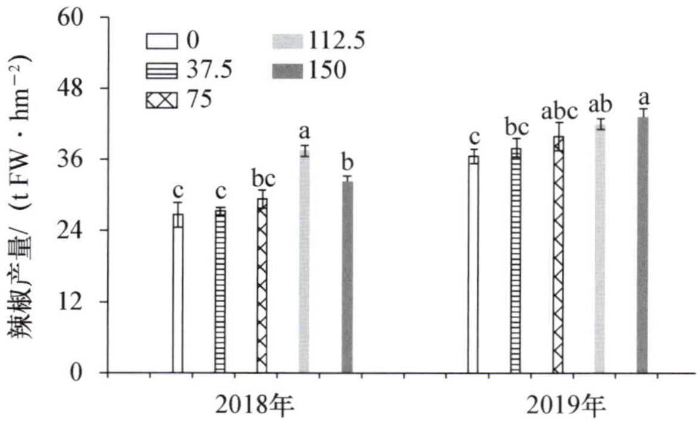


图 20-3　不同镁肥施用量对辣椒产量的影响

不同小写字母表示镁肥施用量处理间差异显著。

## 20.4 施镁对露地蔬菜品质的影响

蔬菜以叶片中含镁量最高，在作物体内的移动性也较强，可向新生组织转移，所以镁也是可以再利用的营养元素。同时镁可参与脂肪的代谢，也能促进作物合成维生素，有利于提高蔬菜的品质。

我们两年的田间试验结果表明，随着镁肥施用量的增加，露地栽培辣椒果实中的镁浓度也随之增加。但镁肥的施入对矿质养分钙、锌以及维生素 C 浓度的影响为负效应（表 20-5），可能由于施镁后产量大幅度增加带来的稀释效应（Garvin et al.，2006）。此外，镁离子与其他阳离子之间的拮抗关系可能是辣椒果实中钙和锌浓度下降的另一个因素。辣椒果实中钾、铁含量无明显变化。大量研究表明，钾和镁的吸收之间存在着强烈的拮抗作用，因为钾离子的存在降低了镁转运体活性，竞争了镁的结合位点。有研究表明，镁对钾吸收的抑制作用可能小于钾对镁吸收的抑制，例如 Rhodes 等指出，镁对甘蔗吸收钾的抑制作用明显被高估了（Rhodes et al.，2018）。虽然增加蔬菜产量十分重要，但必须认真对待农业生产活动对农产品营养质量的影响，如何协同提高蔬菜的产量和品质将受到持续的关注。

表 20-5　施用镁肥对露地辣椒果实矿质养分及维生素 C 含量的影响

| 镁肥施用量 /(kg MgO · hm$^{-2}$) | Mg | K | Ca | Fe | Zn | 维生素 C |
|---|---|---|---|---|---|---|
| | g · kg$^{-1}$ | | | mg · kg$^{-1}$ | | |
| 2018 | | | | | | |
| 0 | 1.71 d | 27.9 a | 1.44 a | 59.5 a | 30.8 a | 147 a |
| 37.5 | 1.73 d | 28.6 a | 1.34 ab | 57.8 a | 30.5 a | 119 b |
| 75 | 1.85 c | 28.9 a | 1.27 bc | 58.7 a | 29.9 ab | 112 b |
| 112.5 | 1.98 b | 28.4 a | 1.30 ab | 60.5 a | 28.3 b | 96.3 c |
| 150 | 2.15 a | 28.1 a | 1.15 c | 57.7 a | 27.8 b | 107 bc |
| 2019 | | | | | | |
| 0 | 1.61 c | 31.2 a | 1.92 a | 59.6 a | 30.9 a | 137 a |
| 37.5 | 1.68 bc | 31.2 a | 1.83 ab | 60.0 a | 29.3 ab | 129 a |
| 75 | 1.84 ab | 32.5 a | 1.73 bc | 60.4 a | 28.9 ab | 117 b |
| 112.5 | 1.88 a | 31.7 a | 1.69 bc | 61.7 a | 28.5 ab | 114 bc |
| 150 | 1.96 a | 30.5 a | 1.61 c | 58.3 a | 27.5 b | 104 c |
| 变异来源 | | | | | | |
| 镁用量(Mg) | *** | ns | *** | ns | ** | *** |
| 年(Y) | ** | *** | *** | ns | ns | ns |
| Mg×Y | ns | ns | ns | ns | ns | * |

不同小写字母表示处理间差异显著。*、** 和 *** 分别代表显著性 $P<0.05$、$<0.01$ 和 $<0.001$；ns，不显著。

辣椒素因其具有镇痛、抗氧化、抗癌、抗炎、抗肥胖等多种药理和生理作用而备受关注（Luo et al.，2011），我国南方、墨西哥以及印度等地也把辣椒素作为很重要的调味品。在两年的田间试验中，辣椒素总含量随着镁肥（MgO）的施用量呈显著的上升趋势，从 1.10 mg·$g^{-1}$（0 kg·$hm^{-2}$）增加到 1.70 mg·$g^{-1}$（150 kg·$hm^{-2}$），平均增长率为 54.5%（图 20-4）。其中的原因主要是在辣椒素合成过程中，辣椒素合成酶（CS）作用于脂肪酸链时的缩合反应需要 $Mg^{2+}$、ATP 和辅酶 A（CoA）（Reyes-Escogido et al.，2011），充足的镁可以保证辣椒素的合成过程。

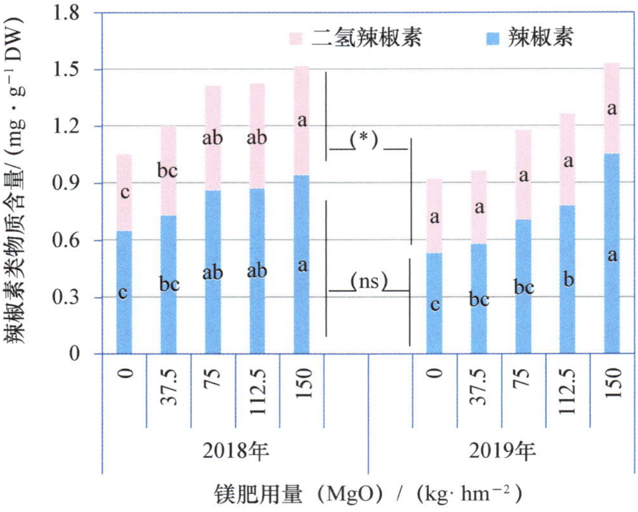


图 20-4 不同镁肥用量对辣椒素含量的影响

蔬菜中阳离子镁、钾和钙的比例与品质性状的关系往往比单个营养元素的浓度更密切（Gerendás and Führs，2013）。表 20-6 总结了不同镁处理对蔬菜品质的影响。可以看出镁对品质指标的影响不一致性，这强调了需要进行更多的研究，以提高对镁在不同的环境中影响蔬菜代谢物转运和品质形成过程的理解。

表 20-6 镁对蔬菜品质参数的影响综述（Gerendás and Führs，2013）

| 作物 | 处理 | 施用方式 | 品质特征变化 | 参考文献 |
|---|---|---|---|---|
| 番茄 | 添加 Ca，Mg | 滴灌 | 增加了番茄的硬度和质地 | Hao and Papadopoulos，2004 |
| 番茄 | 添加 K，Mg | 土施 | 对果汁 pH 和可滴定酸度没有影响 | Davies and Winsor，1967 |
| 番茄 | KCl，$MgCl_2$ | 珍珠岩基质滴灌 | 改善外观品质，增加可溶性固形物和干物质重 | Chapagain and Wiesman，2004 |
| 番茄 | $K_2SO_4$，$MgSO_4$ | 泥炭基质滴灌 | 改善果色，增加干物质重 | Borkowski and Szwonek，1986 |
| 番茄 | 不同 K、Mg、Ca 比 | 砂培滴灌 | 高 Ca/Mg 降低果实 pH、可滴定酸度、可溶性固形物和干物质，Ca/Mg＜1 导致产量和果实质量显著下降，低 Ca/Mg 增加了脐腐病的风险 | Nzanza，2006 |
| 白菜 | $MgSO_4$ | 营养液 | 外部叶片的镁浓度与白菜产量相关 | Hara and Sonoda，1981 |
| 白菜 | $MgSO_4$，氨基酸镁，Mg-EDTA | 营养液 | 只在氨基酸镁处理中叶绿素、可溶性蛋白、维生素 C 增加，且氨基酸的作用大于镁的作用 | Han et al.，2010 |

## 20.5 小结与展望

露地蔬菜栽培是我国蔬菜栽培的主要方式，近年来随着化肥的大量投入和复种指数提高，露地蔬菜缺镁现象越来越普遍，严重影响蔬菜产量和品质，尤其是在母质风化彻底、胶体品质较差、对阳离子的吸附能力弱的土壤上。合理补充镁肥是保障蔬菜的产量和品质的重要措施。很多研究表明，施用镁肥可使露地蔬菜增产增收，但在对蔬菜品质影响方面，不同的镁处理有不同的结果。因此，根据土壤的成土母质、蔬菜生育期内降水量及蔬菜对镁的需求规律，筛选合适的镁肥形态和用量，协同提高蔬菜的产量和品质是下一步应用研究的重点。

镁离子具有较大的水合半径，对土壤胶体的吸附强度不如其他阳离子（Hermans et al.，2004；Cakmak and Kirkby，2008），土壤中镁的淋洗可能是露地蔬菜（尤其是南方高温多雨地区）缺镁的关键因素。目前，关于镁的研究工作主要集中在不同作物的镁肥效应（Ceylan et al.，2016；Senbayram et al.，2017）、作物中镁的生理及分子机制（Chen et al.，2017）和镁在抵抗非生物胁迫方面的作用（Bose et al.，2011；Cakmak and Kirkby.，2008）等。从土壤淋洗损失过程研究土壤镁的生物地球化学行为，进而提出针对性的阻控措施鲜有报道。下一步的理论研究中，解析镁的土壤化学过程，定量蔬菜系统镁淋洗，阐明镁在土壤中的转化、淋洗机制，进而引入新型镁肥阻控镁的淋洗损失，将对缓解蔬菜镁缺乏具有十分重要的理论价值和实际意义。

## 参考文献


杜承林，王颖明，王惠毅，等. 1993. 缺镁土壤上镁肥对某些经济作物的效应. 土壤通报，02：74-76.

郭石生，韩梅，刘雪莲. 2010. 硫酸钾镁肥对黄瓜产量和品质的影响. 北方园艺，18：27-28.

刘彬，王孝忠，管西林，等. 2017. 膜下滴灌条件下温室秋延辣椒养分吸收及分配规律. 中国蔬菜，05：50-57.

夏广清，王薇，陈志刚. 2007. 钙镁肥不同用量对番茄幼苗生长发育的影响. 北方园艺，03：26-27.

杨竹青. 1994. 钙镁肥对番茄产量品质和养分吸收的影响. 土壤肥料，02：14-18.

Ankerman D，Large R. 1992. Soil and Plant Analysis：Agronomy Handbook. Modesto，CA：A & L Agricultural Laboratories.

Borkowski J，Szwonek E. 1986. Effect of potassium and magnesium on the quality of tomato fruits. Acta Horticulturae，191：133-139.

Bose J，Babourina O，Rengel Z. 2011. Role of magnesium in alleviation of aluminum toxicity in plants. Journal of Experimental Botany，62：2251.

Cakmak I，Kirkby E A. 2008. Role of magnesium in carbon partitioning and alleviating photooxidative damage. Physiologia Plantarum,133:692−704.

Ceylan Y,Kutman U B,Mengutay M,et al. 2016. Magnesium applications to growth medium and foliage affect the starch distribution,increase the grain size and improve the seed germination in wheat. Plant and Soil,406:145−156.

Chapagain B P,Wiesman Z. 2004. Effect of potassium magnesium chloride in the fertigation solution as partial source of potassium on growth,yield and quality of greenhouse tomato. Scientia Horticulturae,99:279−288.

Chen Z C,Peng W T,Li J,et al. 2017. Functional dissection and transport mechanism of magnesium in plants. Seminars in Cell and Developmental Biology,74:142−152.

Davies J N,Winsor G W. 1967. Effect of nitrogen,phosphorus,potassium,magnesium and liming on the composition of tomato fruit. Journal of the Science of Food and Agriculture,18:459−466.

De Kreij C,Sonneveld C,Warmenhoven M G,et al. 1992. Guide values for nutrient element contents of vegetables and flowers under glass. Research Station for Floriculture and Greenhouse Vegetables Report,15.

Dreosti I E. 1980. Trace elements in nutrition. Medical Journal of Australia,2(3):117−123.

Garvin D F,Garvin D F,Welch R M,et al. 2006. Historical shifts in the seed mineral micronutrient concentration of US hard red winter wheat germplasm. Journal of the Science of Food and Agriculture,86:2213−2220.

Gerendás J,Führs H. 2013. The significance of magnesium for crop quality. Plant and Soil,368:101−128.

Han D F,Wang D H,Huang P Z,et al. 2010. Effects of different morphology magnesium on yield and quality of 'Zaoshu 5' Chinese cabbage. Acta Horticulturae Sinica,37:1655−1660.

Hao X,Papadopoulos A P. 2004. Effects of calcium and magnesium on plant growth,biomass partitioning,and fruit yield of winter greenhouse tomato. Horticultural Science,39:512−515.

Hara T,Sonoda Y. 1981. The role of macronutrients in cabbage-head formation:Ⅱ. Contribution to cabbage-head formation of calcium,magnesium or sulfur supplied at different growth stages. Soil Science and Plant Nutrition,27(1):45−54.

Hermans C,Johnson GN,Strasser RJ,et al. 2004. Physiological characterization of magnesium deficiency in sugar beet:acclimation to low magnesium differentially affects photosystems Ⅰ and Ⅱ. Planta,220:344−355.

Huett D. 1985. Plant nutrition//Salvestrin J. Vegetable Growing Handbook. Sydney,New South Wales:Department of Agriculture.

Luo X J,Peng J,Li Y J. 2011. Recent advances in the study on capsaicinoids and capsinoids. European Journal of Pharmacology,650:1−7.

Medicine I O. 1997. Dietary Reference Intakes for Calcium,Phosphorus,Magnesium,Vitamin D, and Fluoride. Washington, DC: National Academy Press.

Nzanza B. 2006. Yield and quality of tomato as influenced by differential Ca, Mg and K nutrition. MSc thesis, Conducted at the Department of Plant Production and Soil Science in the Faculty of natural and Agricultural Sciences, University of Pretoria, Pretoria.

Reyes-Escogido M D, Gonzalez-Mondragon E G, Vzaquez-Tzompantzi E. 2011. Chemical and pharmacological aspects of capsaicin. Molecules, 16: 1253−1270.

Rhodes R, Miles N, Hughes J C. 2018. Interactions between potassium, calcium and magnesium in sugarcane grown on two contrasting soils in South Africa. Field Crops Research, 223: 1−11.

Senbayram M, Gransee A, Wahle V, et al. 2017. Role of magnesium fertilizers in agriculture: plant-soil continuum. Crop and Pasture Science, 66: 1219−1229.

Wang Z, Hassan M U, Nadeem F, et al. 2019. Magnesium fertilization improves crop yield in most production systems: A meta-analysis. Frontiers in Plant Science, 10: 1727.

Weaver J E, Bruner W E. 1927. Root Development of Vegetable Crops. New York: McGraw-Hill Book Company.

Winsor G W, Messing J H L, Long M I E. 1965. The effects of magnesium deficiency on the yield and quality of glasshouse tomatoes grown at two levels of potassium. Journal of Horticultural Science, 40(2): 118−132.

刘敦一（西南大学资源环境学院）

# 第 21 章

# 镁对辣椒产量和品质的影响

我国 2018 年蔬菜播种面积 2 043.9 万 $hm^2$，辣椒的年种植面积持续稳定在 147 万 $hm^2$（2 200 万亩）以上，占世界辣椒种植总面积的 35%，近 3 年平均年产量 2 800 万 t，占世界辣椒总产量的 46%，年产值逾 700 亿元（郑井元等，2018）。辣椒是中光性作物，适应种植地区较广，在我国南北方各地均能种植（王建玮等，2018）。南方是我国冬季辣椒北运主产区，主要包括海南、广东、广西、云南、福建等 5 省区，该产区利用天然温室的气候优势生产辣椒，销往北方市场，丰富了北方地区尤其是寒冷冬季的市场供应。南方土壤以红壤为主，普遍呈酸性，有机质含量低，钙镁等盐基离子严重淋失，同时农民在生产上偏重氮磷钾肥而忽略中微量元素（如镁）的平衡施用和有机肥的投入，进一步加剧了钙镁养分的缺乏。黄鸿翔等（2000）从南方各地采集 7 种不同类型土壤分析发现，土壤有效镁含量为 17.1～100.8 $mg \cdot kg^{-1}$，平均值仅为 37.2 $mg \cdot kg^{-1}$。然而，辣椒对镁的需求较高，成熟期辣椒镁（MgO）的累积量可达 74.5 $kg \cdot hm^{-2}$（刘敦一，2019）。缺镁会造成辣椒叶片主脉两侧黄化，逐渐扩展到全叶，只有主脉、侧脉仍保持清晰的绿色（马爱珍和赵月云，2013），从而使光合作用受到影响，产量下降。缺镁可使辣椒减产近 22%，维生素 C 含量降低 11.3%，硝酸盐含量升高 15%（张文等，2011）。在海南（张文等，2011）、广东（陈春仁等，2009）等地的镁肥肥效试验均发现，施用镁肥能够显著提高辣椒产量。本章通过总结分析国内外相关文献，综述了镁素影响辣椒产量和品质的研究进展，有助于认识镁在调控辣椒产量和品质形成上的作用。

## 21.1 辣椒植株生长发育规律

辣椒育苗时间一般为 25～60 d，此时植株生长缓慢，应注意防止过量供肥导致的幼苗徒长，以及育苗时间长导致辣椒苗老化等问题引起花芽分化不良，否则会严重影响开花坐果，不利于高产。辣椒苗移栽 15～30 d 后进入花芽分化期，此阶段营养生长与生殖生长同时进行，生长速度呈现较快增长，幼苗新陈代谢非常旺盛，光合作用所产生的营养物质，除植株本身呼吸消耗外，几乎全部用于新生根、茎、叶的生长发育。移栽 40～60 d 后辣椒进入开花坐果期，该时期非常关键，营养生长与生殖生长之间矛盾突出，主要采用适当的水肥措施，调控辣椒营养生长与生殖生长，达到生长与发育均衡。此阶段应注意加强水肥管理，供水不宜过多，否则植株营养生长过旺，花蕾得不到足够的营养，容易落花落果。移栽后 60～70 d 辣椒进入绿熟期，此时可以持续采摘青果辣椒，从第一个辣椒坐果到收获末期属结果期，此期经历时间较长，以生殖生长为主，并继续进行营养生长，需水需肥量很大，一般持续 90～120 d。

辣椒地上部干物质累积量呈“S”形曲线增加，开花期至膨果期地上部干物质累积量快速增加，成熟期增速放缓，每天的累积量最高可达 120 kg·$hm^{-2}$。果实干物质累积量增加的高峰值出现在膨果期，每天累积量最大为 102 kg·$hm^{-2}$；茎和叶的干物质累积呈先增加后稳定再增加最后减少的趋势，最后茎和叶的干物质累积量分别为 1 001 kg·$hm^{-2}$ 和 1 438 kg·$hm^{-2}$，结果期和成熟期茎叶中干物质降低主要是养分向果实中转移(图 21-1)。

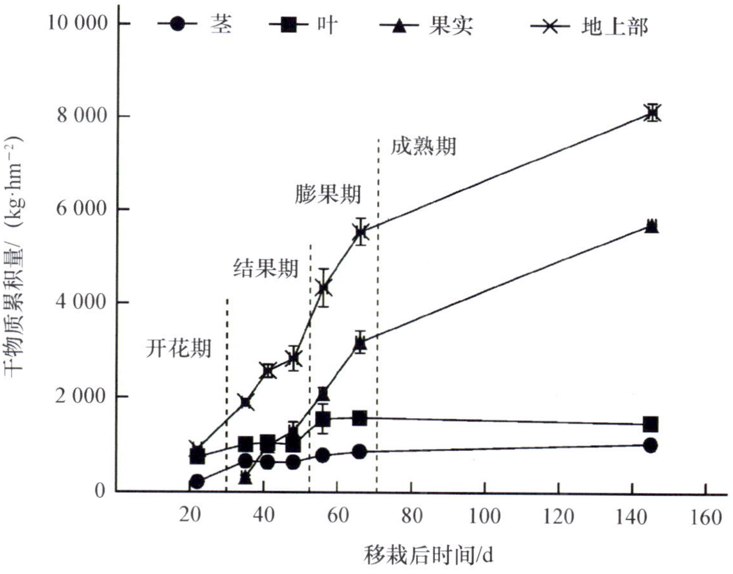


图 21-1　辣椒不同生育期干物质累积量的动态变化(刘彬等，2017)

辣椒在苗期、开花期、结果期、膨果期和成熟期地上部干物质的累积量分别为 870 kg·$hm^{-2}$、991 kg·$hm^{-2}$、952 kg·$hm^{-2}$、2 717 kg·$hm^{-2}$、2 633 kg·$hm^{-2}$，分别占整个生育期的 10.7%、12.1%、11.7%、33.3% 和 32.3%。苗期和开花期干物质主要分配在茎和叶中，茎和叶的生物量分别占苗期干物质累积量的 19.2%和 80.8%，占花期干物质累积量的 45.4%和 27.0%；而在结果期茎和叶的干物质累积量会减少；膨果期和成熟期干物质主要向果实中分配，分别占该时期干物质累积量的 70.9% 和 92.9%(图 21-1，刘彬等，2017)。

## 21.2 辣椒植株的需镁特性

**1. 不同时期镁的吸收分配规律**

辣椒在膨果期和成熟期对镁的吸收量最高，分别占整个生育期吸收总量的 33.3%、24.4%；结果期茎中的镁会向果实中转移。

**2. 不同时期各器官镁浓度变化**

辣椒叶片中的镁浓度最高，依次为茎秆、果实。随着辣椒生育期的延长，果实中镁的浓度呈下降趋势，结果期、膨果期下降较快，成熟期减慢。叶片中镁的浓度随着生育期的延长不断升高，而茎中镁的浓度从开花期至成熟期基本保持不变（图 21-2）。

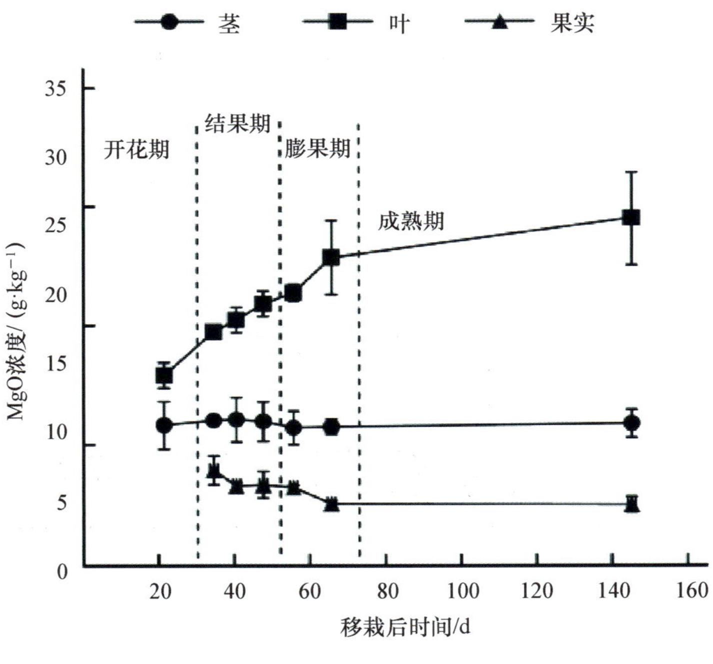


图 21-2　辣椒不同器官镁浓度的动态变化（刘彬等，2017）

**3. 不同时期各器官镁累积量的变化**

辣椒全生育期对镁（MgO）的吸收量为 74.9 kg・$hm^{-2}$。地上部对镁的累积量从开花期至成熟期呈“S”形增加，开花期至膨果期快速增加，膨果期累积速率最高，每天累积量达到 0.8 kg・$hm^{-2}$，成熟期增速减缓。对于不同器官来说，叶片中的镁的累积量最高，占植株吸收总量的 54.1%，其次为果实、茎（图 21-3）。

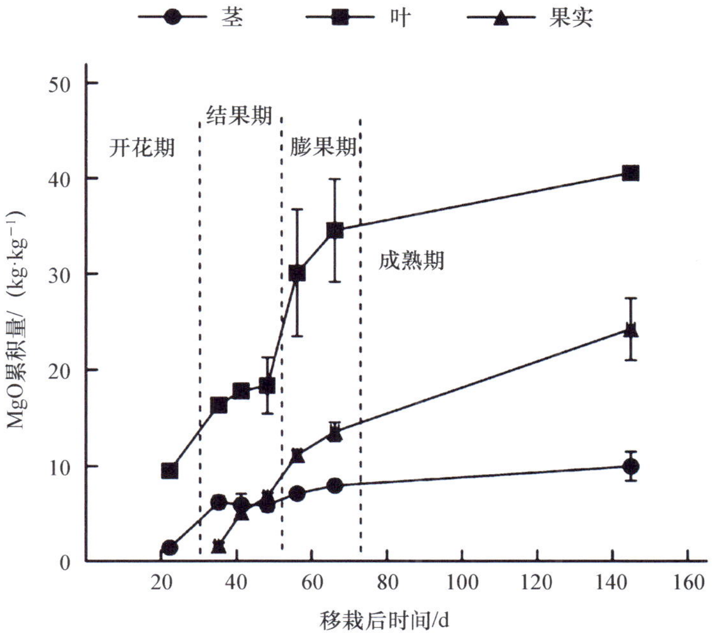


图 21-3　辣椒不同器官镁累积量的动态变化(刘彬等,2017)

## 21.3　辣椒缺镁症状

镁是叶绿体的组成部分,缺镁会阻碍叶绿素形成,导致叶色失绿。辣椒缺镁症状首先出现在下部老叶上,但是也有研究表明,缺镁时辣椒中部叶片的镁浓度最先下降(Riga and Anza,2000)。缺镁时,辣椒叶尖部位首先出现缺镁症状,随着缺镁程度加重,叶脉间逐渐黄化(图 21-4)。严重缺镁时会导致叶片脱落,植株矮小,果实稀疏且发育不良,果实有时还会出现干枯病斑(图 21-5)。辣椒缺镁主要是由于土壤中有效镁含量低。有时土壤中并不缺镁,但钾肥和石灰施用过多会导致钾离子、钙离子与镁离子发生拮抗,导致缺镁。有时植株对镁的需求量大,当根系吸收不能满足需要时也会造成缺镁。生产中发现,当辣椒出现缺镁症状时,叶面喷施镁肥可以暂时缓解,但是仍需通过根部供应才能保障辣椒对镁的需求。

图 21-4　缺镁的辣椒叶片

图 21-5　辣椒植株和果实缺镁症状

## 21.4 施镁提高辣椒产量

通过对 76 篇已发表的辣椒施肥论文的结果分析，施用氮、磷、钾、钙、镁肥对辣椒的增产率分别为 42%、73%、50%、36%、11%（图 21-6），而且常年种植蔬菜作物的地块中施用镁肥的辣椒增产率更高。例如，在土壤交换性镁含量仅为 6.8 mg·$kg^{-1}$ 的常年种植蔬菜的水稻田中，施用硫酸镁的辣椒增产率达到 21.8%，而氮、磷、钾肥的增产率为 38.2%、7.4%、36.6%。因此施用镁肥表明镁肥对辣椒具有较好的增产作用。

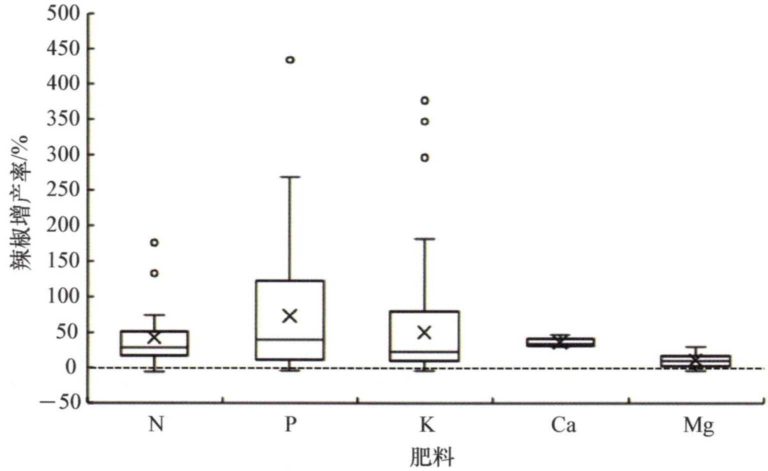


图 21-6　不同肥料对辣椒的增产效果分析

镁对辣椒的生长和产量形成至关重要。缺镁辣椒植株的相对生长速率、地上部生物量、叶面积等均显著低于正常植株，而且在一定范围内，辣椒相对生长速率、地上部生物量随着叶片镁含量的升高而增加，而冠根比则随着叶片镁含量的增加而下降（图 21-7；Riga and Anza,

2003)，表明镁会促进光合产物向辣椒根系分配。

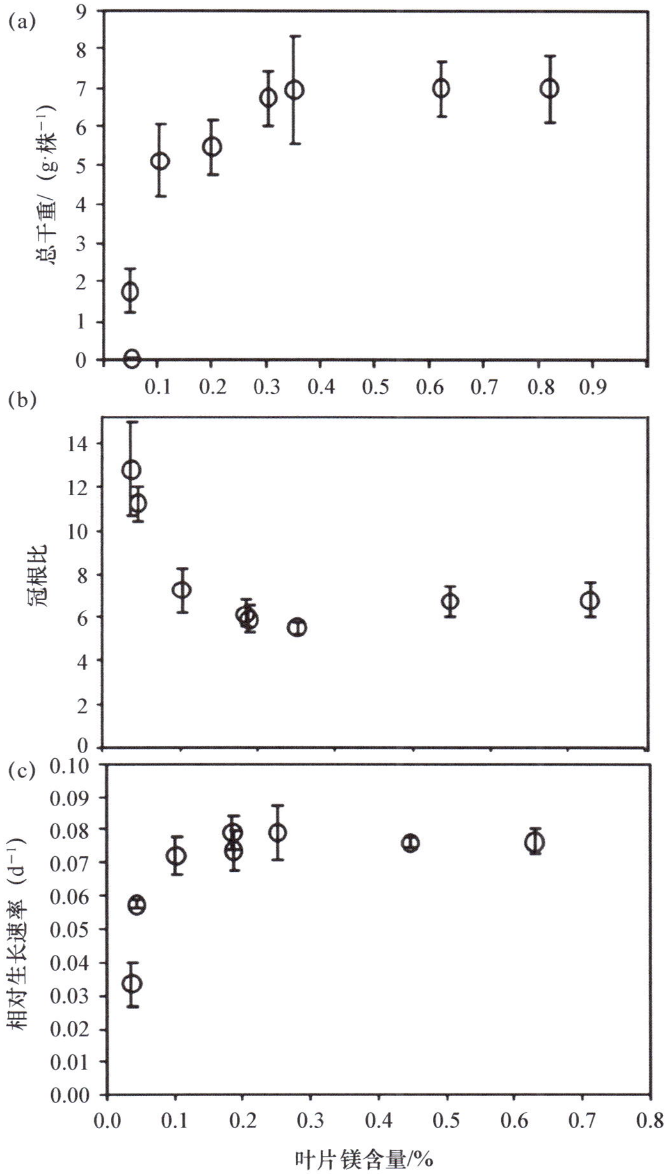


图 21-7　叶片镁含量与辣椒总干重(a)、冠根比(b)和相对生长速率(c)之间的关系(Riga and Anza,2003)

镁可以通过影响株高、地上部生物量、叶面积、光合速率、果实数量、单果重等指标影响辣椒产量。施用镁肥可以提高辣椒植株株高、茎粗，地上部生物量可提高 25.9%，产量提高 11.8%(王秀娟等，2011)。缺镁的辣椒植株随着肥料中镁添加量的增加，开花期和成熟期的叶面积、叶片 SPAD 值、净光合速率、植株各器官生物量、根系活力等均呈现先增加后降低的趋势，表明施用镁肥能够促进辣椒植株生长，但过量添加镁不利于辣椒进行光合作用和干物质的积累(马存金等，2018)。镁是构成植物叶片中叶绿素的主要成分之一，也是植物体内一些重要生物酶的活化剂，维持植物对二氧化碳的同化作用。由于镁对叶绿体中的糖代谢具有重要作用，因此，缺镁时会影响叶绿体中淀粉的降解、糖的运输和韧皮部蔗糖的装载，导致光合产物在叶片中大量累积，使得叶片厚而小，同时易受强光照的影响，使叶片发生光氧化，导致叶片失绿（杨勇等，2005），叶片中的叶绿素含量直接影响光合作用的强弱，同时叶面积大小和净光合速率都对光合作用产生一定作用，影响植株的生长发育（韩艳婷等，2011）。

镁肥也可以通过影响辣椒果实数量、单果重提高辣椒产量。在广东雷州沙壤土中，施用 3 600 $kg \cdot hm^{-2}$ 的钾镁肥后，辣椒单果重、结果数分别提高了 1.5%和 6.7%，同时产量提高了 9.7%（陈春仁等，2009）。

## 21.5 施镁对辣椒品质的影响

辣椒的品质分为商品品质（外观品质）和营养品质。虽然适量施用镁肥可以提高辣椒单果重、果肉厚度等，但是过量施用镁肥会产生类似于钾/钙拮抗的镁/钙拮抗现象，引发辣椒脐腐病，而且营养液中的镁/钙值越高，辣椒脐腐病的发病率越高（Del Amor and Rubio，2009），对番茄的研究也发现，供镁浓度与番茄脐腐病的发病率显著正相关（And and Papadopoulos，2003）。

对于辣椒的营养品质来说，维生素 C 含量、硝酸盐含量和辣椒素含量是近年来涉及比较多的指标。适量施用镁肥可以提高辣椒果实中的维生素 C 含量（张文等，2011；刘敦一，2019），随着供镁量的增加，辣椒果实维生素和辣椒素含量均呈先升高后降低的趋势（马存金等，2019），施用镁肥对辣椒果实中硝酸盐含量无显著影响（张文等，2011）。目前有关缺镁造成辣椒果实维生素 C 下降的原因并不清楚，但研究表明，缺镁的辣椒植株体内超氧化物歧化酶活性是正常植株的 2.6 倍（Riga and Anza，2000），可能会造成 $H_2O_2$ 含量增高，主要的 $H_2O_2$ 清除系统为抗坏血酸-谷胱甘肽（AsA-GSH）循环（Asada，1992；孙卫红等，2005），其中抗坏血酸过氧化物酶是该过程的关键酶，抗坏血酸可直接与活性氧反应而将其还原，又可作为酶的底物在活性氧的清除过程中起作用，即在叶绿体类囊体表面作为还原剂参与抗坏血酸过氧化物酶介导的 $H_2O_2$ 的清除，在这一过程中，维生素 C 氧化成单脱氢抗坏血酸，由此可能造成缺镁的辣椒体内的维生素 C 含量下降。Riga 和 Anza（2000）发现，缺镁的辣椒体内抗坏血酸过氧化物酶是正常植株的 1.75 倍。

## 21.6 小结与展望

有关镁对辣椒植株生长、产量和品质影响的研究较少，总体来说，为辣椒植株供应镁营养可以促进生长，提高产量、单果重、果实数量、维生素 C 和辣椒素含量，然而过量供应镁会降低辣椒产量和品质。给辣椒植株供镁时，需要考虑钾、铵态氮和钙与镁可能发生的拮抗作用，例如过量供应钾、铵态氮和钙会抑制根系对镁的吸收，而过量供应镁会抑制辣椒对钙的吸收，进而产生因缺钙导致的脐腐病。目前，有关镁对辣椒维生素 C 和辣椒素等营养品质的影响机制仍不清楚，但是考虑到镁与辣椒抗坏血酸过氧化物酶、超氧化物歧化酶等生物酶活性密切相关，因此，有必要从生理代谢方面开展相关研究，揭示镁对辣椒关键品质的影响机制。

## 参考文献


陈春仁，刘耀铭，邓业仁. 2009. 辣椒应用钾镁肥的效益分析. 农技服务，26(8)：49.

韩艳婷，杨国顺，石雪晖，等. 2011. 不同镁营养水平对红地球葡萄叶绿体结构及光合响应的影响. 果树学报，28(4)：603-609.

黄鸿翔，陈福兴，徐明岗，等. 2000. 红壤地区土壤镁素状况及镁肥施用技术的研究. 土壤肥料，(5)：19-23.

刘彬，王孝忠，管西林，等. 2017. 膜下滴灌条件下温室秋延辣椒养分吸收及分配规律. 中国蔬菜，(5)：50-57.

刘敦一. 2019. 辣椒镁营养现状、需求规律与镁肥科学施用. 中国农资，(6)：15.

马爱珍，赵月云. 2013. 几种常见蔬菜的缺素症状及其防治方法. 农民致富之友，(08)：75-76.

马存金，陈剑秋，李曰鹏，等. 2018. 水溶肥中镁不同添加量对辣椒光合特性、干物质积累与分配的影响. 北方园艺，409(10)：16-21.

马存金，陈剑秋，李曰鹏，等. 2019. 水溶肥中镁不同含量对辣椒产量、品质和根系发育的影响. 江苏农业科学，47(13)：179-182.

孙卫红，王伟青，孟庆伟. 2005. 植物抗坏血酸过氧化物酶的作用机制、酶学及分子特性. 植物生理学报，41(2)：143-147.

王建玮，李晓媛，郝光立，等. 2018. 加工型线椒高产栽培技术. 河南农业，486(34)：55-56.

王秀娟，娄春荣，解占军，等. 2011. 中微量元素对辣椒养分吸收和产量的影响. 北方园艺，(1)：174-176.

杨勇，蒋德安，孙骏威，等. 2005. 不同供镁水平对水稻叶片叶绿素荧光特性和能量耗散的影响. 植物营养与肥料学报，11(1)：79-86.

张文，谢良商，吉清妹，等. 2011. 辣椒氮、磷、钾、镁肥效应研究. 农学学报，01(1)：37-40.

郑井元，李雪峰，周书栋，等. 2018. 2017 年度辣椒科学研究进展. 中国蔬菜，(5)：9-15.

And X H，Papadopoulos A P. 2003. Effects of calcium and magnesium on growth，fruit yield and quality in a fall greenhouse tomato crop grown on rockwool. Canadian Journal of Plant Science，83：903-912.

Asada K. 1992. Ascorbate peroxidase-a hydrogen peroxide scavenging enzyme in plants. Physiologia Plantarum，85：235-241.

Del Amor F M，Rubio J S. 2009. Effects of antitranspirant spray and potassium：calcium：magnesium ratio on photosynthesis，nutrient and water uptake，growth，and yield of sweet pepper. Journal of Plant Nutrition，32(1)：97-111.

Riga P, Anza M. 2000. Effect of magnesium deficiency in antioxidant enzymes from pepper plants(*Capsicum annuum* L.)//V International Symposium on Protected Cultivation in Mild Winter Climates. Current Trends for Sustainable Technologies, 559: 365-370.

Riga P, Anza M. 2003. Effect of magnesium deficiency on pepper growth parameters: Implications for determination of magnesium-critical value. Journal of Plant Nutrition, 26(8): 1581-1593.

李晓亮(中国热带农业科学院热带作物品种资源研究所)

## 第三篇

# 作物缺镁症状

# 第 22 章

# 果树(瓜果)

## 1. 琯溪蜜柚 *Citrus grandis*（L.）Osbeck cv. guanximiyou

果实套袋前，缺镁叶片主要出现
在挂果的近果部叶片(整株)

果实套袋前，植株叶片黄化现象，
尤其是老梢叶片上(局部)

轻度缺镁黄化叶片

中度缺镁黄化叶片

重度缺镁黄化叶片

摄影：郭九信　地点：福建平和县

2. 春见(杂柑) *Citrus reticulata* × *Citrus sinenesis* cv. Harumi

果树壮果期,果实附近叶片出现缺镁现象(局部)

果实转色期,叶片缺镁症状加重

果实转色期,缺镁(左)与镁充足(右)挂果枝对比

果实成熟期叶片缺镁症状

摄影:龙泉　地点:四川丹棱

### 3. 脐橙 *Citrus sinensis*（L.）Osbeck

部分叶片出现黄化现象(整株)

缺镁叶片

缺镁果枝

正常果枝

摄影：商庆银，王海光　地点：江西赣州，瑞金

4. 沃柑(杂柑)*Citrus reticulata* Blanco cv. Wo Gan

轻度缺镁果枝

中度缺镁果枝

摄影:王海光　地点:广西桂林

5. 网纹甜瓜 *Cucumis melo* L. var. *reticulatus* Naud.

植株缺镁症状,主要出现在果实附近叶片

果实附近的缺镁叶片

摄影:张白鸽　地点:海南

## 6. 红提 *Vitis vinifera* L. cv. Red Globe

叶片缺镁(整体)

叶片缺镁(局部)

施镁提高果实品质

上左:对照;上中:土施硫酸镁 7.5 kg · $hm^{-2}$;

上右:土施硫酸镁 15 kg · $hm^{-2}$;下左:土施硫酸镁 30 kg · $hm^{-2}$;

下中:叶片喷施 0.5%硫酸镁;下右:叶片喷施 1%硫酸镁

摄影:王娟,詹风　地点:新疆昌吉,四川眉山市彭山区

7. 青提 *Vitis vinifera* L. cv. Centennial Seedless

膨果期，缺镁现象发生在下部老叶

缺镁下部叶片

摄影：卢明　地点：贵州锦屏

8. 芒果 *Mangifera sylvatica* Roxb.

花期叶片（施用镁肥）

花期叶片（不施用镁肥）

缺镁叶片

结果期叶片果实(施用镁肥)

结果期叶片果实(不施用镁肥)

摄影:王海光　地点:广西田东

### 9. 沙梨 *Pyrus pyrifolia* (Burm. f. ) Nakai

结果期不缺镁叶片果实

结果期缺镁叶片果实

严重缺镁叶片

摄影:王海光　地点:湖南娄底

10. 桃 *Amygdalus persica* L.

缺镁叶片 1

缺镁叶片 2

摄影:蔡旺　地点:福建宁德

11. 百香果(又名西番莲) *Passiflora edulis* Sims var. *edulis*

缺镁植株

缺镁叶片

严重缺镁叶片

摄影:李春俭　地点:福建平和县

## 12. 木瓜 *Chaenomeles sinensis*（Thouin）Koehne

缺镁植株

缺镁叶片

摄影：李春俭　地点：福建平和

## 13. 青枣 *Zizyphus mauritiana* Lamk.

缺镁植株

缺镁枝条

缺镁叶片

摄影：李春俭　地点：福建平和

14. 西瓜 *Citrullus lanatus*（Thunb.）Matsum. et Nakai

缺镁叶片

正常叶片

陆地西瓜

严重缺镁叶片

摄影：杨锌　地点：浙江金华

15. 澳洲坚果 *Macadamia ternifolia* F. Muell.

缺镁叶片 1

缺镁叶片 2

摄影：蔡旺　地点：云南西双版纳

# 第 23 章

# 蔬　菜

## 16. 冬瓜 *Benincasa hispida* (Thunb.) Cogn.

田间施用镁肥的植株

田间不施镁肥的植株

施用镁肥植株

不施镁肥植株

营养液培养的植株叶片和根系
上:镁充足;下:缺镁

摄影:张白鸽　地点:广东佛山

17. 番茄 *Lycopersicon esculentum* Mill.

缺镁植株 1

缺镁植株 2

缺镁叶片 1

缺镁叶片 3

缺镁叶片 2

摄影：王海光，李春俭　地点：广西田阳，广东佛山

## 18. 辣椒 *Capsicum annuum* L.

正常植株

缺镁植株

摄影：王海光 地点：广西北海

正常植株

左：不施镁肥植株，右：施镁肥植株

缺镁早期

缺镁中期

缺镁后期

缺镁叶片

摄影：卢明，刘敦一　地点：广西北海，贵州锦屏

19. 马铃薯 *Solanum tuberosum* L.

不缺镁叶片

缺镁叶片

上、中：不缺镁叶片；下：缺镁叶片

摄影：王海光　地点：云南德宏

20. 芋头 *Colocasia esculenta*（L.）Schott

缺镁叶片 1

缺镁叶片 2

摄影：蔡旺　地点：江西抚州

## 21. 苦瓜 *Momordica charantia* L.

缺镁植株

缺镁叶片

摄影：李春俭　地点：广东佛山（温室种植）

## 22. 菜心（菜薹，绿菜薹）*Brassica campestris* L. ssp. *chinesis* （L.） var. *utilis* Tsen et Lee

缺镁菜心植株

缺镁菜心叶片 1

缺镁菜心叶片 2

摄影：张白鸽　地点：广东佛山

## 23. 白萝卜 *Raphanus sativus* L.

缺镁植株

缺镁叶片

摄影：李春俭　地点：广东佛山

## 24. 茄子 *Solanum melongena* L.

缺镁植株

重度缺镁叶片

轻度缺镁叶片

摄影：李春俭　地点：广东佛山

# 第 24 章

# 其他作物

## 25. 油菜 *Brassica napus* L.

越冬期油菜下部老叶缺镁(广西龙胜)

越冬期-蕾薹期,中部完全展开叶出现缺镁现象
(广西桂林)

蕾薹期,缺镁现象发生在下部老叶
(广西龙胜)

角果期,缺镁植株生长受限,角果较小,
颜色偏黄(湖南安仁)

越冬期,直播油菜下部老叶缺镁(湖北武穴)

花期,下部老叶缺镁(湖南衡阳)

摄影:鲁剑巍,陆志峰

## 26. 甘蔗 *Saccharum officinarum* L.

苗期，不施镁肥

苗期，施用镁肥

苗期，缺镁（左）植株生长受限，颜色偏黄；施镁（右）叶片绿色

伸长期，缺镁（左）植株生长受限，不整齐，叶片颜色偏黄；
施镁（右）生长旺盛，叶片绿色

营养液培养，缺镁（左）与供镁（右）叶片对比

严重缺镁叶片

摄影：敖俊华　地点：广东湛江

## 27. 茶叶 *Camellia sinensis* (L.) O. Ktze.

不施镁植株，新芽数量少

施镁植株，新芽数量多

不缺镁（左）与缺镁（右）叶片比较

田间叶片缺镁症状

完全营养液培养的茶苗

缺镁营养液培养的茶苗——离新梢最近的成熟叶片表现缺镁症状

摄影：张群峰，王海光　地点：浙江杭州，福建安溪

## 28. 向日葵 *Helianthus annuus* L.

缺镁植株

缺镁叶片

摄影：李春俭　地点：广东佛山

## 29. 甘薯（地瓜，红薯）*Ipomoea batatas*（L.）Lam.

缺镁植株

缺镁叶片

摄影：杨锌　地点：浙江金华

## 30. 桑树 *Morus alba* L.

缺镁植株

中度缺镁叶片

轻度缺镁叶片

重度缺镁叶片

摄影：李春俭　地点：广东佛山

## 31. 玉米 *Zea mays* L.

缺镁植株

缺镁叶片

摄影：王正　地点：广西桂林

## 32. 烤烟 *Nicotiana tabacum* L. K 326

施镁和不施镁(CK)植株

缺镁植株

缺镁叶片

施镁植株叶片，从下部(左)到上部(右)

缺镁植株叶片，从下部(左)到上部(右)

施镁(左)和缺镁(右)植株根系

摄影：李文卿　地点：福建福州